普通高等教育土建学科专业『十二五』规划教材

全国住房和城乡建设职业教育教学指导委员会建筑与规划类专业指导委员会规划推荐教材

园林植物栽培与养护

（园林工程技术专业适用）

本教材编审委员会组织编写　　钱　军　主编

中国建筑工业出版社

U0223906

图书在版编目（CIP）数据

园林植物栽培与养护／钱军主编．—北京：中国建筑工业出版社，2015.12
普通高等教育土建学科专业"十二五"规划教材．全国住房和城乡建设职
业教育教学指导委员会建筑与规划类专业指导委员会规划推荐教材．园林工
程技术专业适用
ISBN 978-7-112-18852-9

I．①园… II．①钱… III．①园林植物－观赏园艺－高等职业教育－教材
IV．① S688

中国版本图书馆CIP数据核字（2015）第303289号

　　本书为全国高职高专教育土建类专业教学指导委员会规划推荐教材之一，全书共
8章，即：园林植物的生长发育规律、园林植物与环境、园林苗木培育技术、园林植
物的栽植、园林植物的养护管理、地被植物的栽植与养护管理、草坪的建植与养护管
理及古树名木的养护管理等。

　　本书主要作为高职高专院校园林工程技术专业及其他相关专业教材，也可用于在
职培训或供有关工程技术人员参考。

责任编辑：杨　虹　尤凯曦　朱首明
责任校对：张　颖　关　健

普通高等教育土建学科专业"十二五"规划教材
全国住房和城乡建设职业教育教学指导委员会建筑与规划类专业指导委员会规划推荐教材
园林植物栽培与养护
（园林工程技术专业适用）
本教材编审委员会组织编写
钱　军　主编

*

中国建筑工业出版社出版、发行（北京海淀三里河路9号）
各地新华书店、建筑书店经销
北京嘉泰利德公司制版
大厂回族自治县正兴印务有限公司印刷

*

开本：787×1092毫米　1/16　印张：22¾　字数：483千字
2019年1月第一版　2019年1月第一次印刷
定价：49.00元
ISBN 978-7-112-18852-9
（28114）

前　言

随着我国社会和经济的持续快速发展，人们对环境的要求日益提高，社会对园林绿化建设的工程技术人员和管理技术人员的需求量越来越大，对其技术能力的要求也越来越高。为了满足高等职业教育园林工程技术专业教材的需求，在中国建筑工业出版社和全国住房和城乡建设职业教育教学指导委员会建筑与规划类专业指导委员会的组织与领导下，编写了这本《园林植物栽培与养护》教材。

园林植物栽培与养护是园林工程技术专业的专业课程之一。《园林植物栽培与养护》教材以全国住房和城乡建设职业教育教学指导委员会建筑与规划类专业指导委员会制定的教学大纲为出发点，在总结传统的植物栽培与养护技术的基础上，增加了部分目前采用较多的新技术。

《园林植物栽培与养护》教材主要包括基础知识、园林植物栽培、园林植物养护三部分内容。在基础知识中主要介绍了园林植物的生长发育规律和园林植物与环境；在园林植物栽培方面主要介绍了园林苗木培育技术和园林植物的栽植；在园林植物养护方面介绍了园林植物的养护管理、地被植物的栽植与养护管理、草坪的建植与养护管理和古树名木的养护管理。

《园林植物栽培与养护》教材的编写主要由上海城建职业学院承担，主编钱军。其中韩敏编写绪论、第5章、第7章；钱军编写第1章、第3章、第8章；顾美萍编写第2章；陈劲景编写第6章；林俭编写第4章等。在编写过程中，我们力求做到概念明确、正确，内容详实、可靠，文字简练、精确，并努力突出实用性、适用性。

在《园林植物栽培与养护》教材编写中参考了大量的有关书籍和资料，在此向有关作者深表谢意。同时在《园林植物栽培与养护》教材的写作过程中得到了何响玲和杜路平老师的帮助和指点，在此也表示感谢。

由于时间的仓促和编者的水平有限，不妥和错误之处敬请广大读者批评指正。

编者

目　　录

园林植物栽培与养护

绪 论

0.1　园林植物栽培与养护学研究的内容

园林植物栽培与养护，是以园林建设为宗旨，对园林植物生长发育规律与环境的相互关系、园林植物的繁殖、园林植物的栽培、园林植物的养护等方面进行科学研究的学科。学习园林植物栽培与养护就是要综合发挥园林植物效益，使园林植物能够在较长的时间内充分体现绿化效益。

0.2　我国园林植物栽培与养护的发展简史

0.2.1　我国园林植物资源

我国国土辽阔，地跨寒、温、热三带，山岭逶迤，江川纵横，奇花异草繁多，园林植物资源极为丰富，视为世界园林植物重要的发祥地之一，有"世界园林之母"之称。原产我国的乔灌木种有8000多种，许多著名的观赏植物及其品种，都是由我国勤劳、智慧的劳动人民培育出来的，并很早就传至世界许多国家或地区。例如，桃花的栽培历史达3000年以上，培育出百多个品种，在公元300年时传至波斯，以后又辗转传至德国、西班牙、葡萄牙等国，至15世纪又传入英国，而美国则从16世纪才开始栽培桃花；又如，梅花在中国的栽培历史也达3000余年，培育出300多个品种，在15世纪时先后传入朝鲜、日本，至19世纪时传入欧洲；再如，号称"花王"的牡丹，其栽培历史达1400余年，远在宋代时品种就高达600种之多，连同月季在18世纪时先后传至英国。

由于我国地域广阔、环境变化多样，许多种类经过长期的生长出现了很多变异种类。如常绿杜鹃，有株高仅为5～10cm的小型平卧杜鹃；有高达25m的大树杜鹃；并且花色、花形变化丰富。

我国还存有一些极为珍贵的植物种类，有许多植物是仅产于中国的特产科、属、种，例如素有活化石之称的银杏、水杉及金钱松、珙桐、喜树等。此外，我国尚有在长期栽培中培育出独具特色的品种及类型，如黄香梅、龙游梅、红花檵木、红花含笑、重瓣杏花等。这些都是非常珍贵的种质资源。

0.2.2　我国园林植物栽培养护简史

我国不仅园林植物的种质资源十分丰富，而且长期引种、栽培、选育，在园林植物栽培方面积累了丰富的实践经验和科学理论，创造出无数优良品种。无数考古事实说明，中华先民在远古时代就有当时居于世界前列的作物栽培技术和高超的审美能力。

早在春秋战国时代，已有关于野生树木形态、生态与应用的记述。秦王嬴政在咸阳、骊山一带修建阿房宫、上林苑，大兴土木，广种各种花、果、树木，开始园艺栽培。

汉代以后，随着生产力的发展，园林植物的栽培由以经济、实用为主，逐渐转向观赏、美化为主。公元前138年，张骞出使西域，自中亚引入胡桃、石榴、葡萄，引种规模渐大，并将花木、果树用于城市绿化。

西晋（304年）嵇含撰写的《南方草木状》描述了华南80种植物。

北魏贾思勰撰写的《齐民要术》中已有梨树及砧穗关系以及阔叶树的育种等记载，反映了当时世界上前所未有的栽培技艺。

隋、唐、宋时代，我国园林植物栽培技术已相当发达，在当时世界上居于领先地位。唐朝是中国封建社会中期的全盛时期，观赏园艺业日益兴盛，花木种类不断增多，寺庙园林及对公众开放的游览地、风景区都栽培不少名木。宋代大兴造园、植树栽花之风，同时，撰写花木专谱之风盛行，如范大成的《梅谱》、王观的《芍药谱》、沈立的《海棠谱》、刘蒙的《菊谱》、张峋的《洛阳花谱》。

明清两代在北京、承德、沈阳等地建立了一批皇家园林，在北京、苏州、无锡等城市出现了一批私家园林。前者要求庄严、肃穆，多种植松、柏、槐、栾，缀以玉兰、海棠；后者则注意四季特色与诗情画意，如春有垂柳、玉兰、梅花，夏有月季、紫薇，秋有桂花与红叶树种，冬有腊梅、竹类等植物。自明代以后，园艺商品化生产渐趋兴旺。河南鄢陵当时就以"花都"著称，当地花农在长期的栽培过程中，积累和总结了许多经验，在人工捏、拿等树冠整形技术上有独到之处，如用桧柏捏扎而成的狮、象等动物技术流传至今仍受到群众的喜爱。在此时期出现了一些综合性的园林书籍。如明朝王象晋写的《群芳谱》，清初陈淏子写的《花镜》。

0.2.3 我国园林植物栽培现状与展望

我国历来非常重视园林绿地的保护和建设，曾提出过"中国城乡都要园林化"的目标，并为此做了很大的努力。它不仅表现在发展城市公园、建设风景区、休养区、疗养区等方面，同时还表现在对居民小区、工业区、公共建筑和街道、公路、铁路等的绿化上。20世纪90年代，我国开始推行国家园林城市建设活动，在园林绿化的规划和建设上，充分体现以人为本的理念。国家先后颁发了《城市绿化条例》、《城市绿线管理办法》、《城市绿化规划建设指标规定》、《城市古树名木保护管理办法》、《园林城市标准》等法律、法规、规章。苏州、大连、上海等20多个城市相继进入到国家园林城市行列。同时越来越多的单位也被命名为"园林绿化单位"、"花园单位"、"园林绿化先进单位"。

随着科技的发展，一些新知识、新技术、新材料也不断应用到园林植物栽培和管护中。现代化温室的普及组培技术水平的提高，使园林植物的保护和栽培事业大大发展，鲜花生产和苗木的繁殖系数、速度有了极大的提高，一些原来对地域要求非常严格而难以用常规方法繁殖的珍贵花木，也变得容易起来；生长激素的推广，保水剂、保水袋的发明，使缺水地区的苗木及大树栽植的成活率有了很大的提高。这一切都大大推进了园林式城市建设的进程。

当前，我国的园林事业正在以前所未有的速度发展，社会对初、中、高级人才的需求也越来越多。目前，全国很多高等学校、大专院校、中等职业技术学校都设立了园林专业或园林方向。在上海、武汉、长春、北京等许多城市还设立了园林科学研究所。这些都将对我国园林事业的发展起到强有力的推动作用。

0.3　园林植物栽培与养护学在园林绿化建设中的作用和地位

绿化建设是城市建设的重要组成部分，也是城市文明建设和现代化城市的重要标志之一。园林绿化作为城市建设的不可分割的重要组成部分，被越来越多的人所认同。环境是人类生存的条件，城市必须与自然并存，建设一个良好的城市环境，不仅关系到城市经济的发展和城市居民的身心健康，也是衡量人们生活水准的尺度。它能发挥巨大的社会效益，也能创造出极大的经济效益。

一个城市的环境质量和生态效应，在很大程度上取决于绿化种植面积比重和养护管理水平。如果只栽不管或管理不善，所栽的园林植物就不能很好地生长，达不到应有的绿化、美化的功效。俗话说"三分栽植，七分养护"，就充分说明了养护管理工作的重要性。

0.4　园林植物栽培与养护学的学习方法和注意事项

园林植物栽培与养护是园林专业的主要专业课程之一，是一门综合性很强的学科，与植物学、植物生理学、生态学、土壤学、气象学、植物保护学等许多课程都有着密切的关系，只有把所学的内容融会贯通，才能学好本课程。

园林植物栽培养护是一门实践性很强的学科，学习过程中要理论联系实际，在学习理论的同时重视实习、实验；重视操作技能的练习。通过实验、实习，特别是利用毕业实习，让学生直接参加到生产一线去经受锻炼。同时在学习和实践中要善于总结、发现问题，在实践中学会和提高解决问题的能力。

园林建设工作是一个比较艰苦的行业，要培养学生不怕苦、不怕累的精神。在教学过程中，要充分利用各种现代化教学手段，配合实物和多媒体进行讲解；要注重实习基地的建设；通过一定的现场教学和参观，增加学生的感性知识，避免呆板和枯燥的说教。

复习思考题

1. 园林植物栽培与养护学主要研究哪些内容？
2. 为什么说我国园林植物栽培与养护有悠久的历史？
3. 试述我国园林植物栽培与养护的发展前景。
4. 当前的园林绿地有何特点？其养护措施与一般林地、果园管理措施有何不同之处？

    5．绿地养护在园林绿化中的地位如何？

    6．怎样才能学好园林绿地养护技术？

本章主要参考文献

[1] 上海市园林学校．园林植物栽培学 [M]．北京：中国林业出版社，1992．

[2] 田如男，祝遵凌．园林树木栽培学 [M]．南京：东南大学出版社，2001．

[3] 魏岩．园林植物栽培与养护 [M]．北京：中国科学技术出版社，2003．

1 园林植物的生长发育规律

园林植物栽培与养护

提要：园林植物种类繁多，习性各异，各自有着不同的生态要求。尽管每一种园林植物在生长发育上都有自己不同于其他植物种的"个性"，但又有很多种园林植物具有相同或相似的生长发育规律。

本章主要介绍园林植物的分类和园林植物的生长周期等。通过本章内容的学习，可以了解和掌握树体的组成和生长发育规律。本章是本教材的基础。

园林植物种类繁多，习性各异，各自有着不同的生态要求。无论是从事哪一种园林植物的生产、繁殖苗木或良种、栽培管理或产后处理，成功的关键在于掌握各种园林植物的生长发育规律，采取各种栽培技术，使各种园林植物适应不同的生态要求，以调节和控制其生长发育，达到预期的栽培目的。尽管每一种园林植物在生长发育上都有自己不同于其他植物种的"个性"，但又有很多种园林植物具有相同或相似的生长发育规律，这就是某一类园林植物的"共性"。认识"共性"之后，再去认识"个性"，就容易多了;认识了"个性"，反过来会加深对"共性"的理解和再认识。

1.1 园林植物的分类

园林植物是园林建设的基本材料，是植物造景的基础。园林植物是指适合于风景区、街道、公园、厂矿、村落及居住区等各种园林绿地栽种应用的植物，具有一定的观赏价值，可以美化、净化环境;适于布置人们生活环境、丰富人们精神生活。时至今日，人们对园林植物的功能赋予了新的要求。不仅要求具有观赏功能，还要求具有改造环境、保护环境，以及恢复、维护生态平衡的功能。因此，园林植物不仅包括木本和草本的观花、观果、观叶、观姿态的植物，也包括用于建设生态绿地的所有植物。随着科学技术的发展和社会的进步，园林植物的范畴也在延伸扩大。

种类繁多、习性各异的园林植物，各自在园林绿化中起的作用不尽相同。对园林植物进行分类，有利于正确识别园林植物种类，把握植物间的亲缘关系，掌握各类植物的生态习性，从而采取相应的栽培技术措施，进而在园林绿化和美化生活中合理应用。

园林植物依据不同的标准有不同的分类方法，每种分类方法都有各自的优缺点，也各有其适用的具体条件。在园林栽培上，一般采取人为分类方法，即以植物的一个或几个特征，或经济、生态特性作为分类的依据，将园林植物主观地划分为不同的类别。这种分类方法没有考虑到植物的进化过程和亲缘关系，且同一植物在不同分类里有交叉重复的现象，其分类并不像自然分类法那样有严格的一对一的关系，但人为分类法简单明了，操作性和实用性很强，在园林生产上被普遍采用。

1.1.1 根据生物学习性分类

根据园林植物的生物学习性不同，可分为以下类型：

1.1.1.1 草本园林植物

草本园林植物植株的茎木质化程度很低，柔软多汁。根据草本园林植物的生活周期可分为三类。

1. 一年生草本园林植物

这类植物在一个生长季内完成其生命周期，即春季播种、夏季开花，从播种到开花、结实、枯死均在一个生长季内完成，又称春播园林植物。一年生草本园林植物多原产于热带或亚热带，耐寒性差，耐高温能力强，夏季生长良好，冬季来临遇霜枯死。常见有凤仙花、千日红、半枝莲、万寿菊、麦秆菊、鸡冠花、百日草、波斯菊等。

2．二年生草本园林植物

这类植物在两个生长季内完成生命周期，一般秋季播种，春夏开花，又称秋播园林植物。其生命周期常不足一年，但因跨越两个年度，故称二年生草本园林植物。二年生草本园林植物多原产于温带或寒冷地区，耐寒性较强，多数当年只长营养器官，以小苗越冬，翌年春夏开花、结实，进入高温期遇高温则枯死。常见有三色堇、金盏菊、石竹、瓜叶菊、报春花、紫罗兰、飞燕草、金鱼草、虞美人、桂竹香等。

3．多年生草本园林植物

这类植物的生命周期超过二年以上，能多次开花结实。根据其地下部分形态变化的不同，可分为宿根园林植物和球根园林植物。

（1）宿根园林植物

植物的地下部分形态正常，不发生变态。根据其落叶性质不同，又可分为：

①常绿宿根植物

整个植株都能安全越冬，常见有红花酢浆草、万年青、君子兰等。

②落叶宿根植物

冬季地上部分枯死，而地下的芽和根系仍然存活，翌年春暖后重新萌发生长，常见有菊花、芍药桔梗、玉簪、萱草等。

（2）球根园林植物

这类植物的特点是地下部分的根系或地下茎发生变态，膨大为球形或块状，用于贮藏营养，以度过寒冷的冬季或干旱炎热的夏季（呈休眠状态）。待环境适宜时再恢复生长，出叶开花，并再度产生新的地下膨大部分或增生子球进行繁殖。球根园林植物因其变态部分各不相同，又可分为：

①块茎类

地下部分的茎呈不规则的块状，常见有大岩桐、花叶芋、马蹄莲等。

②鳞茎类

地下茎极度缩短并有肥大的鳞片状叶包裹，常见有水仙、郁金香、百合、风信子等。

③根茎类

地下茎肥大呈根状，具有明显的节，节部有芽和根，如美人蕉、鸢尾、睡莲、荷花等。

④块根类

由不定根或侧根膨大形成，呈块状，常见有大丽花、花毛茛等。

1.1.1.2　木本园林植物

木本园林植物植株的茎木质化程度高，质地坚硬。根据其形态，木本园林植物可分为三类：

1. 乔木类

树体高大，主干明显而直立，分枝多，主干和树冠有明显区分，如白玉兰、广玉兰、香樟、悬铃木、女贞、橡皮树、雪松、水杉等。

2. 灌木类

无明显主干，一般植株较矮小，分枝从接近地面处生出，呈丛生状，如栀子花、牡丹、月季、腊梅、贴梗海棠、山茶、杜鹃等。

3. 藤木类

茎木质化，长而细软，不能直立，需缠绕或攀援其他物体才能向上生长，如紫藤、凌霄、爬山虎、葡萄、络石、常春藤等。

根据在园林中的用途，木本园林植物还可分为园景树（孤植树）、绿荫树、行道树、花灌木、攀援植物、绿篱植物及木本地被植物等。

1.1.1.3　水生园林植物

水生园林植物是指生长在水中或潮湿土壤中的植物，包括草本植物和木本植物。在园林中根据其生活习性和生长特性，可分为五类：

1. 挺水植物

其茎叶伸出水面，根和地下茎埋在泥里，一般生活在水岸边或浅水的环境中，常见的有黄花鸢尾、水葱、菖蒲、蒲草、芦苇、荷花、雨久花、半枝莲等。

2. 浮叶植物

其根生长在水下泥土之中，叶柄细长，叶片自然漂浮在水面上，常见的有金银莲花、睡莲、满江红、菱等。

3. 沉水植物

其根扎于水下泥土之中，全株沉没于水面之下，常见的有玻璃藻、苦草、大水芹、菹草、黑藻、金鱼草、竹叶眼子菜、狐尾藻、水车前、石龙尾、水筛、水盾草等。

4. 漂浮植物

其茎叶或叶状体漂浮于水面，根系悬垂于水中漂浮不定，常见的有大漂、浮萍、萍蓬草、凤眼莲等。

5. 滨水植物

其根系常扎在潮湿的土壤中，耐水湿，短期内可忍耐被水淹没，常见的有垂柳、水杉、池杉、落羽杉、竹类、水松、千屈菜、辣蓼、木芙蓉等。

1.1.1.4　多浆、多肉类园林植物

这是一类茎、叶肥厚多汁，具有发达的贮水组织，抗干旱、抗高温能力很强的植物。多原产于热带半荒漠地区，茎部多变态成扇状、片状、球状或多形柱状，多数种类的叶变态成刺状。因其形态奇特，具有很高的观赏价值，如仙人掌、昙花、蟹爪兰、燕子掌、虎刺梅、生石花、芦荟、落地生根等。

1.1.2 根据植物观赏部位分类

1. 观花类

观花类以花朵为主要观赏部位，且以花大、花多、花艳或花香取胜。这类植物包括木本观花植物和草本观花植物。木本观花植物如玉兰、梅花、杜鹃、榆叶梅等；草本观花植物如菊花、兰花、大丽花、一串红、唐菖蒲、君子兰、郁金香等。

2. 观叶类

观叶类以观赏叶形、叶色为主。这类植物或叶色光亮、色彩鲜艳，或叶形奇特而引人注目。观叶园林植物观赏期长，观赏价值较高，如龟背竹、红枫、黄栌、芭蕉、苏铁、橡皮树、一叶兰等。

3. 观茎类

观茎类植物茎干因色泽或形状异于其他植物而具有独特的观赏价值，如佛肚竹、紫薇、白皮松、竹类、白桦、红瑞木等。

4. 观果类

观果类植物果实色泽美丽，经久不衰，或果实奇特，色形俱佳，如石榴、佛手、金橘、五色椒、火棘、山楂等。

5. 观姿类

观姿类植物以观赏园林树木的树型、树姿为主。其树型、树姿或端庄、或高耸、或浑圆、或盘绕、或似游龙、或如伞盖，如雪松、金钱松、龙柏、香樟、银杏、合欢、龙爪榆、龙爪槐等。

6. 观芽类

观芽类植物以肥大而美丽的芽为观赏对象，如银柳、结香等。

1.1.3 根据园林用途分类

根据园林植物在园林配置中的位置和用途，可分为行道树、绿荫树、花灌木、绿篱植物、垂直绿化植物、花坛植物等。

1. 绿荫树

绿荫树指配置在建筑物、广场、草地周围，也可用于湖滨、山坡营建风景林或开辟森林公园，建设疗养院、度假村、乡村花园等的一类乔木。绿荫树可供游人在树下休息之用，如榉树、槐树、鹅掌楸、榕树、杨树等。

2. 行道树

行道树指成行栽植在道路两旁的植物，如水杉、银杏、朴树、广玉兰、樟树、桉树、小叶榕、葛树、木棉、重阳木、羊蹄甲、女贞、大王椰子、椰子、鹅掌楸、悬铃木、七叶树等。

3. 花灌木

花灌木指以观花为目的而栽植的小乔木、灌木，如梅、桃、玉兰、丁香、桂花等。

4. 垂直绿化植物

垂直绿化植物指绿化墙面、栏杆、山石、棚架等处的藤本植物，如爬山虎、络石、薜荔、常春藤、紫藤、葡萄、凌霄、叶子花、扶芳藤、蔓性蔷薇等。

5. 绿篱植物

绿篱植物指园林中用耐修剪的植物，成行密集代替篱笆、围墙等，起隔离、防护和美化作用的一类植物，如侧柏、罗汉松、厚皮香、桂花、红叶石楠、日本珊瑚树、丛生竹类、小蜡、福建茶、六月雪、女贞、瓜子黄杨、金叶女贞、红叶小檗、大叶黄杨等。

6. 造型、树桩盆景

造型指经过人工整形制成各种物象的单株或绿篱，如罗汉松、叶子花、六月雪、瓜子黄杨、日本五针松等。

树桩盆景是在盆中再现大自然风貌或表达特定意境的艺术品，比较常见的种类有银杏、金钱松、短叶罗汉松、榔榆、朴树、六月雪、紫藤、南天竹、紫薇等。

7. 地被植物

地被植物指用低矮的木本或草本植物种植在林下或裸地上，以覆盖地面，起防尘、降温和美化作用，如金连翘、铺地柏、紫金乍、麦冬、野牛草、剪股颖等。

8. 花坛植物

花坛植物采用观叶、观花的草本植物和低矮灌木，栽植在花坛内组成各种花纹和图案，如月季、红叶小檗、会叶女贞、金盏菊、五色苋、紫露草、红花酢浆草等。

1.2 树体的组成

园林植物绝大多数是种子植物。种子植物的形态可以以地面为界分两大部分：地面以下为根系，与土壤接触，包括主根、侧根、须根和根毛；地面以上为枝系，与大气和日光接触，其上着生茎（木本植物特称枝、干，匍匐或攀缘植物又称蔓）、叶、花、果实和种子。而地上部与地下部交界处称根颈。各类园林植物组成又各有其特点。现以乔木为例来说明树体的组成（图1—1）。

1.2.1 树干

树干是树体的中轴，下接根部、上承树冠。树干又可分主干和中心主枝。但有些树种或经整形定干的树体，则没有中心主枝。

1. 主干

指树木从根颈以上到第一个分枝处以下的部分，其高度在整枝时称枝下高。灌木仅具极短的主干；丛木不具主干，而呈丛生枝干；藤本的这一部分称主蔓。

2. 中心主枝

自主干上第一分枝处以上至树顶之间的部分。

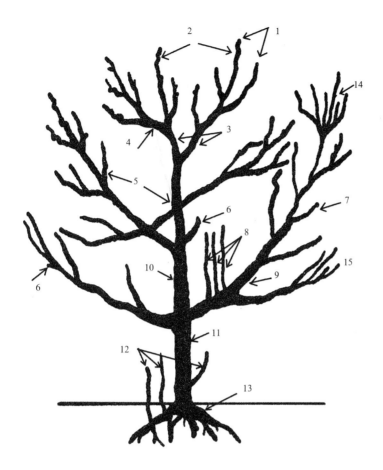

图1-1 树体的组成
1—顶芽；
2—侧芽；
3—侧枝；
4—二年生枝；
5—当年生枝；
6—残枝；
7—短枝；
8—徒长枝；
9—侧立枝；
10—中央主枝；
11—主干；
12—根藤枝；
13—主根；
14—轮生枝；
15—并生枝

1.2.2　树冠

　　树冠是指主干以上集生树枝的部分，包括主枝、各级侧枝和树叶。

　　1. 主枝

　　自中心主枝上生出的比较粗壮的枝条，离地面最近的称第一主枝，依次而上有第二主枝、第三主枝等。

　　2. 侧枝

　　着生于主枝上适当位置和方向的较小枝条，从主枝基部最下位发生的侧枝称第一侧枝，依次类推为第二侧枝、第三侧枝等。在侧枝上分生的主要大枝称副侧枝。

　　在各级枝系中，构成树冠骨干的大枝，通称为骨干枝。它们支撑树冠全部的侧生枝及叶、花、果。由于骨干枝着生的状态不同，构成树冠的基本外貌也各异。

　　3. 延长枝

　　中心主枝和各级骨干枝先端领头延伸的一年生枝，通称为延长枝。延长枝在树木幼、青年期生长量较大，起扩大树冠的作用。其枝领增高后，转变为骨干枝的一部分。随着分枝级次的提高，到一定级次后，延长枝和附近的侧生枝差别很小或变得难以区分。

　　4. 小侧枝

　　自骨干枝上所分生的较细的枝条。它们可能是单独一枝或再分生小枝群

（枝组），常能分化花芽并开花、结果。

1.2.3 其他枝干名称

1. 直立枝

和水平线成垂直姿态直立生长的枝。

2. 斜生枝

和水平线成一定角度、向上斜生的枝。

3. 水平枝

成水平生长的枝。

4. 下垂枝

先端向下垂的枝。

5. 内向枝

朝向树冠中心生长的枝。

6. 平行枝

二枝在同一水平面平衡伸展的枝。

7. 重叠枝

二枝在同一垂直平面内，上下相叠，间距临近的枝。

8. 轮生枝

几个枝条自同一节或相互很近的地方向四周放射伸展的枝。

9. 交叉枝

二枝相互交叉生长的枝。

10. 骈生枝

以同一节内朝同一方向并生的二枝或二枝以上的枝条。

11. 竞争枝

着生在延长枝下部，与延长枝长势相近，甚至超过延长枝，和延长枝争夺养分和空间的枝条。

12. 生长枝

当年生长后不开花结果且到秋冬也无花芽或混合芽。

13. 徒长枝

在生长枝中生长特别旺盛、节间长、叶片大、芽较小、枝条粗大、组织松软且直立生长的枝。

14. 结果枝

能直接开花结果的枝。依其长短而分为长果枝、中果枝、短果枝。

15. 更新枝

生长极度衰弱的多年生老枝或花果枝，经修除后萌发的新枝。

16. 新梢

凡是有叶的当年生枝。

17. 春梢、夏梢和秋梢

春初芽萌发而成的枝称春梢。梅雨前后或七、八月间自春梢顶芽萌发再生长的称夏梢。到秋季自春梢或夏梢的顶芽萌发再生长的称秋梢。

18. 一次枝、二次枝

本年内形成的叶芽或混合芽到翌春萌发而成的枝称一次枝。一次枝上的芽生长特旺或一次枝失去顶芽后，由当年侧芽再次萌发而成的枝称二次枝。

19. 一年生枝、二年生枝

当年所生的枝自落叶后至翌年春季发芽为止称一年生枝。一年生枝自发芽后至第三年春发芽为止称二年生枝。

1.3 根系的生长发育规律

根是植物的主要器官之一。一株高大的乔木，根系在土壤中延伸的范围超过树冠的大小。强大的根系可使植株固定于土壤中，防止倒伏；植物从土壤中吸收水分与多种营养物质，如矿质盐类、各种形态的氮素等都依靠根系；根不仅只是将吸入的各种矿质元素进行简单向上传送，根系中能合成一些植物生长发育所必需的复杂化合物，如氨基酸、酶、激素等，再向茎叶输送，促使地上部分顶端分生组织细胞不断增长；多年生园林植物，巨大的根系和枝干中都有贮藏营养的功能，为第二年春季萌芽、开花和枝叶生长所用；根系在土壤中的存在，一方面从中吸收水分和营养物质，另一方面也能改善土壤微环境。死亡的根使土壤中有机质增加，通气性变好。根系的活动也使土壤微生物种类和数量增多；根也可以繁殖成独立的植株。但在常规条件下，不是所有的园林植物的根都具繁殖的功能，一般生产上枣树的根、旋花的根、大丽菊的根都可用于繁殖。因此，了解植物根系的生长发育规律及其与地上部分的关系，对采取相应的栽培措施来促进或控制根系的生长，进而促进或抑制地上部分的生长发育有重要的意义。

1.3.1 根系的类型

植物的根系通常由主根、侧根和须根构成。主根由种子的胚根发育而成，主根上产生各级较粗的大分支统称侧根，在侧根上形成的较细分支称为须根。不是所有的植物都有主根，一般扦插系列的植株就没有主根。生长粗大的主根和各级侧根构成根系的基本骨架，称为骨干根和半骨干根，主要起支持、输导和贮藏的作用。还有些如棕榈、竹等单子叶植物，没有主根和侧根之分，只有从根颈或节上发出的须根。须根是根系最活跃的部分。

1. 根系的起源类型

园林植物的根系，根据其发生来源可分为实生根系、茎源根系和根蘖根系三大类。

(1) 实生根系

实生根系是指用种子繁殖的植物根系和用种子繁殖砧木进行嫁接繁殖植

物的根系。根系来源于种子的胚根，并发育成最初的主根。实生根系的特点是一般主根发达，根系分布较深，生理年龄（即发育阶段）较轻，生命力强，对外界环境有较强的适应能力。实生根系个体间的差异比无性系列的根系大，在嫁接的情况下，还受地上部分接穗品质的影响。

(2) 茎源根系

茎源根系是指由茎（枝）繁殖形成的根系，如扦插、压条、埋干等繁殖苗的根系。它来源于母体茎（枝）形成层和维管束组织形成的根原始体生长出的不定根。茎源根系的特点是主根不明显，根系分布较浅，生理年龄（即发育阶段）较老，生活力弱，但个体间的差异较小。

(3) 根蘖根系

根蘖根系是指根段（根蘖）上的不定芽形成独立植株的根系，如泡桐、香椿、石榴、樱桃等的根蘖苗，或用根插形成的独立植株所具有的根系。它是母株根系皮层薄壁组织形成的不定芽长成独立植株后的根系，是母株根系的一部分。根蘖根系的特点与茎源根系相似。

2. 根系的形态类型

根系在土壤中分布形态变异很大，可概括为主根型、侧根型和水平根型三种类型（图1—2）。

(1) 主根型

主根型有明显的近乎垂直的主根深入土中，从主根上分出侧根向四周扩展，由上而下逐渐缩小。整个根系像个倒圆锥体，主根型根系在通透性好而水分充足的土壤里分布较深，故又称为深根性根系，在松、栎类树种中最为常见。

(2) 侧根型

侧根型没有明显的主根，主要由侧根和须根组成。根系大致以根颈为中心向地下方向作辐射扩展，形成网状结构的吸收根群，如杉木、冷杉、槭、水青冈等树木的根系。

(3) 水平根型

水平根型是由水平方向伸展的扁平根和繁多的穗状细根群组成，如云杉、铁杉以及一些耐水湿树种的根系，特别是在排水不良的土壤中更为常见。

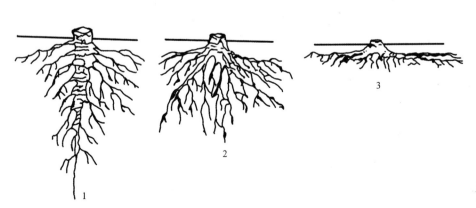

图1-2　根系的形态类型
1—主根型；
2—侧根型；
3—水平根型

1.3.2 根系在土壤中的分布

在适宜的土壤条件下，根系在地下分布的范围和深浅，因种类不同而不同。

直根系植物和大多数用种子繁殖乔木树种，主根强大，它们的根系垂直向下生长特别旺盛，根系分布较深，常被称为深根性植物。具有强大直根系的植物，其根系的垂直分布很深，如高大的乔木，根系可深达 5～10m 土层处，但最大根群量在土层下 20～50cm 处。主根不发达，侧根水平方向生长旺盛，大部分根系分布于上层土壤的植物，如须根系植物和一些灌木，常被称为浅根性植物。浅根性植物根系分布较浅，最深的根约 1.5～2.0m，最大根群量在土表下 10～30cm 处。

一般而言，凡根系分布较深的植物，能充分地吸收和利用土壤深处的水分和养分，耐旱（对表土层土壤湿度变化的适应性）、抗风能力较强，但起苗、移栽难度较大。生产上多通过移栽、截根等措施，来抑制主根的垂直向下生长，以保证栽植成活率。凡根系分布较浅的植物，起苗、移栽相对容易，并能适应含水量较高的土壤条件，但抗旱、抗风及与杂草竞争力较弱。部分树木根系因分布太浅，随着根的不断生长挤压，会使近地层土壤疏松，并向上凸起，容易造成路面的破坏。园林生产上可以将深根性与浅根性树种进行混种，利用它们根系分布上的差异性，取长补短，以达到充分利用地下空间及水分和养分的目的。可见，各种植物的根系在土壤中的分布特性很能反映该植物对土壤水分状况的反应特点。发达的根系能增强植物的抗逆性能。由于根系深入土层，不但可以吸收和利用深层土壤中的肥水，也有利于增强植物抗干旱、抗瘠薄和抗风的能力。着重指出的是：由于植物的根系有明显的趋肥、趋水特性，在栽培管理上，应提倡深翻（深耕改土），同时施肥要施到土壤较深处，诱导根系向下生长，防止根系"上翻"，即不让根系在土表层过旺生长，避免土表层一旦干旱（这是经常的）时大量根系的死亡，从而影响地上部生长发育。

植物根系在土壤中的水平分布范围，在正常情况下，多数与植物的冠幅相一致。例如，树木的大部分吸收根，通常主要分布在树冠外围的圆周内，所以应在树冠外围于地面的水平投影处附近挖掘施肥沟，才有利于养分的充分吸收。

根系在土壤中的分布状况，除取决于树种外，还受土壤条件的影响。许多植物的根系在土壤水分、养分、通气状况良好的情况下，生长密集，水平分布较近；而在土层浅、干旱、养分贫瘠的土壤中，根系稀疏，单根分布深远，有些根甚至能在岩石缝隙内穿行生长。根系生长的最适温度为 20～25℃，上限温度 40℃，下限温度 5～10℃。适宜的土壤含水量为田间持水量的 60%～80%，土壤过干，易促使根系木栓化和自疏；土壤过湿，则因缺氧而抑制根的呼吸作用，导致根的停长或烂根死亡。土壤通气良好，根系密度大，分支多，须根也多；通气不良，发根少，生长慢或停止，易引起植物生长不良或早衰。此外，树木在青、壮年时期，根系分布范围最广。用扦插、压条等方法繁殖的苗木，根系分布较实生苗浅。

1.3.3 根系的生长动态

园林植物根的生长动态有三个周期：一是生命周期；二是年生长周期；三是昼夜周期。

1. 生命周期

树木根系生长的生命周期是从种子开始，萌发长成幼树时先长垂直根，树冠形成一定规模的成年树，水平根向外生长很快，树冠最大时，根系的分布达最远、最深处。树冠出现衰老时树冠缩小，外围枝枯衰死亡，树冠内枝条出现向心生长，地下根系也是这样，根的分布范围缩小，且水平根先衰老，垂直根最后衰老，与幼年形成根系时正好相反。

有些生长期很短的植物（如半支莲），整个生命周期只在一个季节里，甚至只有几天（如短命菊）。

2. 年生长周期

多年生的植物，根系在冬季并无自然休眠，由于土温低而基本不生长。从春季起，根系开始生长，至秋末有两个生长高峰期。

(1) 第一高峰

出现的环境条件主要是适宜的土壤温度，约 20 ~ 25℃。这期间植株条件也好，地上部萌芽、开花坐果消耗大量营养物质的物候期已过，植株有大量的叶面积，地上部光合产物向根系大量转移，为根系提供了良好的物质条件。一年生植物也是在这个时期有旺盛的根系生长，之后才有更大的营养体和花、果实的生长。

(2) 第二高峰

炎热的夏季，土温较高，根系生长处于低谷，过后出现适温时期，加上有些植物果实已采收或脱落，地上部养分向下转移量增加，促使根系出现第二高峰。这一时期根的吸收功能、贮藏功能增强，如秋季能及时施肥，促使根更多地吸收养分和增加根量，是保证多年生树木连年健壮生长的重要技术措施。

对于一年生植物，生命周期即年生长周期。在生长季末期，根系生长更显著地受植株地上部衰老与枯萎的影响，土壤条件再好，也不会出现生长高峰，而是和茎叶一起死亡。

为促进根系生长，土壤管理也要根据年生长周期特点进行。早春由于气温低，养分分解慢，此时应注意排水、松土、提高土温。施肥以腐熟肥料为主，配合施以速效肥，促进吸收根的大量发育。夏季气温高、蒸发量大，同时又是植物生长发育的最旺盛期，保持根系的迅速生长特别重要。松土、灌水、土面覆盖是保持根系正常活动的重要措施。此外，秋季的土壤管理也十分重要。秋季和初冬发生的吸收根往往比春季多，而且抗性强、寿命长。其中一部分继续吸收水分与养分，并能将其吸收的物质转换成有机化合物贮藏起来，起着提高植物抗寒力的作用，也可以满足植物生长的需要。因此，在秋季进行土壤深耕、深施较多的有机肥，对促进生长根的发育十分必要。

3. 昼夜周期

生长根夜间比白天的伸长量大，新根发生量也多。其原因：白天地上部分蒸腾和光合作用强度大，在这种情况下根系在白天要向地上部输送大量水分和营养物质，夜间根系吸收、合成等功能有比白天更稳定的土壤水分、温度条件，特别是浅根系植物更是如此。一般生长季节，白天地表 0 ～ 20cm 的土层温度、湿度变化大，夜间则变化小，很适于根的生长。

1.3.4 根的再生能力

断根后长出新根的能力，称根的再生力。不同季节、不同物种、树木的不同砧木和不同生态条件，根的再生力有很大差异。春季与秋季是根系再生力较强的两个季节，但也有所不同：春季断根后，再生新根数目多而新根生长长度不长；秋季则再生新根数目少而新根能长得较长。春、秋季根的再生能力较强，是树木幼苗适于出圃和定植的原因。在生产中，深翻地可以断根，能促进新根量。有旺盛生长的地上部新梢顶芽，对根再生力有促进作用，除掉顶芽，根再生力受抑制。在环境条件中，土壤通气良好，根的再生力强，土壤孔隙率40%时最好。

1.4 茎（枝）的生长发育规律

茎是植物地上的骨架，其上着生叶、花、果实。多年生藤本植物的茎又称蔓或藤。茎和根系共同承担了整个植株地上部分的重量，大的枝支持与着生小枝，枝上着生叶、花和果实，还能抵抗外界风、雨、雪等加到植株上的压力。茎能将根所吸收的水分、无机盐以及根合成或贮藏的营养物质和一些植物激素输送到地上各部分；同时又将叶所制造的有机物质运输到根、花、果、种子各部分去利用或贮藏。所以，茎的输导作用把植物体各部分的活动联成一个整体。根和叶吸收或合成的一些物质，在经茎运输、交换的过程中，同时也有进一步的合成与转化。茎也贮藏水分和各种营养物质，特别是多年生的树木，枝干贮藏的营养物质在第二年芽的萌动、开花坐果上起重要作用。有些植物的茎或枝段可以繁殖新的植株，生产中的扦插、压条繁殖就是用枝段；嫁接的接穗是用芽或枝段。

1.4.1 芽的生长习性

芽是多年生植物为适应不良环境延续生命活动而形成的重要器官。它是枝、叶、花等器官的原始体，与种子有相似的特点，在适宜的条件下，可以形成新的植株。同时，芽偶尔也会由于物理、化学及生物等因素的刺激而发生遗传变异，芽变选种正是利用了这一特性。因此，芽是植物生长、开花结实、修剪整形、更新复壮及营养繁殖的基础。

1. 芽的类型

芽的类型可根据芽生长的位置、性质、结构和生理状况的不同进行划分。

(1) 定芽和不定芽

在茎上有固定生长位置的芽称为定芽，如顶芽、腋芽。着生位置不定，多发生在枝干或根部皮层附近，肉眼不易看见的芽称为不定芽，如秋海棠、大岩桐的叶生芽，刺槐和泡桐的根出芽等。其中位于腋芽中心的芽，芽体较大、充实称为主芽；着生在主芽两侧或上、下部位的芽称为副芽，如桃、梅、枫杨、胡桃等。

(2) 叶芽、花芽、混合芽

能发育成枝条的芽称为叶芽；能发育成花和花序的芽称为花芽；如果一个芽开放后既产生枝条又有花和花序生成，称为混合芽，如丁香、海棠、苹果等。花芽和混合芽一般比叶芽大。

(3) 鳞芽和裸芽

有芽鳞包被的芽称为鳞芽，芽鳞是叶的变态，常具绒毛或蜡质，可保护幼芽越冬；无芽鳞包被的芽称为裸芽，如枫杨、苦木、草本植物和生长在热带的木本植物多为裸芽。裸芽的幼叶裸露，但叶上常密被绒毛以防寒。

(4) 活动芽和休眠芽

芽形成后能在当年生长季节中萌发成枝或花（花序）的芽称活动芽。一般植物顶芽活动力最强，离顶芽越远的腋芽活动力越弱。枝条基部的芽形成后大多不萌发而处于休眠状态称为休眠芽或潜伏芽。休眠芽经一年或多年潜伏后才萌发，也可能始终处于休眠状态或逐渐死去。由于顶芽对腋芽的生长有抑制作用，因而当顶芽受损或生长受阻时，休眠芽就会萌发。在园林植物和果树栽培中，人们常利用这种原理进行整形修剪。

2. 芽序

定芽在枝上按一定规律排列的顺序称为芽序。定芽的位置着生在叶腋间，所以芽序与叶序相同，通常有互生、对生、轮生三种。由于树木的芽序对枝条的着生位置和方向有密切关系，所以了解树木的芽序，在整形修剪中对安排主侧枝的方位等有重要作用。

3. 芽的特性

(1) 芽的萌发力和成枝力

植物枝条上叶芽的萌发能力称萌发力。多年生植物前一年形成的叶芽，翌年春季并不一定都能萌发，而不同物种或品种的萌发能力有差异，其强弱由萌发率表示，即萌发的芽占该枝条上芽的总数的百分数，称为萌发率。凡是枝条上叶芽在一半以上都能萌发的（如悬铃木、白榆）则为萌发力强或萌芽率高的；凡是枝条上叶芽多数不萌发，而呈休眠状态的（如青铜、广玉兰）则为萌发力弱或萌芽率低，有的树种萌芽率只有 5% ～ 15%。

叶芽萌发后能形成长枝的能力称为树木的成枝力。不同的树种成枝的能力是不同的，如悬铃木、葡萄、桃等植物，萌发率高、成枝力强。这类树种树冠密集，幼树成形快，遮荫效果好，但也会使树冠过早郁闭而影响冠内的通风透光，易使树冠内部短枝早衰；而银杏、西府海棠等树种，其萌发力高，成枝力弱，这类树种的树冠内枝条稀疏，幼树成形慢，遮荫效果差，但树冠的通风透光较好，在绿地规划时，要根据用途和植物的习性来选树种，既要考虑长期效果，也要考虑近期效果。

（2）芽的早熟性与晚熟性

芽从形成到萌发的时间长短，因树种而异。当年形成，当年萌发成枝的芽称早熟性芽，如香樟、月季、桃等树种。有些一年内能连续萌生3～5次新稍并能多次开花，如月季、桃、米兰、茉莉等。当年形成到翌年萌发成枝的芽称晚熟性芽，如银杏、广玉兰、悬铃木。也有二者兼具的树种如葡萄，其副芽是早熟性芽，主芽是晚熟性芽。芽的早熟性和晚熟性是树木比较固定的习性，但在不同的年龄时期、不同的环境条件下，也会有所变化，如生长在较差条件下的老龄桃树，一年只萌发一次枝条。具晚熟性芽的悬铃木等树种的幼苗，在肥水条件较好的情况下，当年常会萌生二次枝；叶片过早的衰弱也会使一些具晚熟性芽的树种二次萌生或开二次花，如梨、垂丝海棠等。由于芽的萌发晚，生长期短，枝条幼嫩，越冬能力差，对次年的生长会带来不良的影响。所以因尽量防止这种情况的发生。

（3）芽的异质性

许多木本植物在一定长度的当年生茎（枝）上有不同部位的芽，由于是在不同时期、不同环境条件、不同营养状况下形成的，其质量有很大差异，这就是芽的异质性。一般而言，长枝条的基部和顶端部分或是秋梢上的芽质量较差，中部的最好；而中短枝的中、上部的芽较为充实饱满，树冠内部或下部的枝条，因光照不足，其上的芽质量欠佳。充实饱满的芽，具有先萌发和萌发势强的潜力，萌发成枝的生长势也强。芽的异质性的表现，对枝的顶端优势有很大的影响，就观赏树木、木本花卉而言，芽的异质性是修剪的理论依据之一。如果想促进枝向外延伸，应剪留最饱满的芽为剪口芽；反之，若要削弱枝的生长势，宜剪留较弱的芽为剪口芽，如在春秋梢交界处修剪。在选择插穗或接穗时，运用芽的异质性，就知道应在树冠的什么部位采穗为好。

（4）芽的潜伏力

多数树木基部的芽或上部的副芽，在通常情况下不萌发，呈潜伏状态，这种芽，称为潜伏芽。当枝干受到某种刺激或衰老更新时，潜伏芽就会萌发成为新的枝条，代替失去或衰老的部分。

潜伏芽寿命的长短与树木更新复壮的能力和树木寿命长短密切相关。潜伏芽寿命长的树种容易更新复壮，复壮好的几乎能恢复至原有的冠幅，甚至能多次更新，寿命也长；潜伏芽寿命短的树种则不易更新复壮，寿命也短。潜伏芽的寿命长短与树种的遗传性有关，但环境条件和养护管理等也有重要影响。

1.4.2 茎枝的生长习性

1. 干性与层性

树木中心主枝的生长的强弱和维持时间的长短称为树木的干性。顶端优势强的树种，中心主枝生长势强而持久。凡中心主枝明显而坚梃，能长期保持优势的则为干性强，如雪松、水杉、广玉兰等树种。而桃、石榴、梅、柑橘及灌木类树种等则干性弱。树木干性的强弱对树木高度和树冠的形态、大小等有重要影响。

由于顶端优势和芽的异质性，在干性强的树种中，年内萌生强壮的一年生枝条的着生部位比较集中，各年萌生的枝条则呈明显的分层现象，这种现象称为树木的层性，如黑松、马尾松、广玉兰、枇杷等树种，具有明显的层性，几乎是一年一层。这一习性可以作为测定这类树种树龄的依据之一。具有层性的树冠，有利于通风透光，但层性又随中心主枝的生长优势和保持年代而变化，树木进入壮年之后中心主干的优势减弱或失去优势，层性也就消失。

不同树种的干性和层性表现不一样，雪松、龙柏、水杉等树种干性强而层性不明显；南洋杉、黑松、广玉兰等树种干性强，层性也明显；悬铃木、银杏、梨等树种干性比较强，主枝也能分层排列在中心主枝上；香樟、苦楝、构树等树种幼年期能保持较强的干性，进入成年期后，干性与层性都明显衰退；桃、梅、柑橘等树种自始至终都无明显的干性和层性。

树木的干性与层性在不同的栽培环境中会发生一定的变化，如群植能增强干性，孤植会削弱干性，人为修剪技术也能左右树木的干性与层性。

2．分枝和分蘖

木本植物的枝一般一年在春季分枝一次，少数有早熟性芽的木本植物，夏季或秋季也能分枝。分枝使冠幅增加，并增加成花的机会。分枝的概念在禾本科植物中特称分蘖。许多草坪植物，如早熟禾、结缕草、假俭草等，茎节间短，埋在土中或近地面，由腋芽形成分枝即分蘖。

3．顶端优势

一个近于直立的枝条，其顶端的芽能抽生最强的新梢，侧芽所抽生的枝，其生长势（常以长度表示）常呈自上而下递减的趋势，最下部的一些芽则不萌发。如果去掉顶芽或上部芽，即可促使下部侧芽和潜伏芽的萌发，这种植物顶端的芽或枝条生长占优势的地位称为顶端优势。顶芽对下部侧芽的萌发或顶端枝条对下部枝条生长的抑制现象在植物中是很普遍的。顶端优势对植物的形态结构、开花结果、生殖与生长的关系都有很大的影响。一般乔木都有较强的顶端优势，越是乔化的树种，其顶端优势也越强，如雪松、水杉、南洋杉等树种的顶端优势很明显，尤其是棕榈树始终保持着绝对优势。而灌木类树种从整体上看顶端优势就不明显，这些都是遗传性所决定的。

植物的顶端优势除了与遗传性有关外，还与年龄、环境和养护管理有关。悬铃木、白榆、桑树等树种，幼年期有较强的顶端优势，能形成明显的主干，进入成年期后，顶端优势逐渐衰退，主侧枝的生长较为均匀；树木在群植时会促使较长时间的保持顶端优势，而在孤植的情况下，易使顶端优势衰退；整形修剪是促控树木顶端优势的人为措施，如利用剪口芽的位置来调节枝条的生长角度，直立性的枝条顶端优势强于斜生枝，而下垂枝的顶端优势最弱。

4．茎（枝）的生长类型

植物地上部茎枝的生长与地下部根系相反，表现出向上生长的极性，多数是直立或斜生向上生长，也有呈水平或向下生长的。园林植物中大致归纳为下列三种形式：

（1）直立形

由于极性的缘故，茎枝多以直立或斜向伸展于空间，使树冠保持直立的形态。但是不同的树种具有不同的分枝规律，所形成的树冠形状又可分为：圆柱形、圆锥形、圆头形、伞形、垂枝形和丛状形（图1-3a）。

（2）攀缘形

藤本植物都属这种生长形式。它们的枝蔓细长、柔软，不易维持自身的直立生长，没有比较固定的树形，而是依靠卷须、吸盘、吸附气根、钩刺等依附于墙面或依附在棚廊的架面上生长（图1-3d）。

（3）缠绕形

这类植物枝蔓细长、柔软，不能直立生长，需缠绕于其他物体向上生长，如牵牛、紫藤等（图1-3b、c）。

（4）匍匐形

由于茎枝的极性较弱，无直立向上生长的能力，又不具备藤本植物似的吸附器官和缠绕能力，常匍匐于地面生长，如偃柏、铺底柏等（图1-3e）。园林中用这类植物作覆盖地面的地被植物。

5．植物的分枝方式

植物在长期进化的过程中，为适应自然环境形成了一定的分枝规律，构成了庞大的树冠，使尽可能多的叶片避免重叠和相互遮阴，可更多地接受阳光，扩大吸收面积。此外，分枝方式不仅影响枝层的分布、枝条的疏密、排列方式，还影响着树形。每种植物都有一定的分枝方式，常见的有以下几种类型(图1-4)。

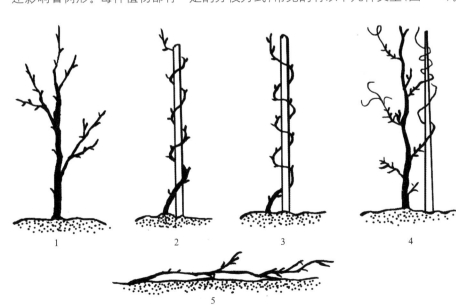

图1-3　茎的类型
1—直立茎；
2—左旋缠绕茎；
3—右旋缠绕茎；
4—攀援茎；
5—匍匐茎

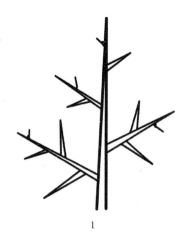

图1-4　分枝类型
1—单轴分枝；
2—合轴分枝；
3—假二杈分枝

1　　　　　　　　2　　　　　　　　3

（1）单轴分枝

单轴分枝植物的顶芽优势极强，生长旺盛，每年能继续向上生长，从而形成直立而明显的主干，主茎上的腋芽形成侧枝，侧枝再分枝，但各级分枝的生长均不超过主茎。大多数针叶树种属于这种分枝方式，如雪松、圆柏、龙柏、罗汉松、水杉、池杉、黑松、湿地松等。阔叶树中属于这一分枝方式的大都在幼年期表现突出，如杨树、栎、七叶树、薄壳山核桃等。但因它们在自然生长情况下，维持中心主枝顶端优势年限较短，侧枝相对生长较旺，而形成庞大的树冠。因此，总状分枝在成年阔叶树中表现得不很明显。这类树木中有很多名贵的观赏树，若任其自然生长，往往形成多杈树形，影响主干高度，树冠也不易抱紧而变得松散，易形成较多竞争枝，降低观赏价值。这种情况在罗汉松、龙柏等树种中极为普遍。

（2）合轴分枝

合轴分枝植物的顶芽发育到一定程度生长缓慢，瘦小或不允实，到冬季干枯死亡；有的形成花芽，不能继续向上生长，而由顶端下部的腋芽取而代之，继续向上生长形成侧枝，经过一段时间又被其下方的腋芽代替，每年如此循环往复，均由侧芽抽枝逐段合成主轴，故称合轴分枝。合轴分枝主干曲折、节间短、能形成较多花芽，并且地上部分呈开张状态，有利于通风透光。木本园林植物中很多树种属于这一类，如白榆、悬铃木、榉树、樟树、柳树、杜仲、槐树、香椿、石楠、苹果、犁、桃、梅、杏、樱花等。

（3）假二杈分枝

在对生叶（芽）序的植物中，顶芽停止生长或分化成花芽后，由下面对生的两个腋芽萌发抽生为两个外形大致相同的侧枝，这种分枝方式称为假二杈分枝，如泡桐、黄金树、梓树、楸树、丁香、女贞、卫矛、桂花等。

（4）多歧式分枝

这类植物的顶芽在生长期末，生长不充实，侧芽之间的节间短或在顶梢直接形成三个以上势力均等的侧芽，到下一个生长季节，梢端附近能抽出三个以上同时生长新梢的分枝方式。具有这种分枝方式的树种，一般主干低矮，如苦楝、臭椿、结香等。

有些植物，在同一植株上有两种不同的分枝方式，如杜英、玉兰、木莲、木棉等，既有单轴分枝，又有合轴分枝；女贞有单轴分枝又有假二杈分枝。很多树木，在幼苗期为单轴分枝，长到一定时期以后变为合轴分枝。

单轴分枝在裸子植物中占优势，合轴分枝则在被子植物中占优势。所以合轴分枝是进化的性状。因为顶芽的存在，抑制了腋芽的生长，顶芽依次死亡或停止生长，从而促进腋芽的生长和发育，保证枝叶繁茂，光合作用面积扩大。同时，合轴分枝还有形成较多花芽的特性。对于以花、果为主要栽培目的植物来说，它是"丰产的分枝"方式。

1.4.3 茎（枝）的生长

芽萌生成茎（枝）。茎的生长，主要是茎尖端即生长点向前延伸生长。生长点以下各节一旦形成，节间长度基本固定，之后有加粗生长。但也有少数植物如禾本科植物，还有居间生长，如竹笋、结缕草在春天就是以这种方式生长，由于每节都长，所以生长非常快。茎枝的生长构成了树木的骨架——主干、中心主枝、主枝、侧枝等。枝条的生长，使树冠逐年扩大；每年萌生的新枝上，着生叶片和花果，并形成花芽，使之合理分布于空间，充分接受阳光，进行光合作用，形成产量和发挥绿化功能作用。

1. 枝条的加长生长

在生长期中，由于顶端分生组织细胞的分裂和伸长使枝条延长，从而也扩大了树冠，增加了叶片数量。树木枝条加长生长持续的时间的长短，因树种而异。一般可分为两种类型：

前期生长型：树木枝条加长生长只有1～3个月时间，在前半个生长期内（5～6月份）就停止了加长生长，如黑松、白皮松、银杏、栎类等树种。根据这类树种生长期短的特点，其肥水管理的措施应集中在结束加长生长前（5～6月份），否则效果不明显或产生不利的作用。

全期生长型：树木枝条加长生长持续时间较长，从春到秋整个生长季节中几乎都在生长。但随地区不同生长时间长短也不一样，北方3～6月，南方可长达7～8个月（热带地区树种除外），如杨、柳、悬铃木、香樟、柏等树种。

不同树种，或同一树种在不同的栽植条件下，枝条的加长生长持续期长短是不一样的。在同一株树上，因为枝条的性质和着生部位不同，它们的持续期长短也不一样，着生在树冠外围中上部的营养枝，加长生长能体现在整个生长期中；而内部、下部的短枝或花果枝，加长生长的持续时间明显缩短，很快形成顶芽而结束生长。

全期生长型树木除了根据其生长持续时间长，做好相应的肥水管理等养护措施外，在盛夏高温期间还需注意做好遮荫降温工作，尤其是盆栽植物，尽量保持均衡的生长势，减少不良环境的影响。

无论是哪一种生长型的枝条，从叶芽萌生成新梢的整个过程中，其生长势都是不均衡的，但都共同遵循"慢—快—慢"的"S"形生长曲线规律。根据新梢生长的过程，可以划分为三个时期：

(1) 开始生长期

从叶芽膨大开始至幼叶分离成莲座状的叶簇。此期正值根系生长、春花树种开花之时，需要养分；展出的新叶叶面积小，光合效率低；枝条的生长主要依靠树体内贮藏的养料，加之春初气温偏低，所以新梢开始生长的速度较慢。

(2) 旺盛生长期

是枝条加长生长速度最快，生长量最大的时期。此期所形成的叶，数量多、面积大，随着气温的升高，光合效率也高，生长量占全年生长量的 $60\% \sim 80\%$。新梢旺盛生长期中，由于受体内养分分配重心转移的影响（如果实的生长）和炎夏高温、干旱等气候条件的影响，枝条加长生长速度不是直线均衡上升，中间常出现一二次生长缓慢或停顿现象，像柑橘等树种会出现春、夏、秋梢等现象。

(3) 缓慢停止生长期

进入此期后，新梢加长生长速度下降，至顶芽形成后，加长生长就完全停止。此期正值秋高气爽季节，昼夜温差较大，气温与土壤含水量都较为适宜，且叶面积处于最大时期，光合效率高，大量的光合养料从同化营养转为贮藏营养，促进了各种组织的分化成熟，新梢自基部至顶端木质化程度提高，新梢内水分逐渐降低，细胞液浓度增高，贮存养分增多，对低温、干旱的抗性增强，随着日照时间的缩短，叶片衰老、脱落，进入休眠。

2. 枝条的加粗生长

茎枝的加粗生长是由茎枝中的侧生分生组织——形成层细胞分裂、分化、增大的结果。春季树木解除休眠后，芽内叶原基生长产生生长激素后，形成层自上而下逐渐开始活动；秋末冬初，树木进入休眠后，形成层活动停止，根颈处最后停止活动。幼树或生长旺盛的树木比成龄树或生长衰弱的树木的形成层活动停止要晚。

树木主干加粗生长与定干高度和其上主枝多少有关，一般定干高的比定干低的增粗速度慢，主枝多的比主枝少的增粗速度快。生长环境与肥水条件对茎枝的生长也有重要影响，孤植树或肥水条件良好的加粗生长快，反之则慢。

1.4.4 影响枝条生长的因素

树木枝条生长的强弱，首先决定于树木自身的遗传性。

砧木对枝条的生长有明显的影响。同一个品种，在乔化砧上能促进枝条的生长势，在矮化砧上则生成粗而短的枝条，也有介于中间类型的半矮化砧。

树体内养分的贮藏状况对叶芽的萌发伸长有显著的影响。贮藏养分少的发枝少而纤细，过多的开花结果会消耗大量养分而使枝条不能伸长。

不同的生长激素对枝条生长的影响不同。生长素、赤霉素、细胞激动素等能刺激枝条的生长，脱落酸和乙烯则抑制枝条的生长。生长素在枝条中的分布梯度是先端处高、基部低，背上高、背下低。将枝条弯曲或拉平，会使乙烯的含量增加，有利于花芽分化。

环境条件对枝条的影响是多方面的。在生长季节，水分是影响枝条生长的关键因素，在通气好的土壤条件下，水分充足能促进生长，但水多肥少时则生长不充实，缺水和水淹都会限制生长；适温有利生长，过高过低都不利生长；强光对树冠高度有抑制作用，但能增加根系生长，提高根冠比；一般长日照能增加枝条的生长速率和持续时间，而短日照则减低生长速率和促进芽的形成。

1.5 叶的生长发育

叶是重要的营养器官。叶片是植物进行光合作用制造有机养分的场所，植物体中 90% 左右的干物质是由叶片合成的。植物叶片还执行着呼吸、蒸腾、吸收等多种生理机能，常绿植物的叶片还是养分贮藏器官。秋海棠、落地生根、景天、过山蕨等植物的叶在常规条件下能用来作为繁殖材料。所以，叶片是观察植物生长发育是否正常的＂指示器＂。根据叶片的光泽、大小、厚薄等，可以了解植物对环境条件的反应及养护管理措施等是否妥当。按一般的生产经验，植物的叶片＂不在于大而在于厚＂、＂色不在于深而在于亮＂，这是植物叶片对环境条件适宜，肥水得当，光合效率高，生长发育正常的概括。

1.5.1 不同叶龄叶片的光合功能

叶片是叶芽中前一年形成的叶原基发展起来的。由于叶片出现的时期有先有后，同一树上就有各种不同叶龄的叶片，并处于不同发育时期，其光合能力也不同。不足正常叶面积一半大小的嫩叶属于幼龄叶。幼龄叶中由于叶绿体生长不完全，叶内促进光合作用的酶的活性较弱，所以光合能力较弱，产生的同化物不能满足自身的生长和呼吸消耗的需要；随着幼叶的生长，叶面积日益增大，其功能也逐渐完善，光合能力也随之提高。当叶长到正常叶面积一半时，其合成的同化物质就能满足自身的需要，并且开始向外输出；当叶充分展开，表面积达到最大时光合能力最高，而呼吸消耗相对最低，它是光合作用的中心叶，合成的同化物质大量输出而几乎没有输入，这是成龄叶的特征；老龄叶同化产物的输出又逐渐减少，最后既不输出也不输入。由此可见，成龄叶是真正的生产器官，幼龄叶只能视为消费器官，只有待它长大后，才能对其他部分提供同化物质。

1.5.2 叶片光合养料的分配

叶片光合产物分配的一般规律是：下部叶片的同化产物供给根部，上部叶片供茎顶，中部叶片可以向上下两部供给。总之各器官的养料来源，主要靠附近叶片供给，随着距离的加大，所得养料逐渐减少。但是叶片的位置并不是固定不变的，原来接近顶端的叶片，经一段时间生长后，就变成距离顶端较远的叶片，新生的叶片代替了它们的位置，使同化产物的分配格式也随之发生变化。

1.5.3 叶片光合能力的转移

在植物的生长期中，叶片完全展开时光合能力最强，以后随着叶龄的增长，光合能力逐渐衰退，此时上部的叶片已经展开并且旺盛地进行光合作用。植物叶片光合能力的高峰就是这样由下而上逐渐转移的。当这种转移速度过快时，下部叶片的寿命也短促，这对植物整体来说，积累的同化物质不多，生长发育也会不良；而转移速度过慢时，则生长延迟，增加新叶少，叶面积小，总的同化物质也不会增多。因此，在考虑不断增加新叶，扩大叶面积的同时，要防止下部叶片的过早老化，以利平衡生长。

1.5.4 叶的脱落和更新

一年生植物的叶，生长季末期植株衰老，叶片也衰老，有的与植株同枯萎，有的发生落叶。宿根性植物，多数在冬季严寒到来前地上部枯萎，叶脱落或与植株同枯萎；也有少数能保持一部分叶或很小的心叶（被植株枯萎的营养体保护）不脱落、不枯萎，一旦温度适宜则又开始生长。这类植物在冬季温暖地区基本不停止生长，如许多宿根性草坪植物，一年四季能较长时间有绿化功能。

多年生落叶植物的叶，脱落的主要环境因子是日照时数减少、气温降低。成龄的叶获得日照时数减少的信号后，叶柄基部产生离层，自行脱落，这对植物是有利的。因为产生离层前叶片加速了光合产物的回撤，能增加枝干的贮藏营养；而且叶脱落也能减少冬季树木水分的损失。常绿树木的叶片不是一年脱落一次，而是 2～6 年或更长的时间脱落、更新一次，而且脱落、更新是逐渐进行的。同株，甚至同枝的叶也不是同时脱落、更新。

园林中，无论是落叶树或常绿树，常因栽培环境不良、养护管理不当等，造成异常落叶的情形发生。常见现象有过早落叶和推迟落叶。导致早落叶的原因主要有病虫危害、光照不足、高温干旱等。树木过早落叶使植物叶片缩短了光合养料的生产时间，减少了光合产物进而减少对树体内养分的积累和贮藏，降低了植物的越冬能力和影响翌年生长发育（芽的萌发、早期枝的生长、开花以及果实的数量、大小和质量等）。如果过早落叶后，当时的气温仍然较高时，会引起树木二次萌发或二次开花等，这样会消耗更多的养料而对翌年的生长会有更大的不良影响。导致推迟落叶的主要原因是后期过多施用氮（N）肥、没有及时控制浇水、秋季延长了光照时间等。树木推迟落叶使植物贪青徒长，导致养分消耗在枝叶的继续生长上，减少了树体内养分的积累和贮藏；同时，生长的枝梢幼嫩，没有足够的时间分化成熟，易受早霜的危害，从而降低植物的越冬能力和翌年的生长带来不良的影响。

1.5.5　叶幕的形成

叶幕是指园林树木的叶片在树冠内集中分布的群集总体，它具有一定的形状和体积（图1-5）。

1.叶幕的形成过程

树冠叶幕的形成过程与新梢和叶的生长动态基本一致。落叶树的叶幕，在年周期中有明显的季节变化。树种、品种、环境条件和栽培技术不同，叶幕形成的速度也不同。在一般情况下，树势强、年龄幼的树，或以抽生长枝为主的树种、品种，长枝比例大，叶幕形成的时间较长，叶面积高峰期出现晚；树势弱、年龄大或短枝型的树种、品种，其叶幕形成的时间短，高峰期也早。落叶树木的叶幕，从春天发叶到秋季落叶，大致保持5～8个月的生活期；而常绿树木，由于叶片生存时间长（可达1年以上），而且老叶多在新叶形成之后脱落，故叶幕相对比较稳定。对落叶树木来说，理想的叶面积生长动态应该是前期叶面积增长较快，中期保持合理，后期保持时间较长，防止过早下降。树种不同其叶面积的季节生长有不同的形式。有些树种一年只抽一次梢，在生长季节早期就达到了最大叶面积，当年不能再产生任何新叶；有些树种可通过新叶原基的继续生长和扩展，或通过几次间歇性的突发生长（包括生长季节中芽的重复形成与开放）增加叶面积。

2.叶幕的结构

叶幕的结构就是叶幕的形状与体积。它与树种、年龄、树冠形状等有密切的关系，同时也受整形修剪的方式、土壤、气候条件以及栽培管理水平等因素的影响。

幼年或人工整形的植株，其叶片可充满整个树冠，因此树冠的形状与体积，也是叶幕的形状与体积。自然整枝的成年树，叶幕的形状与体积有较大的变化。在密植的情况下，枝条向上生长，下部光秃而形成平面形叶幕或弯月形叶幕；用杯状形整形成杯状形叶幕；用分层形整形就形成层状叶幕；用圆头型整形就形成半圆形叶幕。球状树冠为圆形叶幕，塔形树冠为圆锥形叶幕。叶幕的形成

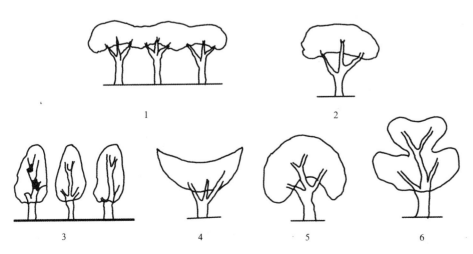

图1-5　树冠叶幕示意

1—平面形；
2—杯形；
3—篱壁形；
4—弯月形；
5—半圆形；
6—层状形

和厚薄是叶面积大小的标志。平面形、弯月形及杯状叶幕，一般绿叶层薄，叶面积小；而半圆形、圆形、层状形、圆锥形叶幕则绿叶层厚，叶面积较大。

3. 叶面积指数

园林植物栽培中，常用叶面积指数表示叶片生长状况。叶面积指数即一株植物叶的面积与其占有土地面积的比率。叶面积指数受植物的大小、年龄、株行距等因素的影响。许多落叶木本植物的叶面积指数为 3～6；常绿阔叶树高达 8。大多数裸子植物的叶面积指数比被子植物高得多（可达 16）。沙漠植物的叶面积指数较低，而一些速生被子植物的叶面积指数可比上面所述的高得多。例如，在集约栽培下的某些杂种杨，依据株行距不同，叶面积指数竟高达 16～45。在生产实践中，我们应通过各种技术措施，使叶面积指数维持在最佳范围内。

1.6　花芽分化

花芽分化是指叶芽的生理和组织状态向花芽的生理和组织状态转化的过程。这个过程有两个阶段：一是芽内部花器出现，称为形态分化；二是形态分化之前，生长点内部由叶芽的生理状态（代谢方向）转向花芽的生理状态（代谢方向）的过程称为生理分化。花芽分化是一个很复杂的生物学发育阶段，全部花器分化完成，称花芽形成；外部或内部一些条件对花芽分化的促进称花诱导。

1.6.1　花芽分化的机制

1. 碳氮比学说

碳氮比学说认为植物体内含碳化合物的含量与含氮化合物的比例，对花芽分化起决定性作用，碳氮比较高时利于花芽分化；反之则花芽分化少或不可能。生产上许多植物因施氮肥过量而导致徒长使成花很少。一些开花数量很多的植物，特别是无限花序的花卉植物，基部的花常先开，花形大、发育全，而向上则逐渐开得迟，花形小、发育不完全，最上端甚至未分化花芽。究其原因就是花序中基部位置的芽碳氮比较高，有利于成花。这种学说也有一定片面性。

2. 成花激素学说

成花激素学说认为花芽的分化是以花原基的形成为前提，而花原基的发生是植物体内各种激素达到某种平衡的结果，形成花原基以后的生长发育才受营养、环境因子的影响，激素也继续起作用。成花激素学说也不完善，仍在探索中。

3. 细胞液浓度学说

细胞液浓度学说认为，细胞分生组织进行分裂的同时，细胞液的浓度增高，才能形成花芽。

4. 氮代谢的方向

氮代谢的方向学说认为，氮的代谢转向蛋白质合成时，才能形成花芽。

5. 内因周期学说

内因周期学说认为，因环境的昼夜变化引起植物体内部的节奏变化，是由于生物在进化过程中环境的昼夜节奏长期影响所造成。由于生物体内产生的昼夜周期近似 24h（一般在 22 ～ 28h 之间），因此，又称为生物钟和生理钟。生物钟这种内在节律，在高等植物方面，表现得很普遍。如细胞分裂、气孔开闭、呼吸作用、光合作用、中间代谢、伤流液的流量和其中氨基酸的浓度与成分等生理现象及代谢状况，都存在有昼夜的周期节奏。植物的成花也同样，如光周期现象实际就是植物体内部对自然界光照昼夜变化（光周期）长期适应的结果。也就是说，植物体内由于存在内在的生物钟，因此才出现植物因光周期长短不同引起开花迟或早的现象。这就是光能否诱导成花的内在因素。

除上述学说外，还有的认为植物体内有机酸含量及水分的多少，也与花芽分化有关。不论哪种学说，都承认花芽分化必须具备组织分化基础、物质基础和一定的环境条件。

1.6.2　花芽分化的类型

花芽分化的开始至完成所需时间，随植物种类、品种及生态条件、栽培技术的不同而变化甚大。花芽分化的类型可分为以下几种：

1. 夏秋分化类型

花芽分化一年一次，约 6 ～ 9 月进行，正值一年中高温期。这类植物的多数在秋末花芽已具备各种花器，只有性细胞的分化在冬春完成，春季开花。许多落叶果树、观赏树木、木本花卉均属此类，如苹果、桃、梅花、榆叶梅、牡丹、丁香等。

2. 冬春分化类型

原产温暖地区的一些常绿果树、观赏树木，如柑橘类常在 12 月至翌年早春间分化花芽，分化时间短，连续进行，春季开花。一、二年生的花卉以及一些宿根花卉，也是冬春分化花芽，或只在春季温度较低时进行。

3. 当年分化类型

一些当年开花的树木如紫葳、木槿、木芙蓉以及夏秋开花较晚的部分宿根花卉如菊花、萱草、芙蓉葵等在当年萌生的新梢上形成花芽并开花。

4. 多次分化类型

一年中多次发枝，每抽出一次新梢，就能分化一次花芽，开一次花，如月季、米兰、茉莉、无花果等树种及宿根花卉。但受生长季节长短、环境条件和养护管理措施的影响，每年开花次数的多少，花的质量等方面，都有差异。

5. 不定期花芽分化类型

每年只分化一次花芽，但无一定时期，只要达到一定叶面积就能成花和开花如凤梨科、芭蕉科的一些植物，花卉中万寿菊、白日草、叶子花等。

不论哪一种类型，就某一种植物、某一定环境条件下，其花芽分化时期既有相对集中性、相对稳定性，又有一定时期的范围。形成一个花芽所需时间和全株花芽形成的时间是两个概念，通常所指花芽分化时期较长的是后者。

1.6.3　花芽分化的特点

树木的花芽分化，虽然因树木类别而有很大的差别，但各种树木在分化期都有以下特点：

1. 花芽分化临界期

花芽的生理分化期，生长点细胞原生质对内外因素有高度的敏感性，处于易变的不稳定时期。因此，此时也称花芽分化临界期，是花芽分化的关键时期。花芽分化临界期，因树种、品种而异，如苹果于花后 2～6 周，柑橘在果熟采收前后。

2. 花芽分化的长期性

大多数树木的花芽分化，以全树而论是分期分批陆续进行的，这与各生长点在树体各部位枝上所处的内外条件和营养生长停止时间有密切关系。

不同的品种间差异很大。有的从 5 月中旬开始生理分化，8 月下旬为分化盛期，到 12 月初仍有 10%～12% 的芽处于分化初期状态，甚至到翌年 2～3 月间还有 5% 左右的芽扔出分化初期状态。这种现象说明，树木在落叶后，在暖温带可以利用贮藏养分进行花芽分化，因而分化是长期的。

3. 花芽分化的相对集中性和相对稳定性

各种树木花芽分化的开始期和盛期（相对集中性）在不同的年份有差别，但并不悬殊。以果树为例，苹果在 6～9 月；桃在 7～8 月；柑橘在 12～2 月。

花芽分化的相对集中性和相对稳定性与稳定的气候条件和物候期有密切关系，多数树木是在新梢（春、夏、秋梢）停长后，为花芽分化高峰。

4. 花芽分化所需时间因树种和品种而异

从生理分化到雌、雄蕊形成所需时间，因树种、品种而不同。梅花的形态分化从 7 月上、中旬开始到 8 月下旬花瓣形成；牡丹 6 月下旬到 8 月中旬为分化期；苹果的分化期需 1.5～4 个月；甜橙需 4 个月；芦柑需半个月。

5. 花芽分化早晚因条件而异

树木花芽分化期不是固定不变的。一般幼树比成年树晚；同一树上的短枝、中长枝和长枝上的腋花芽形成依次渐晚；一般停止生长早的枝分化早，但花芽数的多少与枝长短无关。"大年"时，新梢停止生长早，但因结实多，使花芽分化推迟。

1.6.4　花芽分化的环境因素

花芽分化的决定性因素是植物遗传基因。但环境因素可以刺激内因的变化，可以启动有利于花的物质代谢。影响花芽分化的环境因素主要是光照、温度和水分。

1. 光照

光照不仅影响有机物的合成、积累，也影响内源激素的平衡，因此也影响植物花芽分化。光周期现象对一、二年生的草本花卉有明显的诱导开花作用。

控制光周期能促进或延迟花期。而许多树木的花期对光周期的反应不敏感，尤其是一些多次开花的灌木。光照强度对树木的花芽分化有密切的关系，强光有利于花芽的分化，所以太密植或树冠太密集时不利于成花。从光质上看，紫外光促进花芽分化。

2. 温度

各种植物花芽分化的最适温度不一，但总的来说花芽分化的最适温度比枝叶生长最适温度高。多数树木在花芽分化时需 20 ～ 30℃ 的气温，低于 10℃ 则分化缓慢，甚至停滞。许多越冬性植物和多年生木本植物，冬季低温是必需的，如月见草、桃等植物，花芽虽在炎热夏季开始形态分化，但完成性细胞分化要一定低温；二年生的紫罗兰春播就难以开花，油橄榄在冬季气温 7℃ 以下条件下才能成花。这是因为这类植物在它的生活史中经过一段时间的营养生长后，必须经受冬季适当低温刺激，才能成花。

3. 水分

一般而言，土壤水分状况较好，植物营养生长较旺盛，不利于花芽分化；而土壤较干旱，营养生长停止或较缓慢时，利于花芽分化。花卉生产上的"蹲苗"，即是利用适当的土壤干旱促使成花；梅花入伏后的"扣水"措施，就是减少水分的供应，促进花芽分化。但是植物营养生长的前期如水分不足，抑制了枝叶的生长，减少了光合面积，则对后期的花芽分化是不利的。

1.6.5　控制花芽分化的措施

在了解植物花芽分化规律和条件的基础上，因树、因地、因时地运用栽培技术措施，调节植物体各器官间生长发育关系与外界环境条件的影响，来促控植物的花芽分化。促进花芽分化可以采用减少施用化肥量；减少土壤供水；对生长着的枝梢摘心以及扭梢、弯枝、环剥、绞缢等；喷施或土施抑制生长、促进花芽分化的生长调节剂；疏除过量的果实；修剪时多轻剪、长留缓放等。而控制花芽分化可采用多施氮肥、多灌水；喷施促进生长的生长调节剂，如赤霉素；多留果；修剪时适当重剪，多短截。

1.7　开花和坐果

1.7.1　开花

开花是植物生命周期幼年阶段结束的标志，在年生长周期（除观叶植物外）中是一个重要的物候期。花又是园林植物美花环境的主要器官和产品（切花），也与果实和种子的生产和观赏密切有关。了解园林植物的开花习性，掌握开花规律，有助于提高观赏效果。在园林生产实践中，开花的概念有着更广泛的含义，例如裸子植物的孢子球（球花）和某些观赏植物的有色苞片如一品红、马蹄莲或叶片的展显如山麻杆，都称为开花。了解园林植物的开花习性，掌握开花规律，有助于提高观赏效果。

1. 开花物候期

各种园林植物的花期，从梅花在冬末或早春开花直至菊花在冬季飞雪开花，一年四季不断有开花的种类。植物开花由于受遗传性的影响和要求比较严格的环境条件，因此在一个地区内，一般都有比较稳定的开花时间。而同一种春季开花的植物，在南方开花较早，北方则较晚（表1—1）。影响花期的主要环境条件是温度，特别是开花前20～10d的日平均温度，影响开花日期以及盛花期的天数。

植物的开花期可以通过调节栽培环境（如温室、大棚）的温度、光照来控制。在大面积生产上，春季开花的植物，用干旱可提前花期；用灌溉降低地温可以延迟开花。观赏植物的花期控制更重要，除了增温或降温、光照处理（补充光照或遮光）外，用植物生长调节剂已是普遍应用的措施，如用500～1000mg/kg的赤霉素溶液涂在休眠的牡丹花芽上，可解除其休眠，很快萌芽抽叶、开花；用2.4—D处理菊花，可延迟开花。另外像月季、大丽花、茉莉等花卉，对枝梢摘心也可促使早开花。

	一些园林植物不同地点的花期	表1—1
植物种类	上海	北京
梅	2月下～3月中	4月
菊花*（露地）	10月下～12月中	10月中～12月上
唐菖蒲（露地）	6月上～10月上	6月中～9月下
香石竹	5月中～8月上	5月下～7月中
樱花	3月下～4月中	4月上～4月下
洋丁香	3月下～4月下	4月
醉蝶花	5月下～8月	6月中～8月下

注：* 指菊花中、晚品种。早花品种有7～8月即开的。

2. 开花的类别

根据花芽的种类和分化的特点，开花与展叶的关系，可把树木按开花的情况分为三类：

（1）先花后叶类

此类树木在春季萌动前已完成花器分化，花芽萌动后不久就开花，先开花后展叶，如银柳、连翘、梅、紫荆、白玉兰等。

（2）花、叶同放类

此类树木的花器也是在萌芽前完成的。开花与展叶几乎同时，如榆叶梅、桃和紫藤中某些开花较晚的品种和类型。多数能在短枝上形成混合芽的树种，如苹果、海棠等，都是属于花、叶同放类。

（3）先叶后花类

此类树木是由上一年形成的混合芽抽生成相当长的新梢后，在新梢上开花如葡萄、柿等；或是由当年萌生的新梢上形成花芽并完成分化，一般于夏、秋开花如木槿、紫葳、凌霄、槐、桂花等，有些能延迟到初冬如茶树、油茶等。

1.7.2 授粉、受精

作为生殖器官的花，对植物自身而言，其主要的机能是为授粉受精，最终是产生果实和种子，以达到繁衍后代的目的。

1. 授粉的方式

授粉的方式主要有自花授粉和异花授粉两种。园林植物自花授粉不局限在同一朵花内的授粉，包括同株、同品种内的授粉，均为自花授粉。其结的果实称为"自花结实"。自花授粉获得的种子，培育的后代一般都能保持母本的习性，但很易衰退。不同品种间的授粉称异花授粉。异花授粉所获得的种子培育的植株具有较强的生命力，但起后代一般很难继承其父、母本的优良品性而形成良种，所以生产上不用这类种子直接繁育苗木，尤其是花灌木、果树等，仅用以做嫁接苗的砧木。需要异花授粉的植物在自花授粉的情况下，不易获得果实；而"自花结实"的植物经异花授粉后，可提高坐果率。

2. 影响授粉受精的因素

影响授粉受精的自身因素由雌雄异株，如杨、柳、银杏等；雌雄异熟，如梧桐、泡桐、柑橘、松类等；雌雄蕊不等长、柱头分泌物有抑制作用等。树体养分条件对授粉受精的影响也很大，营养生长差的衰老树上花的质量就差；植物体内缺钙、硼、磷等元素后，花器的发育不良，这些都会影响授粉受精。

影响授粉受精的外界因素有大气污染，使花器受害或使花粉失去活力；授粉树数量不足或配置不当（二者花期不一致）；开花期空气干燥，蒸发量过大使柱头干缩；花期雨水过多而影响花粉的散发或使花粉受雨水浸泡后膨胀破裂；花期气温过高、风大等会影响授粉；花期喷洒农药或其他影响昆虫活动的因素使由昆虫传播花粉的植物受粉受阻等。

3. 改善授粉受精条件的方法措施

对异花授粉的树木，应合理配置授粉树，园林绿地中不能配置授粉树的则有用异品种高枝嫁接或人工授粉；搞好环境保护、控制大气污染、保护传粉昆虫的活动，促进虫媒花的授粉受精；做好肥水管理、改善树体营养及小气候条件，如对长势弱或衰老树，花期根外喷洒尿素、硼砂等对促进授粉受精有积极作用；花期气温高、空气干燥时，对花喷水也很有效。

1.7.3 果实的生长发育

园林观果植物的观赏价值是从"艳、奇、巨、丰"四个方面来体现的。"艳"是以鲜艳绚丽的色泽使人赏心悦目的，如鲜红的万年青果实、五彩椒等；"奇"是要求果实形状奇趣，如佛手、磨盘枣等；"巨"是以大取胜，如柚子、香橼等；"丰"是以挂满枝梢累累硕果来展示丰盈的景象，如火棘、冬珊瑚等。研究了解植物果实的生长发育，指导园林植物栽培实践，可提高观果植物的观赏价值，同时随着果树在园林绿地中的应用，还可提高果品的产量和质量，提高经济效益。

1. 坐果与落花落果

花朵经授粉受精后，子房膨大发育成果实称之为坐果，从花蕾出现到果实的成熟全过程中，常会发生花和果实陆续脱落，这种现象称之为落花落果。植物的开花量总量大于坐果量，即只有一部分花才能结果并最后成熟。这是植物对适应自然环境，保持生存能力的一种自身调节，以防养分过量的消耗，保持健壮的长势，维护良好的合成功能，达到营养生长与生殖生长的平衡。在栽培过程中常发生一些非正常的落花落果，严重时就会影响观赏价值。所以应当了解落花落果的原因和规律，并给予正确的防止措施。

2. 果实生长动态

开花后果实的体积或鲜重在不断增长，这种累积增长量的曲线图，称生长图形。在观果植物中，果实的生长情况有两种类型：一种是 S 型，果实增大是慢－快－慢式，如苹果、梨、草莓、柑橘等；一类是双 S 型，果实增大是快－慢－快式，如桃、梅、杏、樱桃、油橄榄等，此类果实中期生长缓慢，正是"硬核期"，核的建造发育是果实增长缓慢的原因之一。果实体积的增大一般是先纵径增长快，后横径增长快。果实的典型形状与果面外观特点均在果实生长中后期完成。

果实体积的增大，决定于细胞数、细胞体积和细胞间隙的大小。细胞数目多少与细胞分裂时期长短和分裂速度有关，主要是原生质的增长过程，称蛋白质营养时期。多年生植物的营养取决于第一年枝干中的贮藏营养；一年生植物则靠叶片的合成营养。细胞增大时期，主要是碳水化合物绝对含量的增长，称碳水化合物营养时期。无论多年生还是一年生植物，果实的碳水化合物营养都主要靠果实附近的叶片合成。而无机营养中的磷、钾、钙对果实的增长与品质都有很大影响。

3. 促进果实发育的栽培措施

创造良好的根系营养条件，保持树体代谢的相对平衡和对无机养料最强的吸收能力；注意栽植密度，使树木地上部分与地下部分有良好的生长空间，提高树体贮藏营养的水平。运用整形修剪技术，使树体形成良好的形态结构，调节好营养生长与生殖生长的关系，扩大有效光合面积，提高光合面积和树体营养水平。在落叶前后施足基肥的基础上，在花芽分化、开花前追施氮（N）肥并灌水，花后叶面喷肥；开花、果实生长等不同阶段，进行土壤追肥和根外追肥。果实生长前期，可多施氮肥；后期应多施磷（P）、钾（K）肥。根据具体情况，适时采取摘心、环剥和应用生长激素提高坐果率。适当疏（幼）果，注意通风透光，加强病虫防治等。

1.7.4　种子的成熟过程

种子成熟与果实成熟并不完全一致，与商品需要的果实成熟更有甚大的时间差。种子成熟是指种胚发育完全和后熟（生理成熟）充足的已具有良好发芽能力的种子状态。种子成熟包括形态成熟阶段和生理成熟阶段，只有前者尚不能发芽或发芽能力很低。如蔷薇、牡丹、椴树等种子成熟时胚的分化发育已完成，但不能发芽，而需要适当的低温、湿润条件，经过一定时间，种子内部完成一系列的生理变化（后熟）后才能发芽。

1. 成熟需要的时间

植物的种质决定了种子成熟所需的时间，所以各种园林植物千差万别（表1-2）。但是营养不良、环境条件恶劣会改变种子成熟期。如干旱会使种子早熟，光照不良和低温则延迟种子成熟，而且这种提早和延迟都可降低种子质量。

植物种子成熟的天数　　　　　　　　　　表1-2

植物种类	从开花至种子成熟所需天数	植物种类	从开花至种子成熟所需天数
八棱海棠	160～170	三色堇	30～40
西府海棠	160～170	矮牵牛	25～40
瓜叶菊	40～60	月季	90～120
金鱼草	45～70	南天竹	150～190
雏菊	24～40	君子兰	300～360

2. 种子成熟过程中的变化

种子成熟过程，实质是卵细胞受精后经细胞分裂发育成多细胞的胚及营养物质在种子内部积累和变化的过程。种子生长发育前期，水分与干物质增长相似；后期，水分相对含量减少，干物质相对含量增加。种子成熟中，各种碳水化合物不断积累和转化，如十字花科的某些植物种子成熟，脂肪含量增加，而含糖量下降；板栗种子成熟，淀粉含量下降而糖含量上升。

1.8　园林植物的物候期

园林植物在各个季节、年度有与外界环境因子相适应的形态和生理的变化，并呈现出一定的生长发育规律。与季节气候相适应的植物器官的形态变化时期，称之为生物气候学时期，简称物候期。不同园林植物种类、品种的物候期差异是明显的，其萌芽或开花期有很大差别；同是苹果树，即使在同一栽培地区，有的品种盛夏季节果实成熟，有的品种则到秋季后才成熟。

一年生植物的一生即生长期，而二年生植物和多年生植物的生长期之间还有休眠期。多年生果树、观赏树木和其他多年生园艺植物，其物候期可明显地分为生长物候期和休眠物候期。

1.8.1　生长物候期

1. 生长物候期的顺序性

在自然条件下，植物生长物候期的顺序是一定的，各器官生长发育的顺序也是一定的。

（1）根系活动与萌芽抽枝（茎）先后的顺序

多年生植物一般发根早于萌芽，梅早 80～90d，桃早 60～70d，葡萄、无花果早 20～30d，牡丹早 20～30d，宿根菊花早 20d。也有发根与萌芽抽枝是同时的，如枇杷、无花果、葡萄，或发根稍迟的植物，如柿、柑橘等。

（2）展叶与开花的顺序

紫荆、白玉兰、垂丝海棠等观赏树木先开花后展叶；紫玉兰、榆叶梅等观赏树木是展叶与开花同时；山茶花先开花后抽枝展叶，而杜鹃的许多品种，有展叶与开花同时的，也有先展叶后开花的。一个品种的展叶与开花的顺序常年不变。

（3）花芽分化与新梢生长的顺序

不论一年生植物或多年生树木，花芽分化均以一定的新梢生长量（同时一定的叶面积）为前提，但又均以新梢停长或缓长的出现为花芽分化的契机。葡萄在多次摘心（抑制生长）的条件下，可以多次成花，多次结实。梅花的"扣水"也是用抑制营养生长促进花芽分化的措施。

（4）果实生长与新梢生长的顺序

新梢旺长有抑制果实生长的趋势；反之新梢缓长能促进果实生长和品质的良好发育。所以一般生长抑制剂或生长延缓剂有促进果实成熟的效果。

在正常自然条件下，植物的物候期顺序是一定的，而且是不可逆的，比如开花物候期，一般一年只一次。但是同一植株上不同的同一器官，进入一个物候期的时间可能相差较远，如月季一年四季开花，先开的花已结果成型，有的花蕾则刚开放。同株上物候期的差异不是物候期可逆。物候期可逆的情况，如本来一年只开一次花的果树，生长期中因病虫害或自然灾害提早落叶，可能导致二次花；在一年中这是物候期的不正常的逆转，但实质上这是第二年物候期的提前。生产上应尽力避免这类情况的发生。

2. 影响生长物候期的主要因子

（1）花芽形成物候期

除新梢停长或缓长的决定性影响外，花芽分化期如气温较高、土壤较干旱、光照好均使花芽形成物候期较短促而集中；反之则拖长。

（2）新梢生长物候期

新梢生长物候期主要受水分、供氮水平的影响。土壤湿度大、含氮较充分，新梢生长物候期较长。花木的重短截修剪，相当于施氮肥，延长新梢生长量和生长物候期。

（3）落叶物候期

落叶树木的落叶物候期标志着冬季休眠期即将开始。秋季日照减短、气温降低是加快落叶的主要因子。

此外，开花坐果、果实生长和成熟等重要物候期以及地下部分的根系生长物候期，都有各自的影响因子。

3. 常绿树木的生长期

热带及亚热带多年生的常绿观赏树木各器官的物候动态很复杂，主要特点是没有明显的落叶休眠期。落叶树木在北方的夏季炎热时期，生长略有"停顿"，实际也是休眠期；常绿树木在南方的热季的休眠期是显著的，特别是茎（枝）生长的停止，与冬季休眠状态相似柑橘类果树的物候期顺序大致是萌芽、开花、枝梢生长、果实发育成熟、花芽分化、根系生长、相对休眠。项目与落叶树木似无大差异，而实际进程则颇不同。如新梢生长一年中柑橘可多次抽梢，出现春梢、夏梢、秋梢、冬梢，各次梢间有相当长的间隔。有的每抽一次梢结一次果（如金橘），同一株树上同时有开花、抽梢、结果、花芽分化，几个物候期重叠交错。

1.8.2　休眠物候期

休眠是植物为适应不良环境在长期的个体发育历史中形成的一种特性，不良环境如低温、高温、干旱等。温带的落叶树木、宿根花卉、二年生以上的蔬菜和芳香植物，落叶后的冬季休眠，主要是对冬季低温形成的适应性。

1. 休眠物候期特点

休眠期是植物整株相对不生长的时期，对多年生落叶树木而言，休眠期地上部叶片脱落、枝色浓重成熟、冬芽形成并老化；地下部根系在适宜的情况下只有微弱的生长，根据休眠期的生态表现和生理活动特性，可把休眠分成两个阶段，即自然休眠和被迫休眠。

（1）自然休眠

自然休眠是由植物遗传特性决定的，它要求一定的低温条件才能顺利通过。在自然休眠期间，即使给予适宜的环境条件也不能萌芽生长。落叶果树和一些观赏树木，进入自然休眠期后，既需一定低温，又要一定时间。不经过低温条件的芽（种类的遗传特性需要低温的自然休眠期的），会长期处于休眠状态而不萌发，最长可达一年之久。常把自然休眠所要求的低温和这个低温的时间称需冷度。自然休眠要求的低温不同于春化阶段要求的低温，前者一般在 0 ～ 7.2℃ 之间，后者在 5 ～ 15℃ 之间，而且后者时间较短，多数 10 ～ 20d 即可。

（2）被迫休眠

是指通过自然休眠后，已经开始或完成了生长所需的准备，但外界条件不适宜，仍不能萌芽生长的状态。自然休眠与被迫休眠，从植物的外观上看不出来。多年生植物的枝，生长季顶端的芽萌芽抽了梢，生长着；而下面许多侧芽由于顶芽的抑制而不萌发，这种不萌发，也是休眠性的，这种休眠也是被迫休眠，所迫条件不是环境条件而是顶芽的激素含量（生长素、赤霉素含量高）。从这种意义上说，一个植株，在生长季节里有生长着的部分（器官），也有休眠的部分（器官）。

（3）不同器官进入和解除休眠期的迟早差异

某种植物自然休眠期的长短、进入和解除的时间迟早，与原产地有关。一般原产寒带的植物，自然休眠期长，休眠期间需冷度高，所以引种到亚热带或热带，并不早萌芽、早生长。一般原产热带的植物，自然休眠期短，引种到寒带后,休眠期很长一段是被迫休眠。这是从植株整体讲的。实际上一个植株,不同器官进入和解除休眠的时间是有差异的。在木本植物,从树冠外缘向内直至主干,再向下至地上部与地下部的交界处根颈,进入休眠期是从早至晚;解除休眠期则相反,根颈部分解除得最早,树冠外缘芽解除得最晚。有时根颈从未进入休眠,这种情况下越冬的危险最大。

同一枝条不同组织进入休眠期也不同,如皮层、木质部较早,形成层较迟。这也是冬季枝条伤害最易出现在形成层部分的原因。

2.控制休眠物候期的措施

幼年树木秋季减少氮肥和灌水,适当摘心,可以促进新梢木质化,准备越冬,能较早进入休眠期,越冬较安全。还可用青鲜素或异生长素处理,也能早进入休眠。通过人为降低温度,缩短处理时间,可提前解除休眠而使树木早发芽开花。

1.9　园林植物的年生长周期

植物在其生命过程中,每年都受着季节周期变化规律的影响,形成了与季节变化想适应的外部形态和内部生理机能的有规律的变化。如萌发、抽枝长叶、新芽形成、落叶休眠等。植物每年随环境周期变化而出现形态和生理机能的变化规律,称之为植物的年生长周期。落叶植物的年生长周期可以划分为四个时期。

1.9.1　休眠期转生长期

树木从休眠转入生长,是从树液开始流动这一生理活动的现象开始的,而芽的萌动、芽鳞片的开绽是树木解除休眠的形态标志。树木解除休眠,需要一定的温度、水分和营养物质。当有合适的温度和水分条件,经过一定的时间,树液开始流动,贮藏的养分由贮藏组织输向生长部位。树体内养分贮藏水平对芽的萌发有较大影响。贮藏养分充足时,芽萌动早且整齐,进入生长期也早。

解除休眠期树木的抗冻能力显著降低,在气温多变的春季晚霜等骤然下降的低温易使树木受害,尤其是花芽。

1.9.2　生长期

从树木萌芽至新梢顶芽形成为树木的生长期,是树木年生长周期中占时最长的一个物候期。在此期间,随着气温升高各种树木都按其固定的顺序,通过一系列的生命活动现象,如抽枝展叶、开花结果,并形成许多新的器官,如叶芽、花芽等。不同的树种,通过各个物候的顺序是不一样的,各个物候开始和结束、持续时间的长短也各有差异。

生长期是各种树木营养生长和生殖生长的主要时期,不仅体现当年的生长发育、开花结果的情况,也对植物体内养分的贮存和下一年的生长等各种生命活动有重要的影响。同时，也是发挥其绿化功能作用的重要时期。因此，生长期是养护管理的重点时期。应创造良好的环境条件，满足植物对肥水的需求，以促进植物的良好生长、开花结果。

1.9.3　生长期转休眠期

此期从树木顶芽形成后至落叶时止。树木进入此期后，由于枝条形成了顶芽，结束了高生长，依靠生长期形成的大量叶片，在秋高气爽、温湿条件适宜、光照充足等环境中，进行旺盛的光合作用，合成光合养料，供器官分化、成熟的需要，使枝条木质化并将养分向贮藏器官或根部输送，进行养分的积累和贮藏。此时细胞液浓度高，树体内水分逐渐减少，提高了树木的越冬能力，为休眠和来年生长创造条件。

秋季日照时间的缩短，是促使树木落叶，进入休眠的主要原因。气温的降低，加速了这一过程的进展。正常落叶是落叶树种越冬准备就绪、组织成熟和进入休眠的标志。过早落叶和延迟落叶，对树木越冬和翌年生长都会造成不良影响，栽培中应防止这类现象发生。

1.9.4　相对休眠期

秋末冬初正常落叶后到次春树液流动前为止，是落叶树木的休眠期，局部的枝芽休眠出现则更早。在树木休眠期内，虽然没有明显的生长现象，但树体内仍然进行着各种生命活动，如呼吸、蒸腾、芽得分化、根的吸收、养分的合成或转化等，都没有停止，只是这些活动进行得比较微弱和缓慢。所以确切地说，休眠只是个相对概念。休眠是多年生植物在其系统发育过程中所形成的一种对环境条件的适应性。它能使植物度过低温或干旱等不良条件，保证下一年能进行各种正常的生命活动和使生命得到延续。

常绿树种的年生长周期不如落叶树种那样在外观上有明显的生长和休眠现象。因为终年有绿叶存在，有的树种如松类、冷杉属类树种的叶能存活2～5年以上紫杉叶存活可达6～10年。它们的老叶多在冬春间脱落，风雨天尤甚。常绿阔叶树老叶，多在春季萌芽展叶前后逐渐脱落。常绿树的落叶，主要是失去正常生理机能的衰老叶片所发生的新老交替现象。

1.10　园林植物的生命周期

植物从种子萌发开始到死亡的整个过程，称为植物的生命周期，它经历着生长、开花或结果、衰老甚至死亡的各个性质不同的阶段。不同植物的生命周期所经历的时间长短差异是很大的，一般草本植物从几个月到一、二年，多年生的木本植物从十几年至上千年。它们生命周期的长短主要决定于植物的遗传性，但是环境条件和栽培技术也有重大的影响。了解各种植物在生命周期中的各个阶段，其外部形态和内部生理机能方面所发生的一系列变化规律，运用适宜的栽培技术，能有预见性地调节植物的生长发育，使植物健康长寿，更好地发挥各种园林植物的绿化功能作用。

一、二年生草本植物的生命周期，根据阶段发育学说，分为春化和光照两个阶段。多年生木本植物的生命周期，要比草本植物复杂，同时园林植物的繁殖方法又分为有性繁殖和无性繁殖，而不同繁殖方法培育的苗木，其生命周期也有区别。

1.10.1 实生苗的生命周期

用种子繁殖的树苗称实生苗。从种子发芽后，经过生长发育，达到性成熟，进入开花结实，再经多年的开花结实后出现衰老和更新，最后植株死亡。根据园林植物的栽培特点，其生命周期可以划分为三个年龄时期：

1．幼年期

从种子萌发时起到具有开花潜能（有形成花芽的生理条件，但不一定开花）之前的一段时期为幼年期。

幼年期树木在形态上的特征：主要表现在叶形、叶序、刺的有无等方面。例梨树苗叶片边缘上常有较深的缺刻；海棠幼年期短枝顶芽成尖刺；悬铃木幼年期叶片成钟形；柑橘类幼年期叶为单叶，茎上有刺，成年期叶为复叶，茎上无刺等等。

幼年期树木在生理上的特征：基本上不开花；地上部、地下部离心生长迅速，极性强；光合和吸收面积不断增大；萌芽早、休眠晚；枝条具有较强的发根能力。

不同的树种幼年期的差异很大。在良好的肥水条件和树木生长健壮的基础上，利用矮化砧木、曲枝、环状剥皮、摘心及合理修剪等措施，可促进幼年期树木提早开花。若利用赤霉素处理，则可延长树木的幼年期，推迟开花。

2．成年期

成年的含义是指能够开花结果的一种发育状态。其形态上表现为叶形、叶序正常，针刺隐退。生理特点是营养生长变慢，生殖生长开始。对营养的合成作用与幼年期一样旺盛，并能形成较多的积累。在观赏效果上，在发挥绿化功能作用方面均处于最好的时期。

树木进入成年期后，枝叶增多、冠幅扩大、树冠开张、顶端优势衰退等，使枝条夹角变大、甚至下垂，对生长的影响更甚。如果将水平枝、下垂枝剪除，对恢复树木的生长势很有作用。如果树冠郁闭，不注意改善树冠内光照条件，冠内枝条会大量枯死，使开花结果的部位移至树冠的外围。

树木成年期的长短，因树种而异，一般都在几十年以上。如何缩短幼年期，延长成年期，推迟进入衰老期，发挥成年期树木最大的绿化功能作用，是园林植物栽培的主要任务。

3．衰老更新期

从大枝开始枯衰到根颈萌蘖更新或多次更新直至死亡时为止。在园林绿地中，这一时期的树木由于具有一定的观赏价值或具有纪念意义等特殊原因，常采取修补树洞、加强肥水管理，尽力使其更新复壮，以延续其生命。

衰老更新期的特点：骨干枝和骨干根大量衰亡；树冠急剧内缩、稀疏，冠形不整；枝叶稀少，营养生长很差；花果树营养枝的顶芽也会形成花芽，落花落果严重，花果质次量少；骨干枝或主干上萌生徒长枝；有的根颈附近骨干根隆起或发生多量的萌蘖，在良好的肥水管理下，萌条仍能恢复长势，形成新的枝冠，但冠幅不及初次生长。这种反复，在有些树种上能多次进行。

栽培管理中的深翻改土、截断老根、加强肥水管理等创造良好根系生长环境；摘除花果，做好地上部树体保护等措施，对树木衰老过程的发展具有延缓作用。植物激素对衰老的发展具有调节作用，如生长素、细胞分裂素和赤霉素对衰老的发展都有延缓作用；而脱落酸与乙烯等则对衰老有促进作用。

以上所述的是实生苗树木各年龄时期的典型表现。实际上，各年龄时期的变化是逐渐转化连续发生的。各个时期之间没有绝对的界限。环境条件和栽培养护技术对各个时期持续时间的长短和转换能起很大的作用。充分了解各种植物的生命周期规律，就可根据其特性，因势利导，制定正确的养护管理措施，养护好各种园林植物，以实现多种园林的功能目的与要求。

1.10.2　营养苗的生命周期

采用已经开花结果、阶段发育成熟的树木的枝芽繁育而成的苗木称营养苗。营养苗树木经繁殖、生长、开花结果、衰老直至死亡的整个生命过程，只是成年母树的老化过程，没有性成熟的过程。但在一定条件下，这一过程可以是可逆的，如衰老树上的枝条经扦插或嫁接后能恢复旺盛的生长势。

营养苗幼苗生长过程中，形态上不会出现叶形、叶序、针刺有无等方面的变化，基本上能保持母树的一切遗传性和生长特性。经扦插或嫁接繁育的幼苗需经过几年生长后才能开花结果。这可能是由于营养苗没有相当数量营养生长的积累，不能产生足够的养料来供应生殖生长的需要，但只要具备这方面的条件后，就可以开花结果。所以栽植年龄相同同一树种的营养苗与实生苗，营养苗开花早。同理采用环状剥皮等技术措施,营养苗也比实生苗容易开花结果。

营养苗的生命周期也以幼年、成年、衰老更新三个时期划分，并与实生苗一样进行相应的栽培管理。

实训　园林树木学物候期观察

一、实训目的

1. 学会园林树木学物候期的观测方法。

2. 掌握树木的季相变化，为园林树木学种植设计，选配树种，形成四季景观提供依据。

3. 为园林树木学栽培（包括繁殖、栽植、养护与育种）提供生物学依据。如确定繁殖时期；确定栽植季节与先后，树木周年养护管理，催延花期等；根据树木开花习性进行亲本选择与处理，有利于杂交育种和不同品种特性的比较试验等。

二、实训仪器与用品

围尺、卡尺、记录表、记录夹、记录笔、5％ 的盐酸等。

三、观测方法与步骤

1. 观测地点的选定

观测地点必须具备：具有代表性；可多年观测，不轻易移动。

观测地点选定后，将其名称、地形、坡向、坡度、海拔、土壤种类、pH 值等项目详细记录在园林树木学物候期观测记录表中。

2. 观测目标选定

在本地从露地栽培或野生（盆栽不宜选用）树木中，选生长发育正常并已开花结实 3 年以上的树木。对属雌雄异株的树木最好同时选有雌株和雄株，并在记录中注明雌、雄的性别。观测植株选定后，应作好标记，并绘制平面位置图存档。

3. 观测时间与方法

一般 3 ～ 5 天进行一次。展叶期、花期、秋叶叶变期及落果期要每天进行观测，时间在每日下午 2 ～ 3 时。冬季休眠可停止观测。

4. 观测部位的选定

应选向阳面的枝条或中上部枝（因物候表现较早）。高树项目不易看清，宜用望远镜或用高枝剪剪下小枝观察。观测时应靠近植株观察各发育期，不可远站粗略估计进行判断。

四、观测内容与特征

1. 根系生长周期

利用根窖或根箱，每周观测新根数量和生长长度。

2. 树液流动开始期

从新伤口出现水滴状分泌液为准。如核桃、葡萄（在覆土防寒地区一般不易观察到）等树种。

3. 萌芽期

树木由休眠转入生长的标志。

（1）芽膨大始期

具鳞芽者，当芽鳞开始分离，侧面显露出浅色的线形或角形时，为芽膨大始期（具裸芽者如：枫杨、山核桃等）。不同树种芽膨大特征有所不同，应区别对待。

（2）芽开放期或显蕾期（花蕾或花序出现期）

树木之鳞芽，当鳞片裂开，芽顶部出现新鲜颜色的幼叶或花蕾顶部时，为芽开放期。

4. 展叶期

（1）展叶开始期

从芽苞中伸出的卷须或按叶脉折叠着的小叶，出现第一批有 1～2 片平展时，为展叶开始期。针叶树以幼叶从叶鞘中开始出现时为准；具复叶的树木，以其中 1～2 片小叶平展时为准。

（2）展叶盛期

阔叶树以其半数枝条上的小叶完全平展时为准。针叶树类以新针叶长度达老针叶长度 1/2 时为准。

有些树种开始展叶后，就很快完全展开，可以不记展叶盛期。

5．开花期

（1）开花始期

见一半以上植株有 5% 的（只有一株亦按此标准）花瓣完全展开时为开花始期。

（2）盛花期

在观测树上见有一半以上的花蕾都展开花瓣或一半以上的柔荑花序松散下垂或散粉时，为开花盛期。针叶树可不记开花盛期。

（3）开花末期

在观测树上残留约 5% 的花瓣时，为开花末期。针叶树类和其他风媒树木以散粉终止时或柔荑花序脱落时为准。

（4）多次开花期

有些一年一次于春季开花的树木，有些年份于夏季间或初冬再度开花。即使未选定为观测对象，也应另行记录，并分析再次开花的原因。内容包括：

a 树种名称、是个别植株或是多数植株、大约比例；

b 再度开花日期、繁茂和花器完善程度、花期长短；

c 原因：调查记录与未再开花的同种树比较树龄、树势情况；生态环境上有何不同；当年春温、干旱、秋冬温度情况；树体枝叶是否（因冰雹、病虫害等）损伤；养护管理情况；

d 再度开花树能否再次结实、数量、能否成熟等。

6．果实生长发育和落果期

自坐果至果实或种子成熟脱落止。

（1）幼果出现期

见子房开始膨大（苹果、梨果直径 0.8cm 左右）时，为幼果出现期。

（2）果实成长期

选定幼果，每周测量其纵、横径或体积，直到采收或成熟脱落为止。

（3）果实或种子成熟期

当观测树上有一半的果实或种子变为成熟色时，为果实或种子的全熟期。

（4）脱落期

成熟种子开始散布或连同果实脱落。如见松属的种子散布、柏属果落、杨属、柳属飞絮、榆钱飘飞、栎属种脱、豆科有些荚果开裂等。

树种物候期观测记录表（NO：　）

观测地点：　地形：　　坡向：　　坡度：　　　海拔：　　　土壤种类：
树种
观测项目
萌芽期
芽膨大开始期
叶芽膨大开始期
展叶期
展叶开始期
展叶盛期
春色叶变期
开花期
开花始期
开花盛期
开花末期
最佳观花期
果实发育期
幼果出现期
果实成熟期
果实脱落期
新梢生长期
春梢始长期
春梢停长期
秋梢始长期
秋梢停长期
秋叶变色
秋叶开始变色期
秋叶全部变色期
落叶期
落叶开始期
落叶盛期
落叶末期
秋色叶观赏期
最佳观秋色叶期
观测者：　　　记录者：　　　观测时间：　　年　　月　　日

7. 新梢生长期

由叶芽萌动开始，至枝条停止生长为止。

新梢的生长分一次梢（习称春梢），二次梢（习称秋梢）。

（1）春梢开始生长期

选定的主枝一年生延长枝上顶部营养芽（叶芽）开放为春梢开始生长期。

（2）春梢停止生长期

春梢顶部芽停止生长。

（3）秋梢开始生长期

当年春梢上腋芽开放为秋梢开始生长期。

（4）秋梢停止生长期

当年二次梢（秋梢）上腋芽停止生长。

8．秋季变色期

系指由于正常季节变化，树木出现变色叶，其颜色不再消失，并且新变色之叶在不断增多到全部变色的时期。不能与因夏季干旱或其他原因引起的叶变色混同。常绿树多无叶变色期。

（1）秋叶开始变色期

全株有 5% 的叶变色。

（2）秋叶全部变色期

全株叶片完全变色。

9．落叶期

（1）落叶初期

约有 5% 叶片脱落。

（2）落叶盛期

全株约有 30% ～ 50% 叶片脱落。

（3）落叶末期

全株叶片脱落达 90% ～ 95%。

五、实训提示

1．物候期观察需要周年进行。本次实训应在萌芽前做好准备。

2．物候观测应随看随记，不应凭记忆，事后补记。

3．物候观测须选责任心强的专人负责。人员要固定，不能轮流值班式观测。专职观测者因故不能坚持者，应经培训的后备人员接替，不可中断。

4．从当地主要绿化树种中选一个树种或品种观察。以 2 ～ 3 人为小组进行观察、记录和整理。

六、实训报告

1．找出本地区常见观花树种、观果树种的最佳观花时期及观果时期。

2．通过本地区园林树种物候期的观测，列出本地区春季、秋季的观叶树种及其观叶的最佳时期。

七、考核方法

实训成绩以 100 分计，其中，实训态度占 20 分，实训观察 40 分，实训报告 40 分。

提要：对园林植物而言，它生存地点周围空间的一切因素，如气候、土壤、生物等，就是植物生存的自然环境，不同种属或同一种植物的群体或个体彼此间也互为环境因素。

本章主要介绍园林植物与环境条件的关系和城市的生态条件等。通过本章内容的学习，可以了解和掌握温度、光照、水分、土壤、营养和空气等环境条件；城市的光因子、热因子、水分状况和土壤状况等城市生态条件。

2.1 环境对园林植物生长发育的关系

环境是指园林植物生存地点周围空间一切因素的总和，如气候、土壤、生物、地形等，就是植物生存的自然环境，不同种属或同一种植物的群体或个体彼此之间也互为环境。

从环境中分析出来的因素称为环境因子。环境因子不一定对植物都有作用，如大气中的氮气，对非共生性的高等植物就没有直接作用。在环境因子中，对植物有作用的因子，叫生态因子。园林植物赖以生存的主要生态因子有温度（气温与地温）、光照（光的强度、长度及组成）、水分（空气湿度与土壤湿度）、土壤（土壤组成、物理性质及 pH 值等）、地形（山地、平原、洼地、坡度、坡向、海拔）、大气等。其中温度、光照、空气、水分、土壤等生态因子是园林植物生存不可缺少的必要条件，其他如地形、风等是间接影响园林植物的生态因子。在自然界中，生态因子不是孤立地对植物发生作用，而是综合在一起影响着植物的生长发育。正确了解和掌握园林植物生长发育与外界生态因子的相互关系，是园林植物生产和应用的前提。

2.1.1 温度

温度是重要的生态因子之一，对园林植物具有重要的作用：植物的一系列生理过程都必须在一定的温度条件下才能进行。在适宜的温度范围内，植物能正常生长发育并完成其生活史，温度过高或过低，都将对植物产生不利影响甚至导致死亡；且温度对植物的影响还表现在温度的变化能影响环境中其他因子的变化，从而间接地影响植物的生长发育。因此，温度是植物生长发育和分布的限制因子之一。

2.1.1.1 温度的自然变化规律

地球表面上各地的温度条件随所处的纬度、海拔高度和地形、时间等的不同而有很大的变化。以纬度而言，随纬度提高，太阳辐射量减少，温度也逐渐降低。纬度每提高 1°（距离约 111km），年平均温度下降 0.5～0.9℃（其中 1 月份平均下降 0.7℃，6 月份平均下降 0.3℃）。因此，随纬度增加，温带及寒带的耐寒性园林植物分布增加，如云杉属、冷杉属、落叶松属植物大部分分布于温带；随纬度的降低，亚热带及热带园林植物的分布增加，如附生兰及仙人掌类大部分分布于热带、亚热带。

海拔对温度的影响源于空气密度。在低海拔地区，空气密度较大，吸收的太阳辐射较多，并且还接受地面的传导和对流热，温度相对较高；随着海拔升高，虽然太阳辐射增强，但源于大气层变薄，空气密度下降，导致大气逆辐射下降，地面有效辐射增多，因此温度下降。一般海拔每升高 100m，平均气温下降 0.5～0.6℃。因此，高海拔处多分布耐寒的高山植物，如杜鹃、报春花、雪莲、龙胆、绿绒蒿等。我国是一个多山国家，海拔的变化从 −293m（吐鲁番盆地）到 8848m（珠穆朗玛峰），境内地形高低差异很大，对温度的变化产生了很大的影响。

不同的坡度，由于接受太阳辐射量不均匀，温度变化较大。南坡接受的太阳辐射量最多，平地次之，北坡最少；而西南坡因蒸发耗热少，滞留于空气和土壤中的热量大，其土温甚至比南坡更高。因此，南坡、西南坡多以阳性、喜温、耐旱植物分布为主，北坡则以耐荫、喜湿植物分布为主。

温度随时间变化更为明显，表现为季节变化和昼夜变化，明显影响着植物的生长发育和分布。我国大部分地区属于亚热带和温带地区，春、夏、秋、冬四季分明，一般春、秋季平均温度在 10 ～ 22℃ 之间，夏季平均气温高于22℃，冬季平均气温多低于 10℃，形成了中国气候型特有的四季名花如春兰、夏荷、秋菊、冬梅等的特色分布；温度随昼夜变化表现为：日出之前气温最低，日出后气温逐渐上升，在中午 13：00 ～ 14：00 达最高点后再逐渐下降，一直到日出前为止。

2.1.1.2　园林植物对温度适应性的类型

由于原产地气候差异大，不同园林植物耐寒性有很大差异，通常依据耐寒力不同而将园林植物分成三大类：

1. 耐寒园林植物

耐寒园林植物多为原产于寒带或温带地区，其抗寒性强或较强，主要包括露地二年生草本花卉、部分宿根花卉、部分球根花卉和落叶阔叶及常绿针叶木本观赏植物。此类植物一般可以忍耐 −5℃ 以下的低温，甚至在更低温度下能安全越冬。如二年生草本花卉中的二月兰、雏菊、羽衣甘蓝、金鱼草、矢车菊等，多年生花卉如蜀葵、玉簪、耧斗菜、菊花、郁金香、风信子、雪滴花等，木本植物如连翘、榆叶梅、丁香、紫藤、凌霄、侧柏、桃花、白桦、红松、油松、榆、白皮松、云杉等。

2. 半耐寒园林植物

半耐寒园林植物多为原产于温带南缘或亚热带北缘地区，通常能忍受较轻微霜冻，在 −5℃ 以上温度下一般能露地越冬。但因种或品种而异，部分种类在长江或淮河以北即不能越冬，而有些种类则有较强耐寒力，在华北地区通过适当保护可以越冬。常见种类如草本花卉的紫罗兰、金盏菊、桂竹香、鸢尾、石蒜、水仙、酢浆草、葱兰等，木本植物如香樟、广玉兰、梅花、桂花、梅花、南天竺、枸骨、夹竹桃、结香、冬青、栀子等。

3. 不耐寒园林植物

不耐寒性园林植物多原产于热带及亚热带地区，包括一年生花卉、春植球根类及不耐寒的多年生常绿草本和木本温室花木。在生长期间要求较高的温度，冬季不能忍受 0℃，甚至 5℃ 或更高的温度，低于该温度就停止生长甚至出现伤害。因此这些植物中的一年生种类的生长发育在一年中的无霜期进行，春季晚霜后播种发芽生长，秋末早霜到来时死亡。主要指一年生或多年生作一年生栽培的花卉，如鸡冠花、凤仙花、一串红、万寿菊、紫茉莉、翠菊、百日草、千日红、麦秆菊、矮牵牛等和春植球根类，如唐菖蒲、美人蕉、大丽花、晚香玉等。

属于这一类的还有一些原产热带、亚热带及暖温带的二年生草本、多年生常绿草本植物或木本植物，需在保护地越冬的，因限于温室栽培，亦称为温室花卉。

园林植物的耐寒性通常与耐热性相关，耐寒性强的种类一般耐热性较弱，而耐寒性弱的种类则耐热性较强。但也有较多例外，一些秋植球根花卉，如小苍兰、水仙、马蹄莲、仙客来等耐寒性较差，耐热性也较差，通常在夏季高温下进入休眠，以度过不良的高温环境。

在无四季之分的赤道及温度高、光照弱的热带雨林和热带高山地区，夏季光照时间比温带及暖温带要短，其夏季最高温可能低于温带及暖温带的某些地区。因此，原产热带地区的园林植物，多经受不住我国大部分地区的夏季酷热，不能正常开花，甚至进入强迫休眠，需要采取防暑降温措施，否则会受害死亡。

2.1.1.3　温度对园林植物生长发育的影响

1. 温度与生长

每一种植物的生长发育，对温度都有一定的要求，都有温度的"三基点"，即：最低温度、最适温度和最高温度。分别指园林植物开始生长的温度，生长既快又好最适宜生长的温度，停止生长的最高温度。由于原产地气候不同，不同园林植物的温度"三基点"也有很大差异。如原产热带的植物开始生长的基点温度较高，一般在 18℃ 左右开始生长；而原产温带的植物生长的基点温度较低，一般在 10℃ 左右就开始生长；而原产亚热带的植物，其生长的基点温度介于二者之间，一般约在 15～16℃ 开始生长。一般植物生长的最适温度在 25℃ 左右，从最低温度到最适温度范围内，随着温度升高生长加快，而当温度高于最适温度时，随着温度升高，生长反而变缓慢了。

同一植物在不同物候期，对温度的"三基点"要求不同。如先花后叶的梅花，其开花需要的温度就比叶芽萌发的温度要求低；二年生植物种子萌芽在较低温度下进行，而在幼苗期间需要的温度更低，以便顺利通过春化阶段。

昼夜温度有节奏的变化对植物生长有很大的影响。不同园林植物的昼、夜最适温度不同（表 2-1），不同气候带植物的适宜昼夜温差也不同，热带植物多为 3～6℃，温带植物多为 5～7℃。一般植物夜间生长比白天快，这是由于白天光合作用制造的养料积累后，供给夜间细胞伸长和新细胞的形成，这种因昼夜变化影响到生长反应的情况，即为温周期现象。温周期现象在温带植物上反应比热带植物明显，较大的温差可使白天温度在光合作用的最佳范围内，夜间温度应尽量在呼吸作用较弱的范围内，以得到较大差额，积累更多有机营养物质，促进植物生长。当然，温差并非越大越好，大多数植物以 8℃ 左右为佳，如温差过大，不论是昼温过高或夜温过低，均不利于植物的生长发育。

土壤温度也影响园林植物的生长。许多温室花卉的种子及扦插繁殖常于秋末至早春在温室或温床中进行，此时温室气温高而土温低，使一些种子难以发芽，一些插穗只萌发而不发芽，结果水分、养分很快消耗而使插穗干枯死亡。因此，提高土温才能促进种子萌发和插穗生根。

种类	白天最适温度（℃）	夜间最适温度（℃）	种类	白天最适温度（℃）	夜间最适温度（℃）
杜鹃花	17~27	13~18	百日草	16~23	13~18
凤仙花	18~23	13~18	花叶芋	19~22	10~12
香石竹	19~22	10~12	铁炮百合	18~21	16~18
长寿花	21	16	矮牵牛	15~21	10~16
荷包花	12~15	9~10	八仙花	18~20	13~16
菊花	18~20	16~17	月季	21~24	16~17
金鱼草	16~18	10	倒挂金钟	18~24	13
一串红	16~23	13~18	一品红	24~25	16~17
仙客来	16~20	10~16	三色堇	8~13	5~10
香豌豆	17~19	9~12	彩叶草	23~24	16~18
翠菊	20~23	14~17	非洲紫罗兰	19~21	23.5~25.5

部分园林植物的昼夜最适温度　　　　　表2-1

2. 温度与花芽分化和发育

植物在发育的某一时期，需经受较低温度后，才能促进花芽形成，这种现象即为春化作用。春化作用是花芽分化的前提，当然不同植物对春化所要求的温度和时间有很大差异。一般秋播的二年生植物较严格，需 0~10℃ 左右才能通过，而春播一年生植物则需温度较高。园林植物通过春化阶段后，也必须在适宜的温度条件下，花芽才能正常分化和发育。植物种类不同对花芽分化和发育的温度要求不同，同种植物花芽分化和发育的适宜温度也往往不尽相同。

园林植物花芽分化所要求的适宜温度大体上有两种情况：

(1) 高温下花芽分化

许多春花类、花木类在 6~8 月，气温在 25℃ 以上时进行花芽分化，花芽形成后经过冬季的一段低温过程，才能在春季开花。否则花芽发育会受障碍，影响正常开花。这些种类如桃、梅、樱花、杜鹃、紫藤等。有些一年生草本如凤仙、鸡冠、牵牛、太阳花等也需在生长季较高温度下花芽才能分化。

许多球根类植物在夏季较高温度下进行花芽分化，如春植类球根的唐菖蒲、晚香玉、美人蕉等在夏季生长期进行，而郁金香、风信子、水仙等秋植球根则在夏季休眠进行花芽分化。当然夏季花芽分化并不意味花芽分化需很高温度，有些种类花芽分化要求适温并不是很高，如郁金香为 20℃，水仙 13~14℃，杜鹃为 19~23℃ 等。而在一些地区，高温恰恰是影响这些种类的花芽分化、导致开花阻碍、植株退化的重要原因。

(2) 低温下花芽分化

许多原产温带中北部及原产各地高山地区的园林植物，在春、秋等季的花芽分化，要求温度也偏低，许多秋播花卉如三色堇、雏菊、矢车菊等及宿根类如秋菊、八仙花等。

温度对花芽分化后的发育也有很大影响。有些种类花芽分化需温度较高，而花芽发育则需一段低温过程，如前述的一些春花类木本花卉。又如郁金香 20℃ 左右处理 20~25 天促进花芽分化，其后在 2~9℃ 下处理 50~60 天，促进花芽分化，再用 10 ～ 15℃进行处理促进发根生长。

2.1.1.4 极端温度对园林植物的影响

园林植物的生长发育都有其最适宜的温度范围，但在自然条件下，温度常有剧烈的变化，温度过高过低都会造成植物的生理障碍，不仅使植物生长不良，甚至造成植物的死亡。

1. 低温对园林植物的伤害

由低温造成的伤害，其外因主要决定于温度降低的程度、持续的时间、低温来临的时间和解冻的速度等。内因主要决定于园林植物的种类、品种及其抗寒能力，此外还与地势、植物本身的营养状况等有关。常见的低温伤害有：

（1）寒害

又称冷害，是指 0℃以上的低温对植物造成的伤害。寒害多发生于原产热带和亚热带南部地区喜温的园林植物。寒害主要是由于突发的低温打乱了植物代谢的协调性，引起各种生理过程混乱，破坏了光合作用和呼吸作用的平衡。一些喜温植物易受寒害的影响，所以寒害是喜温植物北移的主要障碍。

（2）冻害

冻害是指 0℃以下的低温使植物组织发生冰冻而引起的伤害。尤其是在温度变化剧烈时，冻害更为严重。环境中温度低于 0℃时，植物就有遭受冻害的可能，但由于各种植物对低温的适应性不同，植物有可能在环境温度低于 0℃时仍保持不低于 0℃的体温而免受冻害。我国北方地区，冻害是主要的低温伤害形式。

植物遭受冻害的过程和机理，是植物各组织各器官以及细胞内各部分相互作用的结果，其表现有：植物细胞壁上的自由水结冰造成细胞脱水或细胞机械损伤；原生质膜破裂和原生质中的蛋白质失去活性；常绿树在冬季长期低温冰冻并伴随着强光照射引起的光氧化伤害等。

（3）霜害

霜害是指由于霜的出现而对植物造成的伤害。霜是当温度在 0℃以下时，空气中的水汽因地面或物体表面热量放散的影响而凝华在其上的白色结晶。霜一般出现在晴朗无风的夜间或清晨。晚秋产生的霜叫"早霜"，早春产生的霜叫"晚霜"。有霜时往往伴有霜冻。一般入秋后最早出现的一次霜称"初霜"，此时气温尚高，植物还未进入休眠，遇霜后易遭受霜害；入春后最晚出现的一次霜称"终霜"，此时气温升高，植物正在生长，遇霜后往往遭受霜害，危害较大。

（4）冻旱

冻旱又称为生理干旱。由于土壤结冰，植物根系吸不到水分，而地上部分不断蒸腾失水，就会引起枝条甚至整个植株干枯死亡。冻旱多发生于土壤未解冻前的早春，风又能增加蒸腾作用，所以在多风、干旱的北方地区，冻旱发生较为严重。

（5）冻拔

由于冬季土壤结冻，使土壤体积增大，带动苗木上拔，而春季土壤解冻后，土层下陷，而苗木留于原处，导致根系裸露，甚至倒伏死亡。冻拔多发生于冬季气温低、土壤含水量高的地区。

（6）冻裂

温度较低时，太阳光的强烈照射使树木受光面迅速升温，在不照射或入夜后气温迅速下降，使树木受光面和背光面产生较大温差。由于热胀冷缩而产生弦向拉力，使树皮纵向开裂而造成伤害。冻裂常发生在昼夜温差比较大的地区。

不同种类植物对温度要求不同，而同一植物在不同生长状态对低温的忍受能力也有很大差异。休眠种子的抗寒力最高，休眠中的植株的抗寒力也较高，而生长中的植物抗寒力就比较低，多年生树木春季萌动后，尤其新芽萌发后，抵抗力就明显下降。

2. 高温对园林植物的伤害

由于高温破坏植物的光合作用和呼吸作用的平衡，使呼吸作用超过光合作用，植物因长期饥饿而受害或死亡；高温还能促进蒸腾作用的加强，破坏水分平衡，使植物干枯甚至死亡；高温还会抑制氮化物的合成，氨积累过多，毒害细胞等。

高温对园林植物伤害的常见症状为日灼现象。日灼是指幼苗或树木因强烈太阳照射和相应的高温而产生的灼伤现象。根据灼伤部位的不同可分为根茎灼烧和树皮灼烧。

（1）根茎灼烧

根茎灼烧又称干灼，是指当幼嫩苗木的根茎部位与高温表土相接触时，苗木根茎部的输导组织和形成层即被灼伤，严重时导致苗木死亡的现象。根茎灼伤的部位在土表上下 2mm 之间，形成环状"卡脖"伤害。

（2）树皮灼烧

树皮灼烧又称皮烧，是由于太阳辐射强烈照射引起高温所造成的。受灼伤的树皮常出现斑点状死亡或片状脱落，轻的为病菌侵入创造条件，重者树叶干枯、凋落，甚至造成植株死亡。

2.1.2 光照

光对植物的作用是由光照强度、光质（光谱成分）和日照长短三方面的对比关系构成的，并随着地理位置和季节的不同而发生规律性的变化，造成光能在地球表面上分布的不均匀性。光的这些特点和变化，对植物的生长发育，器官分化乃至外部形态和内部结构都有着深刻的影响，而植物体中 90% 以上的干物质是利用光能合成的。因此，了解光与植物的关系，运用适当的栽培措施，是改善植物对光能的利用，提高植物的光合能力，促进植物生长发育的基本途径。

2.1.2.1 光照强度对园林植物的影响

光照强度随纬度增加而减弱，随海拔高度升高而增强。光照强度也随时间而变化，一年中以夏季光照强度最大，冬季最弱；一天中以中午光照强度最大，早晚最弱。

1. 光强对园林植物生长发育的影响

光照强度的变化对植物体细胞的增大和分化、分裂和生长有密切关系。在一定光强范围内，随着光强增大，植物生长速度加快，干重增加。光强增加还能促进植物组织和器官的分化，制约器官的生长和发育速度。充足的光照可使植物节间变短，茎变粗；促进木质化程度的提高，改善根系的生长，从而形成较大的根／冠比。

光照强度与光合作用强度之间的关系密切。在低温条件下，植物光合作用较弱，当光合产物恰好抵偿呼吸消耗时，此时的光照强度称为光补偿点。由于植物在光补偿点时不能积累干物质，因此，光补偿点的高低，可以作为判断植物在低光强度条件下，能否健壮生长的标志，也就是说作为测定植物耐荫程度的一个指标。随着光照强度的增加，植物光合作用强度随之提高，并不断积累有机物质；但光照强度增加到一定强度后，光合作用增加的幅度就逐渐减慢，最后达到一定限度，不再随光照强度增加而增加，这是即达光饱和点。不同类型植物的光补偿点和光饱和点不同：山毛榉、冷杉等耐荫树种的光补偿点只有几百勒克斯，而喜光植物常达几千勒克斯；一般树种的光饱和点在 20000 至 50000 勒克斯之间，C4 植物可高达 80000 勒克斯以上。光补偿点低（阴性植物）比光补偿点（阳性植物）的植物能较好地利用弱光。

光照强度对植物枝、叶的生长和形态结构的建成有密切关系。在弱光条件下，幼茎的节间充分延伸，形成细而长的茎，而在充足的光照条件下，则节间变短，茎变粗。光能促进植物组织的分化，有利于胚轴维管束中管状细胞的形成，因此，在充足的光照条件下，树苗的茎有发育良好的木质部。充足的光照还能促进苗木根系的生长，形成较大的根／茎比率。在弱光下，大多数树木的幼苗根系都较浅，都较不发达。

在野外，我们常可发现：孤植树的侧梢较发达，尖削度较大；而同样的树种在片林中侧梢较弱，树木较高，尖削度小。一般认为，萌芽是由树木体内的生长激素引起的，当树皮暴露在较强的太阳刚辐射下，生长激素可能受到某种作用，刺激不定芽从而形成较多的侧梢。此外，很多树木由于接受到的光照强度不均匀，枝叶向强光方向生长茂盛，向弱光方向生长孱弱或不能生长，形成明显偏冠。一些喜光树种甚至发生主干倾斜、扭曲，这种偏冠现象在行道树或庭院树中经常看到。但是，并不是所有的树种均在相对光照强度为 100% 时的生长是最好的，如心叶椴、糖槭、悬铃木则在 80% 时，新梢长度、根颈的直径、叶面积，以及叶、茎、根总量的干重生长量最大。

光照强度对花蕾开放时间也有影响。大多数花卉为晨开夜闭。半支莲、酢浆草等在强光下开放，日落后闭合；月见草、紫茉莉、晚香玉则傍晚时盛开，其中紫茉莉开花的适宜光强在 290 ~ 960 勒克斯之间，早晨光强在 1000 勒克斯之上即闭合；牵牛、蓝亚麻在每日清晨开放；昙花、含羞草于深夜时开花。

光照强度对花色也有影响。强光有利于花青素形成，使花色鲜艳；在弱光下，花青素不易形成，使花色暗淡。

2.园林植物对光强适应性类型

（1）阳性植物

此类植物喜强光，要求在全光照条件下生长，不耐荫蔽。具有较高的光补偿点和光饱和点。如光照不足，则生长缓慢，发育受阻，出现枝叶徒长而纤细，叶色发黄，花小而稀少，不香不艳的现象。阳性植物包括绝大部分观花类、观果类的草本、木本植物、多浆植物、松、柏类等大部分针叶植物和一些阔叶落叶及常绿植物等，如一串红、百日菊、茉莉、月季黑松、紫葳、银杏、悬铃木、白杨、泡桐等。

（2）中性植物

此类植物比较喜光，在全日照条件下生长良好，但稍受荫蔽亦正常生长，夏季光照过强时适当遮荫则有利生长。如香雪球、紫茉莉、翠菊等草本花卉，及木本类的香樟、榔榆、七叶树、三角枫、女贞、腊梅、络石等。

（3）阴性植物

此类植物需光量少，具有较高的耐荫能力，常不能忍受强光照射，尤其在气候较干旱的环境下。如草本兰科植物和蕨类，以及杜鹃花、桃叶珊瑚、常春藤、八角金盘、珊瑚树、竹柏、六道木等木本植物。

3.植物的耐荫性

植物的耐荫性一般常受年龄、不同发育阶段、气候、土壤等的影响。幼年期和以营养生长为主的时期较耐荫，而成年后和进入生殖生长阶段则需较强的光照，特别是由枝叶生长转向花芽分化的期间对光照需要较高。在湿润肥沃和温暖条件下，植物耐荫性表现较强；而在干旱、瘠薄、寒冷条件下，则趋向喜光。

2.1.2.2　光周期对园林植物的影响

光周期即昼夜长短、明暗交替的变化。在北半球，夏半年（春分到秋分）昼长夜短，其中夏至的白昼最长、夜最短；冬半年（秋分到春分）则昼短夜长，以冬至的昼最短、夜最长。光照长度的季节变化随纬度而不同，在赤道附近，终年昼夜平分；随着纬度升高昼夜长短发生变化，纬度越高夏半年昼越长、夜越短；冬半年则昼越短、夜越长，以至在南北两极夏季全是白天，冬天全是黑夜。

1.园林植物对光周期适应性的类型

植物体各部分的生长发育，包括茎的伸长、根的发育、休眠、发芽、开花、结果等常常与光周期有密切关系。有些植物需要在短于它的临界日照情况下才能开花，有的则需要在长于它的临界日照情况下才能开花。这种植物对光照昼夜长短的反应称为植物的光周期现象。

根据植物花芽分化和开花对光周期的不同要求可分为三种主要类型：

（1）长日照植物

这类植物要求每天日照时数大于临界日长才能开花。通常要求 14～16 小时的日照，而且每天日照愈长，愈能促进开花。如满天星冬季促成栽培，全夜补光比夜间光中断提前出花 1 个月左右。

长日照植物大多为原产温带地区植物，自然花期多为春末和夏季，如唐菖蒲、荷花、满天星及许多春季开花的二年生草花，如金盏菊、雏菊、紫罗兰、大岩桐等。

（2）短日照植物

这类植物要求每天日照时数短于临界日长才能开花。如果每天日照延长或连续日照，就延迟开花，甚至只能进行营养生长而不开花。每天连续黑暗时数愈长，就愈能促进开花。但如果处在每天日照很短或连续黑暗中，由于光合作用很弱或不能进行，反而造成营养不足，植物不但不能开花甚至还会死亡。通常要求 8～12 小时的日照。

短日照植物多分布于热带、亚热带，自然花期在秋、冬季，如菊花、蟹爪兰等。在超过临界日长的夏季只进行营养生长，只有入秋以后，随着光照时间缩短，当短于它们各自的临界日长后，才开始进行花芽分化。生产上多采用电照法（即夜间照光间断暗期的方法）来延迟秋菊、一品红花等短日照植物的花期，以达到周年生产的目的。

（3）中性日照植物

这类植物对日照长短要求不严格，只要其他条件（尤其是温度条件）合适，在一年四季中的任何日照条件下都能开花。常见种类有月季、非洲菊、扶桑、天竺葵、凤仙、美人蕉、香石竹等。

植物并不是一生都需要合适的光周期才能开花，只要在花原基形成之前的一段时间得到即可，这种现象称为光周期诱导。光周期诱导所需的天数一般为一天至十几天。当植物完成光周期过程后，对光照长短的要求就不太严格了，但若将接受日照的天数增加，对开花更有利，可使开花提前和花数增多。通常植物必须生长到一定大小时，才能接受光周期诱导。二年生植物需经过春化作用后才能接受光周期诱导。

2．光周期与营养繁殖

光周期与某些园林植物的营养繁殖有关。如落地生根属的一些种类，叶缘上的幼小植物体只能在长日照下产生；虎耳草匍匐茎的发育，也需要长日照；而大丽花的一些品种经短日照诱导能促进块根形成；块茎类的秋海棠，其块茎的发育也为短日照所促进。

3．光周期对多年生木本植物的影响

光周期对多年生木本植物的影响，主要是在很大程度上控制了木本植物的生长和休眠。一般而言短日照促进休眠，长日照促进营养生长。不同地区有着不同的光周期变化特点，在进行园林植物引种时，就要考虑原产地与引种地区光周期变化的差异，以及植物对光周期反应的特性和敏感程度，再结合考虑植物对热量的要求，才能保证引种的成功。

2.1.2.3　光质（光谱成分）

不同的光质部分对园林植物生长发育各有不同作用。可见光中红光与橙光对植物的光合作用最有效，能加速长日照植物发育，延迟短日照植物发育，并能使茎加速生长；蓝紫光则加速短日照植物发育，延迟长日照植物发育并能抑制茎的伸长，促进花青素的形成，有助于有机酸和蛋白质的合成。紫外光对抑制植物的徒长和促进矮化有利，可促进花青素的形成，热带和高山植物因受较强紫外线照射，通常花色艳丽。红外线不能引发植物的生化反应，仅具有增热效应，供给植物热量。

2.1.3 水分

水植物体的重要组成部分，也是生命活动的必要条件。无论是植物根系从土壤中吸收养分和运输，还是植物体内进行一切生理生化反应，都离不开水。水分的多少直接影响着植物的生存、分布、生长和发育。如果水分供应不足，种子不能萌发，插条不能发根，嫁接不能愈合，光合作用、呼吸作用、蒸腾作用就不能正常进行，更不能开花结果，严重缺水时还会造成植株凋萎，以致枯死；如果水分过多，又会造成植株徒长、烂根，抑制花芽分化、刺激花蕾脱落等，不仅降低观赏价值，严重时还会造成死亡。

我国地域辽阔，由于南北纬度温度的差异和东西经度距海洋的远近不同，再加上山脉的阻碍，各地降雨量差异很大。一般自东往西，随着距离海洋渐远，海洋性气候减弱，大陆性气候渐强，降雨量相应减少。例如：上海年降雨量1141.8mm，西安为580.4mm，大连为591.1mm，乌鲁木齐为273mm。

降雨量在不同季节存在很大差异。在我国一般夏季最大，可达全年的一半左右，其次是春季和秋季，冬季最少。我国降雨量的多少与同期的温度高低成正相关关系，这对植物的生长发育很有利。

2.1.3.1 园林植物对水分适应性的类型

植物生活在复杂、多变、结构很不均匀的自然环境中，水分条件随时间、空间而发生极为明显的变化。植物对水分的需求与所处环境的水分条件，经常处于矛盾之中。各种植物在其生长发育过程中，既要适应水分的不足，有时或在有的地方，还得适应水分的过多。植物对水分的长期适应，会表现出一定的生物学和生态学特性，根据这些特性，可将植物分为四大类：

1. 旱生植物

这类植物具极强的、能忍受较长期的空气或土壤的干旱，仍能维持水分平衡和正常生长发育。这是因为在长期的系统发育过程中，形成了在生理与形态方面适应干旱的特性：如细胞液浓度和渗透压变大、叶片变小或退化成刺状、毛状或肉质化、表皮角质层加厚、气孔下陷、叶片质地硬而呈革质、且有光泽或具厚茸毛等等，从而减少了植物体水分的蒸腾；同时这类植物根系较发达，吸水力强，更加强了适应干旱的能力。此类植物多原产热带干旱或沙漠地区。草本中如仙人掌科、景天科植物，以及番杏科、大戟科等多肉多浆植物；木本中如壳斗科的栎类、柽柳、旱柳、黑松、夹竹桃等。在养护中如土壤水分过多，会烂根、烂茎而死亡，应掌握宁干勿湿的灌水原则。

2. 湿生植物

这类植物耐旱性弱，需生长在潮湿环境中，在干燥和中等湿度环境下，常生长不良或枯死。其特点是：通气组织较发达，渗透压低、根系不发达、控制蒸腾作用的结构弱，叶片常薄而软。此类植物多原产于热带雨林中或山涧溪旁。常见种类如草本中的热带兰、蕨类、凤梨科植物、天南星科植物、秋海棠类、湿生鸢尾类等；木本植物如水杉、水松、落羽杉、枫杨、垂柳等。养护中应掌握宁湿勿干的灌水原则。

3. 中生植物

园林中大部分植物属于此类。它们适宜生长在水分有一定变化幅度的环境中，形成了保持植物体水分平衡的形态结构和功能，根系及输导组织比湿生植物发达，叶面也有较厚的保护组织。

中生植物中，有些种类偏向于旱生植物特性，喜中性偏干燥环境；有些种类偏向于湿生植物特性，喜中性偏湿环境。

4. 水生植物

这类植物通气组织发达，生长期要求有饱和的水分供应。其中，可在沼泽和积水低洼地中生长的有黄菖蒲、水葱等；必须在浅水中生长的有荷花、睡莲、凤眼莲、王莲、香蒲、萍蓬草等。部分水生植物也有较高的抗旱能力，如千屈菜、黄菖蒲、花叶芦竹等，既能在浅水区生长，也能在陆地生长。

2.1.3.2　各生育阶段对水分的要求

园林植物各生育阶段对水分的要求是不同的。植物各阶段需水的一般规律是：播种后种子萌发需要较充足的土壤水分，以利于胚乳或子叶营养物质的转化分解，胚根和胚芽的萌动及幼苗根系的生长，故播种时需表土适度湿润；种子萌发后，幼苗期因根系弱小，在土壤中分布较浅，抗旱力较弱，必须经常保持一定的湿润，但水分多又会造成徒长，甚至过多时会引起苗木窒息烂根；植物生长期抗旱力逐渐增强，但随着营养生长的逐步旺盛，需水量也逐步增大；开花结实时，对土壤水分仍有一定要求，以维持正常代谢，但对空气湿度要求宜小，以免影响开花、授粉和种子成熟。开花期土壤水分过多会提前授粉及衰败，故观花植物应适当少浇水以延长花期。观果植物在果实发育期则仍应供给充足的水分，以满足果实发育的需要。植株在冬季休眠及半休眠状态时，因生长缓慢、需水量少，加之土壤蒸发量小，应少灌水，以防烂根及寒害。

在植物的整个生育期中，生殖器官形成期对水分的反应最敏感，此期缺水，对以后的花、果产量影响最大。所以生殖器官形成期被称为水分的临界期。

2.1.3.3　水分对园林植物生长发育的影响

在园林植物栽培中，水分偏多不利于植物生长，如秋季水分偏多易使枝叶再生长，秋梢生长过旺，枝条成熟度差，易受冻害；土壤水分过高，使土壤空气不足，造成缺氧，根系呼吸作用减弱，影响水分、养分的吸收，会引起根系窒息死亡；而且土壤水分过高，会增加二氧化碳的积累，抑制土壤中好气细菌的活动，促进嫌气细菌的活跃使土壤中有机物分解不完全，形成大量有机酸、硫化氢、甲烷等有毒物质积累使根系中毒致死；土壤水分过多，还会引起土壤板结，根系不能伸入底土，形成浅根系，根毛不发达，进而影响地上部分生长。

当水分不足时，会使植物体内水分失去平衡，导致植物萎蔫，即叶片及叶柄皱缩下垂，尤其是新叶及较薄的叶片更易出现。适当控制水分，使其处于一定时间内的暂时萎蔫状态，在一定程度上有利于控制植株高度、抑制枝叶徒长。但若土壤水分不足而使植物长时间处于萎蔫状态下，会导致植物非正常性落叶。盆栽花木会出现老叶及下部叶片脱落死亡，形成"脱脚"，影响观赏价值。据试验，一般当土壤含水量达 10％～15％ 时，植物地上部分就停止生长；当土壤含水量低于 7％ 时，根系生长也停止，并易木栓化；同时常因土壤溶液浓度过高，根系发生外渗现象，引起烧根甚至死亡。

水分对花芽分化有重要影响。植物生长一段时期后，营养物质积累至一定程度后，营养生长便转向生殖生长，进行花芽分化、开花结实。花芽分化期间，如水分过于缺乏则花芽分化困难;如水分过多，长期阴雨营养物质积累少，也难以进行花芽分化。因此,水分是花芽分化早迟和难易的主要决定因素之一。栽培中，常在花芽分化期适当控制水分的供给，以达到控制营养生长、促进花芽分化的作用。如梅花的"扣水"，就是控制水分供给致使新梢顶端自然干梢，叶面卷曲，停止生长而转向花芽分化。球根花卉中，凡球根含水量少，则花芽分化也早；早掘的球根或含水量高的球根，花芽分化就迟。广州等地盆栽金橘就是在 7 月份控制水分，促使花芽分化，从而使花繁果茂。

在孕蕾期和开花期如水分缺乏，则花朵难以完全绽开，不能充分表现出品种固有的花形与色泽，而且花期缩短，影响观赏效果。此外，水分的多少，常对花色的浓淡有影响。正常的色彩需适当的湿度才能显现，如水分不足，花色常变浓，这是由于色素形成较多而引起的。为保持品种的固有特性，应及时进行水分的调节。

水分是影响栽植植物成活的关键。同时影响花木春季开花的数量和质量。在夏季如土壤干旱，植物体内调节温度的能力下降，易引起日灼，叶片焦边而降低观赏效果。冬季土壤水分不足时,使土壤温度过低而造成植物冻害如银杏。

2.1.4 土壤

土壤是植物进行生命活动的场所。植物根系生活于土壤中，与土壤之间有着极大的接触面。土壤的质地、物理性能和酸碱度都不同程度地影响着植物的生长发育。一般要求栽培所用土壤应具备良好的团粒结构，疏松、肥沃，排水和保水性能良好，并含有较丰富的腐殖质和适宜的酸碱度。当然，由于植物种类不同，对土壤的要求也有较大的差异，只有满足植物对水、肥、气、热的要求，植物才能良好生长。另外，植物通过根系分泌一些有机物质，枯死植物的腐烂分解，而改善土壤理化性状和生物性状。所以，土壤本身就是生物与无机环境相互作用的产物,植物与土壤之间存在着强烈的物质交换,彼此相互影响。

在影响植物生长发育的各种因子中，土壤因子是比较容易被人们控制和改变的因子，人们常通过控制和改变土壤条件获得栽培成功和更好发挥园林植物的绿化功能作用。

2.1.4.1 土壤物理性质与园林植物的关系

土壤物理性质是指土壤质地及结构决定的土壤通气性、透水性、保水性和保肥性。

1. 土壤质地

土壤质地是指组成土壤不同大小的矿物质颗粒的相对含量。通常按照矿物质颗粒粒径的大小将土壤分为三类，即沙土类、壤土类和黏土类。

（1）沙土类

土壤质地较粗，含沙粒多，黏粒少，土粒间隙大，土壤疏松粘结性小。通气透水性强，但保水性差，易干旱；土温易增易降，昼夜温差大；有机质分解快，养料易流失保肥性能差，肥劲强但肥力短。适用于培养土的配制成分和改良黏土的成分，也可作扦插、播种基质和一些耐干旱植物的栽培。

（2）黏土类

土壤质地较细，含粘粒和粉沙较多，结构致密，干时硬、湿时粘。由于含黏粒多，表面积大，含矿质元素和有机质较多，保水保肥能力强且肥力长久，但通气透水性差；土壤昼夜温差小，早春土温上升慢，植物生长偏迟缓，尤其不利于幼苗生长。除少数喜黏性土的植物外，绝大部分植物不适应此类土壤，常需与其他土壤或基质混配使用。

（3）壤土类

土壤质地较均匀，土壤颗粒大小居中，含一定的细微砂粒和黏粒，并依比例不同分为沙壤土、壤土及黏壤土。性状介于沙土与黏土之间，既有较好的通气排水能力，又能保水保肥，有机质含量多，土温也比较稳定，且酸碱度适中，对植物生长有利。适应大部分种类的园林植物的要求。

2. 土壤结构

土壤结构是指土壤颗粒排列的状况，有团粒状、块状、核状、柱状、片状等结构，其中以团粒结构土壤最适宜植物生长。这是由于团粒结构是由土壤中的腐殖质把矿质颗粒相互粘结成直径为 0.25～10mm 的小团块而形成的。

团粒结构内有毛细管孔隙，可保持水分，毛细管内空气少，主要是嫌气性微生物活动，有机物分解缓慢，有利于有机质的积累和保持。

团粒之间的非毛细管孔隙则充满着空气，好气微生物活动旺盛，有机质分解快，转化成可被植物利用的有效养分。同时，下雨或浇水时，水分沿大孔隙迅速下渗，不会积水，而流入团粒内部的水分则被土粒和毛细管的吸力所保持。

具团粒结构的土壤能较好地协调土壤中水、肥、气、热等之间的矛盾，能使土壤既保水，又透水，水分稳定，并造成良好的土壤空气和热量状况，有利于根系伸展及对养分的保蓄和供应。

3. 土壤水分

对大部分陆生植物而言，在生长期间土壤相对持水量保持在 60%～80% 间较为适宜，过多过少都会带来不良的影响。在植物不同的生长发育阶段，土壤持水量应相应有所变化，在植物营养生长转向生殖生长时期，土壤持水量保持在 50% 左右的范围内，既能适度控制植物的营养生长，使枝条节间缩短、粗度增加，减少无效生长，又有利于花芽分化，增加花芽的数量。

在盆栽植物栽培中，常用"见干、见湿"的方法来控制和调节盆土中的含水量。这种干与湿的变化，既能有足够水量满足盆栽植物需水量，有可保持良好通气条件，创造土壤良好的氧化还原性能，提高盆土肥力作用，保证盆栽植物良好生长。

4. 土壤空气

土壤空气主要是指土壤空隙中氧及二氧化碳的含量。土壤通气条件好，土壤空气中含氧量高，二氧化碳易散发，通气差的则相反。

植物根系进行呼吸作用时要消耗大量氧气，土壤中微生物活动也要消耗氧气，故土壤含氧量低于大气，约在 10% ～ 20% 之间。当土壤含氧量在 10% ～ 12% 以上时，植物根系能正常生长和更新。通常当土壤含氧量从 12% 降到 10% 时，多数植物根系的吸收功能开始下降；含氧量在 5% 左右时（多数约为 3% ～ 6%），根系的吸收能力几乎处于停滞状态；再低则已积累的矿质离子从根系排出，通常此种情况不易发生。

土壤中二氧化碳的含量远高于大气中的含量，在大量施用有机肥的土壤中可达 2% 或更多；在地面积水的情况下，二氧化碳的浓度可达 15% 以上。土壤中二氧化碳积累过多时，会产生硫化氢、甲烷等气体，对根系的呼吸作用和吸收机能产生危害，严重时使植物根系窒息死亡。

土壤水分与通气相互制约。当土壤中含水量过多时，土壤孔隙全为水分占据，则通气不良、严重缺氧，根系得不到氧气，并因二氧化碳积累产生毒害，时间一长则根系溃烂，严重时叶片失绿，植株萎蔫枯死，土壤黏重情况下尤易发生。夏季暴雨后，土壤中充满了水，土壤通气不良，植物根系缺氧，正常呼吸受抑制，水分吸收受阻，若雨后又值阳光曝晒，地上部分会因蒸腾加剧而根系吸水不利，导致植物体内水分亏缺，产生生理干旱，出现萎蔫。

一定限度的水分缺少，则常使根系因出于对环境的适应，迫使根系向土壤含水层生长，同时又有较充足的氧气供应，所以根系发达。

5. 土壤温度

土壤温度在 10 ～ 25℃范围内，大部分植物根系的生长、吸收等功能随温度的升高而加强，温度过高过低对根系生长都不利，甚至造成伤害。树种不同，开始发根所需要的土温也不同，一般原产温带寒地的落叶树木需要温度低，而热带亚热带树种所需温度较高。

由于土壤不同深度的土温，随季节而变化，分布在不同土层中的根系活动也不同。早春土壤解冻后地表 30cm 以上的土温上升较快，温度也适宜，表层根系活动较强烈；夏季表层土温过高，30cm 以下土层温度较适合，中层根系较活跃；90cm 以下的土层，周年温度变化小，根系往往常年都能生长，所以冬季根的活动以下层为主。当然，土壤层次范围又因地区、土类而异。

土壤温度还受土壤含水量的影响。在干旱条件下，土温幅度变化大；在潮湿条件下，土温变化比较平缓，这是由于水分的热容量大对土温有调节作用。在栽培实践中，除采用覆盖、中耕等措施调节土温外，调节土壤的持水量也是控制土壤温度的常用措施。

土壤温度的变化还制约土壤中各种矿物盐的溶解速度和溶解量、土壤气体交换、水分蒸发、微生物活动、有机质分解和转化等，从而使土壤理化性能相应发生变化，这是土温对植物的间接影响。

2.1.4.2 土壤化学性质与园林植物的关系

土壤化学性质主要指土壤的酸碱度、土壤有机质、土壤盐浓度、土壤粒子阳离子置换容量等，它们与植物的营养状况有密切关系。

1. 土壤酸碱度

土壤酸碱度一般指土壤溶液中 H^+ 离子浓度，通常用 pH 值表示。土壤 pH 值大多在 4～9 之间。土壤 pH 值影响土壤养分的分解和有效性，因而影响植物的生长发育。据测定：当土壤溶液 pH 值在 6～7 时，各种有效养料含量最高，对大部分植物生长也最适宜。随着 pH 值增高，铁、硼、铜、锰、锌等盐类的有效性降低，使有些植物发生缺素症；当 pH 小于 4.5 时，土壤溶液中铁和铝的盐类溶解过多而不利植物的生长。因此，在碱性土壤中，植物对铁元素吸收困难，常造成喜酸性土壤的植物产生失绿症，这是由于过高的 pH 值条件下，不利于铁元素的溶解，导致吸收铁元素过少，影响了叶绿素的合成，而使叶片发黄。在 pH5.5～6.5 的酸性土壤中，磷酸可固定游离的铁和铝离子使之成为有效形式，磷酸及铁、铝离子均易被植物吸收。由此可见，土壤酸碱度对园林植物生长的影响往往是间接的。

根据园林植物生长发育对土壤酸碱度的适应性，可分为三类：

（1）酸性植物

此类植物要求土壤 pH 值在 6.5 以下才能生长良好。但因种及品种不同存在一定差异。喜酸性园林植物包括大多温室花卉，如凤梨科植物、蕨类植物、兰科、栀子、山茶、杜鹃、八仙花、紫鸭趾草等。

（2）中性植物

要求土壤 pH 值 6.5～7.5，绝大多数园林植物属于此类。如草本花卉中的金盏菊、风信子、水仙、郁金香、四季报春等；木本花木中如雪松、悬铃木、广玉兰、海棠类、桃、梅等。

（3）碱性植物

能耐 pH 值 7.5 以上土壤的植物，如石竹、马蔺、扶郎、萱草、海桐、天竺葵、侧柏、刺槐、紫穗槐、柽柳等。

由于园林植物对土壤 pH 值要求不同，栽培时应根据种及品种需要，对 pH 值不适宜的土壤进行改良。如在碱性或微碱性土壤上栽培喜酸性花木时，一般每 $10m^2$ 可加入 1.5kg 硫酸亚铁或 250g 硫磺粉，pH 值相应降低约 0.5～1.0，黏性重的碱性土，用量可适当增加；盆栽花木可浇灌硫酸亚铁水溶液，如每 1kg 水加 2g 硫酸铵和 1.2～1.5g 硫酸亚铁的混合溶液；也可用矾肥水浇灌酸性植物。当土壤酸性过高时，则可根据土壤情况用生石灰或碳酸钙中和，以提高土壤的 pH 值。

2. 土壤盐溶度

土壤溶液中的盐溶度过高，会影响土壤溶液的渗透势，造成根系失水，植株枯萎、死亡。一般落叶树含盐量达 0.3% 时会引起伤害；常绿针叶树受害盐溶度更低，约为 0.18%～0.2%。因此盐碱地绿化时，要注意土壤改良，可通过适量施肥、休耕时灌水、更换 5～10cm 表土等方法加以控制。也可选择一些抗盐碱性强的种类，如火炬树、合欢、苦棟、柽柳、紫穗槐、刺槐、无花果、海桐、白蜡树、北美圆柏、黑松等。

在温室中栽培园林花木时，由于化学肥料的施用，又缺少雨水林溶，土壤会产生次生盐渍化而影响大多数花木的生长。可采用离地的种植床及经常更换栽培基质或进行无土栽培，以防止次生盐渍化发生。

3. 土壤阳离子置换容量

土壤粒子带负电，可以吸附 Ca^{2+}、Mg^{2+}、K^+、Na^+、NH_4^+、H^+ 等阳离子，并可在土粒间及土壤溶液中与其他阳离子交换。NH_4^+ 和 K^+ 被土粒吸附，可保持土壤肥料三要素中氮、钾的组分。土壤能吸附阳离子的容量称阳离子置换容量。阳离子置换容量大的土壤，保肥性强。土壤中黏土比例越大，阳离子置换容量越高。因此，园林植物施以堆肥及腐叶土，不仅能改良土壤物理性质，还可提高土壤保肥能力。盆栽园林植物以腐叶土及泥炭土栽培为好。

2.1.5 营养

植物在整个生长发育过程中，除需要充足的阳光、适宜的水分、温度外，还需要大量的养分。植物体内含有六七十种营养元素，其中维持植物正常生长的必需元素有碳、氢、氧、氮、硫、磷、钾、钙、镁、铁、锰、铜、锌、硼、氯、钼等。植物生长对前 9 种元素的需要量较大，故称为大量元素，后 7 种对植物的生长发育也是必需的，只是需要甚微，因而称为微量元素。以上不同的营养元素对园林植物生长各有重要作用，如缺乏则会使植物出现病症，严重时会影响其生存。

常见一些元素对园林植物生长发育的影响如下所列：

1. 氮

促进植物的营养生长，增加蛋白质合成，促进叶绿素的产生，使叶面积增加，植株生长旺盛。但如供应过多，会使茎叶徒长，组织幼嫩，抗病虫能力下降，花芽分化和开花延迟等。氮素缺乏时，常出现叶色淡绿甚至发黄，尤其老叶更严重，叶片变小，严重时黄化干枯，但少有脱落。但氮过多会造成徒长、木质化不足、抗病虫能力下降及开花数量减少、花期延迟等。

2. 磷

促使花芽分化，提早开花结实，使茎秆发育坚韧、不易倒伏，增强根系发育，能增强对不良环境和病虫害的抗性。缺磷时，叶小、叶色暗绿并提早脱落，植株生长发育迟缓。但磷过多会造成叶厚而密集，叶色浓绿，生殖器官过早发育，茎叶生长受到抑制，植物早衰。

3. 钾

促进生长强健，增加茎的坚韧性，不易倒伏；促进叶绿素的形成和光合作用进行；促进根系扩大，尤其有利球根花卉球根的发育；提高抗性等。钾缺乏时，老叶上首先出现病斑，叶尖及边缘出现褐色枯死，严重时老叶脱落，茎干柔软，易倒伏。如钾过量则使植株低矮，节间缩短，叶发黄、变褐皱缩，严重时整枝枯萎。

4. 钙

用于细胞壁、原生质及蛋白质形成，促进根系发育；使植物组织坚固，增强抗性，尤其是抗病力；降低土壤酸度，改善土质。缺钙时，嫩叶失绿，尖端和边缘腐败，叶尖卷曲成钩状，根系死亡。

5. 镁

镁参与叶绿素的组成、酶的活化，镁与磷的吸收及移动有关，主要集中在生长旺盛部位。植物缺镁时，镁可从下部叶片转移到上部叶片，使老叶叶脉间黄化甚至呈黄白色至白化。

6. 铁

铁为酶的重要组成成分，并为合成叶绿素所必需。由于铁在植物体内难以移动，缺铁时，使新叶在叶脉间表现缺绿现象，严重时叶缘及叶尖干枯，甚至全株死亡。常见于杜鹃花属、山茶属、八仙花属、报春花属植物。通常在栽培温度低、土壤 pH 值高，以及石灰、P_2O_5 及硝态氮施用较多时易产生缺铁症。

此外，硫、锰、硼、铜、锌、钼和氯也很重要，它们参与细胞结构物质组成、作为酶的辅因子或活化剂、参与离子平衡、胶体稳定和电荷中和等，通常视植物需要、土壤中存在的数量及有效性决定补充与否。

2.1.6 空气

大气中空气的组成是很复杂的。在标准状态下（0℃，1 各大气压，干燥）空气成分按体积计算：氮占 78.08%，氧气占 20.95%，二氧化碳占 0.035%，其他为氩、氢、氖、氦、臭氧、尘埃等。在非标准状态下，空气中还含有水汽，其含量因时因地而异，按体积计算常在 0% ~ 4% 左右。

随着城市工业生产和交通事业的发展，许多工业及交通废气、烟尘等排入大气中致使许多城市超过了大气及生态系统的自净能力，因而打破了城市生态平衡，毒害环境，伤害生物，影响人类健康。

2.1.6.1 氧气

植物生命各个时期都需氧气进行呼吸作用，释放能量维持生命活动。空气中的氧足够植物的需要，但土壤如过于紧实或表土板结时会引起氧气不足，使植物根系的正常呼吸作用受到抑制，而不能萌发新根；严重时，由于二氧化碳聚集在土壤的板结层之下，加之嫌气性有害细菌大量滋生，无氧呼吸增加产生大量乙醇等有害物质而使植物中毒甚至死亡。

植物种子发芽对氧气有一定要求，一般种子发芽时需较高的氧气含量，如翠菊、波斯菊等种子泡于水中，往往因缺氧，呼吸困难而不能发芽；石竹、含羞草等种子部分发芽。但有些植物的种子如矮牵牛、睡莲、荷花、王莲等却能在含氧量极低的水中发芽。

2.1.6.2　二氧化碳

在近地层，二氧化碳浓度有日变化和年变化，这是随着光合作用强弱而变化的。中午光合作用最强时，二氧化碳浓度最低，而晚间，呼吸作用不断放出二氧化碳，在日出前二氧化碳浓度达最高值。在一年中，一般是夏季二氧化碳浓度最低，冬季最高。因为夏季是植物生长旺季，而冬季植物生长缓慢，吸收固定的二氧化碳较少。

空气中二氧化碳含量对植物的光合作用来说，并不是最有利的，适当增加空气中二氧化碳的含量，可增加光合作用的强度，从而增加植物的光合效率。当空气中二氧化碳含量比一般含量高出 10～20 倍时，光合作用可有效增加。但空气中二氧化碳含量并非越高越好，当含量增至 2%～5% 以上时就会引起光合作用过程的抑制。

适当增加空气中二氧化碳含量可在温室或大棚内进行，称为二氧化碳施肥。一般讲，二氧化碳施放量以阴天为 500～800cm^3/m^3，晴天 1300～2000cm^3/m^3 为宜。此外，应以气温高低、植物生长时期等的不同而有所区别，温度较高时二氧化碳浓度可稍高。植物在开花期、幼果膨大期对二氧化碳需求量最多。

2.1.6.3　有害气体

空气中还存在一些对植物生长和发育构成危害的气体，如二氧化硫、氟化氢、氯气、一氧化碳、氯化氢、硫化氢、臭氧等。有害的气体通过气孔进入叶片内部，在叶片中阻碍光合作用和破坏叶绿素，从而削弱了气体交换。

1. 二氧化硫 （SO_2）

二氧化硫主要由工厂燃烧燃料而产生。当空气中二氧化硫含量达 20cm^3/m^3，甚至 10cm^3/m^3 时，便会使花卉受害。敏感植物则在 0.3～0.5cm^3/m^3 时便产生危害症状，浓度越高，危害越严重。

二氧化硫对植物的伤害，首先叶从叶片气孔周围细胞开始并逐渐扩散到海绵组织，进而危害栅栏组织，破坏叶绿体使细胞脱水坏死。外部表现症状为：叶脉间发生许多褐色斑点，严重时变为白色或黄褐色(叶脉也呈白色或黄褐色)，叶缘干枯，叶片脱落。针叶树首先在两年以上的老针叶上出现褐色条斑或叶色变浅，叶尖变黄，逐渐向叶基部扩散，最后针叶枯黄脱落。生理活动旺盛的叶片吸收二氧化硫多、速度快、受害重，而新枝与幼叶伤害却较轻。

不同植物种类对二氧化硫的敏感程度不同。其中抗性强的有柏树、杨树、刺槐、美人蕉、鸡冠花、晚香玉、凤仙花、菊花、石竹、夹竹桃、海桐、冬青、银杏、合欢、无花果、黄杨等；抗性极弱的有水杉、白榆、悬铃木、樱花、雪松、黑松、竹子、美女樱、月见草、福禄考、瓜叶菊。

另：空气中的二氧化硫和氮氧化合物与水汽结合，形成硫酸与硝酸，以降水的形式降落到地面，使雨水的 pH 值低于 5.6，形成酸雨。这种酸沉降，会酸化土壤，对植物造成很大的危害。在全球中，许多地方都发现由于酸沉降使森林大面积死亡的现象。

2. 氟化氢（HF）

氟化氢主要来自磷肥厂、炼铝厂、砖瓦厂等工业企业排放出的废气中，它的毒性比二氧化硫大 30～300 倍，所以即使浓度很低，足以对植物造成伤害。

氟化氢主要危害植物的幼芽或幼叶，通过气孔进入叶肉组织后，小部分被叶肉细胞吸收，大部分在叶尖与叶缘积累。针叶树对氟化物尤其敏感，常从针叶顶端开始危害。其症状有：叶片的边缘坏死；叶片呈舟状向上翘起；针叶树针叶尖端干死等。氟化氢引起的病斑多发生于新枝的幼叶上，与二氧化硫不同。一般在有氟化物污染的地方，很少看到有针叶树的生长。阔叶树受害后，首先在叶片尖端和叶缘产生灰褐色烟斑，逐渐扩大，最后叶脱落。

常见抗氟化氢的植物有石竹、鸡冠花、万寿菊、凤尾兰、月季、海桐、大叶黄杨、夹竹桃、桂花、金钱松等；抗性弱的有：合欢、杨树、桃树、枇杷、垂柳、海棠、桂花、唐菖蒲、锦葵、凤仙花、杜鹃、万年青、鸢尾、郁金香等。

3. 氯气及氯化氢

氯气与氯化氢浓度较高时，对植物也易产生危害，受害症状常与二氧化硫相似，但受伤组织与健康组织之间常常没有明显的界线，这是与二氧化硫毒害的不同之处。

毒害症状大多出现在生理旺盛的叶片上，而下部的老叶和顶端新叶受害较少。

常见抗氯的植物有矮牵牛、凤尾兰、紫薇、桧柏、龙柏、刺槐、夹竹桃、海桐、广玉兰、丁香等。

2.1.6.4　尘埃

尘埃可阻挡叶片采光、腐蚀叶片、毒化土壤，并使空气变得混浊。当空气中的微粒以其自然方式降落后，它们就粘附在树叶上，或通过细雨和雾而淤积于叶片上。这些化学物质在潮湿的条件下，变成了能伤害叶片组织的溶液。

叶片越坚硬、光滑，其上的尘埃就越易被大雨冲走。通常质软或上面披有茸毛的叶片易受伤害。

2.2　城市的生态条件

城市中由于人的高度密集和活动，建筑、道路、桥梁等人工构筑物剧增，能源消耗巨大，造成生态环境、能源流和物质流的不平衡，形成热岛效应、干岛效应、风道效应等不同于郊外自然环境的特点。在园林树种选择和应用时一定要充分考虑到城市环境的特殊性，才能做到因地制宜和适地适树。

2.2.1 城市光照状况

城市大气中的污染物浓度高，大气透明度低，极大地降低了太阳辐射强度。但是由于城市环境中铺装面大，导致下垫面的反射率小而减少了反射辐射，因此城市接受的净辐射与周围农村相比，差异并不明显。但城市环境中太阳辐射的波长结构发生了变化，集中表现在短波辐射的衰减程度大、紫外辐射部分减少，而长波辐射变化不明显。

城市中由于建筑的大小、方向和街道宽窄等的不同，即使在同一街道两侧，日照水平分布的地区性差异也会十分明显，日照持续时间减少。一条东西向的街道，北侧接受的阳光远多于南侧。南北向的街道，接受光照和遮荫状况基本相同。由于接受光亮的不同，导致了树木偏冠。树木和建筑物之间的距离太近，迫使树木形成朝向街道方向的不对称生长。各树种对光的需求量及其耐荫力大小的不同，对光照减弱的反应也不同，但光照不足总会使树木的根量减少。

除了自然光照外，城市环境中还有人工光照，如城市街道照明、大型建筑照明、城市雕塑照明、喷泉照明等城市夜景照明会延长光照时数，导致树木生长期延长，对一些植物的越冬产生不利影响。另外，大面积的玻璃幕墙对光的反射产生眩光，也会造成光污染。

2.2.2 城市气温状况

城市中由于人口稠密、工业集中，造成中心地区的温度高于周边地区的现象称为热岛效应。与农村疏松湿润且多有植物覆盖的下垫面相比，城市的下垫面多由沥青、混凝土、砖块、石材等铺设而成，其热容量高；高密度的建筑物降低了反射热的扩散，建筑物面又增加了辐射热的成分，结果形成了城市平均温度、昼夜温差减小的热岛效应。热岛效应使城市气温约比其周围的郊区气温高 $0.5 \sim 1.5$ ℃（年平均）。

由于城市的温度较高，城市春天来得早，秋季结束较迟，使城区的无霜期延长，极端温度趋向缓和。但这些适宜于树木生长的或不同树种所要求的因素，则会由于温度升高，湿度降低而丧失。在夏季，由于辐射和反辐射的作用，供水量少、无风和因此而抑制了树木热交换的蒸腾作用等因素，使得树木"感到"过热，并常因而引起焦叶和树干基部树皮受到灼伤。在朝南墙壁的前方更甚。一般具有多茸毛叶片的树种，可反射大量热辐射（大约 30%，对照为 10%），因而降低其温度。

2.2.3 城市水分状况

由于街道和路面的大面积铺装，自然降水大多以地表径流排入下水道，以致使自然降水无法充分供给树木以满足其生长的需求，植物体内的水分平衡经常处于负值。由于高温，降水利用率低，植物蒸发量变小，使城市的相对湿度和绝对湿度均较开阔的农村地区为低，形成"干岛"。而在夜间，城市的绝对湿度反而比郊区高，而形成"湿岛"。由于城市的绝对湿度比郊区低，气温又比郊区高，使得城郊之间相对湿度的差异更为明显。

由于建筑工程，如汽车库、地铁和其他地下设施已深入到地面以下很深的地层，从而使得城市树木的根系很难接近到地下水。从理论上讲，树木根系是趋水生长的，当地下水位缓慢下降时，根也继续生长。但由于城市地下建筑工程而引起的地下水位急剧下降，这是根所无法适应的。因此，现在我们可以设想城区地下水已不再可能为街道树木所用，因土壤中提升水分的毛细管已被切断。

鉴于城市树木处于不稳定的水分平衡状况，只宜选用一些在自然习性上可忍耐一个时期缺水条件的树种来种植。这些树种一般具有深而发达的根系，具坚硬而有光泽或有茸毛的叶片（可增进对辐射热的反射并减少蒸发）。这类树种包括刺槐、臭椿、三球悬铃木、悬铃木、银杏、亮绿椴、毛椴、槐等。

2.2.4　城市土壤状况

由于城市建筑活动频繁，常常在改变地形的同时破坏了土壤结构，打乱了原有土壤的自然层次，且混有大量灰砂、砖块、煤渣等建筑垃圾。由于土壤质地个改变，影响了土壤中水分和空气的容量；土壤表层由于人流践踏、市政施工的机械碾压等，造成土壤的紧实度高，土壤容重增加、孔隙度减少。经过压实的土壤只有细小的孔隙，土壤的透气性和渗水性很差；城市道路被混凝土、沥青等铺装材料覆盖下的土壤，很难与外界进行正常的气体交换，水分的渗透与排除也不通畅，常处于长期的潮湿或干旱状态。生长在这类土壤环境下的植物，根系的伸展和生长受到很大的影响。此外，城市的土壤内铺设的各种市政设施，如电缆、煤气、污水等管道，这些构筑物隔断了土壤毛细管通道的整体联系，占据了植物根系的营养体积，影响植物根系的伸展。

城市土壤的 pH 值一般高于周围郊区的土壤。这是因为地表铺装物一般采用改制基础的材料；城市建筑过程中使用的水泥、石灰及其他砖石材料遗留在土壤中，或建筑物表面碱性物质中的钙质经淋溶进入土壤，导致土壤碱性增强。当土壤的 pH 值 >8 时，往往会引起植株缺铁、叶片黄化，同时干扰土壤微生物活动，进而影响土壤有机质和矿质元素的分解和利用，限制了城市环境中可栽植树种的选择。

城市热岛效应以及建筑物和铺装地面积聚的热量传到土壤中，使城市土壤的平均温度比郊区土壤的高，土壤变得干燥。

有些地区的城市土壤受到不同程度的污染，由于有害物质的沉淀堆积，引起土壤系统成分、结构和功能的变化，肥力逐渐下降或盐碱化，土壤微生物活力受到抑制或破坏，导致土壤正常功能失调，土壤质量下降。土壤中的重金属离子及某些有毒物质，如砷、镉、过量的铜和锌等，能直接影响树体生长和发育或在体内积累，具有持续性，很难在短期内消除。高浓度的铅（800mg/L）在短时间内足以引起树木叶片的急性生理伤害，类囊体和质膜破坏，质膜透性加大，叶绿素含量下降，严重影响正常生长发育。

2.2.5　城市风

由于城市的热岛效应，市中心空气温度增高，气流上升，与郊区农村构成气压差，从而形成城市风。城市风速平均要比郊区低 10% ～ 20%。例如北京城区的表面粗糙度为 0.28，郊区仅为 0.18，城区的风速比郊区平均小 20% ～ 30%，在建筑物密集的前门甚至可小于 40%。但是在摩天大楼间，能形成及其强劲的"巷道风"，而且风在高大建筑物的迎风面会产生强烈的漩涡。当盛行风和高大建筑物间的街道走向一致时，会因狭管效应而增加风速 15% ～ 30%，如果风向与街道成一定的角度则风速受阻而减小。

2.2.6　城市大气状况

随着城市建设规模达扩大，工业生产的发展，人口密度的增加，各类能源消耗量的增长，"三废"排放量的超标，造成严重的环境污染问题。我国城市的大气污染源，主要是工业、交通运输和居民生活对各种矿物燃料的燃烧。主要污染物有二氧化硫（SO_2）、氟化氢（HF）、氯（Cl_2）、氯化氢（HCl）、光化学污染、臭氧（O_3）、氮氧化物（NO_x）、一氧化碳（CO）等，其中以二氧化硫含量最多，由此造成酸雨危害日趋严重；而氯、氯化氢以及氟化氢等气体对树体的危害尤甚于二氧化硫。

本章主要参考文献

[1] 冷平生，等．园林生态学 [M]．北京：气象出版社，2001．

[2] 陈进勇，等．园林树木选择与栽植 [M]．北京：化学工业出版社，2011．

[3] 陈发棣，等．观赏园艺学通论 [M]．北京：中国林业出版社，2009．

园林植物栽培与养护

提要：园林苗木是园林绿化必需的物质基础。培育数量充足、质量好的苗木，是保证园林绿化成功的关键之一。园林苗木培育的任务就是要在最短的时间内，以最低的成本，培育出优质高产的苗木。

本章主要介绍园林苗木的培育技术，包括园林植物的播种、扦插、嫁接、组培、压条、埋条、分株等育苗技术以及相应的抚育管理。

园林苗木是园林绿化必需的物质基础。培育数量充足、质量好的苗木，是保证园林绿化成功的关键之一。园林苗木培育的任务就是要在最短的时间内，以最低的成本，培育出优质高产的苗木。

本章主要介绍园林苗木的培育技术，包括园林植物的播种、扦插、嫁接、组培、压条、埋条、分株等育苗技术以及相应的抚育管理。

3.1　播种育苗

播种育苗是指利用植物的种子来繁殖培育苗木的方法。用种子繁殖所得的苗木称为实生苗。

利用种子繁育植物具有一些独特的天然优势，大多数植物的种子比较容易获得而且数量可观，因而适宜于大量繁殖和培育苗木；利用种子繁殖所得的苗木，幼苗阶段植株的可塑性较大，成苗后植株的根系发达，对不良环境的适应性和抗性能力强，植株的寿命也较长。但实生苗发育期较长，故开花结果较晚，对要求尽早开花、观果的植物，一般不采用种子繁殖；植物种子是经由雌雄花授粉受精孕育而成，其后代的染色体经过重组，遗传物质发生了一定的变化，不可避免地发生遗传特性的变异，所以对一些观赏价值较高的一些园艺品种，不采用种子繁殖的方法，如重瓣品种榆叶梅的种子繁殖的实生苗绝大部分是单瓣，重瓣特点被丢失。因此，获得遗传性能优良且遗传稳定的健壮优质种子是繁育优良健壮苗木的决定因素。

3.1.1　母树选择和种实采集

种子是播种育苗的物质基础。种子品质的好坏及数量的多少，直接影响着苗木的质量和数量。选择的种子不但要具有优良的遗传稳定性，而且要具有发芽率高、生活能力强等优良性状。要获得品质优良数量足够的种子，必须预先选好母树，正确掌握母树种实的成熟期和脱落期，以便做到适时采种。

3.1.1.1　选择优良的采种母树

用来采集种子的树木称为母树。采种之前，首先应对采种的母树进行周密的调查，了解和掌握母树的分布环境、数量、树龄、生长势和结实情况，以保证能按计划采集到优良种子。通常选择品种纯正、品质优良、生长健壮、发育良好、无病虫害的植株作为母树。母树的立地条件应当与种子播种生长地的环境条件相一致或相近，以保证苗木日后能正常地生长发育。最好选择当地的乡土树作母树，就地采种，就地育苗。

母树的年龄对于这种的质量和产量及其所产生的幼苗的生长发育都有一定的影响，应根据需要选择不同树龄的母树采种。壮龄树正处在生长发育旺盛期，树体营养状况好、种子质量优良、发芽率高、发芽势强、幼苗健壮，适用于育苗生产；树木初结籽时自身生长发育还不够成熟、遗传性尚未稳定、种子变异性大、幼苗可塑性强，此时的种子所出苗木的适应性能力强易驯化成功，因而适用于两地立地环境条件差异较大地区之间的引种驯化；老龄树已进入衰老期，种子发育受影响，质量差、发芽率低、幼苗生长势弱，一般不宜采收作为繁殖用的种子。

为保证育苗生产的优质种子供应，使育苗生产可持续性发展，应有计划地建立采种母树基地或种子园。特别是一些珍贵树种，可在苗圃内定植母树区，或在公园、绿地内选择优良单株标定为采种母树，加强水肥管理，确保母树生长健壮，连年生产优质种子。大型的育苗生产单位，通常建立专门用于生产种子的母树园。

3.1.1.2 适时采种

采种最重要的是掌握种子的成熟度。采种过早，种子尚未成熟，种子内部尚未积累充足的营养物质，含水量高，不仅处理困难，不耐贮藏，而且种子轻、小，发芽率低，育成的苗木纤弱；采种过晚，种子易脱落、飞散或遭鸟、兽、虫等危害，减少种子数量和降低种子质量。

1. 种子成熟

种子成熟是指一个由受精卵逐渐发育成具有胚根、胚轴、胚芽和子叶的种胚过程。在种胚各部分形成的同时，种子内部要经过一系列的生理变化过程，常表现为干物质在种子内不断积累，种子含水量降低，绝对重量增加，种粒充实饱满。

(1) 种子成熟的过程

种子成熟主要包括生理成熟和形态成熟两个过程。

①生理成熟

当种子发育到一定程度，体积不再增加，营养物质积累到一定程度，种胚具有发芽能力时，称为生理成熟。此时种子的含水量高，种子内营养物质仍在不断积累，营养物质处于易溶状态，种皮不致密，保护性能差，易感染病。种子采收后易收缩而干瘪，不耐贮藏，很容易丧失发芽力。若用此时的种子播种，发芽出苗率低，形成的幼苗长势也弱。因此仅生理成熟的种子不宜采收。

②形态成熟

当种子完成了种胚的生长发育过程，而且种子外部形态显现出固有的成熟特征时，称为形态成熟。此时种子的含水量降低，种子内部营养物质积累结束，营养物质由易溶状态转化为难溶的脂肪、蛋白质和淀粉等。种皮坚硬致密，有光泽具有保护种子的能力。种子呼吸作用微弱，开始进入休眠状态，耐贮藏。果实呈现出特有的特征如变色、果实变软、具有香味、开始脱落等。

多数园林植物的种子生理成熟先于形态成熟，如松树、山桃等。有些植物则表现为生理成熟和形态成熟几乎是一致的，如柳树、榆树等。也有一些植物种子的生理成熟在形态成熟之后，如银杏、冬青、山楂等，虽然种子在外部形态上表现出形态成熟，但在生理上种胚尚未发育完全，不具备发芽能力，需经过一段时间种胚发育完全才具备发芽能力。这种现象称为生理后熟。

种子的采集一般是在形态成熟时进行。具有生理后熟是种子，采收后不能立即播种，必须经过适当条件的贮藏，才能正常发芽。

（2）植物种子成熟期的差异

不同的植物具有其自身特有的生长发育规律，各种植物不同的开花时期决定着各自相应不同的结果时期及其果实成熟的时期。如柳树、榆树、三色堇、枇杷等植物的种子在春季成熟；桑树、蜀葵、太阳花等植物的种子在夏季成熟；广玉兰、刺槐、一串红等植物的种子在秋季成熟。

同一种植物在不同的地区种子的成熟期不同　如白榆树的种子在上海地区于4月下旬成熟；在北京地区于5月上旬成熟；而在黑龙江地区则延期到5月下旬至6月上旬才成熟。

同一种植物在同一地区不同的小气候环境条件下种子的成熟期不同：小气候条件优越，植物生长发育良好，开花结实就比较早并且种子的质量优良；小气候条件差，则生长发育相应较差，开花结实也比较迟，所结种子的质量也相应较差，甚至不能结实。

同一植株不同部位的种子成熟时期不同，一般着生在植株树冠外围向阳的种实所接受的光照充足，因而生长发育良好，种子成熟也相应较早；着生在树冠内膛、背阴等处的种实因光照程度的差异，其生长发育的质量相应较差，种子成熟的时期也相应较晚。

2. 种子采收时机

多数园林植物的种子或果实成熟后就逐渐从植株上脱落。因此，正确确定采集时机，做到适时采种，是确保种子质量和产量的重要环节。采种时机应根据树种种实的成熟期、脱落期、脱落方式不同来确定。

（1）即熟即采

种子成熟后，果实开裂快，种子易脱落，种子应在果实未开裂前采种。杨、柳、榆、桦、茉莉、山茱萸、半枝莲、凤仙花等植物，种子细小，散落后不宜收集，因此必须及时加以采收。

（2）脱落前采

种子成熟后，果实虽在短时间内不会马上开裂，但种粒较小，一旦脱落不好收集，种子应在成熟之后脱落之前采收，如泡桐、杉木、马尾松等的种实采集。

（3）延迟采种

种子成熟后，在母树上长期不开裂，如国槐、合欢、苦楝、悬铃木、女贞、香樟、楠木、千日红等，可以延迟采种期。但不能延迟太久，以免因长期的日晒雨淋而降低种子质量等。

3. 采种方法

（1）草本花卉种子采收方法

①摘取法

对开花期长、不断开花不断结实的草本花卉种子，采收可分批进行，随熟随采。

②收割法

对成熟期较为一致的草本花卉种子，且成熟后种子不易脱落，通常把整个植株收割后晾晒再进行脱粒收种，即成批成熟，成批采收。

（2）木本植物种子采收方法

①地面收集

对种实粒大，在成熟后脱落过程中不易被风吹的树种，可待其脱落后在地面收集，如栎树类、七叶树、核桃、油茶等。通常在种实成熟后开始大量自然脱落时集中采收，对尚未脱落的种实可采用竹竿将其敲击落地或震落地面一同收集。

②立木上采集

可采用各种工具，如采种刀、高枝剪、采种镰、采种钩等，借助于绳套、升降机、单梯等（图3-1）上树采集。

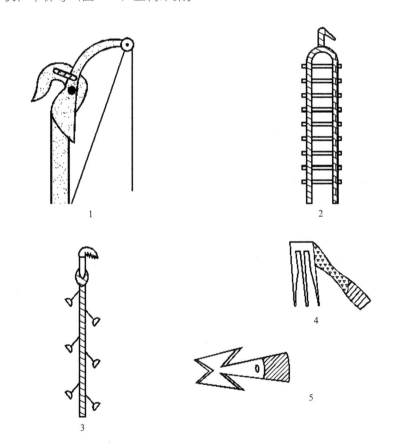

1
2
3
4
5

图3-1 几种主要采种工具
1—高枝剪；
2—双绳软梯；
3—单绳软梯；
4—采种梳；
5—采摘刀

3.1.2 采后种子的处理

从植株上采集的大多数是果实，必须从中取出种子，再经过净种、干燥、分级等程序，最后获取适合贮藏和播种的纯净且品质优良种子的过程。种子采收后要及时进行处理，以保证种子活力。

3.1.2.1 种子脱粒

种子脱粒是指将种子与果实分离，从果实中取出种子的操作。种子脱粒的方法应根据植物果实和种子的特性来决定。对于干果类种子（如菊科植物的种子）和球果类种子（如松柏），通常采用在阳光下晒干，待果实开裂后，收集种子；部分含水量高的应采用阴干的方法；肉果类（如茄科、仙人掌类）的果实，含水量高，不宜暴晒，一般用清水浸泡数日，或经短期发酵后直接揉搓，取出种子。

3.1.2.2 净种

净种是指将种子中夹杂的杂物如种皮、果皮、枝叶、土块等杂质去除的过程。常依种子或杂质的特性选用风选、水选和筛选的方法。

1. 风选

利用优质饱满种子与杂质重量不同的原理，借助自然风力、人工风力或风选机，扬去空瘪种子和其他较轻的杂质，得到纯净的种子。

2. 筛选

利用优质饱满种子与杂质体积不同的原理，用不同孔径的筛子或电动筛选机筛选，去除与种子体积不同的杂质，得到纯净的种子。

3. 水选

利用优质饱满种子与杂质或不符合要求的种子在水中相对比重不同的原理，将种子浸入水中或盐水、硫酸铜溶液中，饱满种子下沉后，清除漂浮在液面的不符合要求的种子或杂质。经过水选后的种子要及时阴干。

4. 粒选

采用人工逐粒挑选或机械粒选机挑选，这种方法较为精准。

3.1.2.3 种子分级

同一批种子，虽然生长的环境、立地条件、龄级相同，但是在一棵树上，种子生长的位置不同，种子的大小也有差异。一般同一批种子，种粒越大、越重，种子越饱满，其发芽率越高，种子播种后出苗越整齐，苗木生长发育越整齐、健壮，便于抚育管理，带来较高的经济效益（表3-1）。大颗粒种子用粒选分级，依据种子个体大小、种皮色泽、种粒饱满程度等来分辨、分离出优良种子。中、小粒种子分级可用不同孔径的筛子进行分级。

马尾松种粒大小对种子质量和苗木生长的影响 表3-1

级别	千粒重（g）	发芽率（%）	场圃发芽率（%）	一年生苗高（cm）
大	20.12	96.3	78	24.8
中	14.20	84.1	64.5	21.5
小	9.35	80.6	5.1	16.9

注：分级前的发芽率为88.6%。

3.1.2.4 种子干燥

种子经过精准后，还需干燥，使种子达到标准含水量，才能安全贮藏。

1. 种子标准含水量

种子含水量是指种子体内所含水分的量。种子标准含水量（安全含水量）是指能维持种子生命活动所必需的最低含水量。高于标准含水量的种子，由于新陈代谢旺盛，不利于长期保存；低于标准含水量时，则由于生命活动无法维持而引起种子死亡。

种子的标准含水量因植物种类不同而异（表3-2）。大多数园林植物种子的标准含水量与气干状态的含水量大致相同。但有些植物的种子，如板栗、栎类等含水量比气干时的含水量要高得多，应干燥到标准含水量才能安全贮藏。

常见园林植物种子标准含水量　　　　　表3-2

植物名称	标准含水量（%）	植物名称	标准含水量（%）	植物名称	标准含水量（%）
杨树	5～6	柏木	11～12	白蜡	9～13
桦木	8～9	麻栎	30～40	椿树	9
杜仲	13～14	复叶槭	10	皂荚	5～6
刺槐	7～8	元宝枫	9～11	椴树	10～12
云南松	9～10	马尾松	7～10	杉木	10～12
侧柏	8～11	油松	7～9	白榆	7～8

2. 种子干燥的方法

(1) 自然干燥法

自然干燥法简单、成本低，经济安全，一般情况下种子不易丧失生活力，但有时往往受到气候条件的限制。根据种子的性质不同，可分别用晒干法和阴干法。

①晒干法

晒干法是指利用自然日光晾晒使种子干燥的方法。凡是种子标准含水量低、种皮厚实坚硬、在阳光直射下不易失活的种可适用于此法，如大多数球果类、荚果类、翅果类及含水量低的蒴果类。晾晒时选择天气晴朗，把种子平摊在晒场上，一般小粒种子厚度不宜超过3cm，中粒和大粒种子不宜超过10cm。为提高干燥效果，一般每小时翻动一次，翻动要彻底，使底层的水分也能及时散发出去。晾晒干燥后的种子在冷却后应及时入库。

②阴干法

阴干法是指在通风良好的场所（室内或棚内）晾晒使种子干燥的方法。凡是种子标准含水量高于气干含水量的如板栗、栎类等；种粒小、种皮薄的如杨、柳、榆等；或在阳光直射下易失活的种子、经水选的种子以及从果肉中取得的种子，均忌日晒，只能阴干。

(2) 红外线干燥

利用红外线穿透力较强的特点，加热干燥种子具有速度快、质量好等优点，而且成本低、省工省时。

实践证明，经过充分干燥的种子，可使种子的生命活动大大减弱，生理代谢非常缓慢，从而能较长时期地保持种子的优良品质。而且，在种子进行干燥降水的过程中，还可以促进种子的后熟作用，使种子在贮藏期间更加稳定。另外，还能起到杀虫和抑制微生物的作用。

3.1.3 种子贮藏

植物种子采收处理完后，有些植物种子可立即播种，但大多数植物的种子都是秋季成熟，经过冬季贮藏，到第二年春天进行播种；也有一些植物的结实有大小年之分，育苗生产就要安排在丰产年多采收种子贮存，以备歉年之用；或种子生产单位进行种子销售，都需要贮藏。种子贮藏是指采用工程的方法，有目的、有计划地保存种子生活力，延长种子寿命，满足生产及经营需要的过程。对寿命较短的种子而言，贮藏尤为重要。

3.1.3.1 贮藏原理

贮藏的基本原理是在低温、干燥等人工条件下，尽量降低种子的呼吸强度，减少营养消耗，从而保持种子的生命力。贮藏的适宜条件因不同的植物种类而异，多数植物种子的贮藏条件为低温（0～5℃）、干燥、密闭。当然，即使在最理想的条件下贮藏，贮藏时间越长，种子的发芽力越低，生产的种苗越弱。

3.1.3.2 贮藏方法

常用的贮藏方法有干藏、湿藏和气调贮藏。一般应根据种子的生物学特性，主要是种子的标准含水量的高低来选择。

（1）干藏法

干藏法适用于标准含水量低的种子。常用的干藏法有普通干藏法、密封干藏法、低温干藏法、超干贮藏法。

①普通干藏法

普通干藏法是不控温、不控湿的贮藏方法，也是最简便、易行、经济的贮藏方法。通常将自然风干的种子装入纸袋、布袋、麻袋、桶、箱、缸中，置普通室内通风处贮藏的方法。大多数园林植物种子，尤其是不需长期保存的生产性种子及硬实种子，均可用普通干藏法。在贮藏期间要定期检查，如发现种子发热、潮湿、发霉，应立即采取通风、干燥、摊晾和翻倒等有效措施。这种方法在低温、低湿地区效果较好。

②密封干藏法

密封干藏法是将充分干燥的种子，放在密封、绝对不透湿的容器中，并加入适量的吸水剂如硅胶、氯化钙、生石灰、木炭等，保持容器的干燥，进行贮藏的方法。这种方法由于能较长时期保持种子的低含水量，可延长种子的寿命，是普遍采用的方法。

③低温干藏法

低温干藏法是将充分干燥的种子置于0～5℃的低温条件下贮藏的方法。干燥的种子在低温下容易保持种子的生活力，低温干藏法正是利用这一特性来延长种子的贮藏时间。

④超干贮藏法

超干贮藏法是将种子的含水量降低到传统5%标准含水量下限以下，但不造成种子损伤的前提下，在常温下的临界值进行贮藏的方法。降低含水量可以降低呼吸消耗，延长种子寿命。这种方法对油脂性种子较为适宜。

(2) 湿藏法

湿藏法是将种子贮藏在湿润、适度低温和通气的环境中，在贮藏期间使种子经常保持湿润状态。此法适用于种子的标准含水量较高，不宜进行干藏的种子。常用的方法有层积湿藏法和水藏法。

①层积湿藏法

层积湿藏法是将种子与湿沙（含水15%）交互作层状堆积，同时给予适当低温(0~5℃)的贮藏方法。这种方法除适用于标准含水量高的种子贮藏外，还可以打破种子休眠。

层积湿藏法又可分为坑藏和堆藏。

a. 坑藏

选择地势高、土壤较疏松、排水良好、背阴、背风和管理方便的地方挖沟或挖坑贮藏。沟（坑）宽1~1.5m，长度因种子数量而定，坑深在地下水位以上，冻层以下，一般为1m左右。在沟底放厚度为10~15cm的石子或其他排水物，如在沟底铺一些石子，上面加些粗沙，再铺3~4cm厚的湿沙，然后按种子与沙1：3的容积比堆放种子。大粒种子宜分层放置，即一层种子一层湿沙，相互交替堆放。当种子堆到离地面20~40cm时，其上覆以湿沙，沙的湿度约为饱和含水量的60%，再加土堆成屋脊形，在贮藏坑中央从坑底竖立秫秸束或空竹筒，以便通气（通气口要高出坑顶20cm）。为控制坑内温度，坑上宜覆土，厚度应根据气候条件而定。为防止坑内积水或湿度太大，在坑周围应挖排水沟。在贮藏期间要经常检查种沙混合物的温度和湿度（图3-2）。

b. 堆藏

堆藏可在室内或室外进行。室内堆藏要选择干燥、通风、阳光直射不到的屋子、地下室、种子库或地窖。先在地面上洒水，再铺10cm的湿沙，然后将种子与湿沙按1：3的容积比混合或种沙交替放置。对于中、小粒种子将种沙混合堆放，堆至50cm高，再用湿沙封上，或用塑料薄膜蒙盖。种子堆内每隔100cm放1束秸秆，使之通气良好。

②水藏法

水藏法是将水生植物的种子如睡莲、王莲的种子直接贮藏于水中进行贮藏的方法。这些植物的种子只有在水中才可保持其发芽力。

(3) 气调贮藏法

气调贮藏法是将种子置于低氧或完全为氢、氮、二氧化碳气体的环境中贮藏，主要是利用种子在低氧环境中呼吸减弱寿命延长的原理。但也有某些种子在有氧气的环境中贮藏效果更佳。

3.1.4 种子品质检验

通常采集来的种子在质量上存在着较大的差异，种子在贮藏过程中还会发生质量变化。因此种子在贮藏之前、贮藏过程中以及播种之前都需进行相应的质量检验，以保证所贮藏的种子为优质种子，在贮藏过程中始终保持种子的质量，特别是一定要确保所播种的种子是品质优良的种子。即良种入藏、良种保持、良种播种。若是从国外或其他地区引进的种子，还必须进行检疫，避免夹带灾难性的病虫害和杂草种子。因此，种子品质检验是苗木繁育生产的重要环节。

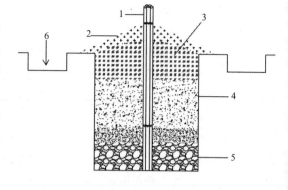

图3-2 露天埋藏示意图
1—通气秸秆；
2—覆土；
3—河沙；
4—种沙混合物；
5—卵石；
6—排水沟

种子的品质包括种子的遗传品质和播种品质。遗传品质是指种子的遗传特性，包括品种、株型、花色、花型、花径等特性。播种品质是指种子的外在特征和生命活力性状，包括纯度、净度、千粒重、含水量、发芽率、发芽势、优良度等。种子的品质检验通常指的是播种品质的检验。通过种子播种品质的检验，可以判断种子的使用价值，做到合理用种。

1. 种子净度测定

种子净度即种子的清洁度，是指纯净种子的重量占检验样品总重量的百分比。净度是种子品质的重要指标之一，种子净度越高，品质越好，越耐贮藏。净度还是确定播种量的重要依据。

种子净度的测定通常把种子分为三个部分：纯净种子、废种子、夹杂物。纯净种子包括完整无损发育正常的种子、发育不完全的种子和不能识别出的空粒以及种皮破裂或外壳具有裂缝但仍有发芽能力的种子。废种子包括能明显识别的空粒、腐坏粒、已萌芽的显然丧失发芽能力的种子、严重损伤的种子和无种皮的裸粒种子。夹杂物包括其他植物的种子；叶子、鳞片、苞片、果皮、种翅、种子碎片、土块和其他杂质；昆虫的卵块、成虫、幼虫和蛹。

测定种子净度时，首先将送检样品用四分法或用分样器进行分样，提取测定样品并称重。测定样品的重量时须执行国家关于种子品质检验的有关规定。将测定样品倒在检验板上，仔细观察、区分出纯净种子废种子夹杂物，并分别精确称重。然后按下列公式计算净度（精确至小数点后一位，其后的作四舍五入处理）。

$$净度（\%）= \frac{纯净种子重量}{纯净种子重量 + 其他种子重量 + 夹杂物重量} \times 100\% \qquad (3-1)$$

2. 种子重量测定

种子重量通常用千粒重表示。千粒重是指种子在气干状态下1000粒纯净种子的重量，以克（g）为单位。

千粒重是种子品质的重要指标之一，能反映种子的大小、饱满程度，是计算播种量不可缺少的条件。同一园林植物不同批次的种子，千粒重的数值越高，说明种子越大越饱满，其内部贮藏的营养物质高，空粒少，播种后发芽率高，出苗整齐，苗木质量好。

千粒重的测定方法有百粒法、千粒法和全量法，现以千粒法为例说明。从净度测定所得的纯净种子中随机抽取 1000 粒种子，共数数组，分别称重。称重后计算两组的平均重量。当两组重量之差没有超过两组平均重量的 5% 时，则两组试样是平均重量即为该批种子的千粒重。若两组试样重量之差超过容许误差时，应再取第三组试样称重，取差距小的两组计算千粒重。千粒重的称量精度与净度测定相同。

由于空气湿度的变化，同一批种子的千粒重很不稳定。为了确切地比较两批种子的品质，最好是测出种子的含水量后，再求出种子的绝对千粒重。

3. 种子含水量测定

种子含水量是指种子中所含水分的重量占种子重量的百分率。种子含水量的高低是影响种子生活力的重要因素之一。测定种子含水量的目的是在妥善贮藏和调运种子时为控制种子的适宜含水量提供依据。因此，不仅在收购、贮藏、运输前必须测定种子含水量，而且在整个贮藏过程中也要定期进行测定以掌握种子含水量的波动情况。

种子含水量测定时，首先从送检样品中按有关规定分取两份测定样品。种粒小、种皮薄的种子可原样称重干燥，种粒大、种皮厚的种子可切开或打碎后称重干燥。操作时，为了避免操作误差，应尽量减少测定样品在空气中暴露的时间，以防失水。

测定方法：

（1）低恒温烘干法

低恒温烘干法适用于所以园林植物种子。测定称重后，将装有种子的样品盒放入已经保持在 103±2℃ 的烘箱中烘 17±1h。即根据样品前后的重量之差来计算含水量，其计算公式如下：

$$种子含水量 = \frac{烘干前供检种子重量 - 烘干后供检种子重量}{烘干前供检种子重量} \times 100\% \quad (3-2)$$

（2）高恒温烘干法

高恒温烘干法是先将烘箱预热至 140～145℃，然后将测定样品迅速放入箱内。在 5 分钟内使温度调至 130℃ 时开始计时，在 130℃ ±2℃ 的温度下烘干 60～90min，冷却后称重。

（3）二次烘干法

二次烘干法适用于高含水量的种子。一般种子含水量超过 18%，油料种子含水量超过 16% 时，可采用此法。

先将测定样品放入 70℃ 的烘箱内，预热 2～5h，取出后置于干燥器内冷却、称重，测得预干过程中失去的水分，计算第一次测定的含水量。然后对经过预干的样品进行磨碎或切碎，从中随机抽取测定样品，在烘箱内在 105℃ 的温度下（方法同前）进行二次烘干，测得其含水量。根据预干及105℃烘箱法侧的含水量，计算种子含水量的百分率。由两次结果计算出种子含水量，其计算公式如下：

$$种子含水量 = \frac{烘干前供检种子重量 - 烘干后供检种子重量}{烘干前供检种子重量} \times 100\% \qquad (3-3)$$

（4）仪器测定法

仪器测定法是应用红外线水分速测仪、各种水分电测仪、甲苯蒸馏法等来测定种子的含水量。仪器测定法速度快，但有时不是很准确，使用时应与烘干法相对照进行。

4. 种子发芽力测定

种子发芽力是指种子在适宜的条件下发芽并长出幼苗的能力，通常用发芽势和发芽率表示。种子发芽势是指在规定日期内（一般为日发芽粒数达最高的日期）正常发芽种子数占供试种子总数的百分率。如100粒种子在规定的10d中有40粒发芽，则发芽势为40%。种子发芽势高，表示种子生命力强，发芽整齐出苗一致。种子发芽率是指在发芽试验终期（规定的条件和日期内）正常发芽种子数占供试种子数的百分率。如100粒种子发芽终止期15d中有95粒种子发芽，则种子的发芽率为95%。种子的发芽率越高，表示有生活力的种子多，播种后出苗多。

种子发芽能力是种子播种品质中最重要的指标，可以用来正确判断一个种批的等级价值和确定播种量。

发芽试验一般适用于休眠期较短的种子，其测定步骤为：

（1）测定样品的提取

从净度测定后的纯净种子中提取测定样品。将充分拌匀的纯净种子用四分法分为4份。从每份中随机抽取25粒组成100粒，共重复4次，或用数粒器提取4份100粒。如种子特别小，也可使用称重发芽测定法，不同植物种类的样品取量不同，一般在0.25～1.00g之间。

（2）测定样品的预处理

预处理的目的是解除种子的休眠，使种子发芽整齐，以便于统计。一般的种子可用始温45℃的水浸种24h，种皮坚硬、致密的豆科植物种子可用始温80～100℃的水浸种24h。但深休眠的种子需要经过不同方法的预处理才能发芽。凡低温层积处理2个月能发芽者可用层积催芽处理；种粒较大的可以切取大约1cm见方的带有全部胚和部分子叶或胚乳进行发芽测定。种皮具有蜡质、油质的种子，可用1%的碱水溶液浸种后脱蜡去脂。为了预防霉菌感染而干扰试验结果，试验用的器具和种子必须先进行灭菌消毒。

（3）种子置床与贴标签

置床就是讲经过预处理的种子安放在发芽基质上。常用的发芽床材料有纱布、滤纸、脱脂棉、细沙和蛭石等。

种子放置完毕后，须在发芽皿或其他发芽容器上不易磨损的地方贴上标签，注明植物名称、测定样品号、置床日期、重复次数等，并将有关项目在种子发芽试验记录上进行登记。

（4）管理

①水分

保持发芽床湿润，但在种子四周用指尖轻压发芽床（指纸床）时，指尖周围不能出现水膜。

②温度

不同植物种子发芽所需的温度不同，多数植物以 25℃ 为宜。在试验过程中，应经常检查发芽环境的温度，其温度同预定的温度一般不易相差 ±1℃。

③通气

保持通气良好。用发芽皿发芽时，要经常打开发芽盒盖以充分换气，或在发芽盒侧面开若干个小孔，以便通气。

④光照

每天按时开关光源。使用单侧不均匀光照射发芽箱时，应经常前后、上下变换发芽床位置，以避免温度和光照不均匀的现象。

⑤拣出轻微发霉的种子（不要让它们触及健康的种粒），用清水冲洗直至水无混浊后再放回。当发霉种粒超过 5% 时，要及时更换发芽床和发芽器皿。

（5）持续时间和观察记载

种子放置发芽的当天，为发芽试验的第一天。各植物种子发芽测定的持续天数可参见国家标准《林木种子检验规程》或有关规定。

发芽的情况要定期观察记载。为了更好地掌握发芽测定的全过程，最好每天做一次观察记载。鉴定正常发芽粒、异状发芽粒和腐败粒并计算。

正常发芽粒的特征为：长出正常幼根，大、种粒种子的幼根长度应该大于种粒长度的 1/2，小粒种子的幼根长度应该大于种粒长度。

异状发芽粒的特征为：胚根形态不正常，畸形、残缺等；胚根不是从种孔伸出，而是出自其他部位；胚根呈负向地性；子叶先出等。

腐坏粒的特征为：内含物腐烂的种子，但表皮发霉的种子不能算作腐败粒。

测定结果后，分别对各重复的未发芽粒逐一解剖观察，统计新鲜粒、腐坏粒、硬粒、空粒、无胚粒、虫害粒等的数量，并将结果作做好记录。

（6）发芽试验结果的计算

①种子发芽率计算公式

$$种子发芽率 = \frac{供检种子正常发芽的种子粒数}{供检种子总数} \times 100\% \qquad (3-4)$$

②种子发芽势计算公式

$$种子发芽势 = \frac{达到高峰时正常发芽的种子粒数}{供检种子总数} \times 100\% \qquad (3-5)$$

5. 种子生活力测定

种子生活力是指种子潜在的发芽能力或胚所具有的生命力。用具有生命力的种子数占供试种子总数的百分率表示。用发芽试验来测定种子的发芽能力，需要的时间较长。当需要迅速判断种子的品质，特别是休眠期长和难以进行发芽试验或是由于条件限制不能进行发芽试验时，可采用染色法来测定种子生活力。也可用射线法和紫外荧光法等进行测定种子生活力。

(1) 靛蓝染色法

靛蓝试剂是一种苯胺染料，其原理是苯胺染料能透过死细胞组织而染上颜色，但不能透过活细胞的原生质。染色处理后，根据种胚着色的情况可以区别出有生命力的种子和无生命力的种子。此法适用于大多数针阔叶林树木种子，如棕榈、皂荚、楠树、香樟、臭椿、刺槐、杉木、松树等。但有些种子（如栎类）的种胚含有大量的单宁物质，死种子也不易着色，所以这种方法在生产上应选择使用。

靛蓝试剂是用蒸馏水将靛蓝配成浓度为 0.05% ～ 0.1% 的溶液，最好随配随用。供测定用的种子经浸种膨胀后取出种胚。剥取种胚时要挑出空粒、腐坏粒和有病虫害的种粒，并记入种子生活力测定表中。剥出的种胚先放入盛有清水或垫湿纱布的容器中。全部剥完后再放入靛蓝溶液中，并使溶液淹没种胚。染色结束后，立即用清水清洗，分组放在白色的中性滤纸上，用肉眼或借助于手持放大镜、实体解剖镜逐粒观察。若放置时间过长，则易褪色从而影响检验效果。

(2) 四唑染色法

四唑染色法常以氯化（或溴化）三苯基四唑（2,3,5－ 三苯基四氮唑，简称四唑）为检验试剂。它是一种白色粉末，分子式为 $C_{19}H_{15}N_4Cl$ (Br)。

四唑染色的原理是：进入种子的无色四唑水溶液在种胚的活组织中，被还原生成一种稳定的不扩散、不溶于水的红色物质，而无生活力的种子则没有这种反应，即染色部位为活组织，而不染色部位则为坏死组织。可根据胚和胚乳的染色部位及其分布状况来判断种子的生活力。

与靛蓝染色法基本相同，测定时应注意试剂的浓度，一般试剂的浓度为 0.1% ～ 1.0% 的水溶液。浓度高，反应快，但药剂消耗量大；浓度低，要求染色的时间长。浸染时，将盛装容器置于 25 ～ 30℃ 的黑暗环境（四唑试剂遇光易分解）中，所需时间因植物的种类而异，一般为 24 ～ 48h。鉴定染色结果时因植物种类的不同而判断标准有所差别，但主要依据染色面积的大小和染色部位来进行判断。如果子叶有小面积未染色，胚轴仅有小粒状或短纵线未染色，均应认为有生活力。因为子叶的小面积伤亡，不会影响整个胚的发芽生长。胚轴小粒状或短纵线伤亡，不会对水分和养分的输导造成大的影响。但是，当胚根未染色、胚芽未染色、胚轴环状未染色、子叶基部靠近胚芽处未染色时，则应视为无生活力。

(3) 碘－碘化钾染色法

碘－碘化钾染色法适用于一些针叶园林树木的种子。其染色原理是利用一些种子萌发时体内会生成淀粉，碘－碘化钾溶液可使淀粉呈紫黑色；而无生活力的种子则没有这种反应。由此，可根据染色部位来判断种子的生活力。

其方法是将种子浸水 18～24h 后，取胚放入"碘－碘化钾"溶液中，浸 20～30min，然后清洗观察。凡种胚全部染色或大部分染色（2/3 以上）变深、变紫黑色为具备活力的种子，不染色的种子为失活种子。

6. 种子优良度测定

优良度是指优良种子数占测定种子数的百分比。种子优良度的测定简单易行，通过对种子的直接观察，从种子的形态、色泽、气味、硬度等来判断种子的质量。在生产上主要适用于种子采集、收购等工作现场。种子优良度常用的测定方法有解剖法、挤压法等一般从纯净种子中随机提取 100 粒（大粒种子可取 50 粒或 25 粒）共取 4 组重复进行测定。

(1) 解剖法

先对种子的外部特征进行观察，即感官检定。再适当浸水，分组逐粒纵切，然后仔细观察种胚、胚乳或子叶的大小、色泽、气味及健康状况等。

优良种子的感官表现：种粒饱满整齐，胚和胚乳发育正常，呈该植物新鲜种子特有的颜色及光泽、弹性和气味。

劣质种子的感官表现：种仁萎缩或干瘪，失去该植物新鲜种子特有的颜色、弹性和气味，或被虫蛀，或有霉坏症状，或有异味，或已霉烂。

其标准详见国家标准《林木种子检验规程》或相关法规。

(2) 挤压法

挤压法适用于小粒种子的简易检验。

松类等含有油脂的种子，放在两张白纸之间，用瓶滚压，使种粒破碎。凡出现油点者为优质种子，无油点者为空粒或劣质种子。

桦木等小粒种子，先用水煮 10min，取出后用两块玻璃片挤压，能压出种仁的为优质种子，空粒种子只能压出水来，变质的种仁为黑色。

(3) 透明法

透明法主要用于小粒种子。如杉木种子用温水浸泡 24h 后，用两片玻璃夹住种子，对光仔细观察，透明的是优质种子，不透明且带黑色的是劣质种子。

(4) 比重法

比重法是根据优良种子与劣质种子比重的不同来判断种子质量的方法。如将栎类种实放入 3%～5% 的食盐溶液中浸泡 30min，下沉的为优质种子，半浮或上浮的为劣质种子；将马尾松、油松等比水轻的种子浸在比重为 0.924 的酒精溶液中，下沉的为优质种子，上浮的是空粒、半空粒种子。

(5) 爆炸法

爆炸法适用于含油脂的中、小粒种子，如油松、侧柏、云杉、柳杉等的种子。将选作样品的种子 100 粒，逐粒放在烧红的热锅或铁勺中，根据有无响声和冒烟的情况，来鉴别种子的质量。凡能爆炸并有响声，又有黑灰色油烟冒出的是优质种子，反之则为劣质种子。

种子优良度的计算公式：

$$优良度 = \frac{优良种子数}{供测定种子数} \times 100\% \qquad (3-6)$$

3.1.5　种子播前处理

种子播前处理的目的是保证种子萌芽出苗快、全、齐、壮，并防止种子在萌发过程中遭受病虫的侵染危害。播前处理内容包括种子处理、种子消毒等。

3.1.5.1　种子催芽

通常种子在播种之前，均处于休眠的状态。有些植物的种子，在播种前如不作催芽处理，在常规管理下任其自然发芽，就会发生出苗时间长和出苗不整齐现象，如刺槐的硬粒种子，有的要到第二年甚至更长时间才能出土。既损失了部分种子，又影响了当年的育苗计划。由于种子发芽不一致，陆续出土，造成苗木当年生长量不一致，给苗木质量、数量造成一定损失。催芽由于人工创造的发芽条件充分、合理，种子发芽基本一致，可以人为地掌握种子发芽出苗的时机，保证培育出长势一致、健壮的小苗，给生产管理带来很多方便，提高了产苗率，苗木的质量、数量都相应得到提高。

各种园林植物的种子大小、种皮厚薄、本身的性状不同，常采用不同的方法处理。

1. 水浸催芽

水浸处理是指将种子放在水中浸泡，使种子吸水膨胀，从而软化种皮，解除休眠，促进种子萌发的方法。水浸催芽前种子要进行消毒。

（1）冷水浸种

对一些种皮较薄、种子含水量较低的种子可采用冷水浸种。水温0～30℃，浸种24～48h，如杨、柳、泡桐、悬铃木等的种子，浸种后直接播种或作进一步催芽。浸种后的种子催芽方法是：将湿润的种子放入容器中，用湿布或苔藓覆盖，置于温暖处催芽，直到种子的胚露出或种子裂口即可播种。

（2）温水浸种

对种皮较厚的种子，如青铜、紫荆、臭椿、枫杨、国槐、女贞等的种子，一般初始水温为40～60℃的，浸种6～24h（表3-3）。将种子倒入温水中不停地搅动，使种子受热均匀，然后冷却至自然温度。捞出放入容器中催芽24～48h，直到种子的胚露出或种子裂口即可播种。仙客来、秋海棠等的种子在45℃的温水中浸泡10h后滤干，即可顺利发芽。

（3）热水浸种

热水浸种适用于种皮坚硬，透水性差的种子，如刺槐、皂荚、合欢等种子，可用初始温度为90℃的热水浸种。浸种时将种子倒入盛有热水的容器中，不停地搅动，使种子受热均匀，直到热水冷却，然后捞出放入容器中继续催芽，每天洒水，直到种子的胚露出或种子裂口即可播种。

常见园林植物种子浸种温度与时间 表3-3

水性	温度	浸种时间	种子名称
冷水	室温	10～24h	水杉、锦带花、悬铃木
		24～48h	雪松、马尾松
温水	30℃～40℃	24h	丝棉木、青桐、紫荆
	40℃～50℃	2h	平基槭、五角枫
	40℃～50℃	24h	海棠、落叶松、臭椿、枫杨
	60℃～70℃	24h	紫荆、苦楝、国槐、女贞
热水	90℃～100℃	烫几分钟后温水浸24h	刺槐、皂荚、合欢、紫藤

注意事项：

①浸种时种子和水的容积比例一般以1：3为宜。

②热水浸种应边倒水边搅拌。如果高于浸种温度，应及时兑凉水降温，然后使其自然冷却。

③对一些硬粒种子，可采用逐批水浸方法。如刺槐种子热水浸泡自然冷却1昼夜后，把已经膨胀飘浮的种子捞出进行催芽，将剩余的硬籽用相同方法再浸泡1～2次，分批催芽，既节约了种子，又可出苗整齐。

④兑浸泡时间较长的种子，应每天换水，水温保持在20～30℃。

⑤浸泡过的种子已经吸水膨胀，应不间断地保持其环境湿度、温度、透气，进行催芽。环境条件的保证，可用砂藏法，也可用麻袋、草袋分层覆盖法。

2．低温层积催芽

低温层积催芽是指将种子与湿润物质（沙子、泥炭、蛭石等）混合或分层放置，在0～10℃的低温下，解除种子的休眠，促进种子萌发的方法。在低温条件下，由于氧气在水中溶解度增大，从而能保证层积期间种子的呼吸所需，促使种子内含物向有利于发芽的方向转化，其中种子内发芽抑制物质如脱落酸等含量逐渐下降直至消失，发芽促进物质如赤霉素、激动素等含量上升；同时在层积过程中，贮藏物质开始降解，脂肪、蛋白质含量下降，各种酶活性增加，可溶性物质增加。层积可使种子在低温、湿润的条件下，种皮逐渐软化、种皮透性增强；而且在层积中，种子的胚也能发育成熟而完成后熟作用。

（1）种子预处理

将干燥的种子浸种，一般为24h，种皮厚的种子浸种的时间可适当延长一些。

（2）条件

温度：多数植物在0～5℃之间，少数植物可以在0～10℃之间。温度过高，种子易霉变；温度过低，种子可能遭受冻害。

水分：湿润基质（常用沙子）的湿度一般为其饱和含水量的60%。沙子的湿度以手握成团而不出水，松手触之即散开为宜。

通气：种子不断从环境中吸收水分，含水量较高，呼吸作用强烈，因此，要保持良好的通气条件。

层积催芽的时间：当裂口和露出胚根的种子数占总数的 20% ～ 40% 时即可播种。人工播种可选择在发芽率大的时间，机械播种宜选择发芽率小的时间。常见园林植物层积催芽的时间见表 3-4。

部分园林植物种子低温层积催芽天数　　　　　　表 3-4

树种	催芽天数（d）	树种	催芽天数（d）
银杏、栾树、毛白杨	100～120	山楂、山樱桃	200～240
白蜡、复叶槭、君迁子	70～90	杜梨、女贞、榉树	50～60
杜仲、元宝枫	40	黑松、落叶松	30～40
桧柏	180～200	山荆子、海棠、花楸	60～90
椴树、水曲柳、红松	150～180	山桃、山杏	80
枣树、酸枣	60～100	核桃	70

（3）方法

具体方法是：在晚秋时选择地势较高、排水良好、北风向阳处挖坑，坑深在地下水位以上，冻层以下，宽在 1 ～ 1.5m 之间，坑长视种子的数量而定。在坑底放置 10 ～ 20cm 厚的卵石以利排水，上面铺 3 ～ 4cm 的湿沙。坑中每隔 1 ～ 1.5m 插一束草把，以便通气。然后将种子与湿沙混合放入坑内。种子和沙的容积比为 1：3，或采取一层种子一层沙交替层积，每层厚度 5cm 左右。种子堆到离地面 10 ～ 20cm 时停止。上面覆盖 5cm 河沙和 10cm 厚的覆土等，四周挖好排水沟。

如果层积的种子数量不大，也可以采用室内自然温度堆积催芽方法。其方法是：将种子按上述方法预处理后混合 3 倍的湿沙，置于室内地面上堆积，高度不超过 60cm，利用自然气温变化促进种子发芽。种沙混合物要始终保持60% 左右的湿度。如果气温较高，则每周要翻动 2 ～ 3 次。

低温层积催芽法适用于休眠期长、含有抑制物质、种胚未发育完全的种子，如银杏、白蜡等。经过低温层积催芽，可使幼苗出土早，出土整齐，苗木生长健壮，抗逆性强。

3. 药剂催芽

（1）化学药剂催芽

对种皮具有蜡质、油脂的种子，如乌桕、黄连木的种子，可用 1% 的碱水或 1% 的苏打水溶液浸种，脱蜡去脂并使种皮软化。对种皮特别坚硬的种子，可用浓硫酸浸种，将种皮腐蚀，破坏防水层，使种子吸水加快，促其萌发，如油棕、凤凰木、皂荚、相思树、胡枝子等种子，可用 60% 以上的浓硫酸浸种 0.5h，然后用清水冲洗；漆树可用 95% 的浓硫酸浸种 1h，再用冷水浸种 2d，可明显缩短催芽时间。

（2）植物生长激素浸种催芽

用赤霉素、吲哚乙酸、吲哚丁酸、萘乙酸、2,4-D 等处理种子，可以解除种子休眠，加强种子内部的生理过程，促进种子提早萌发。如对臭椿、白蜡、刺槐、乌桕等种子用赤霉素发酵液（稀释 5 倍）浸种 24h，有较明显的催芽效果，不仅能提高出苗率，而且能显著提高幼苗的长势。

（3）微量元素浸种催芽

用钙、镁、硫、铁、锌、铜、锰、钼等微量元素浸种，可促进种子提早发芽，提高种子的发芽率和发芽势，如用 0.1% 的高锰酸钾溶液浸泡刺槐 24h，出苗后一年生幼苗保存率比对照提高 21.5% ～ 50%。

4. 机械损伤催芽

对于种皮致密、坚硬、厚实不透水、不透气的种子，可利用机械的方法损伤种皮，增强种皮的透水、透气性，从而促使种子吸水萌发。如紫穗槐、厚朴等，可将种子与粗沙混合搅拌，擦伤种皮，改变种皮透性可促进其发芽。对少数大粒种子如美人蕉、荷花等种子，可用刀刻伤种皮或磨去部分种皮。使用机械损伤催芽方法时应注意不应使种胚受到损伤。

5. 光照处理

需光性种子对光照的要求因植物种类而异。有些种子一次性感光就能萌发，如泡桐浸种后给予 1000lx（勒克斯）光照 10min 就能诱发 30% 种子萌发，8h 光照萌发率达 80%。榕树的种子则需经 7 ～ 10d，每天 5 ～ 10h 的光周期诱导才能萌发。

3.1.5.2 种子消毒

在播种前要对种子进行消毒，可以起到消毒和防护双重作用，即不仅可以消除种子自身所携带的病菌，而且可使种子具备了抵抗土壤环境中病虫危害的能力。常用的种子消毒方法有：

1. 紫外线消毒

将种子放在紫外线下照射，能杀死一部分病菌。由于光线只能照射到表层种子，所以要将种子摊开堆放，不能太厚。消毒过程中每半个小时要翻搅一次，一般消毒 1h 即可。翻搅时人要避开紫外线，避免紫外线对人体造成伤害。

2. 药剂浸种

（1）福尔马林

一般在播种前 1 ～ 2d，用 0.15% 浓度的福尔马林溶液，浸种 15 ～ 20min，取出后覆盖保湿 2h，最后用清水冲洗干净，再经阴干即可播种。

（2）高锰酸钾

一般用 0.5% 浓度的高锰酸钾溶液，浸种 2h，取出种子，用布盖半小时，然后用清水冲洗干净后阴干播种（或用 3% 浓度浸种 0.5h）。此方法适用于尚未萌发的种子，对催过芽的、胚根已突破种皮的种子，不宜用高锰酸钾溶液消毒。

（3）硫酸亚铁

用 0.5% ～ 1.0% 的硫酸亚铁溶液浸种 2h，用清水冲洗后阴干。

（4）硫酸铜

用 0.3% ～ 1% 的硫酸铜溶液浸种 4 ～ 6h，用清水冲洗后阴干。

（5）退菌特

将 80% 的退菌特稀释 800 倍，浸种 15h。

使用化学药剂浸种应注意：处理浓度和时间，应根据种皮特点而定；要严格把握药剂浓度和处理时间等，严禁伤害种子的活性。最好通过试验，选择适宜的处理；处理后应及时用清水冲洗，以免产生药害。

3. 药剂拌种

（1）甲基托布津（别名为甲基硫菌灵）

用 50% 或 70% 的可湿性甲基托布津粉剂拌种，可防治苗期病害，如金盏菊、瓜叶菊、凤仙花的白粉病，樱草的灰霉病，兰花、万年青的炭疽病，鸡冠花、百日草的褐斑病等。长期使用甲基托布津会使病原菌产生抗药性，降低防治效果，生产上应与其他药剂轮换使用（多菌灵）除外。拌种时可用聚乙烯醇作粘着剂，用量为种子量的 0.7%。

（2）辛硫磷

辛硫磷用于防治地下害虫，可以用 50% 的乳油拌种，用量为种子量的 0.1% ～ 0.15%。

（3）赛力散（过磷酸乙基汞）

赛力散在播种前 20h 使用。用量为种子量的 0.2%，拌种后密封贮藏，20h 后播种，有消毒和防护的作用。适用于针叶园林树木。

（4）西力生（氯化乙基汞）

西力生的用量为种子量的 0.1% ～ 0.2%，适用于松柏类种子的消毒，并且有促进发芽的作用。

（5）敌克松

敌克松的用量为种子量的 0.2% ～ 0.5%。将敌克松药剂混入 10 ～ 15 倍的细土，配成药土进行拌种。这种方法对预防立枯病效果良好。

3.1.6　播种前的土壤准备

3.1.6.1　播种地的选择

播种地选择是给种子发芽创造有利条件的前提，特别是地势、土壤、排灌系统等，都应尽可能符合播种的要求。播种地应选择地势高并具备排水和灌溉条件，避免应地势低注或排水不良使幼苗遭受涝灾；土壤质地应以沙质壤土为宜；土壤化学性质应考虑偏中性、无盐分积累为宜。条件不具备的应及时改良。

3.1.6.2　土壤准备

育苗用土是供给苗木生长发育所需的水分、营养和空气的基础，优质的床土应肥沃、疏松、细致，对细小种子的营养土要求较严，土壤的颗粒要小。

1. 整地

整地可以有效地改善土壤中水、气、肥、热的关系，消灭杂草和病虫害，同时结合施肥，为种子的萌发和根系生长提供良好的环境。苗圃整地的基本要求是：及时平整，全面耕地，土壤细碎，清除草根石块，并达到一定的深度。总之就是要做到平、全、松、细、净深。整地的步骤如下：

（1）清理圃地

耕作前要清除圃地上的树枝、杂草等杂物，填平起苗后的坑穴，使耕作区达到基本平整，为耕翻打好基础。

（2）浅耕灭茬

浅耕灭茬是在耕地前以消灭农作物、绿肥、杂草茬口，疏松表土，减少耕地的阻力为目的的表土耕作打好基础。

（3）耕翻土壤

耕翻土壤是整地中最主要的环节。耕地时可同时施基肥、使其随耕翻土壤进入耕作层。耕翻时要求做到全、深、净。耕翻土壤的关键是要掌握好适宜的深度和时间。

耕翻土壤的深度为：一般地区播种育苗 20cm 左右，干旱地区 20 ～ 30cm，移植区、营养繁殖区 30 ～ 35cm；土壤瘠薄、粘重地区稍深，沙土地稍深；秋播宜深，春播宜浅。

耕翻土壤的时间多在秋季进行，北方稍早，南方稍晚，但砂土宜春耕，以防春蚀。无论是秋季还是春季进行耕翻，都应在土壤不干不湿、土壤含水量为田间持水量的 60% ～ 70% 时进行。

（4）耙地

耙地是在耕地后进行的表土耕作措施。耙地的目的是耙碎土块、混拌覆盖肥料、平整土地、清除杂草、保蓄土壤水分。耙地时要求做到耙实耙透，达到松、平、匀、碎。

北方干旱地区一般在耕地后立即进行耙地，但在北方有积雪的地区及南方土壤粘重的地区，宜在翌春耙地。

（5）镇压

镇压是在耙地后或播种前后进行的一项整地措施。冬季镇压可以压碎土块，压实松土，弥合土缝，增强土壤的紧实度，提高土壤保墒、保湿、保肥的能力。播种后镇压可以使种子密接，有利于种子吸水萌发。镇压主要适用于土壤孔隙度大、盐碱地、早春风大地区等。粘重的土地或土壤含水量较大时不宜镇压，否则易造成土壤板结，影响出苗。

2. 施基肥

在土壤耕作前，将基肥均匀地施到地表，再经过耕、耙使肥料混合在耕作层中。基肥的主要作用是保障苗木在整个生长期养分的供应，提高土壤肥力并同时改良土壤。基肥施放的深度要根据植物的特性和育苗的方式而定，一般控制在苗木根系生长可及的范围之内，以保证苗木根系的吸收。基肥的施用量一般为每公顷施饼肥 1500 ～ 2250kg，施厩肥、堆肥 60000 ～ 75000kg。

3.1.6.3　土壤消毒

1. 高温消毒

（1）蒸汽消毒

温室土壤消毒可用带孔铁管埋入土中 30cm 深，再通入蒸汽，一般认为 60℃的温度维持 30min、80℃的温度维持 10min 可杀死绝大部分细菌、真菌、线虫、昆虫以及大部分的杂草种子。对于少量的基质或土壤，可以放入蒸锅内蒸 2h 进行消毒。

（2）火烧消毒

在柴草可以方便得到的地方，可用柴草的苗床上堆烧，既消毒土壤，有提高了土壤温度，加速了有机质的分解，同时还增加了土壤肥力。但此法不仅污染环境，消耗了大量有机质，而且存在火灾隐患，生产上不提倡使用。

（3）日光消毒

将配制好的营养土放在清洁的混凝土地面、木板或铁皮上，薄薄地平摊成一层，曝晒 3 ～ 15d，即可杀死大量的病菌孢子、菌丝和害虫卵、害虫、线虫。

国外有用火焰土壤消毒机进行喷焰加热处理，该机以汽油作燃料加热土壤，可使土壤温度达到 79 ～ 87℃，既能杀死害虫，但却不会引起有机质的燃烧，效果比较理想。

2. 药剂处理

（1）65% 代森锰锌粉剂消毒

每立方米床土用药 60g。混拌后用薄膜覆盖 2 ～ 3d，撤膜后，待药味散尽后方可使用。对病害有一定的防治效果。

（2）氯化苦消毒

氯化苦对土壤传播的全部病虫害都有防治效果。氯化苦使用适温为 15 ～ 20℃，床土以稍湿润为佳。用药前先把床土堆成 30cm 高的土方，每隔 30cm 插入一个小孔，孔深 10 ～ 15cm，向每个小孔倒入 5ml 氯化苦，然后封死孔口，再用薄膜封堆。约 7 ～ 10d 后撤膜，充分翻捣土堆，让药味挥发，经 7 ～ 10d 后可使用床土。

土壤消毒还可使用福尔马林、硫酸亚铁、必速灭、高锰酸钾、多菌灵、代森锌、辛硫磷敌克松等药剂。

3.1.6.4　作床

1. 苗床育苗

为给种子发芽和幼苗生长发育创造良好的条件和经营管理，需要在整地施肥的基础上，按育苗的不同要求，将育苗地作成育苗床（畦）。作床时间一般在播种前 1 ～ 2 周，苗床走向以南北向为宜。

（1）高床

一般苗床宽 100 ～ 120cm，高 20cm 左右，两床之间的作业道宽约 40cm，苗床长视播种区的实际情况而定，为管理方便一般苗床长为 15 ～ 20cm（图

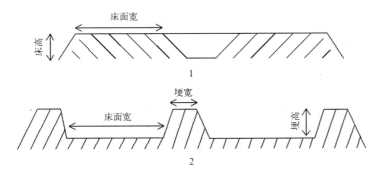

图3-3 苗床的形式
1—高床；
2—低床

3-3）。作业道可兼具灌、排水沟，高床适用于降雨较多、地势较低排水条件差或土壤粘重的地区。

（2）低床

一般苗床宽 100 ～ 120cm，床面低于作业道 15 ～ 20cm，作业道宽 40cm，苗床长 10 ～ 20cm（图3-3）。低床适用于气候干旱、降雨较少、水源不足、无积水的地区。

2. 大田育苗

（1）垄作

在平整好的围地上，按一定距离、一定规格堆土成垄，一般垄高 20 ～ 30cm，垄面宽 30 ～ 40cm，垄距 60 ～ 80cm，长度依地势或耕作方式而定，以南北走向为宜。

垄作播种为种子发芽创造了土壤结构疏松、透气性好、地温较高的环境，种子发芽快、出苗整齐、根系发达，且便于机械化作业。适用于培育管理粗放的苗木。

（2）平作

平作即不作床不作垄，整地后直接进行育苗的方法，有利于机械化作业。

3.1.7 播种

3.1.7.1 播种时期

植物种子的播种时期，需要根据种子的萌芽特性和当地的气候条件确定，使种子播种后能达到种子发芽率高、出苗整齐，并且有利于苗木适宜生长。

1. 春播

春季是主要的播种季节。春季播种的具体时间，因植物的不同、地区气候状况的不同而异。应掌握种子发芽出土能避开当地的晚霜，只要地温达到了种子萌芽的要求，应是越早越好。华东地区一般在每年的 2 月下旬至 3 月上、中旬进行播种。

春播的优势表现为：春天空气湿润，气温逐渐回升，解冻后的土壤疏松（不板结）、湿润。空气和土壤的温度和湿度都适宜种子的萌发，出苗整齐；春播种子萌发后迅速出苗，种子在土壤中的存留时间短，种子遭受病虫为害的程度相对较轻；幼苗出土后温度逐渐提高，可以避免低温和霜冻的危害；春播占用土地的时间较短，对土地的利用较经济。但春播的适宜播种时间短，且又时值出圃季节，容易延误播种时期而影响苗木的生长质量，且种子需贮藏和催芽处理，尤其是休眠期长的、具有生理后熟的种子需层积、催芽。因此，春播应掌握在适宜的播种时期内，在幼苗出土后不会造成晚霜的危害的前提下，宜早不宜迟的原则，可以相对延长苗木的生长期，提高幼苗的生长量和抗性。

2. 秋播

秋季也是重要的播种季节，一般种皮坚硬且有生理休眠特性的大、中粒种子适宜秋播，种粒很小，或含水量大容易被冻伤的种子，不适宜秋播。秋播宜在秋末冬初土壤结冻前进行，上海地区一般在 11 月上旬至 12 月上、中旬。

秋播的优势表现为：种子不需要进行贮藏也无需进行催芽；幼苗出土早而整齐，成苗率高；苗木生长期较长、生长健壮，抗寒力强；缓解春忙劳动力紧张的矛盾。但秋播的种子在土中时间长，容易遭受病虫侵害、鸟害、鼠害等，如广玉兰的种子常被老鼠偷食；翌春早出的苗容易遭受霜冻的危害；春季土壤易发生板结现象，有碍幼苗出土。因此，秋播过早，以避免因为气温尚高，种子过早（当年）萌动出苗而遭受冻害。

3. 夏播（随采随播）

夏播主要适用于春、夏成熟而又不宜贮藏的种子或生命力较差而不耐贮藏的种子，如杨、柳、榆、桑、桦、枇杷、七叶树等种子细小、含水量大、寿命短、易失活不耐贮藏，采收后应立即播种。种皮透水性差、生理休眠期较长的种子，也可采用夏播。如桧柏、山楂、水枸子等，经过相当于热季砂藏后，又经过冬季低温砂藏，翌年春即可萌芽出土。

夏播时间宜早不宜迟，以保证苗木能在冬季到来之前充分木质化以利越冬。

4. 冬播

冬播是春播的提前和秋播的延续。在冬季气候温暖湿润、土壤不冻结，雨量较充沛的地区，可进行冬播。

我国各地气温不一样，播种的具体时间应因地而异。一些温室栽培的植物，种子萌发主要受温度的影响。温度合适，可随时萌发。因此，在有条件时可周年播种。

3.1.7.2　播种量

播种量是指单位面积或单位播种行上所播种子的重量。确定播种量可用最少量的种子，生产出某树种预期的产苗量。播种量要依据计划育苗的数量、种子净度、种子千粒重、种子发芽率及种苗的损耗系数等确定。

播种量的计算公式：

$$播种量 = \frac{单位面积计划产苗量 \times 种子千粒重}{种子净度 \times 各子发芽率 \times 1000^2} \times 损耗系数 \qquad (3-7)$$

损耗系数因树种、播种的环境条件、技术条件而异。同一树种在不同条件下损耗系数不同，可通过试验或经验来确定。损耗系数的变化范围，一般为大粒种子（千粒重在 700g 以上）损耗系数略大于 1；中、小粒种子（千粒重为 3～699g）损耗系数 1.5～5；极小粒种子（千粒重在 3g 以下）损耗系数大于 5，甚至 10～20。常见树种的播种量见表 3-5。

北京地区部分树种每 10m² 播种量与产苗量　　表 3-5

树　种	播种量（kg）	产苗量（株）	播种方式
侧　柏	0.2～0.25	200～300	高垄或低床条播
桧　柏	0.3～0.4	500～800	低床条播
油　松	0.3～0.5	1000～1500	高床撒播
白皮松	1.75～2	800～1000	高床撒播或垄播
山　桃	1～1.25	120～150	高垄条播
核　桃	2～3	100～120	高垄点播
海　棠	0.15～0.2	150～200	高垄或低床两行条播
榆叶梅	0.25～0.5	120～150	高垄或低床条播
银　杏	1.5	150～200	低床条播或点播
刺　槐	0.15～0.25	80～100	高垄条播
合　欢	0.25～0.5	100～120	高垄条播
泡　桐	0.03～0.05	60～80	低床撒播
栾　树	0.5～0.75	100～120	高垄条播
青　铜	0.5～0.75	120～150	高垄条播
紫　荆	0.2～0.3	120～150	高垄或低床条播
小叶女贞	0.25～0.3	150～200	高垄或低床条播
枫　杨	0.15～0.25	120～150	高垄条播
皂　角	0.5～1	150～200	高垄条播
紫　薇	0.15～0.2	150～200	高垄或低床条播
槲　树	1～1.25	120～150	低床点播

3.1.7.3 播种方法

种子的播种方法应根据种子的特性、萌芽特点、幼苗生长习性、生产条件而定。常用方法有撒播、条播、点播。

1. 撒播

撒播是指将种子均匀地播撒在苗床上的播种方法。撒播适用于小粒种子、极小粒种子的播种，或幼苗生长势弱的树种，如松类、杉类、黄杨、黄连木、泡桐、悬铃木、紫荆、紫薇、榉树等的播种。撒播的特点是播种速度快，出苗快，产苗量高，土地利用率高。但用种量大，出苗疏密无序，通风不良，易产生两极分化；行株距不一致，出苗后的中耕除草、苗距调整等的管理费工；产苗量不稳、质量不稳。表现出播时容易，管理费工。

撒播的技术要求是：撒种要均匀，对于特别细小的种子或带绒毛的种子可混合适量的细纱一起撒播，在大面积播撒时，可将苗床划分为数块较小块面积分块进行播种；覆土要均匀，厚度要适宜，一般为种子粒径的 2～3 倍；播种量要适宜，要根据种子的纯净度、发芽情况、播种环境等确定。

2. 条播

条播是指按照一定的行距开条沟，将种子均匀播撒在沟内的方法。条播适用于中粒或小粒种子，特别是在品种较多，种子数量较少的时候使用，如海棠、鹅掌楸、月季、紫荆、合欢、国槐、刺槐等。条播的特点是用种量较少，成苗率较高；保证了一定的行距，行间通风透光条件好，苗木生长健壮；苗木抚育管理较方便，且便于机械化管理（行距须在 1.2m 以上）；但行内株间不均匀，存在不同程度的疏密差异，仍然需要进行苗距调整。

条播的技术要求是根据植物的生长习性确定行距；控制单位长度的播种量，过密会给田间作业带来过多的工作量，也会影响小苗生长；行向以南北向为佳，使苗木受光均匀，并获得更多的光照；沟直、深浅均匀、沟底平。

3. 点播

点播是指在苗床上按一定的行距开沟后，再将种子按一定株距播于沟内；或按一定行株距挖穴播种，然后覆土的方法，也称穴播。点播适用于颗粒大、发芽势强、幼苗生长旺盛的树种及一些珍贵树种的种子，如核桃、七叶树、山桃、山杏、银杏、栎类、雪松等。点播的特点是省种；幼苗有充分的营养空间，疏密有致，生长茁壮，苗木质量好，抚育管理方便。但播种时费工；产苗量较低，土地利用率低；容易出现缺苗断垄现象。大田播种较少应用，常用于精细播种。

点播的技术要求是每点或每穴放 2～3 粒种子，为了保证出苗率；若发芽力强、有保证的，可放 1 粒种子。如果点播时每穴仅播一粒种子，若未能萌发，则需及时对空穴进行补苗。而每穴多种，当种子萌发出苗时只需保留 1（或 2）株苗，应适时移去多余苗株。种子一般宜横卧平放在穴中。

3.1.7.4　播种工序

1. 开沟

条播时按行距首先划线，然后照线开沟。点播时在划线上按株距挖穴；撒播时直接播种。开沟或挖穴的深度，根据覆土厚度而定。

2. 播种

播种时要控制好播种量，将种子均匀地播撒在苗床床面上，或将种子均匀播撒在播种沟内，或将种子定数播放在播种穴中。撒播时要贴近地面操作，以免种子被风吹走；小粒、极小粒种子，可用细沙或细土与种子混合后再播。

3. 覆土

覆土可为种子萌芽创造一个良好的温度、水分通气等环境条件。因此，播种后应立即覆土，以避免播种沟内的土壤和种子干燥。覆土的材料一般用细沙，或培养土过筛后覆盖，或用泥炭、草木灰、木屑等覆盖，但不宜用粘重土壤覆盖。

覆土要均匀，避免幼苗出土参差不齐，疏密不均，影响苗木的产量和质量。

覆土的厚度要适宜，覆土过薄，易裸露出种子，使种子浮于土表而因风吹或空气蒸发而失水干燥从而影响种子发芽，不利于其萌芽生长；也易遭鸟、兽、虫等为害。覆土过厚，则因氧气不足、地温较低，又会阻碍和影响种子萌芽，使幼苗出土困难。一般为所覆种子直径的 2 ～ 3 倍；对于细小的种子则以细土掩没种子不见其影迹即可。一般小粒种子 0.5 ～ 1cm；中粒种子 1 ～ 3cm；大粒种子 3 ～ 5cm。覆土的厚薄还因播种地条件和播种的季节等差异而又有所变化：一般沙质土宜稍厚，粘重土宜薄；春播宜薄些，秋播宜厚些；湿润多雨季节（或地区）宜薄，干旱季节（或地区）宜厚；播种后有覆盖物的宜薄，反之则宜厚；在室外露地比室内苗床覆土略厚。总之，覆土的厚度要以能保证种子顺利萌芽为适度。

生产上要求做到随开沟（挖穴）、随播种、随覆土，以免风吹日晒造成播种沟土壤干燥。

4. 镇压

在干旱地区或土壤疏松的情况下，覆土后还应进行适当的镇压。以使种子与土壤紧密接触，使种子能充分吸收土壤毛细管水，促进种子发芽。小粒种子在播种前，可将床面先镇压一下，再播种覆土。镇压可用专门的镇压器，也可用木板轻拍。镇压应在土壤疏松、上层较干时进行。如土壤粘重或湿度大时，播种后不宜镇压，以免土壤板结，影响种子发芽。

5. 覆盖

覆盖就是用草帘、薄膜或其他物料遮盖播种地。其目的是防止地表板结，保蓄土壤中的水分，抑制杂草生长，避免烈日照射、大风吹蚀和暴雨打击，调节地表温度，防止冻害和鸟害等，从而提高种子发芽率。

覆盖材料要因地制宜，就地取材，常见的覆盖材料有薄膜、锯末、秸秆、草帘、树叶、松针、谷壳等。覆盖材料必须不带病虫害及杂草种子。覆盖厚度决定于采用的材料、播种季节和当地的气候条件，不宜过薄和过厚，一般以不见土面为度。除了上述常用的人工播种方法外，在大面积的绿化中还有机器播种，如飞机、大型播种机播种等方式。在现代化的工厂化苗木生产中，还有小型播种机流水线播种等形式。有条件的地方可进行机械播种。机械播种工作效率高，播种均匀，覆土厚度一致，且开沟、播种、覆土及镇压一次性完成，既节省了人力，又可做到幼苗出土整齐一致。虽然机械播种目前在生产上还不普及，但它是今后园林苗圃育苗的方向。

3.1.8 播种后的抚育管理

种子播种后，仅仅是育苗工作的开始，大量的工作是播种后的抚育管理。在整个育苗过程中，要根据苗木的实际生长情况，开展一系列的抚育管理工作。

3.1.8.1 撤除覆盖物

当幼苗大量出土时，应及时撤除覆盖物。以免引起幼苗黄化或弯曲，形成所谓"高脚苗"。但应注意：覆盖物应分 2 ～ 3 次逐渐撤除，避免幼苗遭受环境突变的不良影响。如马尾松育苗，只要做到适时播种，一般 20 ～ 30d 即可发芽出土。当幼苗弯曲出土达 50% ～ 60% 时，可揭去覆盖物的 70% 左右；出土 80% 以上，即可全部揭去覆盖物。条播的苗木，覆盖物可移至行间，以减少土壤水分的蒸发，防止杂草滋生，有利幼苗生长。当幼苗生长健壮时再撤除。但若需要遮荫的苗木，应将覆盖物一次撤除，立即搭荫棚。如用谷壳、松针、锯屑等细碎材料作覆盖物时，由于对幼苗的生长妨碍不大，可以不必撤除。覆盖物的撤除，最好在傍晚或阴天进行。雨天或大风时不宜揭去，以免床面板结或干燥。

3.1.8.2　遮荫

种子萌芽出土后，覆盖物撤除，但小苗非常幼嫩，抵抗力弱，难以适应高温、炎热、干旱等不良环境条件，需要进行遮荫保护，以避免阳光的直射，防止灼伤幼苗；且有些树种的幼苗特别喜欢庇荫环境，如红松、云杉、紫杉、白皮松、含笑等，更应给予充分的遮荫。因此，在小苗出土后需一段时间遮荫，促其正常生长。这种措施符合自然条件下植物的生活规律。遮荫的方法是用竹帘、苇席、遮阳网等作材料，搭一个高度 40 ～ 100cm 的平顶或向南北倾斜的荫棚。一般荫棚的透光率以 50% ～ 70% 为宜。遮荫一般在撤除覆盖物后进行。遮荫时间晴天可从 9：00 ～ 10：00 开始，到 17：00 左右撤除。每天的遮荫时间应随着幼苗生长，逐渐缩短遮荫的时间。一般遮阳 1 ～ 3 个月，当苗木的根颈部已经木质化时，应撤除荫棚。

在苗床上插上一些干后不易落叶的杉枝、松枝等，也可以起到一定的遮荫作用。还可以套种高秆农作物遮荫。

3.1.8.3　苗距调整和幼苗移植

由于播种时播种密度不均匀，出苗或稀或密；或因种子的质量或环境的影响，使一些种子没有发芽；或因种苗受损，造成苗位空缺等。当幼苗生长到一定大小时，需要对苗木生长的空间作相应的调整，使苗木保持适宜的间距。苗距调整，应根据不同树种的单位面积产苗量，计算出留存小苗的行株距，既要保证播种小苗的最佳营养空间，又要保证单位面积产苗量。

苗距调整分为间苗和补苗。

1. 间苗

间苗是规范播种小苗间营养空间的作业。间苗一般分 1 ～ 2 次进行，有时要进行 3 次才最后定苗，以避免因过早定苗后再遭遇病、虫及人为的为害后无法挽救。间苗宜早不宜迟。宜早，就是不失时机地进行疏苗，尽早给定位的小苗创造宽裕的营养空间，使其苗壮生长。具体应以苗木的生长速度和抵抗不良环境条件能力的强弱而定，如幼苗生长快，抵抗力强的树种，可在幼苗出齐后，长出两片真叶时可一次完成间苗并定苗；而对幼苗生长慢，易遭干旱和病虫危害的树种，可结合除草分 2 ～ 3 次间苗。第一次间苗，在苗高 5cm 时进行，留苗株数比计划产苗量多 40%；苗高达到 10cm 时进行第二次间苗，即为定苗。定苗的留苗数应比计划产苗数高 5% ～ 10%，作为安全系数，以保证产苗计划的完成。但留苗不宜过多，以免降低苗木质量。

间苗应掌握间小留大、间劣留优、间密留稀、全苗等踞的原则，即间去密集生长在一起的苗、受病、虫为害的苗、生长势弱的苗、受机械损伤的苗，最终存留健壮苗，并使其保持一定间距。间苗最好在雨后进行，或在土壤比较湿润时进行。因间苗时难免会带动保留苗的根系，为防止保留苗因根系松动而失水死亡，间苗后应及时浇水，淤塞苗根孔隙。

2. 补苗

补苗是补救小苗出土不齐、缺行断垄，达不到单位面积产苗量指标的一项措施。补苗应结合间苗进行，既可间除过密苗，又可补救出苗不齐的不足；补苗要早，以减少根的大量损伤。早补不但成活率高，其后期生长与原苗无显著差异；补苗最好选择在阴天或下午4时以后进行。减少阳光的照射，防止失水萎蔫，且有一夜时间缓苗。由于幼苗根系较小，主根、侧根尚不发达，可不带土移植补苗。但补苗时，必须灌足底水，利用小工具协助，将小苗轻轻拔起，及时栽植在缺苗处。对一些娇嫩小苗可在补苗后给2～3d遮荫，提高移植成活率。

3. 幼苗移植

幼苗移植常用于种子稀少的珍贵树种的育苗，种子极细小、幼苗生长很快的树种育苗、穴盘育苗、组培育苗等。

在露地花卉中，除了一些不耐移植的种类是直接播于栽植地外，大多数花卉出苗后均需移植到苗床上育苗。一般待幼苗长出2～3片真叶后，按一定的株行距进行移植。移植的同时也起到了截根的效果，促进了侧根的发育，提高苗木质量。

幼苗移植最好在早晨和傍晚或者在阴天进行，尽量做到随起、随移植。其技术措施和过程是：先在原来的小苗苗床上浇水，使土壤湿润，以便起苗；起苗时，用竹签、筷子、挑草刀等把小苗挖出，尽量使小苗根须多带些泥土；挖种植穴并将小苗根须小心放入种植穴内，使根须舒展。深度与未移植时相同；用泥土覆盖并压紧根部；浇定根水，水量要足。如太阳强烈时，还要给予遮荫。

3.1.8.4 截根

截根是利用利刀在适宜的深度将幼苗的主根截断。其适用于主根发达，侧根发育不良的树种如核桃、橡栎类、梧桐、香樟等树种。一般幼苗长出4～5片真叶，苗根尚未木质化时，进行截根。截根的深度以8～15cm为宜。可用锐利的铁铲、斜刃铁或弓形截根刀进行，将主根截断（图3-4）。其目的是抑制主根生长，促进苗木侧根、须根生长，提高苗木质量，同时也可以提高移植后的成活率。

3.1.8.5 中耕除草

除草与中耕（松土）是苗木抚育最基本的措施之一，在生产上往往结合进行。中耕的作用是疏松土壤，切断土壤表层毛细管，蓄水保墒；改善土壤的通透性，为苗木根系生长创造一个良好的环境条件；改善土壤结构，促进土壤

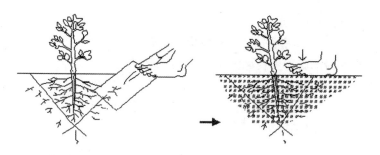

图3-4　苗木截根示意

中好气微生物活动，有利于土壤矿质营养元素的释放。除草是清除圃地上的杂草，消除杂草与苗木争夺水分、养分和光照的竞争，同时兼有中耕松土作用。

中耕常在灌溉或雨后 1 ～ 2d 进行。但当土壤板结、天气干旱、水源不足时，即使不需除草，也要中耕。有些树种的种子发芽迟缓，在种子发芽前滋生许多杂草，为避免杂草与幼苗争夺水分、养分，应及时除草。中耕除草的次数，应根据土壤、气候、杂草的蔓生程度而定。一年生播种苗在一个生长季节中需中耕除草 6 ～ 8 次，一般在苗木生长前半期每 10 ～ 15d 一次，深度 2 ～ 4cm；在苗木生长后半期每 15 ～ 30d 一次，深度 8 ～ 10cm。中耕要求全面、均匀，不伤害苗木。除草要做到除早、除小、除了。除草可采用人工除草或化学除草。人工除草要做到不伤苗，草根不带土。化学除草要谨慎选择合适的除草剂和使用适宜的配比浓度。

3.1.8.6　灌溉与排水

幼苗对水分的需求很敏感，灌水要及时、适量。幼苗生长初期根系分布浅，应掌握"小水勤灌"，保持土壤湿润；随着幼苗生长，应逐渐延长两次灌水的间隔时间，增加每次灌水量。苗木硬化期要基本停止灌溉，促使苗木木质化，以利苗木安全越冬。灌水一般在早晨或傍晚进行。灌水方法有侧方灌溉、漫灌，有条件的可采用喷灌、滴灌。

建立苗圃时，要设置完善的排灌系统，这是最好苗圃排水工作的关键。在雨季或暴雨来临之前，要保证排水沟渠畅通，雨后要及时清沟培土，平整苗床。做到明水不积，暗水能排，雨停田干。

3.1.8.7　追肥

苗期施肥是培育壮苗的一项重要措施。苗木施肥一般以氮肥为主，适当配以磷、钾肥。苗木在不同生长发育期对营养元素的需要不同。播种苗生长初期需要氮、磷肥较多，速生期需要大量的氮、磷、钾肥和其他一些必需的微量元素，生长后期则以钾为主，磷肥为辅，并控制氮肥的用量。追肥要掌握"由稀到浓，量少多次，适时适量，分期巧施"的技术要领。在整个苗木生长期内，一般可追肥 2 ～ 6 次，第一次在幼苗出土 1 个月左右开始，最后一次氮肥要在苗木停止生长前 1 个月结束。

追肥可采用浇施、沟施和撒施。浇施是指将肥料溶于水后浇入苗床。沟施是指在播种行间开沟施肥后封沟。撒施是指将肥料均匀撒于床面，灌水后随水渗入苗床。追肥后应及时浇水冲洗粘在苗木上的肥料，避免产生"烧苗"现象。

3.1.8.8　防治病虫害

幼苗的病虫害防治应遵循"防重于治，治早治小"的原则。要认真做好种子、土壤、肥料、工具和覆盖物的消毒；加强苗木的田间管理，提高育苗技术，提高苗苗质量；有意识地运用各种栽培技术措施，破坏有害生物生存的小环境，创造出有利于苗木和有益生物（如害虫的天敌等）。一旦发现病虫害，应及时防治，防止蔓延（具体防治方法与技术要求可参见有关专业书籍）。

3.1.8.9　防寒越冬

由于冬季气候寒冷，春季气温剧变，苗木往往遭遇霜冻，尤其是组织幼嫩、木质化程度低的苗木，极易发生冻害，轻者苗梢干枯，重者整株植物死亡。因此，防寒是育苗工作中必须进行的一项保护性措施。

苗木防寒应从两方面入手，即一要提高苗木的抗寒能力；二要采取保护性防寒措施。

1. 提高苗木抗寒能力

适时早播，延长苗木的生长期。生长季后期多施磷钾肥，及时停止施氮肥和灌水，并加强松土、除草、通风透光等管理，使幼苗在入冬前能充分木质化，增强抗寒能力。对某些停止生长较晚的树种，可采用剪梢等控制生长、促进木质化的栽培措施，提高苗木的抗寒性。

2. 保护性防寒措施

（1）埋土和培土

在苗木进入休眠土壤结冻前，将小苗顺着有害风向依次按倒用土埋上，土厚一般 10cm 左右，翌春土壤解冻时除去覆土并灌水。较大的苗木，不能按倒的可在根部培土，也有良好的效果。

（2）覆盖

在霜冻到来之前，用稻草、树叶、草帘等将苗木覆盖起来，可降低苗木表面的风速，预防生理干旱的发生。翌春再将覆盖物撤除。

（3）设置风障

冬、春季风大的地区，在土壤结冻前，对不耐寒风的苗木，如雪松、玉兰、龙柏等，在苗木的迎风面用秫秸、树枝等做成风障，可降低风速，使苗木减轻寒害。翌春再将风障撤除。

（4）灌水

在气温下降前或在冻害发生前灌水，可利用水的比热大的特点，防止土壤温度下降过快，从而防止苗木遭受冻害；早春灌水，可推迟苗木的萌芽，防止晚霜的危害。

（5）假植

将翌年需要移植、抗寒性较差的小苗，在入冬前挖起，分级后埋入假植沟中。此法安全可靠，既是移植前的一项工作，又是较好的防寒方法。

（6）其他防寒方法

根据不同的苗木和各地的具体情况，还可采用熏烟、涂白、窖藏等方法防寒。

以上是针对当年播种苗的抚育管理。培育 1 年后的留床苗，抚育管理的措施主要是中耕除草、施肥、灌溉排水、病虫害防治和防寒。由于留床苗已有生长良好的根系，地上部分生长健壮，中耕除草、施肥、灌溉的做法虽与播种当年相似，但抚育的次数大大减少。

3.2 扦插育苗

扦插育苗是利用植物营养器官能产生不定根和不定芽的特性，将植物根、茎、叶、芽的一部分或全部作为插穗，插入土壤、河沙、蛭石等插壤（基质）中，在适宜的环境条件下，使其生根、发芽，形成一个完整独立的新植株的方法。

扦插育苗具有繁殖材料充足，产苗量大，成苗快，开花早，能保持植物固有的优良品种特性等优点，但根系发育较差，抗性差，寿命较短，要求给予适宜的条件，精细管理。

3.2.1 插穗生根的原理

在一个完整的植物体中，大部分细胞已不再具有分生能力而形成成熟组织，但还有少部分细胞继续保持其分生能力。这些具有分生能力的细胞存在于茎或根的生长点和形成层等部位，作为分生组织而保留下来。当植物体的某一部分受伤或被切除而使植物整体的协调受到破坏时，能表现出弥补损伤和恢复协调的机能。当植物的根、茎、叶等从母体脱离时，由于植物细胞的全能性和植物体的再生能力，就会从根上长出茎和叶、从茎上长出根、从叶上长出茎和根等。长出的器官因细胞全能性的作用，表现出与母本一样的表型性状。所以，扦插育苗就是利用植物细胞的全能性和植物体的再生能力进行繁殖的。

3.2.2 插穗生根的类型

中国林业科学院王涛研究员根据扦插时（主要是枝插）不定根生成的部位，将植物插穗生根类型分为四种。

3.2.2.1 皮部生根型

属于这种类型的植物，在正常情况下，在枝条的形成层部位能够形成许多特殊的薄壁细胞群即根原始体。根原始体位于髓射线与形成层的交叉点上，是由于形成层进行细胞分裂而形成的，与细胞分裂相连的髓射线逐渐变粗，穿过木质部通向髓部，从髓细胞中取得营养，向外分化逐渐形成圆锥形的根原始体。当扦插枝条的根原始体形成后，截至扦插。在适宜的温度、湿度下，经过很短的时间，根原始体不断生长、发育，就能从皮孔中萌发出不定根。这种生根类型的植物枝条，在截制插穗时，已经形成了根的原始体，生根迅速，容易成活，如杨、柳等。

3.2.2.2 潜伏不定根原基生根型

属于这种类型植物的枝条，在脱离母体之前就已形成了不定根原基，只要给予生根的适宜条件，根原基就可萌发生成不定根。这是枝条再生能力最强的一种类型，生根最容易，如圆柏属、刺柏属中的绝大部分植物都有潜伏不定根原基，在扦插繁殖时充分利用这一点，促使潜伏不定根原基萌发，缩短生根时间。利用一些植物的这一特点，可以进行三年生老枝扦插育苗，缩短育苗周期，使1个月的扦插苗相当于2～3年的实生苗，如翠柏、圆柏、沙地柏等。

3.2.2.3 侧芽（或潜伏芽）基部分生组织生根型

这种生根型分布于大多数植物中，在一定的条件下，侧芽基部分生组织较为活跃，能够产生不定根。在截制此类型的插穗时，插穗的下切口应切在侧芽的基部，使侧芽分生组织都集中于切面上，更有利于形成不定根。

3.2.2.4 愈伤组织生根型

任何植物在局部受伤时，均有恢复生机、保护伤口、形成愈伤组织的能力。植物的一切组织，只要有活的薄壁细胞，就能产生愈伤组织。这些细胞以形成层、髓射线、髓等部位及附近的活细胞为主，且最为活跃。植物受伤的部位在条件适宜的情况下，由薄壁细胞产生愈伤组织。将具有愈伤组织生根型的植物截制的插穗，置于适宜的温度、湿度等条件下，在下切口处首先形成初生愈伤组织，一方面保护插穗的切口免受不良的影响；一方面继续分化，逐渐形成根原基，进而萌发形成不定根。

此类生根型植物形成不定根的先决条件是愈伤组织的形成，即先长出愈伤组织后再进行根的分化。与前几种类型相比，所需时间长，且愈伤组织能否进一步形成不定根，还要看外界环境条件和激素水平。凡扦插成活较难、生根较慢的树种，其生根类型大多是愈伤组织生根型。

一种植物的生根类型并不限于一种，有的几种生根类型同时能在同一种植物中体现，如杨、柳类树种，则具备以上各种生根类型，因此这类植物容易扦插生根成苗；只有一种生根类型的植物，尤其是愈伤组织生根型，生根较困难，应用扦插繁殖有一定的局限性。

3.2.3 影响插穗生根的因素

扦插能否成活的关键是插穗能否形成根系。插穗能否生根及生根的快慢，同植物本身、插穗条件有很大的关系，同时也受外界环境条件影响。

3.2.3.1 植物本身的遗传性

插穗的生根能力，因树种、品种的遗传特性而不同。根据生根的难易，可将树木分成三种类型：

易生根类：插穗生根容易，生根快，如迎春、蔷薇、栀子花、夹竹桃、悬铃木、大叶黄杨、珊瑚、榕树、石榴、橡皮树、巴西铁、富贵竹、贴梗海棠等。

较难生根类：插穗能生根，但生根较慢，对扦插技术和管理要求较高，如山茶、桂花、雪松、槭类、南天竹、龙柏等。

极难生根类：插穗不能生根或很难生根，一般不能用扦插繁殖，如桃、腊梅、松类、海棠、紫荆、榉树、枫香、竹类等。

3.2.3.2　母树和枝条的年龄

插穗的生根能力随母树年龄的增加而降低，母树年龄越大生根能力越低。因为随着母树年龄的增长，阶段发育较老，生活力衰退，细胞的生育能力下降；反之，幼年母树由于其阶段发育年龄较轻，营养状况和激素等条件有利生根，且细胞的分生能力强，插穗就容易生根（表 3-6）。

水杉不同母树年龄的枝条扦插情况　　　　　　　　　表 3-6

母树年龄（年）	1	2	3	4	7	9
试验株数（株）	500	500	500	500	500	500
成活率（%）	92.5	90.4	76.5	65.0	34.0	31.0

枝条的年龄对插穗生根也有很大的影响。枝龄小的一、二年生枝条生根比多年生枝条生根容易，嫩枝（半木质化枝）比硬枝扦插容易生根。一般一年生枝最好，二年生枝次之；而易生根的树种如杨、柳、夹竹桃等也可用多年生枝扦插；生长期扦插则常选用当年生半木质化枝条。

3.2.3.3　枝条的着生位置

在同一母树上的不同部位着生着大量的枝条。由于着生部位不同，营养状况、阶段发育年龄也不同，这些枝条生活力的强弱也不同，从而液影响着插穗的生根。一般在树冠阳面的枝条比树冠阴面的枝条发育好；根颈处萌发的枝条再生能力强，着生在主干上的枝条再生能力也较强，而树冠部和多次分枝的侧枝作插穗成活率低。这是由于阳面枝、主干枝、萌蘖枝生长健壮，营养物质丰富，组织充实，再生能力强，同时基部萌生的枝条阶段发育年龄又轻，有利于生根。如河北农学院森林系苗圃进行的毛白杨扦插试验结果：用树木基部萌生的枝条进行扦插，生根数可达 21～25 根；用树冠部的枝条进行扦插，生根数仅为 6～9 根。所以，生产上多采用播种苗的平茬条或营养繁殖苗的平茬条做插穗，以保持较强的生命活力。

在同一枝条的不同部位，由于其生长的时期不同，所处的营养条件、环境条件等不同，生长发育状况也不同，但具体哪一段好则要看植物的生根类型、枝条成熟状况、扦插时期和方法。一般情况下：常绿树种一年四季皆可扦插，以中上部枝条较好。这主要是由于常绿树种的中上部枝条生长健壮、代谢旺盛、营养充足，而且中上部新生枝光合作用也强，对生根有利。落叶树种的休眠枝，以中、下部枝条较好。根据芽的异质性，休眠枝的中下部枝条发育充足，木质化程度高，贮藏的养分多，为根原基的形成和生长提供了有利条件。尤其是对具有根原基类型的植物，由于根原基对集中在中下部，也为生根提供了有利条件。而枝条上部则细弱，贮藏营养物质少，发根能力弱。

同一枝条的不同部位与生活力的关系，常因物种而异，如悬铃木等以同一枝条的中、下部为插穗，成活率高；而水杉以上部枝条为插穗，成活率高；

大部分多年生草本植物，多采用枝茎的先端为插穗，但也有不用带顶的，而用有侧芽的枝茎为插穗。

3.2.3.4　母树的繁殖方式

一般情况下，实生苗插穗比营养繁殖苗插穗容易愈合和生根（表3—7）。

南京、青岛等地雪松同龄二年生实生苗和扦插苗的枝条扦插成活率比较 表3—7

母　树	实　生　苗			扦　插　苗		
插　穗	一年生枝基段	一年生枝	侧枝	一年生枝基段	一年生枝	侧枝
插穗数	34	166	22	45	133	17
成活株数	34	155	20	13	25	0
成活率（%）	100.0	93.4	90.5	28.0	18.9	0

3.2.3.5　枝条的发育状况

枝条发育得好坏，即充实与否，直接影响到枝条内营养物质的多少，特别是碳水化合物含量的多少，对于插穗的生根成活有一定的影响。插穗扦插后到生根前的一段时间，主要靠插穗体内的营养物质维持生命，形成不定根；而且在插穗生根成活后的最初期的生长所需要的营养物质，也与插穗内贮藏的营养物质有密切的关系。凡是枝条粗壮、发育充实、营养物质丰富的，容易成活，生长也较良好；而枝条较细，不充实，营养物质少的，不易成活，即使成活，生长也较差。所以，采穗扦插时，多选择生长健壮、发育充实、营养物质丰富的枝条做插穗，以达到提高成活率，确保育苗质量的目的。在正常情况下一般树种主轴上的枝条发育良好，形成层组织充实，分生能力强，用它做插穗比用侧枝，尤其是多次分枝的侧枝生根力强。但也有一些树种的一年生枝较纤细、营养物质含量少，虽然有的能成活，但生长速度较慢，苗力较弱。为保证这类树种的成活率和生长效果，在生产实践上常带一部分二年生枝，即采用"踵状扦插法"，常可提高成活率，这与二年生枝条中贮藏有更多的营养物质有关。生产上要避免选用粗大而组织不充实的徒长枝。

3.2.3.6　插穗上的叶片（叶面积）

插穗上的叶片对插穗生根成活有两方面的影响：一方面在不定根的形成过程中，插穗上的叶片能够进行光合作用，补充碳素营养，供给发根所需要的营养和生长激素，促进插穗愈合生根；另一方面当插穗的根系未形成时，叶片过多，蒸腾量过大，易造成插穗失水而枯死。因此，带叶扦插应确定插穗上到底保留多少叶片较适宜。一般应根据具体情况确定。如：插穗长10～15cm，留叶4片左右；若有喷雾装置，定时保湿，则可多留些叶片，有利于加速生根。同时，应根据植物种类的不同，注意保持吸水与蒸腾平衡，合理调整（或限制）插穗的叶片数或叶面积。插穗上若生有花芽，虽能优先开花，但对生根不利，一般应尽量避免选用。

3.2.3.7　环境条件

1. 温度

一般植物休眠枝扦插时，切口愈伤组织和不定根的形成速度与温度变化有关：8 ~ 10℃时，少量愈伤组织形成；10 ~ 15℃时，愈伤组织形成较快。10℃以上开始生根；15 ~ 25℃生根最适宜；25℃以上时，生根率开始下降；36℃以上，插穗难以成活。所以，大多数树种休眠枝扦插的生根最适宜温度范围在 15 ~ 25℃，以 25℃为最适宜温度。

同的树种有不同的生长适温，也有不同的生根适温。原产热带的树种要求较高的温度，如茉莉、米兰、橡皮树、龙血树、朱蕉等，要求在 25℃以上，以 25 ~ 30℃为宜；温室观赏植物往往在 25 ~ 30℃时生根良好。通常在一个地区内，萌芽早的植物要求的温度比较低，如柳树、小叶杨在 7℃左右；萌芽晚的植物则要求的温度较高，如毛白杨为 12℃以上。

不同的扦插材料对温度的要求不同。休眠枝扦插对温度的要求偏低，且地温高于气温。若插壤的温度如能高于空气温度，对生根有利，以高出 3 ~ 5℃为宜。在气温低于植物的生长适温，而插壤温度稍高的情况下，最为有利。此时生根速度较快，而地上部分生长相对较慢，尤其是休眠期扦插，先生根后萌发枝叶，有利于插穗的营养优先保证根系生长；枝叶萌发后，使插穗根系吸收的水分与地上部分消耗水分趋于平衡。如果在插壤下铺设电热丝加温，可有效促进升温。根据这一特点，也可利用太阳能进行倒插催根。嫩枝扦插在 30℃以下时，气温高有利于光合作用，为扦插成活提供营养物质；地温适当低一些，有利于插穗愈合生根。因此，嫩枝扦插多采用遮荫、喷灌等措施。

2. 水分

插穗在生根前难以从插壤中吸收水分，而插穗本身由于蒸腾作用，尤其是带叶插水分消耗很大，极易失去水分平衡，造成插穗干枯，因此，保持较高的空气湿度和一定的插壤湿度极为重要。

保证较高的空气湿度，最大限度地减少插穗的水分蒸腾，以保持插穗体内的水分平衡。一般扦插繁殖的空气相对湿度应控制在 90% 左右为宜。休眠枝扦插的湿度要求可低些，嫩枝扦插因需要保留叶片进行光合作用，空气相对湿度应控制在 90% 以上，方可使枝条、叶片蒸腾强度为最低。苗圃生产中，为减少插穗内的水分损失，嫩枝扦插可采用喷水、间歇喷雾等方法提高空气相对湿度。保持适度的插壤湿度。做到既保证插穗基部生根所需水分，又不能因水分过多使插壤通气不良、含氧量低、温度下降、延长生根时间，甚至使插穗基部由于缺氧窒息而腐烂。一般要求插壤的含水量为最大持水量的 50% ~ 60%，空气相对湿度保持在 90% 左右，防止插穗及其保留的叶片发生凋萎，并依靠绿色的枝、叶继续进行光合作用，为生根提供养分。为此，常采用喷水、弥雾，或用玻璃、塑料薄膜加以蒙盖来保持一定的湿度。随着插穗开始逐渐生根，应及时调整湿度，逐渐降低空气湿度和插壤湿度，有利于根系生长，并可达到炼苗的目的。

3. 空气（通气）

空气对插穗成活的影响，主要是指插壤中的空气状况，氧气含量对插穗成活的影响。氧气对插穗生根有很大影响。日本藤井，用葡萄在不同含氧浓度的插壤中进行试验，插穗生根率与插壤中的含氧量成正比（表3—8）。

插床含氧浓度与生根率（葡萄） 表3—8

含氧量（%）	插穗数	生根率（%）	平均根重（mg）		平均根数	平均根长（cm）
			鲜重	干重		
标准区	6	100	51.5	11.3	5.3	16.6
10	8	87.5	23.3	5.4	2.5	8.2
5	8	50	17.3	3.1	0.8	2.8
2	8	25	1.4	0.4	0.4	0.7
0	8	0	—	—	—	—

扦插繁殖生产需要插壤保持良好的通气条件，以满足插穗对氧气的需求。但插壤中的水分和氧气条件常常是相互矛盾的。为了协调二者的关系，提高插穗的成活率，生产上通常选择结构疏松、通气良好，能保持较稳定的湿度而又不积水的砂质壤土等做插壤；或用蛭石、膨体珍珠岩等为插壤，其保水性好、通透性强，能调节水与气的矛盾，对生根极为有利。但此类物质缺乏正常土壤中含有的植物所需要的营养物质，不利于植物长期生长，所以在插穗生根成活后，应及时移于苗床中培养，以利生长。

4. 光照

光照对插穗生根的作用有两个方面：一方面适度的光照能增加土壤和空气温度，促进插穗生根。对带叶的嫩枝插穗，适度的光照可保证一定的光合强度，增加插穗中的营养物质，并且利用在光合生产中产生的内源激素，诱导生根，缩短生根时间，提高成活率。另一方面光照会增大土壤蒸发量、插穗及叶片的蒸腾量，造成插穗体内失水枯萎死亡。因此，在扦插期，尤其在生根的前期，光照过强时，应适当喷水降温增湿；或遮荫降温等措施来维持插穗体内水分代谢平衡。但随着根系生长，应使插穗逐渐延长见光时间。如能用间歇喷雾，可在全日照下进行扦插。

5. 扦插基质

水分是决定插穗生根成活的重要因素，扦插基质中的空气是插穗生根时进行呼吸作用的必需条件。所以扦插基质的基本条件是：无危害物质，如不含病、虫源；透气、保湿。无论使用什么样的扦插基质，只要能满足插穗对水分和通气条件的要求，就有利于插穗生根成活。

扦插基质一般可用素砂、蛭石、珍珠岩、泥炭、腐叶土、煤渣、苔藓、石英砂、泡沫塑料、砻糠灰等。如泥炭土，含有大量未腐烂的植物，通常带酸性，质地轻松，有团粒结构，保水性强，但含水量太高，通气差，吸热力不如砂。如用泥炭土与砂混合使用，综合二者的优点，可用于松柏类、杜鹃、山茶、栀子等扦插。

插壤应注意进行更换，避免使用过程中携带病菌造成插穗感染；若需要反复利用，可采用药物消毒，如用0.5%的福尔马林、高锰酸钾等；也可用高温消毒（如日光消毒、烧蒸消毒等）。

3.2.4 促进插穗生根的措施

营养不同树种生根能力、生根快慢不同，在生产中为了促进一些生根较难、生根慢的树种较快生根，提高生根率，可通过人为措施来达到目的。常用的方法有：

3.2.4.1 化学处理

1. 生长激素处理

促进插穗生根的常用生长激素有：α-萘乙酸（NAA）、β-吲哚乙酸（IAA）、β-吲哚丁酸（IBA）、2，4-D等。这些生长激素对大多数植物的插穗都能起到促进生根的作用，其中吲哚乙酸的药效活力强、性质稳定、不易破坏、效果最好；萘乙酸成本较低，促进生根的效果亦很高；如果将吲哚乙酸与萘乙酸混用，比单一药剂效果好。其处理方法：

（1）水剂法

将已剪截好的插穗按一定数量扎成一捆，下部切口在一个平面上，然后将插穗基部浸入配制好的溶液中，深2cm即可。处理时间与溶液的浓度，随树种和插穗种类而异。一般应根据树种的生根能力和枝条的性质进行处理：易生根的树种，溶液浓度宜低些，或处理时间可短些；生根比较困难的树种，溶液浓度要高一些，或处理时间长一些。硬枝扦插，溶液浓度要高些，或时间长些；嫩枝扦插则相反。一般低浓度长时间浸泡，如10～200mg/kg，浸泡12～24h；高浓度短时间（约5秒）速蘸，使用浓度为500～1000mg/kg，如水杉、雪松等用萘乙酸500mg/kg溶液快速浸蘸后扦插，可显著提高成活率。

处理方法是先将配好的药液放在干净的浅盆中。插穗每5～100支扎成一捆，使下端整齐地浸泡在溶液中，浸泡深度为3cm左右，将其放在室温和阴凉处。处理完毕后取出扦插。用过的溶液可以连续使用一次，但要适当延长浸泡时间。

（2）粉剂法

粉剂处理插穗较水剂方便。但粉剂处理的生长激素是后来被插穗吸入的，容易流失。常用浓度为500～2000mg/kg；对于生根困难的树种浓度可提高到10000～20000mg/kg。

处理方法是将粉剂按使用浓度配好后，将剪截好的插穗下切口蘸上粉剂，使粉剂粘在插穗上，然后插入插壤中（如插穗太干，可将下切口先蘸水）。当插穗吸收插壤中的水分时，生长激素即行溶解，并被吸入插穗的组织内。

2. 生根促进剂处理

一些难生根的植物，用单一生长素难以起到促进作用。在20世纪80年代初，中国林业科学院林研所王涛研究员研制的ABT生根粉为一些难生根的植物扦插繁殖提供了物质基础，进一步推动了扦插繁殖技术在育苗中的广泛应用。

ABT 生根粉，是一种高效广谱性的生根促进剂，它不仅可以补充植物插穗生根所必需的外源生长素，而且能够促进体内生长素的合成。其特点是愈合生根快，缩短了生根时间；爆发性生根，一个根原基上能形成多个根尖；提高生根率。处理方法有：

（1）水剂法（溶液浸渍法）

先将粉状生根剂溶解后用水稀释，配成原液，然后根据需要配成不同浓度，一般：硬枝 20～200mg/l、嫩枝 10～50mg/l，浸数小时至一昼夜；或高浓度速蘸，目前生产上多采用高浓度溶液快蘸法，浓度一般在 300～2000mg/l，将插穗在溶液中快浸一下（5～10s）。

（2）粉剂法

将生根剂溶解后，用滑石粉与之混合配成 500～2000mg/l 不等的糊状物，然后在黑暗处置于 60～70℃烘干或晾干后，研成粉末供使用。使用时先将插穗基部用清水浸湿，然后蘸粉进行扦插。一般 1gABT 生根粉能处理 4000～6000 枝插穗。

无论是生长激素，还是生根剂，不同的树种需要的浓度不一样，处理浓度也因处理时间不同而异。使用前应先做试验，找出最适宜的剂量。

3．化学药剂处理

一些化学药剂也能有效地促进插穗生根，如醋酸、高锰酸钾、硫酸锰、硝酸银、硫酸镁、磷酸等。如用 0.1％的醋酸浸泡卫矛、丁香等插穗；用 0.1％～0.5％高锰酸钾溶液浸泡水杉 12～24h，都能促进生根。

4．营养处理

有些植物体内营养不足，可用维生素 B 类、蔗糖、精氨酸、尿素、硼酸等物质处理插穗，达到生根的目的。如用 4％～5％的蔗糖溶液处理黄杨、白蜡、松柏类处理 18～24h，清水冲洗后扦插，效果良好。嫩枝扦插时，可在叶片上喷洒 0.1％的尿素，促进养分吸收；生产上也有用维生素 B1，1～2mg/L，处理 12h 的。单用营养物质促进生根的效果往往不佳，有的甚至造成感染病菌。若与生长激素并用，效果可显著提高。处理时，应视不同树种适当调节浓度和处理时间。

3.2.4.2　机械损伤

对一些不易生根的植物，可采用机械损伤的方法促进生根。一般在进行扦插前的一个月，在准备做插穗的枝条基部进行环剥（宽度 1～2cm）、环割、刻伤（深达韧皮部）、缢伤等措施，阻止枝条上部制造的光合产物和生长激素向下运输而保留在枝条内，使扦插后生根及初期生长的主要营养物质和激素充实，促进扦插成活（图3-5）。

3.2.4.3　物理处理

1．黄化处理（软化处理）

黄化处理是用黑布、黑塑料布、黑色纸等将用作插穗的枝

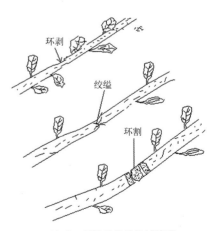

图3-5　插穗枝条的机械处理

条遮盖、包裹起来，使枝条在黑暗中生长。大约 1 个月左右，枝条因缺光而黄化、软化，从而延缓芽组织的发育，促进根系细胞的发育，最终促进插穗生根。黄化处理常用于含油脂、樟脑、松脂等抑制物质，扦插成活困难的树种。

2. 加温处理

休眠插穗能否成活，取决于养分消耗的去向：当气温高于地温时，插穗易先萌芽展叶后生根，插穗体内营养少或消耗多，导致插穗成活率降低；当地温高于气温时，插穗先生根后萌芽展叶，有利于提高成活率。在春季温度回升时，气温高于地温。因此，需要采取措施，人工创造地温高于气温的环境，使插穗先生根后发芽。常用的方法有：在插床中埋入地热线（电热温床法）、插床中埋设暖气管道、插床内放入生马粪（酿热物催根法）等，均可起到提高地温，促进生根的作用。早春温床催根需要注意保证地温和催根过程中插穗上的芽不能萌动。加温处理适用于冬春季的扦插，如用于月季、柏类等的冬季硬枝扦插。

3. 低温贮藏处理

低温贮藏处理是将休眠插穗放入 0～5℃ 的低温条件下冷藏一定时期（至少 40d），使插穗内部的抑制物质转换，以利于生根。

4. 干燥处理

干燥处理是在扦插前将插穗干燥，有利生根。有些植物插穗剪下后立即扦插，其切口易腐败，如仙人掌、天竺葵等植物。如果将这些植物切取插穗后，阴干数日，使其切口干燥并形成愈伤薄膜后再进行扦插，其生根率高。干燥处理仅适用于植物体水分蒸腾作用较小、再生能力较强、生育旺盛的植物。

5. 倒插催根处理

倒插催根处理的原理是利用春季土层温度的差异，达到催根作用。其方法是在冬末春初，将插穗倒放置入埋藏坑内，用沙子覆盖，上部覆盖 2cm 厚。利用春季地表温度高于坑内温度，使倒置的插穗基部的温度高于插穗梢部，有利于插穗基部愈合并形成根原基。

6. 洗脱处理

洗脱处理一般有温水处理、流水处理或酒精处理等。这些方法不仅能降低插穗内抑制物质的含量，而且能够增加插穗内水分的含量。

（1）温水洗脱处理

温水洗脱处理含单宁高的植物，作用较好；也可消除部分松脂类抑制物质。其方法是将插穗下端放入 30～50℃ 的温水中，浸泡几小时或更长时间后再扦插。具体时间因树种而异，如松树、落叶松、云杉等浸泡 2h，起脱脂作用，有利于切口愈合和生根。

（2）流水洗脱处理

流水洗脱处理对一些易溶解的抑制物质作用较好。其方法是将插穗放入流动的水中，浸泡数小时后再进行扦插。具体时间因树种不同而异，多数在24h 以内，也有的可达 72h，甚至更长。

（3）酒精洗脱处理

用酒精进行洗脱处理可有效降低插穗中的难溶性抑制物质，提高生根率。其方法是用浓度为1%～3%的酒精或用1%的酒精和1%乙醚混合液浸泡插穗6h左右，如杜鹃花类。

3.2.4.4　重剪

冬季修剪时，对母树进行截干重剪，使下部或基部萌发出萌条。再用萌条作插穗进行扦插。采用这种方法可以克服老龄树插穗难以生根的缺点。

3.2.5　扦插育苗的种类和方法

扦插育苗由于切取植物营养器官的部位不同可分为枝插、叶插、叶芽插和根插等。园林植物中最常用的是枝插，其次是叶芽插、根插，叶插只在少数多年生草本花卉应用。

3.2.5.1　枝插

枝插是指利用枝条做插穗进行扦插。根据所取插穗的性质不同，可分为硬枝扦插、嫩枝扦插和草质茎扦插。

1. 硬枝扦插（休眠期扦插）

硬枝扦插是指用完全木质化的一、二年生枝条做插穗进行扦插。此法简单易行，应用广泛。主要用于扦插容易成活的落叶木本植物，如贴梗海棠、紫薇、木槿、悬铃木、垂柳、小叶女贞、石榴等以及常绿针叶树种。

（1）扦插时期

硬枝扦插可在春、秋两季进行，但在春季较多。

春季扦插宜早，以防止地上部分与地下部分发育不协调，造成养分消耗、代谢失调；并创造条件打破插穗下部休眠，保持插穗上部休眠的状态；待不定根生成后，叶芽再萌发生长，保证插穗扦插成活。如过晚扦插，由于气温高，叶芽萌发后水分大量蒸腾，使插穗因水分供应不足而死亡。一般在土壤解冻后到树木的芽萌动之前进行，抗寒性强的可早插，反之则晚插。上海地区落叶树在2月下旬到3月中旬；针叶树在3～4月新芽发生前进行。

秋插只有在气候温暖的地区适宜，一般在植物落叶后到土壤结冻前，随采随插。此时枝条已停止生长，叶片中的营养物质已回撤贮藏，插穗营养物质丰富。利用枝条中的抑制物质还未达到高峰，利于愈伤组织提前形成，以利生根。利用秋季地温较气温下降慢（地温较气温高）的特点，有利于插穗根原基及早形成。但对于不抗低温的树种，不宜进行秋插，如木槿、木香等。

（2）插穗的采集

插穗的采集时期不能过早，因营养物质积累不多，木质化程度差，不利于插穗贮藏越冬及扦插后的成活；但过晚则因芽膨大，营养物质开始消耗，不利于生根，成活率低。一般在秋末冬初落叶以后到翌年春树液流动以前的休眠期为宜。要从没有病虫害、生长健壮、长势中庸的幼龄实生母树上，采集一、二年生的枝条或树干基部（根颈处）生长粗壮充实的一年生萌枝。如体内有抑制物质、生根困难的植物，需要进行黄化、环剥、刻伤、缢伤等处理后方能采集。

（3）插穗的截制

采集的扦插材料要及时进行截制。截制插穗主要考虑插穗长度、切口、形态、插穗上保留的芽数等。截取插穗时应先截去枝条梢部没有充分木质化的部分，或过粗的基部。插穗的长度若太长，入土过深，下层土温低，土壤紧实，通气不良，造成插穗切口愈合慢，生根少且细，还浪费扦插材料；若插穗过短，所含营养物质少，根原基少，不利生根。具体视植物特性、土壤质地、气候条件、枝条粗壮等而定。一般灌木为5～10cm，乔木为15～20cm。南方湿润地区可稍短，北方干旱地区可稍长；土壤条件好、枝条粗壮的可短些，反之可长些；粘重土壤不宜太长。每个插穗上要留有2～3个芽。

切取插穗时，插穗的切口形态及截制的部位不同，会影响插穗的生根和体内水分的平衡。一般要求上切口离上端的第一个芽的距离0.5～1.0cm为宜，以保护芽不致失水干枯、伤口正常愈合。若太长，切口不易愈合，形成死桩，还有可能导致病害发生；若太短，则上部易干枯，影响发芽。为减少切面水分蒸发，上切口截制为平口；为防止切面积水，可截制成斜口。插穗的下切口宜在近节部的下端截制，此处薄壁细胞多，养分的贮藏也多，易形成愈合组织及生根。下切口可截制成平口或斜口。平口生根多，分布均匀且伤口小，可以减少切口腐烂，但生根速度稍慢。易生根的植物扦插、嫩枝扦插，多采用平切口。斜口由于切口与土壤接触面大，有利于吸收水分和养分，能提高成活率，但易形成偏根，根系集中在切口的先端，且截制费工，不便机械化截穗，起苗也不方便。总之，插穗切口的形态应视植物的生根难易及土壤干湿的程度来决定，生根较难、土壤比较干旱的条件下，宜用斜切口（图3-6）。

（4）插穗的贮藏

秋冬采集春季扦插的插穗时，需要进行越冬贮藏，以避免插穗干燥、霉烂和发芽，并促使营养物质转化，促进愈伤组织形成和发生不定根起到催根的作用。

插穗贮藏可采用室内沙藏和室外沙藏。室内沙藏是选择在阴凉的室内或地下，用湿沙与插穗间层放置，上面再覆以湿沙。室外沙藏选择地势高、排水良好、背风向阳的地方挖沟，深度一般为50～60cm，长度依照插穗多少确定。先在沟底铺上一层约5cm的湿沙；再把成捆的插穗水平或上端朝下与湿沙间

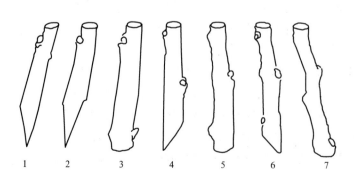

图3-6　硬枝插穗剪截
1、2—单芽；
3、4—双芽；
5、6—三芽；
7—四芽

层放置；当放到离地面 15cm 时，上面全部用湿沙填满，且略高出地面；为便于通气，防止发热，应在沟内插通气把。插穗贮藏一般在土壤结冻前几天进行，立春土壤解冻后取出扦插。插穗贮藏期间应注意经常检查，一般每月检查 1～2 次。如有发芽迹象，应降低温度；如发现霉烂，应及时翻捣；如发现插穗或间层太干，应适当浇水。

（5）硬枝扦插的种类

①竿插

a. 普通竿插

一般插穗长度在 10～20cm，插穗上保留 2～3 个芽，将插穗插入插壤中，插入深度为插穗长度的 2/3。插穗入土的深度，影响扦插成活。过深，因地温低、氧气不足，不利生根且影响幼芽出土；过浅，插穗外露过多，蒸发量大，容易造成失水过多而干枯。普通竿插根据插穗的长短和土壤水分条件可采用直插或斜插。直插应用最广泛，多用于较短的插穗。插穗短、土壤疏松、生根容易。在大田里可采取这种方法大面积扦插育苗。斜插是将插穗斜插入土，插入土中部分向南，与地面成 45°角，插后将插壤踩实，使插穗与插壤紧密接触，保持土壤的水分和通气条件。适用落叶植物，多在植物落叶后发芽前进行（图 3-7）。

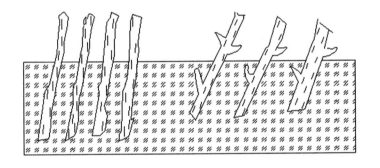

图 3-7 硬枝扦插的方法

b. 割插

利用人为创伤的方法刺激伤口愈合组织的产生，增加插穗的生根面积。多用于生根困难，且以愈伤组织生根的树种，如桂花、梅花、茶花等。在插穗下部自中间劈开，夹以石子等。

c. 土球插

将插穗基部裹在较黏重的土壤球中，再将插穗连带土壤一同插入土中，利用土球保持较高的水分。多用于常绿树和针叶树，如雪松、水杉、竹柏等。

d. 肉瘤插

在生长季节选取适合的枝条，以割伤、环剥、缢伤等方法造成插穗基部形成以愈伤组织突起的肉瘤状物，增大营养贮藏，然后切取进行扦插。此法程序较多，且浪费枝条，但利于生根困难的树种繁殖，因此多用于珍贵树种的繁殖。

e. 长干插

一般用 50cm 以上的一至多年生的整个枝条作为插穗进行扦插，可在短期内得到有主干的大苗，也可直接插于绿地，减少移栽工序。多用于易生根的树种。

f. 漂水插

以水为插壤，将插穗插于水中，生根后及时取出栽植于土中。

②踵形插

在插穗的基部带有一部分二年生枝条，形同踵足。由于插穗下部养分集中，容易发根，但浪费枝条，即每个枝条只能取一个插穗。适用于松柏类、木瓜、桂花等难扦插成活的树种（图3-8）。

③槌形插

槌形插是踵形插的一种，即在插穗的基部带一小段老枝（二年生枝），构成槌形。所带老枝长短依插穗粗细而定，一般为2～4cm，两端斜削，形成槌状（图3-8）。

硬枝扦插应注意：扦插时最好先用棒打洞，然后将插穗插入；切勿倒插；不要碰伤芽；插入土中不要左右摇晃；将四周土壤压实，使插穗与土壤密切结合；插后立即浇水。

（6）插后管理

露地硬枝扦插，为了保证插穗对水分的需要，要进行适时合理灌溉，以保持土壤湿润。同时应注意松土除草，使土壤保持疏松，通气良好。对抗寒力较弱的插穗，可在插床上铺一层草，以保持土温，减少水分蒸发，有利于插穗发根成活。用塑料薄膜覆盖的插床，应注意床内温度的变化。如床内温度超过30℃时，应通风降温。在晴天气温较高时，在上午10时至下午4时前后，将插床两头的塑料薄膜打开，使空气对流降低床温，或在塑料薄膜上遮光降温。待插穗生根后及时将塑料薄膜撤除，进行一般管理。

2. 嫩枝扦插（生长期扦插）

嫩枝扦插是指在生长期间截当年生尚未木质化的带叶枝条扦插。嫩枝的薄壁细胞多，细胞生命力强，转变为分生组织的能力也强，因而再生能力强；同时嫩枝的可溶性营养物质多，酶活性强，叶片能进行光合作用，为发根补充碳素营养和生长激素，促进愈合生根，但是嫩枝的蒸腾量也大，插穗易失水萎蔫。所以，嫩枝扦插比硬枝扦插容易生根，但对空气湿度的要求也高。凡生根困难，硬枝扦插不易成活的植物，在生长期间一般均可采用嫩枝扦插。

（1）扦插时期

嫩枝扦插应掌握在第一次新梢停止生长后，枝条生长充实时进行。上海地区一般在5月下旬、6月上旬开始至8月均可进行。

（2）插穗的采集与剪穗

嫩枝插穗应从生长健壮、无病虫害的幼年植株上采集当年生嫩枝，以开始木质化的嫩枝。此时嫩枝已开始木质化，内含营养物质较多，生命活力强，容易愈合生根。若过嫩，芽未充分发育成熟，营养物质少，插穗易失水萎蔫或腐烂；但也不宜过老，否则活性下降，生根困难。嫩枝的采集最好在早晨有露

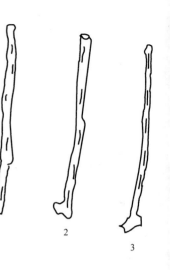

图3-8　长枝插的类型
1—竿插；
2—踵形插；
3—槌形插

水，太阳未出来时进行，插后容易成活。

嫩枝插穗长度根据植物种类、节间长短、扦插深度、气候条件等而定，一般5～10cm，带有2～4个芽（节），叶片保留2～4枚。为了减少叶片的蒸腾，也可将插穗的叶片剪半，如桂花、茶花的扦插；或将较大叶片卷成筒状，如橡皮树的扦插。插穗的下剪口应剪在节下，剪口要平滑，避免损伤，减少伤口腐烂，以利愈合。一般嫩枝扦插要做到随采、随剪、随插，采下的材料应用湿润材料包好，置于冷凉处，保持新鲜。

图3-9　嫩枝扦插

（3）扦插

在插床上开沟或打孔后插入插穗，扦插深度为插穗长度的1/3～1/2，插后用手指将四周压实，不留空隙，以避免插穗基部因不接触基质而干枯（图3-9）。扦插密度以叶片互不拥挤重叠为原则，以免通风透光不良，发生霉烂落叶。扦插后用细孔喷水壶喷水。有条件的可采用全光照自动间隙喷雾扦插。

（4）插后管理

嫩枝扦插必须注意防止插穗凋萎与腐烂。插穗生根期间需要经常保持适宜湿度，应注意浇水、喷水以增加插床及空气湿度。插穗生根后应减少浇水，降低插床湿度，并逐渐增加通风和日照时间。雷雨时应注意遮盖，以免冲击插床或激起泥浆。如雨水过多，须在插床上加盖塑料薄膜，防止雨水过多地淋入苗床，造成插穗基部腐烂。随着幼苗逐渐生长，遮荫时间逐渐缩短，并逐步转入一般管理。

3.草质茎扦插

草质茎扦插生长利用草本植物的茎枝作为插穗进行扦插。草质茎扦插是多年生草本花卉常用的育苗方法，如香石竹、菊花、圣诞花、大丽菊、吊竹梅、吊钟海棠、天竺葵、仙人掌、凤梨等的扦插育苗。一般插穗长5～10cm，每穗带有2～4个芽（节）。方法和要求与嫩枝扦插相同。

在多年生草本花卉中，有些植物的茎枝黏质汁液，剪切后会从伤口处渗出黏液（伤流），容易招引害虫和滋生病菌，从而导致剪口感染病虫害而腐败，如天竺葵、凤梨、仙人掌、何氏凤仙等。扦插前，应使插穗晾数小时后，使剪口干燥后再扦插，可防止腐烂微生物侵入；象牙红等则可蘸取干燥草木灰的方法来进行干燥。

3.2.5.2　叶插

叶插是指利用植物的叶进行扦插。有些植物的叶具有较强的再生机能，在叶的叶脉、叶缘、叶柄等处能产生不定根、不定芽，从而形成新的植株。

适于叶插的植物要求具有粗壮的叶柄、叶脉，肥厚的叶片。叶插一般在生长期进行，在温室中可常年进行。所需的环境条件与嫩枝扦插相同。在适宜温度条件和湿度条件下，选取生长健壮、发育充实的叶在插床上扦插，效果良

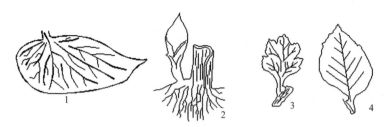

图3-10 叶插和叶芽插
1—蟆叶海棠的叶面平插法；
2—虎尾兰的叶插；
3—菊花的叶芽插；
4—茶花的叶芽插

好。由于叶插的插穗仅为一片叶或部分叶，故需在有良好设备的繁殖床上进行。一般仅用于无明显主茎、不能进行枝插的植物，且以草本花卉、观叶植物为主，如秋海棠属、虎尾兰、景天等。常用的叶插类型有：

1. 直插法（叶柄插）

直插法也称叶柄插。将叶柄插入基质中，叶片立于基质上，在叶柄的基部发生不定根和不定芽，如大岩桐的叶插，先在叶柄基部产生小球茎，在小球茎上再长成独立新植株。

2. 平铺法

将整片叶片平铺于基质上，在叶脉或叶缘处长出不定根和不定芽，如秋海棠叶插时，剪去叶柄，并将主脉切断后平铺在扦插基质上，再在断脉切口处用小石子、竹签或"U"形钉固定，或适当覆土，使叶片的下面与基质紧密结合，在断脉处形成不定根和不定芽；又如落地生根，从叶缘处产生幼小植株；蟆叶海棠叶片较大，可在各粗壮叶脉处用利刃切断，在切断处发生幼小植株（图3-10之1）。

3. 片叶插

片叶插也称叶段插，适用于肉质叶类的植物。将一叶片分切成几段，分别进行扦插，在每段的基部形成不定根和不定芽，如虎尾兰叶狭长如剑、肥厚多肉，切下后再横切成长约5cm左右的小段，直插于砂中，就能在叶段基部形成新植株（图3-10之2）。

3.2.5.3　叶芽插

将每一叶的基部带一腋芽及茎的一段（或仅韧皮部）作插穗进行扦插。在叶柄的基部产生不定根，腋芽萌发成新枝，形成完整的植株。扦插深度为仅露芽尖（图3-10之3、4）。叶芽插多用于常绿阔叶花木，如茶花、桂花、橡皮树、杜鹃、八仙花、栀子、柑橘类等，一些草本植物也可利用，如菊花、大丽花、天竺葵、宿根福禄考等。其特点是节省插穗，生根快；但管理要求较高，为防止水分过度蒸发，需在繁殖床或繁殖箱内进行，一般在繁殖材料珍贵时用。

3.2.5.4　根插

根插是指切取植物的根插入或埋入插壤中，利用根能产生不定芽，再生出新梢的能力长成新的完整植株。在自然的情况下，能自根上发生不定芽的植物，均可采用根插法。木本植物中，根系有再生新梢能力的树种有香椿、泡桐、凌霄、紫藤、海棠、玫瑰、紫穗槐、枣、火炬树、山楂、山里红、山核桃、合欢、海州常山、丁香、栾树、牡丹等。草本植物中，根系有再生新梢能力的种类有芍药、宿根霞草、宿根福禄考、白绒毛矢车菊等。

在生产上，根插一般用于枝插插穗生根困难，而根能萌生不定芽的植物，如泡桐，枝中空，扦插不易生根，而根插的效果极好；又如漆树，因枝条中含有白色乳汁，扦插不易成活，也可用根插繁殖。

根插的生根原理与枝插一样，不同之处是根插成活的基部条件是根上既能形成不定芽，又能形成不定根。通常先在插穗上发生不定芽，由不定芽萌发成新梢，再从新梢的基部发生新根，而不是在原来根插的插穗上产生不定根。但也有些植物是先发育出一个很好的根系而后发生新梢。

根插常结合秋末、春初植物出圃或移植时，采收粗壮的根截成根段作插穗，用于扦插。秋末采收的，应及时埋藏处理，到春季进行整地、浇足底水后进行根插。根插的插穗宜从幼龄树（尤其是从幼龄实生树）上采集。木本类根穗长5～10cm、直径1～2cm；草本类根穗长2～5cm、直径不小于0.2cm。

常用的根插方法有插根法和播根法。插根法即将根段（5～10cm）直接插入插壤中，上端稍露或全埋；播根法是将根切成段（2～5cm）撒于苗床中，进行覆土0.5～1.0cm，灌水保湿（图3-11）。

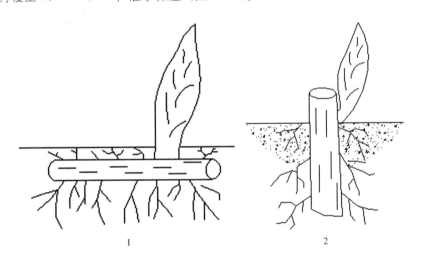

图3-11 根插
1—细根平置法扦插；
2—粗根斜插法扦插

1

2

3.2.6 扦插基质的配制

扦插是利用插穗本身所含养分或叶面进行光合作用制造的养分供给发根。在插穗未发根前并不吸收养分，因此在插壤中不需任何养分。但在扦插生根后不能及时移植时，则应在基质中需要适当的养分。扦插所用的基质种类很多，不同植物种类有不同的要求，应根据插穗的需要，选择或配制适宜的基质。

1. 单一基质

常用的有河沙、腐殖土（山泥）、砻糠灰、园土、珍珠岩、蛭石、水等。

在准备插壤时，除了要考虑基质的疏松、透气、保水等物理特性，还要注意基质的酸碱度。如：河沙，常带有碱性，需要经过冲洗加以去除；腐殖土（山泥）只适用于酸性类植物的扦插；砻糠灰只适用于碱性类植物的扦插。

2．复合基质

将两种或两种以上的介质按一定比例加以混合，配制出所需性能和质地的基质。常见的配制形式有：珍珠岩：蛭石：泥炭 =1：1：1；泥炭：蛭石：河沙 =2：1：1；珍珠岩：蛭石 =1：1；腐殖土（山泥）：河沙 =2：1 等。

3.2.7　扦插后的管理

扦插繁殖成败，取决于扦插前插穗、基质的处理是否科学，扦插时期、扦插方法是否合理以及扦插后的科学管理。

在插穗入基质的初期，保持良好的温度和湿度，是扦插成活的关键，尤其是嫩枝扦插，既要防止插穗干枯，又要防止插穗在高度湿润的环境中霉烂失活。因此，养护工作的重点是保持适宜的温度和湿度。要求做好土壤和空气的温度、湿度的管理；同时还要防止病虫害。

1．水分管理

影响插穗水分的主要因素有插穗的蒸腾失水和扦插基质的水分不足或不适宜。一般可以通过对插穗地上部分的枝芽进行遮荫、覆盖、喷雾等方法，减少插穗的水分蒸发；通过对扦插基质灌水、地膜覆盖，保持插穗的地下部分吸足水分，不干不涝。

由于插穗的材质不同、扦插环境不同，水分管理的要求也不同。一般大田的硬枝扦插，插穗具备易生根、营养物质充足的条件。扦插后立即灌足第一次水，使插穗与土壤紧密接触，并用塑料薄膜或草帘子覆盖保湿。以后根据气候、插壤情况适当浇水，并做好保墒松土工作。如在未生根之前地上部分展叶，应摘去部分叶片，减少养分的消耗，保证生根的养分供应，并减少水分的蒸发。温室、大棚能保持较高的空气湿度和温度，并具有一定的调节能力，扦插基质通常具有通气良好，持水力强的特点。当扦插材料生根展叶后，方可逐渐开窗流通空气、降低空气湿度，使插穗逐渐适应外界环境条件。全光照自动间歇喷雾插床的扦插，一般在空气温度较高、阳光充足的季节进行，主要用于嫩枝扦插。扦插后利用白天阳光充足进行光合作用，以间歇式喷雾的自动装置来满足插穗对空气湿度的要求（保持饱和湿度），保证插穗既不萎蔫，又有利于生根。

2．温度调节

由于不同时期的温度条件不同，管理要求也就不同。早春或秋末冬初扦插，注意保温，可采用覆盖塑料薄膜、覆盖草帘子、加温催根等措施。在覆盖塑料薄膜进行保温保湿的情形下，要注意保持苗床通风透气，特别是在中午时段，若光照强，苗床内温度高、湿度大，如果通风透气不良，则易滋生病菌造成插穗感染病害。因而在中午时分，应适当揭开薄膜的两端，适当降低苗床的温度、湿度，增加空气流通。插穗萌生根、叶后，适时让插穗接受适当的光照，以促进根系的生长。随着气温的转暖，撤去覆盖物。夏季扦插要适当降温，可采用遮荫、喷水、通风等措施。温室、大棚内扦插育苗，如温度过高，应保持室内、棚内适宜的温度条件，维持插穗生根成活。可通过遮荫网降低光照强度，减少热量的吸收；适当开天窗，通风降温或喷水降温等。由于植物种类不同，对遮光率的要求不一样。耐阴性强的植物，遮光率可达 60%～70%；喜光类植物则不得大于 40%，一般为 30%。喷雾可迅速取得降温效果，在塑料大棚内喷雾可降温 5～7℃；露地苗床可降温 8～10℃，连续喷雾还可降得更低。因此，在大田中，全光照自动间歇喷雾，可保护插穗在 35℃的高温下避免插穗死亡。

3. 施肥管理

扦插是利用植物营养器官本身所含养分或利用叶片光合作用所补充的营养来供给发根。因此，插壤中的养分不十分重要。有机质的存在有时会引起病菌侵入而使插穗腐烂。但当插穗开始生根，原先插穗内的营养已耗尽，必须依靠新根从插壤中吸收矿质元素和水分，供给地上部分参与光合作用，才能源源不断地得到有机营养的补充，促进插穗进一步生根和新梢的生长。所以，一般待插穗生根后，需适当供应一些薄肥，以供幼苗生长需要。嫩枝扦插后每隔 5～7d，可用 0.1%～0.3%浓度的 N、P、K 复合肥料喷洒叶面，对加速生根有一定的效果。硬枝扦插在新梢展叶后，可叶面喷肥，促进生根和生长，或将稀释后的液肥，顺灌水水流灌入苗床。

4. 小苗移植

当插穗的根系发育完全后，应适时将小苗移入苗田栽种养护。若插壤为山泥等组成可适当延缓移苗；若为砂等无养分的插壤，则生根后必须及时移植，以免小苗得不到养分而影响生长。

5. 定干

对需要培养主干的苗木，当新萌芽苗长到 15～30cm 高时，应选留一个健壮直立的新梢，将其培育成主干，而将其余的萌枝除去。对于培育无主干的苗木，应选留 3～5 个萌枝，除去多余的萌枝；如果萌枝较少，在苗高 30cm 左右时，应采取摘心的措施增加苗木枝条量。

此外，为防灌水后土壤板结，影响根系的呼吸，每次大水灌溉后要及时中耕除草；为消除病虫危害苗木生长的影响，还要加强病虫害的防治，提高苗木生长的质量。在冬季寒冷的地区还要采取越冬防寒措施。

3.2.8 全光照喷雾嫩枝扦插育苗技术

全光照喷雾嫩枝扦插育苗技术简称全光雾插育苗技术，是在全日照条件下，利用半木质化的嫩枝作插穗和排水通气良好的插床，并采用自动间歇喷雾的现代技术，进行高效率和规模化扦插育苗。这是目前国内外广泛采用的育苗新技术，它可以短时间内以较低的成本有计划地培育市场需要的各种园林植物，同时可以实现生产的专业化、工厂化和良种化，是林业、园林、园艺等行业的一个育苗发展方向。

目前，在我国广泛采用的自动喷雾装置主要有三种类型，分别是电子叶喷雾设备、双长臂喷雾装置和微喷管道系统。无论哪种类型，其构造的共同点都是由自动控制器和机械喷雾两部分组成。

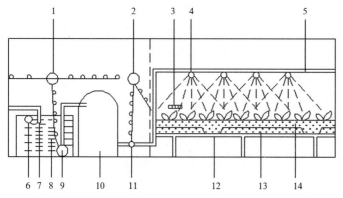
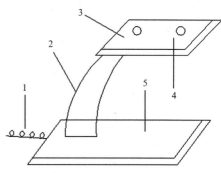

图3-12　电子叶喷雾系统示意

1—电源；2—继电器；3—电子叶；4—喷头；5—水管；6—浮标；7—进水口；
8—喷头；9—水泵；10—高压水桶；11—电磁阀；12—温床；13—底热装置；
14—基质

图3-13　电子叶装置示意

1—电源；2—支架；3—绝缘胶板；4—电极；5—底板

1. 电子叶喷雾设备

我国于1977年开始报道引用这种新技术。该技术可以根据叶面的水膜有没有变化较为准确地控制喷雾的时间和数量，从而有效地促进园林植物插穗生根。

电子叶喷雾设备主要包括水管、贮水槽、自动抽水机、压力水桶、电磁阀、控制继电器、输水管道和喷水器等（图3-12）。使用时，将电子叶安装在插床上，由于喷雾而在电子叶上形成一层水膜，使得两个电极接通。控制继电器根据电子叶的接通而使电磁阀关闭，水管上的喷头便自动停止喷雾。随着水分的蒸发，水膜逐渐消失，水膜断离，电流即被切断，控制键继电器支配的电磁阀打开，又继续喷雾。

电子叶的构造是根据水的导电原理设计的。在一块绝缘的胶板上按照一定的距离安装两个精碳电极，水中带有电离子，在电极间电场作用下移动而传动电子，根据电子叶表面的干湿情况使得电路通或断来控制喷雾，如图3-13所示。

这种装置可以完全实现自动化。首先，通过水泵从贮水槽中吸水，把吸入的水送到压力箱内，使得达到一定的水压，再经过电子叶的控制，然后喷雾。随着喷雾进行，水压逐渐降低，水泵再次吸水送入到压力箱以维持一定的水压。

2. 双长臂喷雾装置

我国从1987年开始自行设计使用双长臂喷雾装置。其喷雾机械主要构造包括机座、分水器、立杆和喷雾支管等（图3-14）。其工作原理是：当自来水、水塔、水泵等水源压力系统大于0.05MPa的水从喷头喷出时，双长臂即在水的反冲作用力下，绕中心轴顺时针方向旋转进行扫描喷雾。

双长臂喷雾设备安装要选择在背风向阳、地势平坦、排水良好和具有水电条件的地方。首先要整地建床，要求地面平整或中心偏高，有利于排水；苗床四周有矮墙，底层留有排水口；苗床铺扦插基质，如小石子、煤渣等滤水层以及锯末、珍珠岩等基质。接着进行底座的浇制。在苗床的中心事先挖面积稍大于机座的坑，用混凝土浇制一个与砖墙同高的底座，同时根据机座上固定孔

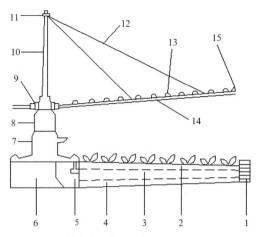

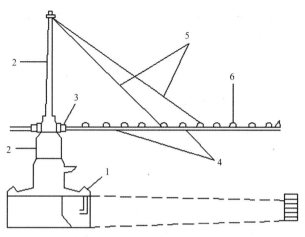

图3-14 双长臂喷雾装置示意

1—砖墙；2—河沙；3—炉渣；4—小石子；5—地角螺钉；6—底座；7—机座；8—分水器；9—活接；10—立柱；11—顶帽；12—铁丝；13—喷头；14—喷水管；15—堵头

图3-15 机械安装顺序示意

1—机座固定；2—拧上水分器和立柱；3—将喷管套入活接；4—将大、中、小3根管套接；5—铁丝牵引至水平；6—插入喷头

位置在混凝土位置内放入地角螺钉，最后进行机械安装，其安装顺序如图 3-15 所示。还要注意供水设备的选择。

3. 微喷管道系统

微喷是近些年来发展起来的一门新技术，在全国各地被广泛应用于全光雾插育苗上。其主要结构包括水源、首部枢纽、管网和喷水器等。

3.3 嫁接育苗

嫁接育苗是指将欲繁殖植物的枝或芽，接到另一种带根系植物的茎或根上，使两者愈合生长成为一株具有共生关系的独立新植株的方法。其中供嫁接用的枝或芽称为接穗或接芽；承受接穗或接芽的带根植物部分称为砧木。用一段枝条作接穗的称为枝接；用芽作接穗的称为芽接；用根作砧木，枝或芽作接穗的称为根接。用嫁接方法培育的苗木称为嫁接苗。

3.3.1 嫁接的作用和意义

1. 保持品种的优良特性

接穗来自具有优良品质的母树。嫁接后，接穗的生长发育和开花结果，虽然在不同程度上会受到砧木的影响，但与其他营养繁殖方法一样能保持遗传特性不变，基本上保持母本的优良性状。在园林绿化、美化上，观赏效果优于种子繁殖的植物，如郁李嫁接于桃砧，结果仍然为郁李。

2. 增强抗性和适应性

通常砧木的根系应具有抗性、适应性强的特点，以砧木对接穗的生理影响，提高嫁接苗的抗性和适应性，如提高抗旱、抗寒、抗盐碱、抗病虫害等能力，如核桃嫁接于枫杨上，可提高耐涝性、耐瘠薄性；柿子嫁接在君迁子上，可提高抗寒性；苹果嫁接在海棠上，可抗棉蚜，增强抗寒性、抗涝性。

3. 提早开花结果

种子繁殖的植物尤其是木本植物，播种后必须经过生长发育到一定的年龄后，才能开花结果，通常需要几年甚至十几年。而嫁接树所采用的接穗是从成年树上采集的枝或芽，已经具有较高的发育年龄，且砧木根系发达、养分充足，在短时间内可给幼小的接穗以充足养分，促进生长发育，嫁接成活后就能很快生长发育，提早开花结果。俗话说"桃三、李四、杏五年"就是指桃、李、杏播种后分别经过 3 年、4 年和 5 年才能开花结果。核桃、板栗一般需要 10 年才结果，如果采用嫁接繁殖，这些树种当年或第 2 年就可以开花结果。柑橘的实生苗需要 10～15 年才能开花结果，而嫁接苗只需 4～6 年就能开花结果。

4. 克服不易繁殖现象

有些园林植物由于繁殖目的的需要，既不能用种子繁殖，也难以用其他营养繁殖方法繁殖，如扦插繁殖困难或扦插成活后发育不良，没有实用价值，可用嫁接繁殖，如花卉中的重瓣品种，果树中的无核葡萄、无核柑橘、柿子等。

5. 扩大繁殖系数

砧木可用种子繁殖，获得大量的砧苗。所以只要具备足够的砧苗，用少量的接穗在短时间内获得大量的苗木。

6. 调节树势

接穗依砧木的不同有各种的影响。可以通过选择乔化砧或矮化砧等不同类型的砧木，控制或促进树势。乔化砧可推迟开花、结果期，延长寿命；而矮化砧则可提早开花、结果期，缩短寿命，碧桃嫁接在山桃上，长势旺盛，嫁接在寿星桃上，形成矮小植株。

7. 提高观赏价值

在一株砧木的不同枝干上，分别嫁接几个不同品种，能开不同颜色的花，提高和改变其观赏价值。菊花的许多品种可同时嫁接在一个砧木上，使其花色艳丽美观。用野蒿作菊花的砧木，能培育出硕大的大立菊或塔菊。龙爪槐嫁接在槐树上，可发挥其垂枝的优良特性。

8. 恢复树势

嫁接可用于对古树名木的树形、树势进行恢复补救等。对衰老树木可利用强壮砧木的优势，通过桥接，寄根接等方法，促进生长，挽回树势。树木枝干如被病虫为害或受机械损伤，造成残缺不整，树势衰弱时，削除受害部分，进行桥接可恢复树势。树冠出现偏冠、中空，可以通过嫁接调整枝条的发展方向，使树冠丰满，树形美观。

9. 更新品种

观赏树或果树，进入开花结果年龄，因果实品质和观赏价值不大，可采用高接换头，更换优良品种。

10. 嫁接繁殖的局限与不足

（1）局限性

由于亲缘关系的原因，要求砧木与接穗的亲和力强，因此，亲缘关系较远的植物之间不能用嫁接繁殖。

嫁接主要限于双子叶植物。单子叶植物由于茎构造上的原因，嫁接难以成活。即使成活，寿命也较短。

（2）费工费时

嫁接及嫁接后的管理都需要一定的人力和时间，且砧木的培育也需要耗费一定的人力、物力。但在国外，这一问题可通过机械化嫁接予以解决。图 3-16 所示为葡萄的机械化嫁接，通过机械的方法在休眠季节将小的只有 1 个芽的接穗嫁接在砧木上。

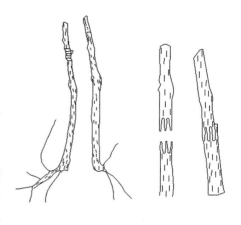

图 3-16 机械化嫁接（葡萄）

（3）技术性强

嫁接在操作技术上较繁杂，技术要求较高。要使砧穗快速愈合，应使砧穗形成层的接触面尽可能大，且接合良好。要做到这些，熟练的嫁接技术非常重要，嫁接工具刀、剪要锋利；嫁接动作要快，使伤口在空气中暴露的时间尽可能短；切口要光滑、平整，使砧木与接穗形成层密接；捆缚要松紧适宜。

3.3.2　嫁接成活的原理

植物嫁接后能够成活，主要是依靠砧木和接穗的结合部位形成层的再生能力。嫁接后，形成层的薄壁细胞进行分裂，产生新的薄壁细胞，使两者相互融合形成愈伤组织，并逐渐分化形成形成层细胞，且与砧木、接穗的原有形成层细胞连接起来，再进一步分化出结合部分的输导组织。当砧木与接穗的输导组织互相连通后，使得水分、养分得以输导，能够维持水分的平衡。当接穗上的芽得到砧木根系所供给的水分和养分时，便开始发芽生长，结合成一个整体，长成一个新的植株。

3.3.3　影响嫁接成活的条件

1. 砧木与接穗的亲和力

砧木与接穗的亲和力是指砧木与接穗两者接合后愈合生长的能力，即砧木与接穗双方在内部组织结构上、生理上、遗传上彼此相同或相近，并能相互结合形成统一的代谢过程的能力。这种能力的大小是嫁接成活的基本条件。亲和力强的，嫁接容易成活；反之，成活率低，或不成活，或能成活但发育差，在开花结果期表现出不亲和的症状。

影响亲和力的因素主要决定于砧木、接穗间的亲缘关系。一般亲缘关系越近，亲和力越强。同品种或同种间嫁接亲和力最强，如月季接于月季，红花月季接于白花月季；重瓣茶花接于单瓣茶花；龙爪槐接于国槐上极易成活。同属异种间的嫁接，亲和力也较强，如白玉兰接于紫玉兰；垂丝海棠节于湖北海棠；月季嫁接于蔷薇；茶梅接于油茶上等等。同科异属间的嫁接，因亲缘关系远、遗传差异大，亲和力较差，嫁接比较困难，但也有成功的例子，并在园林苗木的育种中应用，如桂花与小叶女贞；核桃与枫杨；丁香与女贞。不同科之间的物种，亲和力很弱，嫁接最困难，生产上尚未应用。

亲缘关系并不是影响亲和力的唯一因素。有时亲缘关系很近的植物，由于砧木和接穗的颠倒而表现出不同的亲和力。如杏接于桃、李接于桃，亲和力弱；而桃接于杏、桃接于李，亲和力强，易成活。

2. 形成层的作用

形成层是介于木质部与韧皮部之间再生能力很强的薄壁细胞。在正常情况下，薄壁细胞层进行细胞分裂，向内形成木质部，向外形成韧皮部，使树木加粗生长。在树木受到创伤后，薄壁细胞层还具有形成愈伤组织，把伤口保护起来的功能。嫁接后，砧木和接穗结合部位各自的形成层薄壁细胞进行分裂，形成愈伤组织充满结合部位的空隙，使两者原生质互相联系起来。当两者的愈伤组织结合成一体后，再进一步分化形成新的木质部、韧皮部及输导组织，与砧木、接穗的形成层、输导组织相沟通，保证水分、养分的上、下沟通，从而恢复嫁接时暂时被破坏的水分、养分的平衡。两个异质部分从此结合为一个整体，形成一个独立的新植株。因此，嫁接成活的关键是接穗与砧木的形成层是否对齐，并紧密对接产生愈伤组织。

3. 植物代谢物质对愈合的影响

砧木与接穗两者在代谢过程中的代谢产物及某些生理机能的协调程度都对亲和力有重要影响。

(1) 供给量与需求量的平衡

嫁接苗为共质体，砧木从土壤中吸收水分和矿质营养，供给接穗吸收利用，而接穗通过同化作用合成有机养分供给砧木需要。一般当双方供给与需求越接近，其亲和力越强；反之则弱。例如在日本板栗上接中国板栗，虽然两者的亲缘关系很近，但却表现为不亲和。主要原因是由于日本板栗吸收无机养分的量大大超过了中国板栗的需要量，从而致使中国板栗难以长期忍耐而死亡。

(2) 抑制物质

砧木与接穗在代谢过程中产生单宁、树脂、树胶等抑制物质，也是造成难以愈合的原因。如核桃、柿子、板栗、葡萄等植物伤流中，单宁较多，切口处易氧化，造成结合面产生隔离层，使愈合组织难以形成，阻碍砧木与接穗双方物质交流和愈合，致使嫁接失败。所以枝接应在伤流少的时期进行，一般在春季砧木萌芽前进行。又如松木类的植物，在切口常流出松脂、松节油，造成愈合困难。因此，嫁接时应选择树体内树脂量少的时候进行。砧木、接穗之间的原生质内酸碱度、蛋白质的种类不同，都可能造成不亲和，影响嫁接成活。

4. 砧木与接穗营养物质的积累、生活力

砧木和接穗生长健壮、发育充实，体内营养物质积累多，形成层易于分化，易形成愈伤组织，嫁接成活率高。同时，砧木、接穗生活力的高低也会影响嫁接成活。生活力保持得越好，成活率越高。因此，接穗应从发育健壮、无病虫害的母树上选择树冠外围向阳面生长充实、发育良好、芽饱满的一、二年生的枝条，并除去不充实的梢部和基部芽不饱满的部分。

5. 砧木、接穗的生长状态

嫁接时还应注意砧木和接穗的生长物候期，主要是树液流动期和发芽期。春季嫁接要求砧木的萌动期早于接穗。嫁接时，砧木的形成层处于活动旺期，接穗还处于休眠期，嫁接的成活率高，因为接穗所需的水分和无机养分均来自砧木。

6. 环境条件

影响嫁接成活的主要环境条件是温度、湿度、光照等方面。

(1) 温度

嫁接苗的愈伤组织只有在一定的温度条件下才能形成，大多数植物以 20～25℃为宜，且夜温不低于15℃。温度过高或过低，会影响愈伤组织的形成，甚至会引起组织的死亡，从而导致嫁接的失败。一般物候期早的比迟的适温要低，因此春季进行枝接时，各种树种安排嫁接的次序应以物候期的早晚来确定。

(2) 湿度

湿度对嫁接成活的影响体现在两个方面：一方面愈伤组织的形成需要一定的湿度；另一方面是接穗要在一定湿度的环境下才能保持活力。如果湿度过低，细胞易失去水分，从而引起接穗死亡。一般当空气的相对湿度越接近饱和时，愈伤组织越容易形成。在生产上，嫁接常用薄膜绑扎或封蜡来保持湿度。

(3) 光照（光线）

在黑暗的条件下，接口处愈合组织生长多且嫩、颜色白，愈合效果好；光照条件下，愈合组织生长少且硬、颜色深，易造成砧、穗不易愈合。因此，嫁接后应创造黑暗条件，有利于愈合组织的生长，促进嫁接成活。但绿枝嫁接时，适度的光照能促进同化产物的生成，加快愈合，但强光易使蒸发量增大，接穗失水枯萎。一般以适当遮荫条件下的弱光为好。

(4) 气象

嫁接时应注意避开不良气候条件，如阴湿的低温天、大风天、雨雪天都不适宜嫁接。阴天、无风和湿度较大的天气，最适宜嫁接。

3.3.4　砧木的选择和培育

砧木是嫁接的基础，砧木的长势与接穗的亲和力都会影响嫁接的成活。一般砧木应在苗圃中进行培育，以满足嫁接育苗的需要。

1. 优良砧木的条件

由于砧木对接穗的影响较大，而且可选取的砧木种类繁多，在选择时应因地、因时制宜。优良砧木应具备以下条件：

（1）砧木与接穗品种的亲和力强。

（2）砧木对接穗品种的生长、开花、结果、寿命有良好的影响。

（3）砧木对栽培地区的风土条件具有良好的适应性。

（4）砧木对栽培地区的主要病虫害有较强的抗性。

（5）砧木生长健壮、根系发达、固着性强。

（6）砧木来源充足，易于繁殖。

（7）砧木能符合特殊栽培的要求。

根据栽培要求与区域化要求，应从本地乡土树种选择各种适宜的砧木类型。若当地种源缺乏时，也可以就近引入砧木种类。

2. 砧木的培育

根据树种的特性（除特殊目的外），一般繁殖砧木的年龄最好选用 1～2 年的实生苗（针叶树以 2～3 年为宜）。实生苗具有根系发达、抗性强、寿命长、可塑性强、易于大量繁殖等优点。但对于种源不足或不易种子繁殖的树种，也可用营养繁殖，如月季的嫁接，既可用实生蔷薇。也可用扦插蔷薇苗。实生砧木的培育应注意肥水供应，并结合摘心措施，控制苗高生长，促进加粗生长，达到嫁接的要求。嫁接前，要充分保证水分供应，使之生长旺盛，树液流动快，利于嫁接愈合。

3. 砧木的利用方式

（1）共砧（又称本砧）

共砧是指砧木与接穗品种属于同一个种。可以是有性繁殖的种子实生苗，也可以使母株营养体进行无性繁殖的自根砧。共砧种源丰富、利用方便，为嫁接首选砧木。

（2）矮化砧和乔化砧

根据嫁接后对植株高度和大小的影响，可将砧木分为乔化砧和矮化砧。乔化砧适应性、抗性与接穗亲和力强，根系发达，固地性好，嫁接后树体生长健壮，寿命长。而且种源丰富，繁殖容易，成本低。但其树体高大，树冠容易郁闭。矮化砧能控制接穗生长，树形紧凑，开花结果早。

（3）基砧和中间砧

基砧是在双重或多重嫁接中位于苗木基部带根的砧木，也称根砧。中间砧是位于基砧与接穗之间的一段砧木。

双重嫁接的苗木是由基砧、中间砧、接穗三部分组成。这种嫁接可利用多种砧木特性共同对接穗影响，或补充一种砧木的性状不足，控制植株生长或提高抗性、适应能力；调节基砧与接穗的亲和性或解决中间砧种源不足的矛盾。如榅桲是梨的矮化砧，但接东方梨亲合力差，如用哈蒂或故园等西洋梨品种作中间砧，则有利于东方梨成活，并培育成矮化苗木。

4. 常用的砧木种类

砧木的来源主要是采集的野生苗木和选择抗性较强的人工栽培品种。常用园林植物与相应的砧木见表 3-9。

接穗	砧木	接穗	砧木
碧桃	寿星桃	含笑	黄兰、木兰
龙爪槐	槐树	洒金柏	侧柏
梅花	山杏、山桃	白兰	黄兰、木笔
桂花	女贞、小蜡	广玉兰	黄兰、木兰
金橘	其他橘类	翠柏	桧柏、侧柏
紫丁香	女贞、小蜡	牡丹	芍药
五针松	黑松	龙柏	桧柏、侧柏
西鹃	映山红、毛鹃	腊梅	其他腊梅
菊花	青、黄、白蒿	樱花	毛樱桃
仙人掌类	量天尺、草球	玉兰	木兰
云南山茶	野生山茶	月季	蔷薇

常用园林植物及其适宜的砧木 表 3—9

3.3.5 接穗的选择和处理

1. 接穗的选择

正确采集接穗是影响嫁接成活的重要因素之一。采取接穗的母树要求树体健壮、品质优良纯正、无病虫害。接穗一般选用树冠外围、生长充实、牙体饱满的枝条。春季进行硬枝嫁接的，接穗采集可结合冬季修剪进行。多数园林植物适宜选用一年生枝条作接穗，最好选择充分成熟的带有短节间，一般为枝条的中部或下部 2/3 处；顶端的枝条因其较为柔嫩、有髓、碳水化合物含量低、不宜作接穗。但有些树种，二年生枝条或年龄更大些的枝条也能取得较高的嫁接成活率，甚至比一年生枝效果更好，如无花果、油橄榄等，只要枝条组织健全、健壮即可。生长期的嫁接，用当年生枝条。

2. 接穗的贮藏

冬季接穗剪取后至嫁接前必须进行适当的贮藏，在低温和湿润的条件下阻止芽的萌发。常用的方法是将接穗剪成 50cm 左右长，按品种将每 25 ~ 100 根捆成一捆后，用厚的防水纸、塑料薄膜或塑料袋封存，放入地窖（图 3—17）、冰箱、冷库中。通常温度在 0 ~ 10℃。在包装材料中放入少量的、干净湿润的泥炭、锯屑或泥炭藓。接穗贮藏期间要经常检查（7 ~ 10d），注意保持适当低温和适宜的湿度，防止接穗过湿或过干，以保持接穗的新鲜，防止失水、发霉。如有发霉，及时剔除。特别在早春气温回升时，需及时调节温度，防止接穗芽体膨大，影响嫁接效果。

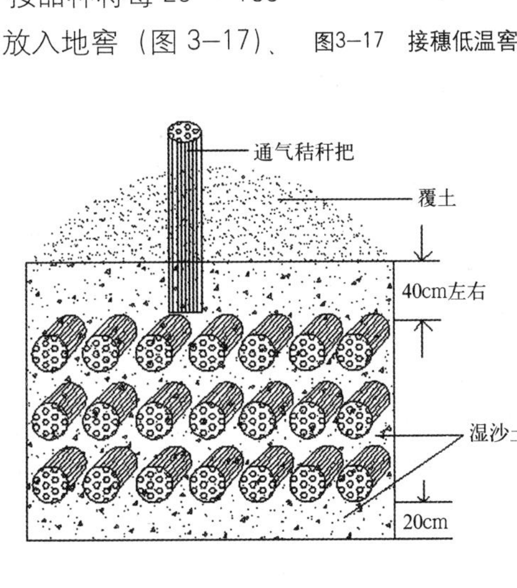

接穗的贮藏也可用蜡封法，即将枝条采集后剪成 10 ~ 13cm 长，保证一个接穗上有 3 个完整、饱满的芽。用水浴法将石蜡溶解。当蜡液达到 85 ~ 90℃ 时，将接

图3—17 接穗低温窖藏

通气秸秆把
覆土
40cm左右
湿沙土
20cm

穗分两头在蜡液中速蘸，一次完成，使接穗表面全部蒙上一层薄薄的蜡膜，中间无气泡，然后将一定数量的接穗装于塑料袋中密封好，放在 −5 ～ 0℃ 的低温条件下贮藏备用。翌年随时都可以取出嫁接。存放半年以上的接穗仍具有生命力。蜡封法不仅利于贮藏和运输，且可有效延长嫁接时间，在生产上具有很高的实用性。

在生长季节进行的嫩枝嫁接或芽接，多采用随采随接。嫩枝嫁接的接穗要去除多余叶片，通常留上部 1 ～ 2 叶即可，防止叶片过多造成水分大量蒸腾、消耗。若当天不用，需短期贮藏的，应及时浸泡在水桶中，置阴凉处，每天换水 1 ～ 2 次或将枝条插于湿沙中，上覆湿布，每天喷水 2 ～ 3 次，可保持 2 ～ 3d。

3.3.6　嫁接时期

适宜的嫁接时期对提高嫁接成活率意义重大。园林植物嫁接成活的好坏与气温、土温、砧木和接穗的生理活性有着密切的关系。因此，嫁接时期因嫁接树种的生物学特性、环境条件、嫁接方法、利用保温设施等不同而有差异。

1. 枝接时期

枝接一般在春、秋两季进行，但以春季为宜。春季由于气温较低且逐渐上升，枝接后接穗的水分平衡较好，愈合快，成活率高。春季枝接一般在 2 月底至 4 月初，通常在砧木的树液开始流动、根系处于活动状态，接穗尚未萌动时进行。秋季枝接一般在 9 ～ 11 月间进行。此时新梢生长已停止，新梢充实、养分贮藏多、芽充实，且树液流动、形成层活动的旺盛期，有利于嫁接成活。秋季枝接早的，当年可萌发新梢；晚的，则到翌年萌发抽梢。

在生长季节也进行嫩枝嫁接，一般以 5 ～ 7 月，尤以 5 月中旬至 6 月中旬最为适宜。此时树木的树体内树液流动快，愈伤组织形成和增殖快，而且不仅在形成层以及形成层附近的组织能形成愈伤组织，从皮层、髓部等处液形成愈伤组织，因此嫁接易成活。

冬季由于自然气温的下降，形成层活动已停止，嫁接条件不好，如果有加温设备，木本植物、草本植物都可进行。可将砧木掘起在室内嫁接好后，再放入温室或地窖内假植，使其愈合，到春季再栽于地中。

2. 芽接时期

芽接一般在夏、秋两季进行。夏季芽接从 5 月中旬至 6 月上中旬。此时砧木、接穗的体内树液流动快，形成层活动旺盛，树皮容易剥离，芽接成活率高。要选用新梢上充实饱满的腋芽；去叶片，保留叶柄约 1cm；接穗随采随用。夏季芽接原则上应保证芽接成活后所萌发的枝条，在进入休眠期时能充分木质化，以便安全越冬。秋季芽接在夏末秋初（大致在立秋后约 1 个月）进行为宜。此时新梢充实，贮藏养分积累多；树液流动快，形成层活动旺盛，树皮容易剥离，能得到充实饱满的芽穗，是芽接的最适宜时期。秋季芽接秋季芽接不要过早，以防止接芽当年萌发；但也不能过晚，因晚接虽也能成活，但愈合不充分，冬寒容易枯死。

根接可以在冬季进行。但嫁接好后应捆成小捆沙藏，春季再移植到地里。根接容易成活的植物如牡丹、西洋石楠花、蔷薇等。

总之，嫁接的适宜时期以树种的生物学特性、当地的环境条件等因素来确定。掌握在形成愈伤组织最有利的时期进行。嫁接时期的确定，还应考虑嫁接当天及前后几天的天气条件。雨后树液流动旺盛，比长期干旱后嫁接为好；阴天、无风比晴天、大风天气嫁接为好。

3.3.7 嫁接工具和材料的准备

1. 嫁接工具

常用的嫁接工具有：剪枝剪、枝接刀、芽接刀、劈刀、劈接刀、根接刀、手锯、刀片等（图3-18）。为保证接穗和砧木的切面平滑，应在使用前磨好嫁接工具。

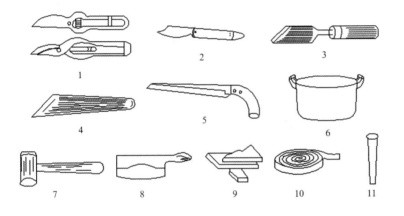

图3-18 嫁接常用工具
1—剪枝剪；
2—芽接刀；
3—带柄切接口；
4—切接口；
5—手锯；
6—铝锅；
7—木锤；
8—劈接刀；
9—石蜡；
10—塑料条；
11—铁钎子

2. 绑缚材料

嫁接后为防止接穗脱落或摇动以及防止水分蒸腾需要进行绑缚。常用的绑缚材料是塑料薄膜。塑料薄膜具有弹性好、保水、使用方便等优点，在木本园林植物嫁接时广泛采用。也有用麻皮、马兰草等。草本植物可用棉线等。

3. 接蜡

接蜡主要用于涂抹芽接和枝接的接口，可有效防止嫁接后接口风干坏死。接蜡分为固体接蜡和液体接蜡。固体接蜡的制作方法是将松香、蜂蜡和动物油按4∶2∶1的比例配制。先将动物油加温溶解，然后将松香和蜂蜡一同加入油内充分溶化，冷却后即成固体状。使用时需加热软化。液体接蜡是用松香、动物油、酒精和松节油为原料，以10∶2∶6∶1的比例配制。先将松香和动物油一起放入锅内加温，待溶化后取出，稍冷片刻再加入酒精和松节油，搅拌均匀即成，然后装入瓶中密封保存。

3.3.8 嫁接的种类和方法

为提高嫁接的成活率，应根据不同的植物特征，在不同时期选用不同的嫁接方法。嫁接方法包括枝接、芽接、根接。不同的嫁接方法有与之相适应的嫁接时期和技术要求。

3.3.8.1 枝接

枝接时期一般在树木的休眠期，特别是在春季砧木树液开始流动，接穗尚未萌芽的时期最好。板栗、核桃、柿树等单宁含量较多的树种，展叶后嫁接较好。枝接的优点是嫁接后苗木生长快，健壮整齐，当年即可成苗，但需要接穗数量大，可供嫁接时间短。枝接常用的方法有切接、腹接、劈接、插皮接等。

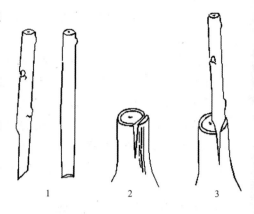

图3-19　切口
1—削接穗；
2—稍带木质部纵切砧木；
3—插入接穗

1. 切接法

切接法一般用于直径 2cm 左右的小砧木，是枝接中最常用的一种方法（图3-19）。

嫁接时先距地面 5cm 左右将砧木剪断、削平，选择较平滑的一面，用嫁接刀在砧木的一侧木质部与皮层之间（也可略带木质部，在横断面上约为直径的 1/5～1/4）垂直向下切，深约 2～3cm。削接穗时，接穗上要保留 1～3 个完整饱满的芽，用嫁接刀从保留芽的背面向内切达木质部（不超过髓心），随即向下平行切削到底，切面长 2～3cm，再于背面末端削成 0.8～1cm 的小斜面。

将接穗的长削面向里插入砧木切口，使双方形成层对准密接。如果砧木切口过宽，可只对准一侧的形成层。接穗插入的深度以接穗削面上端露出 0.2～0.3cm（俗称"露白"）为宜，这样有利于接穗与砧木愈合。

接穗插入砧木后用绑缚材料由下向上绑扎紧密，使形成层密切接触并保持接口湿润。嫁接后为保持接口和接穗的湿度，防止失水干枯，还可采用套袋、封土、涂接蜡，或用绑带包扎接穗等措施减少水分蒸发，提高成活率。

2. 劈接

劈接一般在砧木较粗、接穗较小时使用的一种嫁接方法（图3-20）。根接、高接换头、芽苗砧嫁接均可使用。

嫁接时将砧木在离地面 5～10cm 处或树冠大枝的适当部位锯断，用嫁接刀从其横断面的中心直向下劈，切口长约 3cm。

将接穗削成楔形，削面长约 3cm。接穗要削成一侧稍薄一侧稍厚。削接穗时先截断下端，削好削面后再在饱满芽上方约 1cm 处截断，这样容易操作。

接穗削好后，把砧木劈口撬开，将接穗稍厚的一侧向砧木外侧，薄的一侧向砧木内侧插入劈口中，使两者的形成层对齐，接穗削面的上端高出砧木切口 0.2～0.3cm。当砧木较粗时，可同时插入 2 个或 4 个接穗。

接穗插入后用绑缚材料由下向上捆扎紧密，使形成层密切接触并保持接口湿润。嫁接后同样可采用套袋、封土、涂接蜡，或用绑带包扎接穗等措施，提高成活率。

3. 插皮接

插皮接是枝接中最容易掌握、成活率最高，应用也较广泛的一种嫁接方

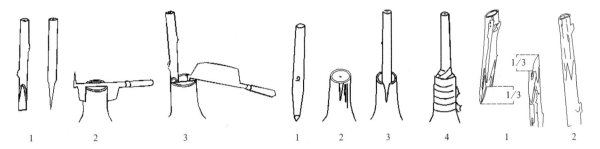

图3-20　劈接
1—削接穗；2—劈砧木；3—插入接穗

图3-21　插皮接
1—削接穗；2—劈砧木；3—插入接穗；
4—绑扎

图3-22　舌接
1—砧穗切削；
2—砧穗结合

法（图3-21）。插皮接要求在砧木较粗，容易剥皮的情况下采用。在园林树木培育中，高接和低接均可使用，如龙爪槐的嫁接和花果类树木的高接换头等。如果砧木较粗，可同时接上3～4个接穗，均匀分布，成活后即可作为新植株的骨架。

一般在距地面5～8cm处或树冠大枝的适当部位断砧，削平断面，选平滑处将砧木皮层划一纵切口，深达木质部，长度为接穗长度的1/2～2/3，顺手用刀尖向左右挑开皮层。

接穗削成长2～3cm的单斜面，削面要平直并超过髓心，背面末端削成0.5～0.8cm的一个小斜面或在背面的两侧再各微微削一刀。

嫁接时将接穗从砧木切口沿木质部与韧皮部中间插入，长削面朝向木质部，并使接穗背面对准砧木切口正中，接穗上端注意"露白"。如果砧木较粗或皮层韧性较好，砧木也可不切口，直接将削好的接穗插入皮层。

接穗插入砧木后用绑缚材料由下向上捆扎紧密，使形成层密接和接口保湿。嫁接后同样可采用套袋、封土、涂接蜡，或用绑带包扎接穗等措施，提高成活率。

4.舌接

舌接适用于砧木和接穗1～2cm粗，且大小粗细差不多时使用（图3-22）。舌接法砧木与接穗间接触面积大、结合牢固、成活率高，在园林苗木生产上可用此法进行高接和低接。

将砧木上端由下向上削成3cm长的削面，再在削面由下往上1/3处，顺砧干往下切1cm左右的纵切口，成舌状。

在接穗下端平滑处由上向下削3cm长的斜削面，再在斜面上由下往上1/3处同样切1cm左右的纵切口，和砧木斜面部位纵切口相应。

将接穗的内舌（短舌）插入砧木的纵
切口内，使彼此的舌部交叉起来，互相插紧，然后绑扎。

5.插皮舌接

插皮舌接多用于树液流动旺盛、容易剥皮而又不适于劈接的树种的嫁接（图3-23）。

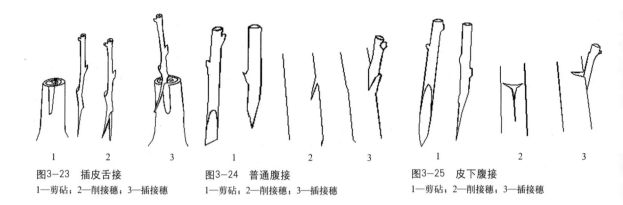

图3-23 插皮舌接
1—剪砧；2—削接穗；3—插接穗

图3-24 普通腹接
1—剪砧；2—削接穗；3—插接穗

图3-25 皮下腹接
1—剪砧；2—削接穗；3—插接穗

将砧木在离地面5～10cm处锯断，选砧木平直部位，削去粗老皮，露出嫩皮（韧皮）。将接穗削成5～7cm长的单面马耳形，捏开削面皮层。将接穗的木质部插于砧木的木质部和韧皮部之间，微露出接穗的削面，然后绑扎。

6. 腹接

腹接是在砧木的腹部进行的枝接。

常用于针叶树的嫁接育苗。腹接的砧木不去头，或仅剪去顶梢，待成活后再剪去接口以上的砧木枝干。腹接分为普通腹接和皮下腹接。

（1）普通腹接

将接穗削成偏楔形，长削面长3cm左右，削面要平而渐斜，背面削成长2.5cm左右的短削面。

砧木在适当的高度，选择平滑的一面，自上而下斜切一口，切口深入木质部，但切口下端不宜超过髓心，切口长度与接穗长削面相当。将接穗长削面朝里插入砧木切口，注意形成层对齐，接后绑扎保湿（图3-24）。

（2）皮下腹接

皮下腹接即砧木切口不伤及木质部，将砧木横切一刀，再纵切一刀，呈"丁"字形切口。接穗长削面平直斜削，在背面下部的两侧向尖端各削一刀，以露白为度。撬开皮层插入接穗，绑扎（图3-25）。

7. 桥接

桥接一般多用于庭院大树。在树体遭受冻伤、机械损伤、病斑切除后出现伤口过大不易愈合时，可用几条长枝在受伤处桥接，使上下部连通恢复树势。

首先削切坏死树皮，在砧木上切开和接穗宽度一致的上下接口，如伤口下面有萌蘖条，可量好伤口长度，将萌蘖条比伤口稍长一点处削成楔形斜面，插入伤口皮层（图3-26之1）。如没有萌蘖，则应采用一年生枝条，

根据伤口长短将枝条上下两端削成楔形斜面，按原来上下方向插入伤口皮层内，与形成层密接（图3-26之2）。插后可用绳绑紧，涂以黄泥或接蜡。枝条数量根据伤口大小而定，一般可接2～3个。

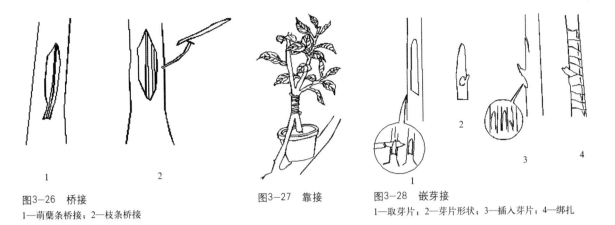

图3-26　桥接
1—萌蘖条桥接；2—枝条桥接

图3-27　靠接

图3-28　嵌芽接
1—取芽片；2—芽片形状；3—插入芽片；4—绑扎

8. 靠接

有些植物用一般嫁接法不易成活，可采用靠接法。靠接法在生长期间自春至秋随时都可进行。将砧木和接穗的植株移在一起，或将其中之一先栽植盆中，以使两者靠近，并选两者粗细相近光滑枝干的结合处，各削去宽窄相应长度 3cm 左右的切面。将两者切面的形成层对准，密切结合。然后用绑缚材料绑缚，待愈合后剪去砧木的上部和接穗的下部，即成一独立新植株（图 3-27）。

3.3.8.2　芽接

芽接是用生长充实的当年生发育枝上的饱满芽做接穗，于春、夏、秋三季皮层容易剥离时嫁接。芽接的优点是节省接穗，对砧木粗度要求不高，易掌握，成活率高。根据取芽的形状和结合方式不同，芽接的具体方法有嵌芽接、丁字形芽接、方块芽接、环状芽接等。

1. 嵌芽接

嵌芽接又称带木质部芽接（图 3-28）。嵌芽接不受树木离皮与否的季节限制，且嫁接后结合牢固，利于成活。

切削芽片时，自上而下切取，在芽的上部 1～1.5cm 处稍带木质部往下斜切一刀，再在芽的下部 1.5cm 处横向斜切一刀，即可取下芽片。一般芽片长 2～3cm，宽度依接穗粗度而定。

砧木的切削方法与切削芽片相同，在选好的部位自上向下稍带木质部削一个长宽与芽片相等的切面，并将此树皮的上部切去，下部留 0.5cm 左右。

将芽片插入砧木切口，使两者形成层对齐，用塑料带绑扎好。

2. 丁字形芽接

丁字形芽接又称盾状芽接、"丁"字形芽接。丁字形芽接是育苗中最常用的芽接方法（图 3-29）。

砧木一般选用一、二年生的小苗。砧木过大，不仅皮层过厚，不便于操作，而且接后不易成活。

接穗采好后，剪去叶片只留叶柄。削芽片时先从芽上方 1cm 左右处横切

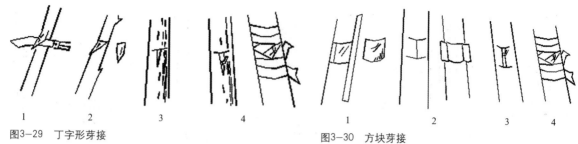

图3-29 丁字形芽接
1—削取芽片；2—芽片形状；3—切砧木；4—插入芽片与包扎

图3-30 方块芽接
1—取芽片；2—切砧木；3—芽片嵌入砧木；4—绑扎

一刀，切断皮层，再从芽片下方1.5cm左右处连同木质部向上斜削到横切口处取下芽片，芽片一般不带木质部。

砧木的切法是距地面5cm左右处，选光滑无疤部位横切一刀，切断皮层，然后从横切口中央向下竖切一刀，使切口呈一"T"字形。

用刀从"T"字形切口交叉处挑开皮层，将芽片往下插入，使芽片上边与"T"字形切口的横切口对齐。芽片插入后用塑料带从下向上，以圈压圈地把切口包严，注意将芽的叶柄留在外面，以便检查成活。

3. 方块芽接

方块芽接又称块状芽接。此法芽片与砧木形成层接触面大，成活率高。

方法是取长方形芽片，再按芽片大小在砧木上切割剥皮或切成"工"字形剥开，嵌入芽片，然后绑扎紧。（图3-30）。

4. 环状芽接

环状芽接又称套芽接。此法的芽片与砧木的接触面大，成活率高。主要用于皮部易剥离的树种，在春季树液流动后进行。

方法是先从接穗芽上方1cm处断枝，再从下方1cm处环刀割断皮层，然后用手轻轻扭动使树皮与木质部脱离，或纵切一刀后剥离，抽出管状芽套。

选粗细与接穗相近或稍粗的砧木并剪去上方，剥开树皮露出木质部。随后将芽套套在木质部上，再将砧木上的皮层向上包合，盖住砧木与接穗的接合部，绑扎紧（图3-31）。

3.3.8.3 根接

根接是将不易生根的优良品种作接穗，接在亲缘关系相近的根砧上，使之愈合后成一新植株。如以山荆子实生苗的根作砧木，用西府海棠、垂丝海棠的枝条作接穗进行根接，效果较好。

根接可结合苗木出圃冬季圃地深翻改土，或播种苗移植时进行。收集粗0.5cm以上的残留断根，截成6～8cm的小段作砧木。冬季或早春在室内嫁接。根接的方法以劈接为主，也可用切接、

图3-31 套芽接
1—取套状芽片；
2—削砧木树皮；
3—接合；
4—绑扎

腹接和舌接。在接穗较粗，砧木根较细的情况下，可采用倒接的方法，即砧木根的削法相当于接穗的削法，而接穗的削法相当于砧木的削法，将砧木（根）插入接穗（枝）内（图3-32）。接好后用塑料带绑扎，分层贮藏于湿沙内，以促进接口愈合，提高成活率。

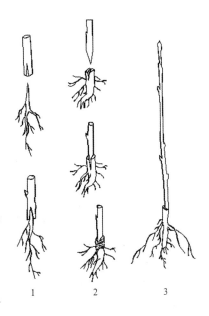

1　　2　　3

图3-32　根枝嫁接
1—接穗粗，砧木细的嫁接；
2—接穗细，砧木粗的嫁接；
3—成活的嫁接苗

3.3.9　嫁接后的管理

3.3.9.1　枝接和根接后的管理

1. 检查成活情况

嫁接后 20 ～ 30d 即可检查成活情况。成活的标志是：若接穗上的芽已萌动，或芽未萌动，但芽仍保持新鲜、饱满，接口产生愈伤组织的表示已成活，或有望成活。若接穗干枯或发黑，甚至腐烂的，则表示接穗已死亡，应立即补接。如果季节已过，不适宜枝接和根接，可待砧木萌发新枝后，于夏、秋季再进行芽接补救。

2. 解除绑缚物

当接穗已反映嫁接成活，愈合已牢固时，就要及时解除绑缚物，以免接穗发育受到抑制，影响其生长。但解除绑缚物的时间也不宜过早，以防因其愈合不牢而自行裂开死亡。解除绑缚物的时间，应根据植物种类不同而异：阔叶树种成活后即可除去，一般接穗上的芽萌发形成的新梢长到 3cm 时解除；松属多数树种则要到第二年春季才能解绑。解绑只需用刀片纵切一刀割断绑缚物既可，随着枝条生长，绑缚物会自然脱落。

3. 剪砧、抹芽、除蘖

（1）剪砧

凡嫁接苗已检查成活，但在接口上方仍有砧木枝条的，如腹接、靠接，要及时将接口上方砧木的大部分剪去，以利接穗萌芽生长。要求剪口要平整，有利于愈合；剪口宜在接口上方 0.3 ～ 0.5cm 处，向芽的相反方向，倾斜剪下；一般采用一次剪砧的方法，既利于伤口的愈合，又节约人工，避免养分的无谓消耗。

对嫁接成活困难的树种，如腹接的松柏类，靠接的山茶、桂花等，剪砧可分二次进行：第一次在接口上方 20cm 处左右剪断砧木，留下一部分砧木可作为接穗的支柱，同时帮助吸收水分和制造养分，供给接穗生长；待接穗新梢木质化后，在进行第二次剪砧。

（2）抹芽、除蘖

嫁接成活后，由于接穗、砧木的亲和差异，促使砧木常萌发许多蘖芽，或与接穗同时生长，或提前萌生，争夺并消耗大量养分，不利于接穗生长。因此，要及时抹去砧木上的萌芽和萌蘖。一般需去蘖 2 ～ 3 次。

（3）养直苗干、定干

枝接苗的接穗芽生长到 20cm 左右时，应选留一直立健壮的枝条，培养成苗干，其他枝条全部剪除，促进养直苗干。

有些苗木为了提早形成树冠，在苗木生长健壮时，可于当年定干，如榆叶梅、碧桃类，当嫁接苗新枝长到 80～100cm 时，可自 50～60cm 处剪断，促其分枝，当年秋季即可形成较好的树冠。

（4）立支柱

新生枝条较细弱、干性较差、接口刚愈合、很娇嫩，生长结合尚不牢固，非常容易劈裂。为防止接口部位易受风折，应及时立支柱进行保护。一般应将支柱立于新梢的对侧，但极费工。大面积嫁接解决的方法是降低接口部位，即在距地面 5cm 左右，然后在新梢基部培土；或选择主风来向的一面砧木上进行嫁接，对防止接穗被风吹断有一定成效。

3.3.9.2 芽接后的管理

1. 检查成活情况

大多数树种芽接苗在嫁接后的 7～15d 可检查成活。成活的标志是：凡芽体新鲜、饱满，叶柄一触即落表示已成活。若叶柄干枯不落表示已死亡。

2. 解除绑缚物

凡嫁接成活的，在萌动新梢长到 2～3cm 时及时解绑，以免影响生长。若秋季芽接当年不萌芽，则应至第二年萌芽后解绑。

3. 剪砧、去萌、扶绑

（1）剪砧

芽接成活后，应将接芽以上的砧木部分剪除，以集中养分供应接芽生长。剪口宜在接芽上部 0.3～0.5cm 处，向芽相反方向稍微倾斜剪下。剪口不宜过低，以免伤害接芽。同时剪口应力求平滑不伤皮层，使之愈合良好。夏季芽接当年即可剪砧；秋季芽接均可在翌年春季发芽前剪砧。

（2）去萌

砧木上生长出的萌蘖和芽接苗的无用副梢应及早剪除，以免消耗养分影响苗的生长。在整个生长期间应多次进行除萌蘖和副梢工作。

（3）扶绑

由于嫁接苗接口部位初期很娇嫩，为防止接口部位易受风折，尤其是芽接苗，新梢易横生而豁裂或不易直立生长的苗，要及时在新梢对侧插立支柱进行扶绑。扶绑工作在新梢未木质化前进行。在大面积嫁接时，可采用降低接口部位，在接口部位培土的方法解决。

嫁接苗的管理，除上述内容外，还应及时进行中耕、施肥、灌溉、防治病虫害等工作。

3.4 分株育苗与压条育苗

3.4.1 分株育苗

有些园林植物，如刺槐、枣、珍珠梅、绣线菊、玫瑰、腊梅、紫荆、紫玉兰、金丝桃等，常在根部周围萌发出许多萌蘖，将这些萌蘖从母株上分割下来就能得到一些带有根系的植株。分株育苗就是指利用树木能够萌生根蘖或灌木丛生的特性，从母株上分割出独立植株的一种育苗的方法。

1. 分株育苗的主要类型

（1）根蘖分株

一些乔木树种如银杏、香椿、臭椿、刺槐、毛白杨、泡桐、火炬树等，常在根部长出不定芽，伸出地面后形成一些未脱离母株的小植株，即根蘖。许多花卉植物，尤其是宿根花卉根部也容易萌发出根蘖或者从地下茎上产生萌蘖，尤其在根部受伤后更容易产生根蘖，如兰花、南天竺、天门冬等。

（2）茎蘖分株

一些丛生性的灌木如绣线菊类、腊梅、牡丹、春兰、萱草、迎春等，在茎的基部能长出许多茎芽，并形成不脱离母株的小植株，即茎蘖。

（3）吸芽（吸枝）

有些植物的根际或地上茎叶腋间自然发生的短缩、肥厚呈莲座状的短枝。吸芽下部可自然生根，故可自母株分离而另行栽植培育成新植株。如多浆植物中的芦荟、景天、拟石莲花等常在根际处着生吸芽；凤梨的地上茎叶腋间能抽生吸芽等。

（4）匍匐茎分株

匍匐茎是植物直立茎从靠近地面处生出的枝条向水平方向延伸，其顶端具有变成下一代茎的芽，或在其中部的节处长出根而着生在地面形成的幼小植株，在生长季节将幼小植株见下种植，如草莓、葡萄、沙地柏等。

2. 分株时间

分株的时间依植物种类而定，主要在春、秋两季进行。由于分株法多用于花灌木的育苗，因此要考虑到分株对开花的影响。一般春季开花植物宜在秋季落叶后进行分株，而秋季开花植物应在春季萌芽前进行分株。

3. 分株方法

（1）灌丛分株

将母株一侧或两侧土挖开，露出根系，将带有一定茎干和根系的幼株连根挖出，另行栽植（图3-33）。幼株栽植的入土深度应与根的原来入土深度保持一致，切忌将根颈部埋入土中。挖掘幼株时应注意不要对母株的根系造成太大的损伤，以免影响母株的生长发育和萌蘖力，并注意挖出的幼株必须带有完整的根系和1～3个茎干。

（2）掘起分株

将母株全部带根挖起，用利斧或利刀将植株根部分成有较好根系的几部分（图3-34），每份地上部分有1～3

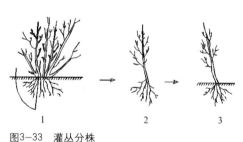

图3-33 灌丛分株
1—切割；2—分离；3—栽植

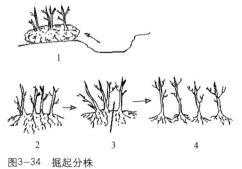

图3-34 掘起分株
1、2—挖掘；3—切割；4—栽植

个茎干，有利于幼苗的生长。

（3）根蘖分株

在母株的根蘖旁挖开。露出根系，用利斧或利锄将根蘖株带根挖出,另行栽植（图3-35）。

4．分株苗管理

苗木栽植初期，根系的吸收功能尚不强，容易失水而造成死亡。这一阶段要加强水分管理，必要时采取遮荫措施，保证移植成活。成活后进行松土、除草、施肥，促进苗木迅速生长。

分株育苗成活率高，可在较短时间内获取大苗，但繁殖系数小，不容易大面积生产，且苗木规格不整齐，多用于小规格育苗或名贵花木的育苗。

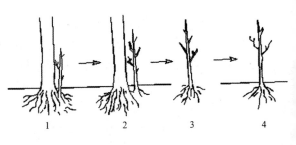

图3-35　根蘖分株
1—长出的根蘖；
2—切割；
3—分离；
4—栽植

3.4.2　压条育苗

压条育苗是将母株上的枝条或茎蔓埋压土中，或在树上将欲压的枝条基部经适当处理包埋于生根介质中，使之生根后再从母株割离成为独立、完整的新植株。压条育苗多用于茎节和节间容易自然生根，而扦插又不易生根的木本花卉。其特点是在不脱离母株条件下促其生根，成活率高，成形容易；但操作麻烦，繁殖量小。

1．压条时期

压条育苗是一种不离母株的育苗方法，其生根过程中所需水分和养分均由母体提供，因而管理容易，一年四季均可进行。一般落叶植物的压条多在早春2～4月刚开始生长时进行，常采用休眠的一年生枝条压条；秋季8月以后，亦可进行压条，因此时枝条已发育成熟，养分充足，容易发根。常绿植物则在梅雨季节，用当年生成熟枝条压条，此时既容易生根，并有充足的生长期，以满足压条伤口愈合、发根和生长。

2．压条育苗的主要方法

（1）普通压条法

普通压条法又称偃枝压条。多用于枝条柔软而细长的藤本花卉或丛生灌木，如腊梅、迎春、栀子、茉莉、金银花、凌霄等。在秋季落叶后或早春发芽前，选择基部近地面的发育良好的一、二年生枝条进行；雨季则一般用当年生的枝条进行。其方法是：先在节下靠地面处用刀刻上几刀，或进行环状剥皮、绞缢，割断韧皮部，不伤害木质部，开深10～15cm沟，长度依枝条的长度而定；将枝条下弯压入土中，用金属丝弯成U形将其向下卡住枝条，以防止反弹；然后覆土，把枝梢露在外面，立棍缚住，不使折断。待枝条生根成活后从母株上分离即可（图3-36之1）。对于移植难成活或珍贵的树种，可将枝条压入盆中或筐中，待其生根后再切离母株，连同容器一起移植。

（2）水平压条法

水平压条法适用于枝长且易生根的树种，如连翘、紫藤、葡萄等。通常

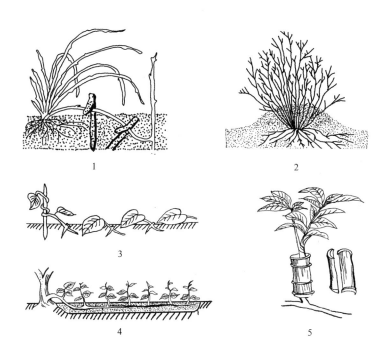

图3-36　压条方法
1—普通压条；
2—堆土压条；
3—波浪压条；
4—水平压条；
5—空中压条

仅在早春进行，即将整个枝条水平压入沟中，使每一个芽节处下方产生不定根，上方芽萌发新枝。待成活后分别切离母体栽培（图 3-36 之 4）。一根枝条可得多株苗木。

（3）波状压条法

波状压条法适用于藤蔓类或枝条长而柔软的树种，如紫藤、葡萄等。即将整个枝条波浪状压入沟中，枝条弯曲的波谷压入土中，波峰露出地面。压入地下部分产生不定根，而露出地面的芽抽生新枝，待成活后切离母体成为新的植株（图 3-36 之 3）。

（4）堆土压条法

堆土压条法也称直立压条法，适用于丛生性和根蘖性强的树种，如杜鹃、木兰、贴梗海棠、八仙花等。于早春萌芽前对母株进行平茬截干，促其萌发出较多的新枝。春季待新枝长到 20cm 以上时，在新枝基部刻伤或环剥，并在其周围培土，将整个株丛的下半部分埋入土中，并保持土壤湿润。待其充分生根后，到翌春萌芽前，刨开土堆，将每个枝条从基部切离母体，分株行栽植（图 3-36 之 2）。

（5）空中压条法

空中压条法适用于枝条不易弯曲到地面的较高大的植株，如含笑、桂花、丁香、山茶、橡皮树等。一般在生长季挑选发育充实的二、三年生枝条，在其适当部位进行环状剥皮，环剥宽度通常 1～2cm。然后在环剥处包敷湿润的生根基质——苔藓、草炭、泥炭、锯木屑等，外面用塑料薄膜包扎牢固。待枝条生根后自袋的下方剪离母体，去掉包扎物，带土栽入盆中，放置在阴凉处养护，待大量萌发新稍后再见全光。注意在生根过程中要保持基质湿润，生根基质干

燥要及时补水，可用针管进行注水（图 3-36 之 5）

3. 促进压条生根的技术措施

对于不易生根或生根时间较长的树种，为了促进压条快速生根，可采用以下方法促进不定根的形成。

(1) 机械处理

对需要压条的枝条进行环剥、环刻、刻伤、绞缢等。机械处理要适当，最好切断韧皮部而不伤到木质部。

(2) 化学药剂处理

用促进生根的化学药剂如生长素类（萘乙酸、吲哚乙酸、吲哚丁酸等）、蔗糖、高锰酸钾、维生素 B、微量元素等进行处理。采用涂抹法进行。

(3) 压条的选择

需要进行压条的枝条通常为二、三年生，枝条健壮，芽体饱满，无病虫害。

(4) 基质

空中压条的生根基质一定要保持湿润。

(5) 保证伤口清洁无菌

机械处理使用的器具要清洁消毒，避免细菌感染伤口而腐烂。

4. 压条后的管理

压条后应保持土壤适当湿润，调节土壤通气和适宜的温度，适时灌水，及时中耕除草。同时要注意检查埋入土中的压条是否露出土面，如露出则需重压。留在地上的枝条如果太长，可适当剪去部分顶梢。

3.4.3　埋条育苗

埋条育苗是将枝条（或地下茎）埋入土中，促进生根发芽成苗的育苗方法。如果枝条较长，可培育成多株苗木。埋条育苗的特点是枝条较长，贮藏的营养物质和水分较多，可以较长时间维持枝条的养分和水分平衡，等待生根发芽，且一处生根，全条成活，可保证较高的成活率。但埋条育苗操作较费工，种条浪费较大，产苗量不高，出苗不匀，根系不集中。

1. 枝条的采集与贮藏

最好选择生长健壮、充分木质化、无病虫害的一年生截干萌发的枝条或树基部萌发的一年生枝条作埋条。采集时间一般在秋季落叶后，不可太晚，以免枝条被冬季干风吹袭，水分减少。枝条采回后剪去梢部，然后按粗细分级打捆，一般每捆 50 条。平放于假植沟内，并用土分层埋好。每沟最多两层，以防早春发热霉烂。

2. 埋条时期

埋条时期因树种而异，一般在 3 月下旬较适宜，不能埋得太晚，因时间过晚枝条上的芽已活动膨大或开始发芽，在操作中易被碰掉，影响成苗率。

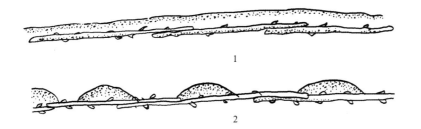

图3-37　埋条
1—平埋法；
2—点埋法

3. 埋条方法

（1）平埋法

将整理好的苗床按行距开沟，沟深 3～4cm，宽 6cm 左右，沟底要平，将枝条放入沟后覆土。为防止疏密不均，造成缺苗，最好双条排列，并注意使有芽和无芽的各段错开，芽需向上或位于枝条两侧（图 3-37 之 1）。

（2）点埋法

将整理好的苗床按一定行距开深为 3cm 左右的沟，将枝条按平埋法的要求放入沟内，然后每隔 40cm 左右在堆一土堆。两土堆之间留有 1～2 个芽不埋，温度高，易发芽。土堆要压实，防止灌水时土堆塌陷将外露芽埋盖。注意在枝条连接处用土堆盖严，以增加吸收能力和生根面积。此法出苗快而整齐，定苗方便。但操作效率低，比较费工（图 3-37 之 2）。

4. 埋条后的管理

无论是平埋法还是点埋法，埋条后应立即灌水，使土壤经常保持湿润。当幼苗长至 10～15cm 时，为促进基部生根，可结合中耕除草进行基部培土。待苗高 30cm 时，进行间苗，一般可分两次进行。当苗高 40cm 左右时，幼苗基部长出新根，可行间施肥。在苗木加快生长、腋芽大量萌发时，选择一健壮直立枝条作为主枝，将其他侧枝剪掉，使长成一主干。当年秋季用锐利锹从苗木株间截断埋条，使之成为独立的新植株。

3.5　组培育苗

园林植物的育苗多采用传统的有性繁殖和无性繁殖。有性繁殖的后代易发生性状分离，不能保持原有品种的优良性状，并且周期长。用常规的无性繁殖方法育苗，虽能保持原有品种的优良性状，但繁殖系数低，繁殖速度慢，并且在生产实践中常发生品种退化现象，降低观赏价值。

植物组织培养，即植物无菌培养技术，是利用植物体离体的器官、组织或细胞，在无菌和适宜的人工培养基及光、温等条件下进行人工培养，使其增殖、生长、发育而形成完整的植株的方法。这是一种特殊的营养繁殖方法，一般称为快繁或微繁。目前，能用组织培养技术进行育苗的园林植物达到 182 种以上，给园林植物的育苗开辟了新的途径。

3.5.1 组培育苗在园林植物生产上的应用

1. 快速繁殖

在植物组织培养技术研究的基础上发展起来的快速繁殖，是目前应用最多、最广泛和最有成效的一种技术。组织培养不受地区、气候的影响，可比常规育苗方法快速万倍到数百万倍，为加速获得园林植物苗木提供一条经济有效的途径，如在兰花的快速繁殖中，一个兰花外植体1年可获得400万个原球茎。世界上80%～85%的兰花是通过组织培养进行脱毒和快繁的。利用试管繁殖建立的兰花工厂，使新加坡、泰国每年出口创汇数百万元。在兰花工业高效益的刺激下，园林植物的试管快繁研究取得了很大进展，国内外先后建立了试管苗产业，主要用于花卉（如康乃馨、兰花等）、热带水果（如香蕉、甘蔗、草莓等）、树木（如桉树）和珍稀植物（如安徽黄里软子石榴和太和樱桃）。

植物组织培养快速繁殖不仅可以繁殖常规品种，还可以繁殖植物不育系和杂交种，从而使这些优良性状得到很好的保持。

2. 组织培养脱毒苗

自然界中，很多园林植物因受病毒侵染而致病。病毒病种类繁多，症状各异，一般植物发病后生长不良，器官畸形，轻则减产或使产品质量下降，重则造成毁种绝收。采用无性繁殖的植物，在繁殖过程中病毒可以通过营养体进行传递，逐代积累，使病毒病的危害更为严重。利用植物的茎尖组织培养技术，可将感染病毒植株经培养重新获得无病植株。目前世界上在兰花、菊花、康乃馨、水仙、唐菖蒲等花卉植物中已普遍应用组织培养生产无病毒种苗。

3. 新品种培育

在植物组织培养中，往往存在着大量的变异，这种变异称为体细胞无性系变异。体细胞无性系变异具有多方向性，既有有利的变异，也有不利的变异；既有可以看到的变异（如株高、花的特征、不育性等），也有生理变异（如蛋白质含量等）。但在植物体细胞无性系变异的可遗传变异中，大多数是不利的变异，不能直接服务于育种和生产，仅有极少数变异是有利的变异，可直接或用作杂交亲本材料服务于育种。

4. 单倍体育种

花药培养应用于农业的研究起始于1964年Guha与Maheshwari的毛叶曼陀罗花药培养，随后在世界范围内掀起一个高潮。据Maheshwari等1983年统计，已经有34科88属247种植物花药培养获得成功，其中小麦、水稻、玉米、甘蔗、橡胶和杨树等49余种植物花药培养单倍体再生植株是由我国学者首先培育出来的。

5. 种质保存

无性繁殖的植物因没有种子供长期保存，其种质资源传统上只能在田间种植保存，消耗大量人力、物力，且种质资源易受人为因素及病虫和自然环境影响而丢失。而用组织培养方法来保存，结合低温，可大大节省人力、物力，特别是采用超低温保存方法，在 −196℃ 的液态氮中保存，更可大大延长保存期，而所保存的愈伤组织芽、胚状体等经长期贮存后，并不失去再分化成植物的能力。

6. 人工种子生产

人工种子 (artificial seed) 也称合成种子、无性种子和人造种子，是将植物离体细胞产生的胚状体或其他组织、器官等包裹在一层高分子物质组成的胶囊中所形成的种子。由于人工种子在本质上属于无性繁殖，其与天然种子相比，具有可工厂化大规模制备、贮藏和迅速推广优良品种等特点，受到许多国家重视。欧洲将人工种子列入尤里卡计划，我国也于 1987 年将其列入高技术研究与发展计划。

7. 种子或孢子的无菌培养

种子或孢子的无菌培养常用于兰花与蕨类植物。

兰花的果实为蒴果，形状大小不一。每个果实中含种子几千至几百万个。种子非常小，在显微镜下才能看清。将兰花种子接种到培养基中，在适宜的温度和光照下培养，可以大量繁殖。

蕨类植物孢子的无菌培养是指在无菌条件下，用人工合成的培养基，给予适当的温度、湿度和光照，使孢子萌发生长并产生精子和卵子，结合后成为合子，最后发育成孢子体的过程。无菌培养可以使蕨类植物的孢子获得比播种、培养更高的成活率和更快的繁殖速度。蕨类的种类多种多样，孢子萌发生长所需的条件及难易程度不同。现主要对属于铁线蕨科、铁角蕨科、鳞毛蕨科和凤尾蕨科等 82 个种进行了培养，有 54 个种得到了孢子体。

植物组织培养技术由于受市场、成本、技术、管理等问题的影响，植物组织培养在园林植物中主要应用于脱毒苗、新育成或新引进、稀缺良种、优良单株、濒危植物和基因工程植株等的离体快速繁殖。

3.5.2 组培育苗的生物学原理

自从许莱登 (M.J.Schleiden,1838) 和许旺 (T.Schvann,1839) 在 19 世纪建立细胞学说以来，人类对细胞的功能和作用不断地进行探索和研究，发现细胞是构成植物有机生命体的结构和功能及遗传的基本单位。随着研究和探索不断地深入，对细胞的认识也日益清晰和明了。1902 年德国植物学家 Haberlandt 提出了植物细胞全能性假说，认为：组成植物体的每个细胞都是由细胞分裂产生的，任何一个具有完整细胞核的植物细胞，都拥有一个完整植株所必需的全部遗传信息。在适宜的条件下,单个细胞可像合子一样发育成完整的生物个体。植物体不同部位的细胞受到完整植株对它们的调控，使其只有部分基因得到表达，而另一些基因的表达受到抑制，因此可以表现一定的形态及生理功能。当把植物的器官或组织与完整植株分离后，就失去了原来植株对它的控制，只要给予适合的环境条件，就可进行细胞的分裂与增殖，产生愈伤组织，分化出器官，直至形成完整的植株。

植物细胞全能性表达的条件大致有 3 个：第一，外植体必需处于离体状态，摆脱母株对其的控制；第二，需供给外植体充足的营养与激素；第三，需要有适宜的培养环境条件，包括温度、光照、无菌等。

3.5.3　组培育苗的途径

由植物的器官、组织、细胞等外植体经组培获得完整植株大致可归纳为 5 种途径，即微型扦插型、丛生芽增殖型、不定芽发生型、胚状体发生型和类原球茎发生型。

1. 微型扦插型

微型扦插型又称节培法。用茎尖或单芽茎段培养时，接种后可直接成苗，后用于继代增殖或直接移植培育。这种方法能较迅速地获得植株，很适合快速繁殖。此法可一次成苗，遗传性稳定，培养过程简单，苗易移栽成活，适用于多种园林植物，在生产上广为应用。

2. 丛生芽增殖型

初代培养的芽，在适宜的培养基上不断诱导腋芽，形成丛生芽，然后转入生根培养基上，诱导生根成苗。这种方法是从芽到芽，遗传性状稳定，繁殖速度快，但过程较为复杂，品种间差异大。

3. 不定芽发生型

利用植物的叶片、子房、花药、胚珠、叶柄等器官培养时，先诱导愈伤组织，从愈伤组织上发生不定芽，不定芽展叶后，切下来在生根培养基上诱导生根，并形成完整植株；或对一些变态的器官如鳞茎、块茎、球茎等进行培养时，不形成愈伤组织，直接从外植体的表面细胞上受损伤的部位分化变态的器官，用于培养成完整植株。这种途径在成熟组织上重新诱导出分生组织，再发生单芽或丛生芽用于扩繁。这种方法可能产生突变，不利于保持品种特性。

4. 胚状体发生型

胚状体是由体细胞或愈伤组织形成的类似胚的器官。它的整个发育过程与合子胚的形成过程类似，又称体细胞胚。利用植物的叶片、子房、花药、未成熟的胚等外植体培养时，可诱导形成胚状体，再对其进一步培育可形成完整植株。能形成胚状体的体细胞包括外植体表皮细胞、内部组织细胞和胚性复合体的表皮细胞。另外，胚状体也可由器官直接产生，如石龙芮的下胚轴也可产生胚状体。

胚状体具有数量多、结构完整、易成苗、繁殖速度快等优点，是植物离体快速繁殖最有效的方法。另外，将胚状体用营养物质或保护性物质包裹起来，可形成人工种子。经胚状体产生完整植株也是组培育苗常用的途径。

5. 类原球茎发生型

类原球茎是一种短缩的、呈球粒状的、由胚性细胞组成的类似嫩茎的器官，常在兰花种子萌发时产生。在对兰花的组织或器官进行组培时，常会产生类原球茎，再由原球茎形成完整的植株。最近，在蔷薇属植物培养过程中，也发现类原球茎，并能发育成植株。

在组培育苗中，应用较多的是前 3 种。类原球茎的发育多用于兰科花卉。能诱导胚状体的植物种类及品种相对较少，其发生机理也不很清楚，还存在一些变异，故应用较少（表 3-10）。

常见园林植物组培过程中的主要再生途径　　　　　　表 3-10

名称	学名	外植体	再生途径
月季	*Rosa hybrida*	茎段	丛生式增殖型、胚状体增殖型
腊梅	*Chimonanthus praecox*	单芽茎段	微型扦插型
樱花	*Prunus serrulata*	单芽茎段	微型扦插型
康乃馨	*Dianthus caryophyllus*	茎尖	丛生芽增殖型
仙客来	*Cyclamen presicum*	叶片、黄化叶柄	不定芽发生型
郁金香	*Tulipa gesneriana*	鳞片、鳞茎块	不定芽发生型
		茎尖	丛生芽发生型
球根秋海棠	*Begonia tuberous*	叶片	不定芽发生型
菊花	*Dendranthema morifolium*	茎尖、茎段	丛生芽发生型
兰花	*Cymbidium morifolium*	茎尖	原球茎发生型
杨属	*Populus*	茎尖、茎段	不定芽发生型
刺槐	*Robinia pseudoacacia*	顶芽、茎段	不定胚发生型
杜鹃花属	*Rhododendron*	茎尖	丛生芽增殖型
		种子	胚状体发生型
山茶属	*Camellia*	茎尖	丛生芽增殖型
		胚、下胚轴	胚状体发生型
君子兰	*Clivia miniata*	茎尖、幼叶	不定芽发育
牡丹	*Paeonia suffruticosa*	茎尖、嫩叶	不定芽发生型
一品红	*Euphorbia pulcherrima*	种子	胚状体发生型
花烛	*Anthurium andraeanum*	茎尖	不定芽发生型
扶芳藤	*Euonymus fortunei*	下胚轴	不定芽发生型

3.5.4　组培育苗的条件

1. 实验室

组织培养是在无菌条件下进行的，需要一定的实验室条件，应具备：

（1）化学实验室

用于存放各类化学药品，配制培养基等。需要的物品有：

①药品柜　存放化学药品。

②玻璃器皿柜　存放各类玻璃器皿。

③试验台　分别用来安放天平和配制培养基。

④冰箱　存放配好的母液和一些需低温保存的药品及植物材料等。

⑤其他　天平、水溶锅、酸度计、水池等。

（2）洗涤操作室

用作器皿的洗刷、消毒、干燥等，配有高压灭菌锅、烘箱、铁架、水池等，也可与化学实验室合并。

（3）无菌操作室

用于植物材料的消毒、接种、转移等，要求室内封闭，保持无菌。并具备以下物品：

①超净工作台　用于消毒、接种、转移培养材料。

②紫外灯　用于空气消毒。

③解剖镜　用于胚胎培养、茎尖培养时剥取外植体。

（4）培养室

供培养物生长的场所，主要有培养架，控温、控光设备等。培养架可分 4～5 层，上面安装 30～40W 日光灯照明，每天照明 10～16h 左右，用自动定时器控制。温度最好保持在 15～25℃左右。此外，还可根据需要安置液体培养所需的插床、转床等。

2. 常用药品

组织培养所需药品主要用于培养基的配制，也有部分用于消毒，主要有以下几类：

（1）消毒药品

主要有次氯酸钠、次氯酸钙、双氧水、漂白精片、溴水、硝酸银等。

（2）无机盐类

包括大量元素和微量元素两类。主要盐类有 KNO_3、$MgSO_4 \cdot 7H_2O$、NH_4NO_3、KH_2PO_4、$CaCl_2 \cdot 2H_2O$、$FeSO_4 \cdot 7H_2O$、Na_2HPO_4、$CuSO_4$、$NaNO_3$、Na_2SO_4、$ZnSO_4$、$MnSO_4 \cdot 4H_2O$、$MnCl_2 \cdot 2H_2O$、KI、H_3BO_3 等。无机盐是供外植体吸收的基本营养成分，各有不同作用，如 N、P 影响蛋白质的合成，Ca、K、S、Mg 影响酶活性等。

（3）有机化合物

主要有蔗糖、维生素类、氨基酸等。其中蔗糖是不可缺少的碳源，也是渗透压调节物质。维生素的主要作用是促进细胞分裂和诱导器官分化。氨基酸是蛋白质组成成分，也是有机氮源。

（4）植物生长调节剂

用于组织培养的主要有生长素、细胞分裂素及赤霉素三大类：

①生长素类

主要有吲哚乙酸（IAA）、萘乙酸（NAA）、2,4-D 和吲哚丁酸（IBA）。2,4-D 有利愈伤组织生长，吲哚乙酸、萘乙酸、吲哚丁酸有利于器官分化。

②细胞分裂素类

主要有激动素（KT）、6-苄基腺嘌呤（BA）、玉米素（ZT）等。其作用是促进细胞分裂与分化，其中激动素能明显促进芽的分化而抑制根的形成。

③赤霉素

以 GA_2 运用最广泛，有促进不定芽和幼株伸长生长的作用。

（5）有机附加物

包括人工合成和天然的有机物，常用的有酵母提取物、椰乳、果汁等及相应的植物组织浸出液。对细胞和组织的增殖与分化有一定促进作用。此外，琼脂在组培中作为凝固剂，是外植体的支持体，常用浓度为 0.5%～1%。

（6）水

原则上应使用蒸馏水、去离子水等，尤其在对化学成分要求较精确的试验中。但在组培苗的批量生产中，可选用自来水配制，以降低成本。

3.5.5 组培育苗的培养基

1. 培养基的种类

根据培养基的物理性状大致分为两类，即固体培养基和液体培养基。在培养基中加入一定量的凝固剂（如琼脂、明胶等）即为固体培养基，而不加入凝固剂的即为液体培养基。具体运用上应视培养目的不同选择采用。无论是固体还是液体培养基，其基本成分是类似的，即基本培养基如 MS、B_5、N_6 等和附加成分如激动素和天然附加物等。用于组织培养的培养基主要有以下几种：

（1）MS 培养基组成和配方（表 3-11）

MS 培养基的组成和配方　　　　　　表 3-11

组成成分	含量（mg/L）	组成成分	含量（mg/L）
NH_4NO_3	1650	Na_2-EDTA	37.3
KNO_3	1900	$FeSO_4 \cdot 7H_2O$	27.8
$CaCl_2 \cdot 2H_2O$	440	$CuSO_4 \cdot 5H_2O$	0.025
$MgSO_4 \cdot 7H_2O$	370	蔗糖	30
KH_2PO_4	170	pH	5.8
KI	0.83	肌醇	100.0
H_3BO_3	6.2	烟酸	0.5
$MnSO_4 \cdot 4H_2O$	22.3	盐酸吡哆醇	0.5
$ZnSO_4 \cdot 7H_2O$	8.6	甘氨酸	2.0
$Na_2MoO_4 \cdot 2H_2O$	0.25	盐酸硫胺等	0.4
$CoCl_2 \cdot 6H_2O$	0.025		

（2）B_5 培养基组成和配方（表 3-12）

B_5 培养基的组成和配方　　　　　　表 3-12

组成成分	含量（mg/L）	组成成分	含量（mg/L）
KNO_3	2500	$FeSO_4 \cdot 7H_2O$	27.8

组成成分	含量（mg/L）	组成成分	含量（mg/L）
$CaCl_2 \cdot 2H_2O$	150	$CuSO_4 \cdot 5H_2O$	0.025
$MgSO_4 \cdot 7H_2O$	250	蔗糖	40
$(NH_4)_2SO_4$	134	pH	5.5
KI	0.75	肌醇	100
H_3BO_4	3.0	烟酸	1.0
$MnSO_4 \cdot 4H_2O$	10	盐酸吡哆醇	1.0
$ZnSO_4 \cdot 7H_2O$	2.0	激动素	0.1
$Na_2MoO_4 \cdot 2H_2O$	0.25	2,4-D	0.1～1.0
$COCl_2 \cdot 6H_2O$	0.025	盐酸硫胺	10
Na_2-EDTA	37.3		

（3）N_6 培养基的组成和配方（表 3-13）

N_6 培养基的组成和配方 表 3-13

组成成分	含量（mg/L）	组成成分	含量（mg/L）
KNO_3	2.3	Na_2-EDTA	37.3
$CaCl_2 \cdot 2H_2O$	166	$FeSO_4 \cdot 7H_2O$	27.8
$MgSO_4 \cdot 7H_2O$	185	蔗糖	50
KH_2PO_4	400	pH	5.8
$(NH_4)_2SO_4$	463	烟酸	0.5
KI	0.8	盐酸吡哆醇	0.5
H_3BO_3	1.6	甘氨酸	2.0
$MnSO_4 \cdot 4H_2O$	4.4	盐酸硫胺	1.0
$ZnSO_4 \cdot 7H_2O$	1.5		

2. 培养基的配制

（1）母液的配制与保存

不同植物需要配制不同的培养基，为减少工作量，可把药品配成浓缩液，一般为 10～100 倍，其中大量元素倍数略低，一般为 10～20 倍；微量元素和有机成分等一般为 50～100 倍。母液的配制及保存应注意以下几方面：

1）药品称重应准确，尤其是微量元素化合物应精确到 0.0001g，大量元素可精确到 0.01g。

2）配制母液的浓度适当，一是长时间保存后易沉淀，二是浓度大、用量少，在配制培养基时易影响精确度。

3）母液贮存不宜过长，一般几个月左右，要定期检查，如出现浑浊、沉淀及霉菌等现象，就不能使用。

4）母液应放在 2～4℃ 的冰箱中保存。

（2）培养基的配制

根据培养基配方，算好母液吸取量，并按顺序吸取，然后加入蔗糖溶液，并加入蒸馏水定容，再用 0.1～1mol/L 的 HCl 或 NaOH 调整 pH 值，加入琼脂加热熔化。配制好的培养基要趁热分注，倒入三角瓶等培养器皿中，封口准备消毒。

（3）培养基的消毒

由于培养基内有丰富的营养物质，极利于细菌和真菌的繁殖，易造成污染，影响组培的成功，应对培养基进行消毒。一般有高温高压消毒和过滤消毒两种方法。

①高温高压消毒

一般用消毒锅消毒。注意消毒锅不能装得过满，锅内保持 1.1kg/cm³ 的压力，温度 120℃ 左右，大约 15～20min 即可。

②过滤消毒

一些易受高温破坏的培养基成分如 IAA、IBA、ZT 等，不宜用高温高压法消毒，可用过滤消毒。过滤消毒后再加入已高温高压消毒的培养基中。过滤消毒应在无菌室或超净工作台上进行，以避免污染培养基。

3.5.6　组培育苗的方法和步骤

1. 培养材料的采集

组织培养所用的材料非常广泛，可采取根、茎、叶、花、芽和种子的子叶，有时也用花粉粒和花药，其中根尖不易灭菌，一般很少采用。木本植物中，阔叶树可在一、二年生的枝条上采集，针叶树多采用种子内的子叶或胚轴，草本植物多采用茎尖。

在快速繁殖中，最常用的培养材料是茎尖，通常切成 0.5cm 左右；如果为培养无病毒苗而采用的培养材料通常仅取茎尖的分生组织部分，其长度在 0.1mm 以下。

2. 培养材料的消毒

（1）先将材料用流水冲洗干净，最后一遍用蒸馏水冲洗，再用无菌纱布或吸水纸将材料上的水分吸干，并用消毒刀片切成小块。

（2）在无菌环境中将材料放入 70% 消毒水中浸泡 30～60s。

（3）再将材料移入漂白粉的饱和液或 0.1% 升汞水中消毒 10min。

（4）取出后用无菌水冲洗三四次。

3. 制备外植体

将已消毒的材料用无菌刀、剪刀、镊子等，在无菌的环境下，剥去芽的鳞片，嫩枝的外皮和种皮、胚乳等，叶片不需要剥皮。然后切成 0.2～0.5cm 厚的小片，这就是外植体。在操作中严禁用手触动材料。

4. 接种和培养

（1）接种

在无菌环境下将切好的外植体立即接在培养基上，每瓶接种 4～10 个。

（2）封口

接种后，瓶、管用无菌药棉或盖封口，培养皿用无菌胶带封口。

（3）温度

培养基大多应保持在 25℃ 左右，但要因植物种类及材料部位的不同而区别对待。

（4）增殖

外植体的增殖是组培的关键阶段。在新梢等形成后为了扩大繁殖系数，需要继代培养。把材料分株或切断转入增殖培养基中。增殖培养基一般分化培养基上加以改良，以利于增殖率的提高。增殖 1 个月左右后，可视情况进行再增殖。

（5）根的诱导

继代培养形成的不定芽和侧芽一般没有根，必须转到生根培养基上进行生根培养。1 个月后即可获得健壮根系。

5. 组培苗的炼苗移栽

试管苗从无菌，光、温、湿稳定环境中进入自然环境，从异养过渡到自养过程，必须经过一个驯化锻炼过程，即炼苗过程。一般移植前先将培养容器打开，于室内自然光照下放 3d，然后取出小苗，用自然水把根系上的营养基冲洗干净，再栽入已准别好的基质中。基质常用泥炭、珍珠岩、蛭石、砻糠灰等或适当加部分园土，使用前最好消毒。移栽前期要适当遮荫，加强水分管理，保持较高的空气湿度（相对湿度 98% 左右），但是基质不宜过湿，更不能积水，以防烂苗。温度对组培苗的成活率影响也较大，以 15 ~ 25℃ 最适宜，夏季温度过高，水少小苗易萎蔫，水多又易腐烂，管理较困难，成活率下降。一般炼苗 4 ~ 6 周，新梢开始生长后，小苗即可转入正常管理。

3.6 大苗培育

大苗是经过移植、修剪和整形的符合园林绿化需要的大规格苗木。由于各种绿化环境复杂，密集的建筑、频繁的人为活动及土壤、空气和水源的污染，都会影响树木的正常生长。在城市园林绿化中采用大苗栽植，能提高苗木对不良环境的适应能力，有效地抵抗人为的干扰、环境污染和各种灾害天气的影响，能在较短时期内满足绿化、防护、美化功能及人们的观赏需要。

从苗木繁殖成活到培育出符合园林绿化需要的大规格苗木出圃前，还需要经过较长时间的抚育管理，这是一项连续的经常性细致工作。主要包括苗木移植、中耕除草、施肥、灌溉与排水、整形修剪、苗木防寒、病虫害防治等。这些基本措施是相互依存、相互制约、相互促进的关系，必须结合不同苗木，不同生育期灵活掌握和综合运用。

3.6.1 苗木的移植

苗木移植是指在一定时期把生长拥挤的较小苗木起出来，移到另一个育苗地，按一定的行株距栽种下去的过程。凡经过移植的苗木统称移植苗。没有经过移植的苗木，往往主根太深，侧根和须根较少，根系不发达，不利于栽植成活。

3.6.1.1 苗木移植的意义

1. 培育发达的根系

发达的根系，才能保证在绿地栽植成活；栽植后恢复树势快，形成预期的绿化景观快。而发达的根系是在苗圃中通过多次移植后培育出来的。如国槐，不经过移植的播种苗，自播种开始，在原床养护5～6年后直接出圃，其树干可达4～5cm，而其根系呈胡萝卜状，很少侧根，只有在主根上附有很少须根。出圃移植到绿地后成活率低、树势恢复慢；而园林苗圃培育的国槐，在苗圃至少移植2次，通过2次移植断根，刺激萌生诸多侧根，须根量也增加很多，这样的苗木用于绿化，才能成为优质苗木，栽植后成活率高，树势恢复快。

2. 培育通直树干

园林树木对乔木树干的要求很高，要求通直、光滑，且要有一定高度的分枝点。培养落叶乔木树干，小苗期必须密植簇拥生长，抑制侧枝的发育，促其顶芽、干梢发育，才能长成笔直的树干；通过密植培养树干成形后，必须进行移植、扩大行株距，即扩大营养空间，促进整个植株生长，达到树干增粗的目的。若不及时地进行移植，在过密情况下必然会导致正常生长受到抑制，并形成两极分化现象。通过移植，重新分级，在合理的行株距条件下，苗木齐头并进，则能培养出一批生长一致的优质苗木。

3. 培养丰满树冠

树冠是构成树姿的主体，行株距大小直接影响树冠的发育，尤其是对常绿树的影响最大。若行株距过小，不仅影响冠形发育，更严重的是密植的常绿树树体紧靠的部位，得不到光照营养，会全部枯死，破坏了整体树形，成为劣质苗木。所以，育苗生产要根据不同苗木生长发育的预期高度、冠幅宽度，通过移植及时调整行株距，预留出充分的营养空间，才能培育出主枝、侧枝分布均匀，树冠丰满，树姿优美的优质苗木。

4. 合理使用育苗用地、节省管理费用

苗圃土地有限，不可能从小苗开始就用大行株距进行定植。为了合理利用土地资源，培育小苗用小行株距，占用少量育苗地；培育大规格的苗木，可采取分阶段进行移植，调整行株距的方法来培育大苗。

3.6.1.2 移植次数

移植的次数取决于树种的生长速度和对苗木的规格要求，一般以2～3次为宜。园林上用的阔叶树种，在播种或扦插1年后进行第一次移植。以后根据生长快慢和行株距大小，每隔2～3年移植一次，并相应扩大行株距。一般园林苗圃中对普通的行道树、庭荫树和花灌木移植2次，苗龄达到3～4年即可出圃；而对一些特殊要求的大规格苗木，常需培育5～8年，甚至更长，需要2次以上的移植。对生长缓慢、根系不发达，而且移植后较难成活的树种，可在播种后第3年开始移植，以后隔3～5年移植一次，苗龄8～10年，甚至更大一些方可出圃，如栎类、椴树、七叶树、银杏、白皮松等。露地播种的草花，除了不耐移植的种类而进行直播外，一般均先在苗床育苗，经一次（分苗）或二次移植，最后定植。

3.6.1.3　移植密度

移植密度即行株距，关系到移植苗木若干年的营养空间，关系到培养成品苗的最终质量，也关系到养护管理的成本及土地利用的成本。一般应根据苗木的生长速度、苗冠和根系发育的特点、苗木的培育年限、苗木出圃的规格、机械作业水平等因素综合确定。总的原则是：在保证苗木有足够营养面积的前提下，尽量合理密植，以提高产苗量，充分利用土地，减少抚育成本。

苗木培育目的不同，移植密度不同。密植养干、稀植养冠是不同园林苗木养护的常用方法。在群体发育条件下，为了争夺阳光和生长空间，苗木向上生长，使树干高而挺拔。如果移植密度过稀，就会使树木侧枝生长旺盛，导致树冠加大，树干容易弯曲，有的树种在种植密度过稀的情况下容易发生病虫害，如毛白杨，过稀易遭受透翅蛾的危害，一般行株距多为 70cm×40cm 或 80cm×50cm。而槐树、龙爪槐等以养冠为目的时，行株距在 120cm×120cm 左右，以促使侧枝生长，尽快养成树冠。

苗木移植年限不同，移植密度不同。生长快的树种，移植第 1 年稍稀，第 2 年密度适宜，第 3 年经修剪后仍能维持 1 年，第 4 年出圃；生长慢的树种，第 1 年稍稀，第 2 年合适，第 3、4 年郁闭，第 4、5 年移植，再培育 2～3 年出圃。

培养不同规格的苗木，需要不同的密度。一般落叶乔木培养胸径 4～6cm 的苗木，移植行株距一般为 100cm×80cm。培育胸径 7～10cm 的苗木，行株距则应定在 1.5m×1.5m 以上，才能满足其地上及地下的营养空间，而对于诸如水杉等树冠较窄小、不开张的树种，为节约土地，行株距可定为 1.5m×1m。对于大规格常绿树，为满足其生长空间需要，避免过频移植，根据预计出圃规格移植密度应一次到位。如培养 2～3m 白皮松，行株距应为 2m×2m；培养 5～6m 白皮松，行株距应为 3m×3m。在移植前期，行株距肯定过宽，为充分利用育苗地，可间作二、三年生的短线小苗。

目前苗圃生产的机械化程度越来越高，为了适应这一发展趋势，提高生产效率，行距首先应作调整。如要进行机械中耕、施肥、机械掘苗等作业，行距一般设计为 1.2m 以上。要求最好南北贯通，地头留出机械作业道，供机械作业调头、拐弯使用。

3.6.1.4　移植时期

苗木移植时期取决于当地的气候条件、苗木的特性和劳动力安排。根据树木成活的原理，最适宜的移植季节和时间，应适合树木保湿和愈合生根的温度和水分条件。因此，一般而言，春季、秋季是移植的适宜季节。但随着科学技术的不断发展，只要条件许可，可以在任何时候进行移植。

1.春季移植

大多数树种一般在早春移植,也是主要的移植季节,此时树液刚开始流动,枝芽尚未萌发，苗木蒸腾作用很弱，且土壤的温、湿度能满足根系的再生要求，苗木体内水分得以保持和平衡，移植成活率高。当苗木地上部分发芽时，根系已开始恢复，满足了地上部分树种对水分和养分的需要，利于移植苗的生长。但有些树种在新芽刚冒尖时移植，成活率高，估计是由于新芽形成的生长激素传导到根部，能促使根部伤口愈合，长出新根，如枫杨、乌桕、苦楝等。春季移植的具体时间，应根据树种的发芽时间来安排前后顺序，芽萌动早的宜早移，萌动晚的可晚些移植。

2. 秋季移植

一般应在冬季气温不太低，无冻霜和春旱危害的地区进行。秋季移植在苗木地上部分停止生长后即可进行。此时地温高于气温，根系尚未停止生长，移植后根系伤口愈合快，有利苗木成活，有的当年就能形成新根，第2年缓苗期短，生长快。秋季移植的时间不宜过早，若落叶树种尚有叶片，往往叶片内的养分没有完全回流，苗木木质化程度较低，不能正常越冬。

3. 夏季移植

夏季移植通常用于常绿树种（主要是针叶树种）苗木的移植。南方以梅雨初期移植为宜；北方在雨季开始来临时进行。移植最好在无风的阴天或降雨前进行。

3.6.1.5 移植地的准备

移植苗木用地是培养优质苗木的基础，而且定植少则几年，多则十几年，为长远打算，耕整好土地非常重要。要求作好以下工作：

1. 土地粗整

移植用地一般都是苗木出圃后的空闲地。这些地块的不足之处是：前茬在此养护多年，土壤养分消耗较大；如出圃苗为常绿树，则需带土球出圃，损失了部分理、化性质好的耕作层土壤，如某区出圃桧柏400株，每株土球重25kg，经计算损失近 7～8m³ 耕作土；出圃后留下众多树坑、造成高低不平。

针对以上问题要做的主要工作是：平树坑，用剩下的耕作层土壤填平因出圃掘苗形成的树坑；回填土，在粗整平后，根据缺土数量，有计划地回填土。回填土严禁混杂各种垃圾，最好回填质地较好的耕作土。结合回填土还应做好土壤改良工作，如原床土较粘重的，应回填一些砂质土；原砂质土的，应回填一些黏质土壤，借此改善土壤的理化性质；漫灌大水，使新填土踏实，便于耕作。

2. 施基肥

因前茬在原地养护了多年，新移植苗又要一定年数，不可能每年耕作施基肥，所以移植前施用好基肥相当重要，可为以后几年移植苗的养护创造了很多有利条件。苗圃施用的基肥以堆制的有机质材料为主，如树叶、杂草、木屑、农作物秸秆、牲畜粪肥、各种饼肥等。施用量 7.5～15kg/m²。

3. 土壤消毒

施肥过程中可同时施入杀虫、杀菌剂，防止移植苗受病虫为害。为防杂草可在耕翻地之前喷洒除草剂。

4. 耕翻

基肥、土壤消毒药剂均匀施用后，即可进行耕翻。耕翻深度视苗木大小决定，大苗深些，小苗浅些；秋耕或休闲地的初耕应深些，春耕或二次耕翻可浅些。一般耕深30cm以上。耕后碎土，过耙平整。平整的同时做好垄、排水沟、作业道，并与全圃的排灌系统和道路系统接通。

3.6.1.6 移植方法

移植可用移植机，既能提高工作效率，又能保证工作质量。但当前普遍应用的还是人工移植。移植过程包括：

1. 起苗

（1）裸根起苗

裸根起苗常用于小苗或易成活的大苗。起苗时应尽量保持根系完好，并带有一部分"护心土"，保证主侧根不劈不裂。

（2）带土球起苗

带土球移植适用于常绿树和根系再生、萌芽较困难的落叶乔灌木如玉兰类、银杏等大苗及珍贵苗木。带土球移植原则上也是在休眠期进行，常绿树可在雨季进行。土球的大小，依苗木的大小而定。注意不要使土球破碎。

2. 分级

移植苗木要求提前按高矮、粗细分级。移植时按高矮、粗细等级排队，一是为了便于管理，苗木之间不互相遮掩，影响生长；二是为了美观一致。

3. 修剪

苗木在移植前一般要进行适当的修剪。深根性苗木可将主根剪短，以促进须根发达和便于移植。过长的根或损伤的根也应适当修剪。常绿阔叶树苗为减少蒸腾可剪去部分枝叶。萌芽性强的树种地上部分可作适当修剪。

4. 栽种方法

（1）沟植法

沟植法适用于根系发达的苗木移植。移植时先按一定的行株距开沟，深度略大于苗根的深度，再按株距将苗木排放于沟中，覆土踩实。栽种时要使苗木的根系舒展，严防苗木根系卷曲或窝根。

（2）穴植法

穴植法适用于大苗或较难成活苗木的移植。移植时按预定的行株距挖穴，然后按穴栽种，覆土踩实。树穴的直径大小应根据移植苗规格、根系大小确定，大土球苗树穴的直径应比土球直径大 30 ～ 40cm，便于土球在穴内放正。

（3）孔植法

孔植法适用于小苗移植。先按一定的行株距画线定点，然后在点上用打孔器打孔，深度比苗根稍深一点，将苗放入孔中，而后压实土壤。此法简单易行，功效高，但苗根容易变形。孔植法应用专用的打孔器，可大大提高孔植的工作效率。

无论采用以上哪种方法，都应注意移植时如土壤干燥，应在移植前 1 ～ 2d 浇足水；栽种时，要做到苗干端正、深浅适宜、根系舒展，不能有卷曲或窝根现象；栽种深度一般应比原土印略深 2 ～ 3cm，以免灌水后土壤下沉而露出根系，而肉质根类则以保持原来深度为宜；栽种后覆土踩实，并立即浇水，要灌饱浇透，避免灌腰截水；浇水后或雨后如有偏斜现象应及时扶正，防止长弯变形。从起苗到栽种，要注意苗根湿润，栽不完的苗木应选择阴凉处假植。

3.6.1.7　移植后管理

1. 灌水

移植后的第一次水，必须灌透灌足。隔 2 ～ 3d 灌第二次水，再隔 4 ～ 7d 灌第三次水。三水过后可根据天气和苗木生长情况适时给水。

2. 扶苗整床

扶苗一般在第一水过后进行。因为栽植踏实及填土不够，或人为、或大风致使栽植苗歪倒倾斜、露根等。灌水风干可以下地作业后，应及时进行移植苗的扶正立直作业，同时进行根际培土、整理苗床。

3. 遮阳护苗

在气候干旱、空气湿度偏低的情况下，对移植小苗，尤其对常绿小苗的缓苗极为不利。为了提高扦插小苗的移植成活率，除适时喷水增加局部湿度外，还应加设遮阳帘，控制日光强烈照射。如全光雾插生产的小苗，出床栽植时必须采取这个措施。确定缓苗成活后，适时撤帘见光。

4. 病虫害防治

移植苗因根系受损，树势减弱，很容易招致病虫的为害，必须提前预防。如定植大规格桧柏后，应及时进行树干喷洒防蛀干害虫的药剂、防止天牛乘虚而入。

3.6.2　中耕除草

中耕和除草是两个不同的概念，起着不同的作用，中耕是指对土壤进行浅层翻倒、疏松表层土壤；除草是指清除杂草。但这两项工作往往结合在一起实施，生产计划中则作为一项工序安排。

1. 中耕除草的目的和作用

中耕又称松土。降雨或浇水后，土壤容易板结，妨碍苗木根系呼吸和吸收功能。中耕能疏松表土，增加土壤的透气性，有利于根系进行呼吸作用；中耕切断了土壤毛细管上升水，既减少了土壤表层水的蒸发量、增加了土壤的保墒蓄水能力，又可减少盐碱涝洼地地表盐分积累；早春中耕因表土破碎增加了着光总面积，有利于吸收光的热能提高地温，对种子发芽、移植苗、扦插生根、保养苗的萌动都具有促进作用；而且由于土壤的疏松，有利于好气细菌的活动，促进了有机质分解，增加了土壤肥力。总之中耕松土为苗木根系生长和养分吸收创造良好的条件。中耕的同时结合除草，可避免杂草与苗木争光、争水、争肥；同时清除杂草又是清除病虫害中间寄主的一项植保工作综合治理措施。

2．中耕除草技术要求

中耕除草作业在 4～9 月进行，长达半年之久，约耗费全年总用工的 20%～30%。夏季杂草旺盛季节所耗用工达到当时抚育用工的 80% 以上，在育苗抚育管理工作中是一项重点工作。为了切实完成好这项耗工量极大的作业，提高作业效率，总结了六个字："除早、除小、除了"。除早即除草工作要早安排、提前安排。只有安排并解决了杂草问题之后，其他作业如施肥、灌水等才有条件进行；除小即清除杂草从小草开始就动手，不能任其长大形成了为害才动手，那时既造成了苗木损失，又增大了作业工作量；除了即清除杂草要清除干净、彻底，不留尾巴，不留死角，不留后患。如果一次作业不彻底，用不了几天又会卷土重来，浪费了时间和工力。

3．中耕除草的方法

（1）人工中耕除草

人工中耕除草既能除去行株间的杂草，又能起到中耕松土的作用。这是目前苗圃采用最多的、也是主要的中耕除草的方式，但劳动强度大，效率不高。人工中耕除草通常使用锄头进行，也可用徒手拔草、用挑草刀挑除草。

人工中耕除草要适时，在灌溉或雨后土壤稍干时进行；中耕深度要适宜，不能过深也不能过浅，应视苗木的不同生长期而异，初期，由于根细分布浅，中耕深度以 2～4cm 为宜；随着苗木的生长应逐渐加深，并将土块打碎；避免损伤苗木、并将杂草连根除去；中耕除草的时间和次数，应根据不同条件和目的决定，一年中一般在苗木整个生长期人工中耕除草 6～8 次。在苗木生长前期要多作中耕除草，此时苗木生长旺盛，效果明显；后期可少作中耕除草，促使苗木木质化。

（2）机械中耕除草

机械中耕除草一般在行距 1m 以上的大苗区采用。一台苗木除草机效率可抵 6～7 名人工操作，但株间杂草往往还需人工除草配合。小苗区和行间小的苗地不适用。

（3）化学除草

化学除草是通过喷洒化学除草剂接触杂草或被杂草吸收后破坏杂草的生理代谢，从而引起杂草死亡的一种除草方式。除草剂的种类很多，其对杀伤杂草的种类可分为灭生性和选择性除草剂；根据其的作用机理可分为触杀性和内吸性除草剂；根据其的作用方式可分为芽前（植物发芽前施入土中）和芽后除草剂。

除草剂的使用可采用土壤处理或茎叶处理两种方法。土壤处理即把除草剂均匀地喷洒在地面上或与细潮土混成毒土，均匀地洒在地面上，使萌发出土的杂草幼芽触药死亡，或受药害而死。可采用喷雾法、泼浇法或毒土法。茎叶处理即在杂草长到一定高度后，将除草剂均匀地喷洒在杂草的茎叶上，触杀或通过叶面渗入植物体内传导杀死杂草。一般常用喷雾法。常规喷雾用药量在 1000 l/hm² 以上，药液浓度小于 0.1%，雾滴较大。

除草剂的施药时期以杂草种子发芽而未出苗时使用，效果最佳。苗圃地，一般1年2次：第一次在播种前或移植前土壤处理，即在杂草未出苗时将除草剂喷施或拌毒土撒施于土壤中。第二次一般在7月上中旬，根据药剂有效期长短和杂草情况而定。

化学除草剂是在一定环境条件下灭除杂草而保护植物的，正确地使用除草剂必须调节好环境、除草剂、植物、杂草四个因素的相互关系。植物和杂草的种类不同，选用的除草剂不同，有的除草剂对禾本科是安全的，有的对双子叶植物是安全的，少数除草剂是全杀的。不同生育期的植物和杂草对除草剂的反应不同，选用的除草剂也应不同，一般幼苗耐药能力弱，适用的除草剂少，而成龄植株耐药性强，可适用的除草剂种类较多。使用除草剂时，还应注意环境条件，特别是水分、光照、气温和土壤质地。通常气温越高，植物生命活动越旺盛，除草剂杀虫效果越好。当气温低于15℃时，药效缓慢，15d以后才出现灭草效果；当气温高于25℃时，药效很快，且用量可以相应减少。但易挥发的除草剂，温度太高时，也不宜使用，损失量太大。一般气温在20℃以上效果好。空气干燥，叶片气孔关闭，药效低；多数除草剂须在土壤中使用，土壤湿润药效好。但大雨或漫灌时施药也不好，药被冲淋，效果会大减。杂草在干旱环境中，生长缓慢，组织老化，抗药性强，宜适当增加用量；在湿润土壤生长快，组织柔嫩，角质层薄，抗药性弱，可适当减少用药量。有些除草剂要求在日光作用下发挥灭草效果，如除草醚、扑草净；但也有因日光下挥发损失而需要土施后掩埋的，如氟乐灵。砂土有机质含量低少，土壤吸附除草剂量也少，可少施药；而黏土中含有机质多，土壤吸附除草剂量大，应增加施药量，才能达到同样的除草效果。强酸或强碱性土壤，一些除草剂明显分解失效，应增加施药量。

化学除草能提高工作效率，保证除草质量，但若使用不当会导致药害对植物产生药害，使用时要慎重，要严格按照规定确定用药品种、数量、稀释比例使用。园林植物种类众多，种植方式多样，施用化学除草剂应先小面积试验，确实安全可靠又有效时，再大面积施用。

3.6.3　灌溉与排水

植物从土壤中吸收水分的主要来源是天然降水、地下水和灌溉水。其中天然降水和地下水是无法满足和适应植物在各个生育阶段对水分的不同需要，这就需要人为调节，即通过灌溉和排水，达到既防旱又防涝的目的。因此，灌溉和排水是在园林植物培育和日常抚育管理中，人为改变土壤水分状况和空气湿度，提高植物成活率和促进植物生长的有效措施。

3.6.3.1　灌溉

水是植物有机体的重要组成部分，是植物进行光合作用制造有机物以建造自身的重要原料，也是植物生命活动的必要条件。种子的萌发，扦插、压条苗的生根，嫁接苗的愈合成活，以及各类苗木生长和发育都离不水。如果植物缺水，常导致枝叶萎蔫生长缓慢以至停止，严重的会发生死亡。因此，使土壤经常保持适量的水分，及时满足各种植物对水分的需要，才能促进园林植物的生长和发育。

1. 灌溉的原则

灌溉必须根据土壤的实际含水状况，根据植物生长的实际需求，结合土壤的质地、天气等情况进行，保持土壤适宜于所植植物生长的良好含水状态。

(1) 灌饱浇透，干湿相间

灌饱浇透是指进行灌溉时必须浇透水分，不仅使土表湿润，而且水分要渗透到植物根系以下土层，使根系都能得到充足的水分。避免出现灌水不透，水分只达到根系分布层的一部分的现象，这种水分只渗透至根系分布层的一部分的现象称为"腰截水"。腰截水使得深层的根系得不到水分，影响深层根系的生长，长期如此深层根系将出现退化和萎缩，整个植物的根系将趋于浅层化，对植物的生长带来不良的后果。

干湿相间是指浇水要掌握土壤有干有湿，干湿相宜。浇水过多、过于频繁，会导致土壤含水量过多造成土壤空气含量不足，植物的根系呼吸受到抑制，从而影响植物的正常生长。

灌溉掌握"灌饱浇透，干湿相间"的原则，即不干不浇、要浇浇透，使土壤处于干湿交替的良性"呼吸"状态，为植物生长创造一个良好地土壤水分环境。

(2) 看天、看地、看植物

看天是指根据气候、天气情况进行灌溉。夏季气温高，土壤蒸发量大，叶面蒸腾量大，相应的灌水量大，次数多。灌水宜在早晚进行，中午因气温较高如用冷水浇灌，往往使苗木根系受伤而生长不良。冬季植物生长缓慢或处于休眠状态，且气温低、土壤蒸发量小，应控制灌水。灌水应在中午前后气温较高时进行。晴天、风大或天气炎热，耗水量多，灌水次数和浇水量需相应增加；阴天、无风或湿度大、温度不高，灌水次数和灌水量则需相应减少，甚至不浇。

看地是指根据土壤情况进行灌溉。沙质土壤保水性差，灌水宜少量多次；黏质土壤保水性强，灌水可次少量多。肥沃的轻壤土或砂壤土，结构良好，通透性和保水性良好，适当灌水即可。

看植物是指根据不同植物的不同生长习性，及其所处不同生长发育阶段的不同需求来进行灌溉。喜湿润的园林树种，如柳树、泡桐、桉树、水杉、池杉等苗木，应少量多次灌水；白蜡、刺槐、五针松、油松等苗木比较耐寒，灌水可减少。植物在幼苗阶段对水分敏感，必须保持适宜水分状态，水分供应要及时，既不能缺水也不能太湿，避免缺水使幼苗枯萎、太湿导致幼苗腐烂；苗木生长旺盛时期需水量大，应充足供应充分满足生长需求，使苗木生长充分；苗木生长后期则应控制浇水，降低苗木枝条的含水量，促使苗木枝条生长充实并充分木质化，作好越冬准备以免冬季遭受低温危害。

(3) 灌溉与施肥、土壤耕作等技术施相结合

在苗木的抚育管理中，灌溉常与中耕除草、施肥等养护管理措施结合进行。如施肥要做到"水肥结合，以水调肥"，施肥才有效果。"薄肥勤施"即将固态

化学肥料用水稀释后施用或先肥后灌，使肥料随水分向土壤深层渗透，从而保证植物对水分和养分的需要。又如深耕加厚耕作层，可提高土壤保水能力；雨后或灌水后进行中耕除草，可防止土壤板结，较少土壤水分的消耗，增加土壤的蓄水能力，还可除去杂草。在苗床播种时，要先浇足底水；在苗木移植前应浇"起苗水"，移植后随即灌"定苗水"，栽后数日要灌"缓苗水"；在苗木出圃时，若土壤干燥，可先进行灌水，以减少根系的损伤。

2. 灌溉方法

苗圃的灌溉方法根据当地水源条件、灌溉设施不同，有以下几种：

(1) 沟灌（畦灌、垄灌）

沟灌一般应用于高床（高畦）和高垄作业。水由灌溉渠道把水引入沟里，水从侧方渗入苗床或垄（畦）中。其优点是床面或垄面不易板结，土壤具有良好的通气性并能保温，有利于春季苗木种子出土和苗木根系生长，可以减少松土次数。但苗床较宽时，会产生灌水不匀现象。

(2) 漫灌

漫灌一般适用于低床（低畦）或大田平作。是将水直接引入苗床地，水从床面或地面流过而渗入土壤中。其优点是水分均匀，投入少，简单易行。但漫灌易造成土壤板结和通气不良，增加松土次数，且耗水量大。漫灌时应注意灌水要缓慢，以免冲倒或淹没幼苗的叶子，造成气孔闭塞，影响苗木生长。

(3) 喷灌

喷灌是喷洒灌溉的简称，又称人工降雨。喷灌一般在播种、扦插、小苗区使用。喷灌的优点是便于控制灌溉量，并能防止因灌水过多使土壤产生次生盐渍化，减少渠道占地面积，能提高土地利用率，土壤不板结，并能防止土壤流失。同时喷灌工作效率高，节省劳力，若配合施肥装置可同时进行施肥作业。但喷灌需要较高的基本建设投资，受风速限制较多，在 3～4 级以上的风力影响下，喷灌不匀，并且因喷水量偏小，所需时间很长。

(4) 滴灌

滴灌是让水沿着具有一定压力的管道系统流向滴头，水通过滴头以水滴状态缓慢地滴入幼苗根际，源源不断地供应植物生长所需水分的一种灌溉方法。其优点是土壤含水量适当，又能连续保持土壤湿润，能保持土壤团粒结构和良好的通气性能，节约用水。但费用较高，目前难普及。滴灌是节水的灌溉技术，适用于缺水地区的苗木栽培，更适合于对水质有较高要求的花木在温室栽培中的运用。目前滴灌技术在现代温室自动化育苗和栽培生产中已得到广泛地运用。

3.6.3.2 排水

排水即排除土壤中过多的水分，保证苗木的根系有适宜的空气供其呼吸。在雨季、梅雨季节或台风季节，常出现连续多日的雨天或出现大雨与暴雨，都会引起育苗地的积水，如不及时排水，会使幼苗根系腐烂，或减弱其生长势而使幼苗感染病害死亡。因此在安排好灌溉设施的同时，必须做好排水系统工作。首先应平整圃地，并建立苗圃的排水系统；在雨季或暴雨来临之前，及时检查和修复排水渠道；

雨后及时修整苗床和排水渠道，使多余的水及时排走，保证床面或圃地不积水。

3.6.4　施肥

植物在生长发育过程中，除需要充足的阳光、适宜的温度、水分外，还需要大量的养分。植物必需的养分中，除碳、氢、氧外，其他元素均从土壤中吸取，其中需要量最大的是氮、磷、钾营养元素。这些元素随着植物的生长被吸收，土壤中的含量越来越少。因此，必须通过人为施肥的方法补充土壤的肥分，提高土壤中有效养分的含量，改良土壤的结构，满足植物在不同生长发育时期的特殊要求，促进苗木的生长发育，提高苗木的产量和质量。

3.6.4.1　施肥的原则

合理施肥是提高肥效、降低投入成本、防止各种肥害及损失的必要措施和技术保证。合理施肥应遵循以下原则：

1. 有机肥与化肥配合施用

有机肥所含必需营养元素全面，又可改良土壤结构，肥效稳定持久；有机肥还可以创造土壤局部酸性环境，避免碱性土壤对速效磷的固定，有利于提高树木对磷肥的利用率。而化肥可根据不同树种需求有针对性地进行追肥，适时给予补充。

2. 根据苗木生长的需求追施相应的肥料

不同种类的苗木需要不同的肥料，落叶树、速生树应侧重多施氮肥；针叶树种比阔叶树种需氮较多，需磷较少；花灌木应适当减少氮肥的用量，增加磷钾肥；刺槐等豆科树种有固氮根瘤菌，应增施磷肥促使根瘤菌的生长；对一些外引的边缘树种，为提高其抗寒能力，应控制氮肥的施用量，增加磷钾肥；松、杉类树种对土壤盐分反应敏感，为避免土壤局部盐渍化对松、杉类树木造成为害，应少施或不施化肥，侧重施有机肥；杜鹃、山茶习性喜欢偏酸性肥料；菊花喜欢中性或偏碱性肥料。

苗木不同的生长阶段所需的肥料也不同。生长初期，为了使枝干梃直，需要在施氮肥的同时增施钾肥；花芽分化期，需增施磷肥，且以磷肥为主；营养生长旺盛生长期，多施氮肥；生殖生长期，多施磷钾肥；坐果期，还可喷施硼元素。总之，应根据苗木生长的具体需求来施加相应的肥料，以满足苗木所处生长阶段的需求。

苗木所需肥料的量与其生长量呈正比。随着苗木生长速度的加快，苗木的生长量也不断地加大，苗木对肥料的需求量也相应随之增加。因而，在苗木快速旺盛生长的时期应及时增加肥料的供应量，提供充足的肥料，以满足不断加大的生长量的需求。

3. 根据肥料特性进行施肥

铵态氮遇碱性物质可分解出氨气，氨气易挥发，造成氮素的损失，但铵态氮在土壤中移动性小，被土壤胶体吸附后不易随水流失，所以铵态氮肥施用时应采取土壤深施方法，减少和空气的接触机会；硝态氮的硝酸根离子不能被土壤胶粒吸附，易随水流失，最好不要在砂质土中施用，也最好不在雨季施用。对易挥发、易流失的肥料，宜用作根外追肥；对需要在土壤中经腐熟分解才能为苗木所吸收利用的肥料，应提前在苗木需求前施入土壤。碱性或生理碱性肥料，宜施用于酸性土壤中；酸性或生理酸性肥料宜在碱性土壤中施用，既增加了土壤养分又达到调节土壤酸碱度的目的。

4. 根据土壤状况施肥

砂质土吸收容量小，保肥力差，应多施有机肥。施用化肥宜少量多次，以避免流失浪费；黏质土吸收容量大，保肥力强，可一次施足肥料，以供应苗木较长时期的使用；保肥力强的肥沃土壤，量和次数可适当减少。酸性土壤宜施中性或偏碱性肥料；碱性土壤宜施中性或偏酸性肥料。在施肥前还需对土壤进行肥力及 pH 测定。根据具体检测数据决定补充何种肥料及补充多少量和应保持的 pH 值，避免使土壤出现过酸或过碱化。

5. 根据天气情况施肥

雨天不宜施肥，以免肥料流失；晴天中午阳光强烈时不宜施肥（特别是根外追肥），以防高温浓缩肥液对苗木造成伤害。施肥一般选择在晴天傍晚时分进行，施肥之后往往需要再喷洒水分，以利肥料渗入根际土壤之中。

6. 施肥与浇水相结合

实行薄肥勤施，有利于肥料被土壤吸收和保持，并逐渐释放为苗木所吸收。

总之，施肥时应根据苗木生长的需求以及不同肥料的特性，合理地配合使用不同的肥料以满足苗木生长的需要。

3.6.4.2 苗圃常用肥料种类和性质

1. 有机肥料

常见的有堆肥、厩肥、绿肥、草炭、腐殖质肥料、人粪尿等。有机肥含有多种元素，含有大量有机质，改良土壤效果好。

2. 无机肥料

常见的以氮肥、磷肥、钾肥三大类为主，此外还有铁、硼、锰、硫、镁等微量元素肥料，如尿素、硝酸铵、硫酸铵、过磷酸钙、硫酸钾等。无机肥料的肥分单一，连年单纯地施用易造成土壤板结、坚硬，一般在生产中作追肥施用。

3. 生物肥料

生物肥料是利用土壤中存在着一些对植物生长有益的微生物，如根瘤菌、固氮菌、菌根菌以及能刺激植物生长并能增强抗病力的抗生菌等，将它们分离出来制成所需要的微生物肥料。

3.6.4.3 施肥方式

园林苗木品种多、规格多，施肥的方法也要求多样。具体归结为以下几种：

1. 基肥

基肥是在苗木播种或定植前，结合耕翻整地施入土中的肥料或入冬前施用的肥料。基肥的作用是：改良土壤，提高土壤肥力，以利于在整个苗木的生育期间源源不断地供应养分。基肥以有机肥为主，常用的有粪肥、厩肥、堆肥、饼肥等，所施基肥应充分腐熟，以免烧坏根系。为了调节各种养分的适当比例，考虑到磷钾肥在土层中不易移动的特点，有时也加入少部分速效氮肥和适量的磷钾肥；为了调节土壤酸碱反应、改良土壤，也可考虑使用间接肥料如石灰、硫磺粉以及土壤改良剂等，与有机肥一起施用。基肥的施用方法有：

（1）撒施

将有机肥均匀地撒是在土壤表面，再经耕翻、旋耕使肥料混于 20～25cm 的耕作层中。此法适用于繁殖或移植小苗。

（2）穴施

在移植苗木的树穴内，集中施入准备好的基肥的施肥方法。此法适合应用于定植大苗的施肥。穴施增加了基肥利用效率，降低了成本，同时解决了土壤深层施肥的难题。

（3）沟施（条施）

沿苗木行间开沟，均匀地将肥料施入沟内，再覆土盖严。此法一般在秋末冬初，植物进入休眠期时进行。

2．追肥

追肥是指在苗木生长发育期间施用的速效性肥料。追肥能补充基肥的不足，可及时供应苗木生长发育旺盛时对养分的大量需要，加强苗木生长发育，提高合格苗产量和提高苗木质量。追肥可经济有效地利用速效肥料，避免速效养分的固定或流失。

追肥应掌握由稀到浓、量少次多、适时适量、分期巧施的原则。苗期一般追肥 3～5 次，如播种苗，第一次于幼苗出土后 1 个月左右，此时苗木已发不少新根；最后一次追施氮肥，不要迟过"立秋"，以防徒长，遭受冬季冻害。常见的追肥方法有：

（1）土壤追肥

用化肥作土壤追肥的方法有撒施、沟施和随水施。撒施是指将额定的肥料均匀地撒在苗床表面，浅耙混土灌溉后随水渗入苗床；沟施是在苗木行间开沟施肥后盖土、浇水；随水施是将肥料溶于水中浇入床面，或随水灌入苗床。

（2）根外追肥

根外追肥是指在苗木生长期间将速效性肥料的溶液喷在叶面上，由叶片气孔或叶面的角质层逐渐渗入叶片内部，以供苗木生长需要的一种施肥方法，故又称叶面喷肥。其特点是用量少、肥效快，一般 12～24h 便可发挥作用。根外追肥一般用于微量元素缺乏引起的营养贫乏症如缺 Fe、B、Mn 等；用于某些在土壤中易被固定或移动缓慢的元素，如 P 有特殊的效果；在苗木生长后期表现缺 N，但不能进行土壤施肥的情况下也可施用，此外，当气温升高而地温低时，地上部分开始生长而根尚未活动时或苗木定植时，根系不能立即恢复活动的情况下进行根外追肥，可保证植物所需养分的供应，提高苗木成活率。

根外追肥的浓度因肥料种类而异。一般肥料溶液的浓度控制在0.3%左右，每5～7d一次，连续3～4次，如尿素浓度为0.2%～0.5%，过磷酸钙为0.5%～1.0%，磷酸二氢钾为0.1%～0.3%，氯化钾、硫酸钾为0.3%～0.5%，硫酸亚铁为0.2%～1.0%，微量元素的浓度一般为0.25%～0.5%。

实施根外追肥时应注意：根外追肥因用量少，不能满足植物对养分的需要，不能完全替代土壤追肥，只能作为补给营养的辅助措施；由于叶面喷肥后，肥料容易干燥，浓度稍高就易灼伤叶片；根外追肥宜在早晚、阴天等空气湿度大时进行；根外追肥时应从叶片的正反两面进行，尤其应注意从叶背向上喷；根外追肥可以与农药等混喷。但喷前应先试验，以免发生药害或降低药效。如尿素与波尔多液混喷、硼酸与波尔多液混喷、尿素与杀虫剂混喷等。

3.6.5 整形修剪

整形是指根据植物的生长发育特性和人们观赏与生产的需要，对植物施行一定的技术措施以培养出所需的形态和结构的一种技术。修剪是指对植物的某些器官（茎、枝、芽、叶、花、果、根）进行部分疏删和剪截的操作。整形时目的，修剪是手段。整形是通过修剪技术来完成的，是运用修剪技术对植物的生长形态进行整理的操作过程；而修剪是在整形的基础上，根据某种树形的要求而施行的技术措施。二者紧密相关，统一于一定的栽培管理目的要求下。没有经过修剪、整形的苗木，树形不合理，不符合园林绿化的需要。所以，园林绿化所用的苗木，都要经过多次移植，并通过栽培管理和采用整形修剪等措施，培育出树干笔直光滑、分枝均匀、树冠丰满、根系发达等符合园林绿化要求的各种规格的园林苗木。一般幼年期以整形为主，当经过一定阶段冠形骨架基本形成后，则以修剪为主。但任何修剪时期都须有整形的概念。

3.6.5.1 整形修剪的依据

整形修剪必须根据植物的生长特性、植物的年龄和植物的生长阶段以及人们的观赏需求和生产目的来进行。不同的植物具有其自身的生长发育特性和自身所固有的形态特征，自然冠形圆整或平顶或枝叶婆娑，树木或为乔木或为灌丛。受环境的影响，同一植物又会表现出不同的形态。可谓形态各异千姿百态，植物枝干梃拔壮伟或疏枝横斜各具特色。自然生成的各种美丽形态，都可以通过人为造型来加以实现。苗圃对苗木的整形修剪的目的，主要是培育苗干、基本冠形和干冠比，在植物出圃定植前，确定好冠形的骨架基础。

3.6.5.2 整形修剪的时期

整形修剪的时期一般分为休眠季修剪和生长季修剪。休眠季修剪指落叶树在秋冬落叶之后至翌年萌芽之前进行（一般在12月至翌年2月），常绿树则宜在严冬过后的晚春即将萌芽前进行。休眠季修剪以整形为主，培育苗木基本形态。一般以提高分枝点、选留基本骨架枝、均衡树势的整形为主要目的，同时剪除枯枝、感染病虫害的枝条和遭受伤损的枝条。生长季修剪指自春季植物萌芽生长开始至秋季枝梢生长停止之间进行（一般在4～10月）。生长期修剪是作为休眠期修剪的辅助修剪，以除萌芽、调整各主枝方位、疏删过密枝、摘心等为主。可起养直树干、促使组织充实的作用。

修剪时期的确定，除受地区条件、树种生物学特性及劳动力的制约外，主要着眼于营养基础和器官情况及修剪目的而定。要根据具体情况，综合分析，确定合理的修剪时期和方法，才能获得预期的效果。

同一树种，不同时期的修剪，即使方法和修剪量完全相同，其效果也不一样。这主要是因为植物在年周期中的不同时期，其营养基础和器官情况不同所致。在冬季因树体处于休眠状态，贮藏养分充足，芽在春季萌发，由于养分集中，枝叶生长很快，所以冬剪越重，贮藏的营养供应越集中，新梢生长越旺盛，剪口附近长梢少而强；春季（芽萌动后）修剪，因芽萌发后贮藏营养已有很多消耗，萌发的芽被剪除，芽需要重新萌动才能生长，所以造成生长推迟，长势明显减弱。同时，因将先端剪除，促使下面的芽萌发，从而提高了萌芽率，新梢多而弱；夏季修剪，由于夏季树体贮藏的养分较少，修剪时又剪去了带叶的枝条，减少了光合产物，对树体生长抑制较大，所以，一般修剪量要从轻，以免妨碍树木整体的生长；秋季修剪（最好是晚秋，剪后芽不会萌动），此时树体已进入营养贮备阶段，如适当修剪，可使分枝紧凑，改善光照，进一步充实芽体。这时剪去大枝，剪口芽（枝）在第二年春天反应比冬剪弱，枝势较为缓和，因而秋季剪除大枝，对缓和树势很有利。由此可见，根据需要采用不同时期的修剪是非常必要的。

3.6.5.3 整形修剪的基本方法

由于修剪时期和修剪部位不同，采用的修剪方法也不一样，归纳起来可概括为疏、截、放、伤、变五种。一般休眠期修剪以疏、截为主，生长期修剪各种方法均可使用。

1. 疏

包括疏枝、疏芽、疏花、疏果、疏叶、去蘖等。

（1）疏枝

疏枝是指将一年生枝条从基部整个剪去的操作方法（图3-38），又称疏删或疏剪。疏枝可调节树冠内枝条密度，改善通风透光条件，并使枝条配置合理，保持各主枝间长势均衡。疏枝对全株有削弱生长的作用，适当疏枝有利于苗木健康生长，过度修剪则会损伤苗木生长势而不利于苗木生长。疏枝通常是疏弱枝、病虫枝、枯枝、交叉枝、过密枝、萌蘖枝、徒长枝和扰乱树形的其他一切枝条。

（2）疏芽（剥芽）

疏芽是指将位置不当的芽或多余的芽除去。疏芽可改善其他芽的养分供应状况，增强生长势。疏芽在播种苗、扦插苗的定干整形时经常采用，即在生长期将分枝点以下的芽随着苗的生长分批全部除去，在分枝点以上的要选留与主干相距一定距离分布均

图3-38　枝条的疏除

匀的芽作为培养骨架的基础，并将多余的过密的芽抹去，使将来树冠内枝条均衡生长。

疏芽时应选留发展趋势符合要求的芽，疏芽应分批分次逐步完成，预留适当数量的后备芽，不能一次剥除到位，以免日后芽数不足而缺位。

(3) 摘叶

摘叶是指留叶柄而将叶片摘除。摘叶可改善通风透光条件，可使果实充分见光，着色度好，增加果实的美观程度，提高观赏效果；对枝叶过密的树冠，进行摘叶有防止病虫害发生的作用；摘叶还具有催花作用，如广州每年春节期间的花市上，有几十万株桃花上市。其实在广州春节期间并不是桃花正常的花期，为什么在此时桃花会盛开呢？这是因为当地的花农每年根据春节时间的早晚，在前一年的 10 月中旬或下旬对桃花进行摘叶，方可使桃花在春节前开放，保证及时上市，否则在春节后开放，则不能上市，没有任何经济价值。所以当地花农有这样的谚语："适时开花（春节前）就是宝，不适时（春节后）开花变柴草"。又如丁香、连翘、榆叶梅等春天开花的花木在国庆节开花，也可以通过摘叶法进行催花，一般在 8 月中旬摘去一半叶片，9 月初再将剩余的叶片全部摘除，同时加强肥水管理，则在国庆节期间可使诸多花木开花。

(4) 除萌（去蘖）

除萌是指除去苗木树干基部根颈萌蘖或根部萌蘖，以及嫁接苗砧木上的萌蘖，使养分集中供应给植株，促进其生长发育。剪除萌蘖应及时进行，以维护树木的良好形态和树木的生长势，使养分集中供应苗木的正常生长，避免萌蘖枝条夺势生长而破坏苗木的健康生长。

(5) 摘蕾、摘果

如果是腋花芽，摘蕾摘果属于疏剪范围；如果是顶花芽，摘蕾摘果则属于截的范围。如杂种香水月季因是单枝开花，常将侧蕾摘除，而使主蕾得到充足养分，开出漂亮而肥硕的花朵；聚花月季为了同时开出大量而整齐的花朵，往往要摘除主蕾或过密的小蕾，使花期集中，突出观赏效果。又如紫薇又叫百日红，因其能连续开花百天而得此芳名。如果对紫薇不在花谢后进行摘除幼果（去残花），花期则只有 25d 左右。

2. 截

包括截干、短截、回缩、摘心。

(1) 截干（平茬）

截干是指自苗木树干的基部（根颈）将其上部加以截除的操作。截干适用于萌发力、成枝力较强的落叶阔叶树种，常用于培育强势苗干。当一年生苗木主干细弱、弯曲或有其他情况不符合要求时，可在萌芽前将其主干自基部截去，以促使萌发新枝后，再从新萌的枝条中选择一支生长强壮的枝条培育为主干。对于多年生的衰弱苗株，也可通过截干来促使其更新复壮。多年生的花灌木，可通过平茬来更新灌丛，促使其年年萌生新枝而年年开花。

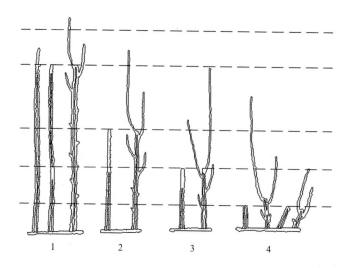

图3-39　短截修剪的
反应
1—轻短截；
2—中短截；
3—重短截；
4—极重短截

（2）短截

短截是指将一年生枝条剪去一部分，保留一部分的修剪
方法。短截可促使剪口以下侧芽萌发形成新梢，有促进局部
生长的作用；并能改变枝条的长度、着生方向和角度；调节
每一节分枝之间的距离，使冠形紧凑、圆满、整齐。

图3-40　缩剪延长枝

短截的程度和留剪口芽性质不同，效果也不同。按短截剪留部分的
长度不同可分为轻短截、中短截、重短截三种。轻短截只剪去枝条全长
的 $1/5 \sim 1/4$，剪后萌发的新枝生长势较弱成为短枝，一般观花、观果树
种常用此法促成花芽分化；中短截剪去枝条全长的 $1/3 \sim 1/2$，剪后萌
发的新枝长势旺盛，常用于培养延长枝或骨干枝；重短截剪去枝条全长的
$2/3 \sim 3/4$，只留基部少数几个芽。重短截是为了削减该枝条局部的生长势，
留存的几个芽所发的新枝都不会很壮，这些新枝常被用作辅助生长的营养枝
（图 3-39）。

（3）回缩

回缩是指对二年生以上枝条所进行的短截，也称为缩剪。一般是将较弱
的主枝或侧枝缩剪到一定的位置上（图 3-40）。回缩对全株生长有削弱作用；
可以重新调整树势，有利于更新复壮。

（4）摘心

摘心是指在生长季节摘除新梢的顶端（图 3-41）。摘心可改变营养物质
运输方向，促进花芽分化和二次开花；抑制新梢生长的长度，促使枝芽发育充
实；增加分枝数和分枝级次；调节花木开花数量、调控花期，提高苗木的观赏
质量。摘心不宜过早，也不宜过晚。过早，芽发育质量差，萌发的二次枝纤细
无力；过晚，生长期短，萌生的新枝组织不充实，不利越冬。摘心一般要待长
出一定的叶片数后进行，即要有一定的叶面积保证。

图3-41　摘心
1—第一次摘心处；
2—第二次摘心处

（5）抹芽

抹芽即把多余的芽从基部抹除。抹芽可改善留存芽的养分供应状况，增

强其生长势。如要培育行道树通直的主干，就应将侧芽抹去，不发分枝，也可减少不必要的营养消耗。

3. 放

对营养枝不剪称为甩放或长放。放是利用单枝生长势逐年递减的自然规律。对不影响苗木形态的枝条，可加以适当保留，以确保苗木生长所需营养的生产。放有利于增加生长量，利于物质积累，缓和树势，形成花芽。以后不需要时再加以剪除。对观花的树种，一般放中庸枝，利于开花。

4. 伤

伤是通过对枝条进行环剥、绞缢、刻伤、捻梢、扭枝、打结、折枝（梢）等方式来调节苗木生长势和调整苗木生长形态的技术措施。

（1）环状剥皮

环状剥皮是指在枝干的适当位置用刀或环剥器，剥去一定宽度的环形树皮，简称环剥（图3-42）。环剥可阻止其上部养分往下输送，增加了上部养分积累，有助于花芽分化，促进开花、坐果并提高花果的产量。环剥的宽度视枝干粗细和愈伤能力而定，一般为0.5～1cm。

（2）刻伤

刻伤是指在芽或枝的上方或下方进行刻伤，刻伤的伤口形状似眼睛，所以也称之为目伤（图3-43）。伤的深度以达木质部为度。

①横刻

即在枝条上某一芽的上方或下方用刀横切枝干的树皮，深达木质部，切断输导组织。横刻分为上刻和下刻。上刻的切口在芽或枝的上方，有利于改善芽和枝的营养状况，促进芽萌发或增强枝的生长势；下刻的切口在芽或枝的下方，可抑制芽和枝的生长，有利于有机物质的积累，使枝、芽充实，有利形成花芽。

②纵刻

即在枝干上用刀纵切树皮，深达木质部。纵刻可减少树皮的束缚力，有利于枝干的加粗生长。

（3）扭梢和折梢

扭梢是指将新梢向下扭曲，使水分和营养物质的输送暂时受阻，抑制其徒长（图3-44）。此法比摘心所产生的刺激小，但扭转处不易愈合。

图3-42　环状剥皮

图3-43　目伤
1—在芽上方刻伤；2—在枝下方刻伤

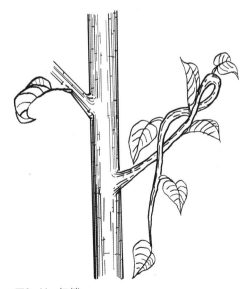

图3-44　扭梢

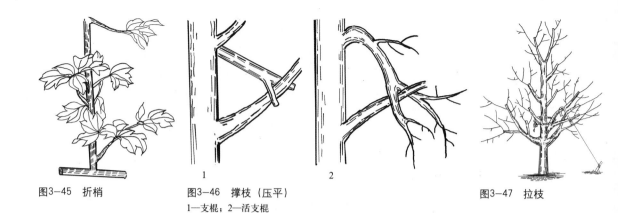

图3-45 折梢　　　　　图3-46 撑枝（压平）　　　　　　　　　　　　图3-47 拉枝
　　　　　　　　　　　1—支棍；2—活支棍

　　折梢是指将新梢先端折伤，使其伤而不断，以削弱生长势（图3-45）。

　　此外扭枝、打结等方式，都可以抑制和削弱所伤枝梢的生长势，从而相对增强其他枝条的生长势。采用伤的方式避免了大量萌发新芽的现象出现，还可以用来增强苗木的观赏效果，如结香树的打结造型。

　　5.变

　　变是指利用改变枝条的角度，达到调节枝条生长势的方法。如屈枝、弯枝、盘枝、拉枝、撑枝（压平）等（图3-46、图3-47）技术措施都可以改变枝条角度和方向，使枝条的先端优势转位。变的修剪措施大部分在生长季应用。

　　弯枝可加大分枝角度，减少枝条上下端生长势差异，防止枝条下部光秃现象的发生；骨干枝弯枝有扩大树冠，改善光照条件，充分利用空间，缓和生长，促进生殖等作用；屈枝是在生长季将枝条或新梢施行屈曲、缚扎或扶立等引诱技术措施。这一技术虽未损伤任何组织，但当直力引诱时，可增强生长势；水平引诱时，具有中等抑制作用，使组织充实，易形成花芽或使枝条中下部形成强健新梢；向下引诱时，则有较强的抑制作用；盘枝是将枝条缠绕成环状的措施，可抑制枝条生长，促使枝条组织充实。

　　在修剪时不是单纯地应用一种方法，而是几种方法综合应用，才能取得预期的效果。

　　3.6.5.4　大苗的整形修剪

　　1.乔木类大苗的整形修剪

　　有明显顶芽的乔木，移植后不应剪去主梢，修剪宜轻；而顶芽萌芽力差

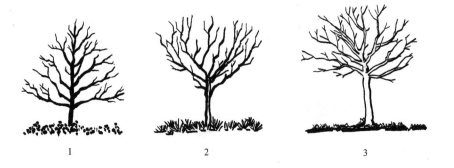

图3-48 乔木类常用整形方式
1—塔形；
2—开心形；
3—中央主干

1　　　　　　　　　　　2　　　　　　　　　　　3

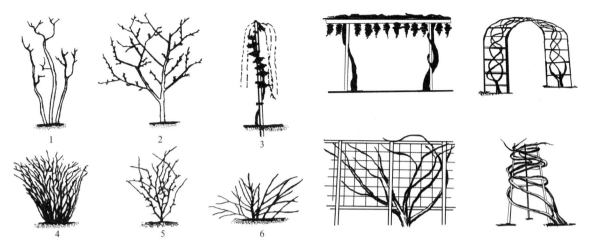

图3-49 花灌木常用整形方式
1—高灌丛形；2—独干形；3—篱架式造型；4—丛状形；5—自然开心形；6—宽冠丛状形

图3-50 藤本类常用整形方式

的乔木，移植后必须将主梢剪去 20～30cm，选择饱满芽留在剪口下，促使发芽发育成延长的主干。对于主干出现的竞争枝，应剪短或疏除。主干不高的树种，移植后应多留枝叶，先养好根系，在第二年冬季剪截主干，加强肥水管理，培育出直立的主干（图3-48）。

2. 花灌木大苗的整形修剪

灌木修剪多剪成高灌丛形、独干形、篱架式造型、丛状形、宽冠丛状形、自然开心形等。移植后主要采用的修剪方法是：第一次移植时，重截地上部分，只留 3～5 个芽，促其多生分枝。以后每年疏除枯枝、过密枝、病虫枝、受伤枝等，并适当疏、截徒长枝；对分枝力弱的灌木，每次移植时重剪，促其发枝（图3-49）。

3. 藤本类大苗的整形修剪

常按设计要求有多种整形方式，如棚架式、凉廊式、悬崖式等。苗圃整形修剪的主要任务是养好根系，并培养一至数条健壮的主蔓，方法是重截或贴地面回缩（图3-50）。

4. 绿篱及特殊造型的大苗的整形修剪

绿篱灌木可以从基部大量分枝，形成灌丛，以便定植后进行多种形式修剪，因此至少重剪两次。为使园林绿化丰富多彩，除采用自然树形以外，还可利用树木的发枝特点，通过不同的修剪方法，培育成各种不同的形状，如梯形、扇形、圆球形等。

3.6.6 防寒越冬

防寒越冬是对耐寒能力较差的植物实行的一项保护措施，以避免过度低温危害，保证其成活和翌年的生长发育。苗木受冻害的主要原因有低温、生理干旱和机械损伤等。由于各地区的气候条件不同，所采取的防寒措施也不同，但总体上应在提高苗木的抗寒能力和预防霜冻两个方面进行。

1. 提高苗木抗寒能力

通过加强栽培措施增强苗木自身的抗寒能力。适当早播，配合适当的育苗措施，如在生长季后期不施氮肥而多施磷、钾肥，减少灌水，进行摘心等，可以加速营养物质的积累，促进苗木生长健壮，使苗木在入冬前期能充分木质化，从而增强抗寒能力。

2. 预防霜冻和寒风危害

(1) 覆盖法

在霜冻到来之前，用树叶、稻草、草席、塑料薄膜等覆盖地面，翌春晚霜过后撤除覆盖物。此法常用于幼苗。

(2) 培土法

对规格较小的苗木、灌木、蔓生植物、宿根植物等可采用根部培土或全株埋土的方法进行防寒。待春季到来后，萌芽前再将培土扒开，使其继续生长。埋土在土壤结冻前进行最适宜，不宜太早，否则苗易腐烂。

(3) 灌水法

由于水的热容量比干燥的土壤和空气大得多，灌水后能提高土壤的导热量，使深层土壤的热量容易传导到土壤表面，从而提高近地表空气温度；同时，灌溉又可提高空气中含水量，当空气中的蒸气凝结成水滴时，能放出潜热，可以提高地面温度，起到防寒作用。一般灌溉可提高地面温度 2～2.5℃，在严寒来临前 1～2d，可用灌水来减少或防止苗木冻害。春季灌溉有保温和增温效果。

(4) 浅耕法

浅耕可降低因水分蒸发而产生的冷却作用，同时，土壤疏松，有利于太阳热量的导入，对保温和增温有一定的效果。

(5) 包扎法

包扎法常用于新植苗木或灌木。在霜冻来临之前，将地面以上枝条全部用草帘包扎起来，翌年春季解除。

(6) 熏烟法

熏烟时，烟和空气中的水汽组成了浓密的烟雾，能减少土壤热量的散失，从而防止土壤温度降低；发烟时，烟粒吸收热量使水气凝结成液体水滴而放出热量，也可使气温升高，防止霜冻。在环境温度不低于 −2℃ 时效果明显。

(7) 设立风障

对一些耐寒能力较强，但怕寒风的观赏树木，可在树木的西北部设立风障防寒。一般在土壤结冻前（立冬前后），用秫秸、草帘等排成与主风方向垂直的风障，以降低风速或阻挡冷气流的侵袭，减少寒害。

(8) 假植防寒

对当年繁殖的落叶树小苗，可结合春季移植，在入冬前将苗掘下，按不同规格分级，然后埋在假植沟内假植防寒。

(9) 喷施土壤增温剂

土壤增温剂可以提高土壤温度和地表气温，减轻晚霜危害，为幼苗提早发芽和出土提供良好的水热条件。

(10) 涂白

苗木树干涂白可以降低昼夜温度的激烈变化，防止日灼病。涂白剂用生石灰 0.5kg，水 3～4kg，食盐 1 汤匙配制。先将生石灰用水调成糊状，加入食盐，再加水即成。

3.6.7 降温越夏

夏季温度过高会对观赏树木产生危害，可进行人工降温，保证树木安全越夏。人工降温措施包括叶面喷水和畦间喷水、遮阳网覆盖或草帘覆盖等。

3.6.8 病虫害防治

苗圃育苗由于栽培品种多，密度较大，极易发生病虫危害。严重时还会引起传播蔓延，造成无可挽回的损失。因此，一个苗圃要想多育苗、育好苗，必须建立病虫害防治组织，加强病虫情况的调查、研究和预测预报，注重病虫害的防治工作。

3.6.8.1 苗圃病虫害防治的原则

1. 防重于治

防治病虫害的发生蔓延首先应预防为主，如对地下害虫可采用土壤消毒的方法。其次应采取治早治小的原则，如苗圃中一旦有病虫害发生，要在数量少、程度轻的初期及时除治，以减少苗木损失，可取事半功倍之效。

2. 综合防治

由于病虫害种类繁多，用一种方法很难彻底消灭，需要进行综合防治。所谓综合防治就是根据各种病虫害发生的规律，把握防治的最有效时机，采用综合防治方法，消灭或控制病虫害，以使苗木茁壮正常生长。

(1) 栽培技术防治

栽培技术防治是减轻和抑制病虫害发生危害，保护苗木茁壮成长的一种防治方法。通过选育抗病虫力强的品种，施用腐熟有机肥料，调整播种期，轮作，冬耕，修剪，及时清除病枝、杂草等栽培技术措施，不仅可以破坏病菌、虫害的生态条件，而且能为苗木创造良好的栽培条件。

(2) 物理机械防治

物理机械防治是用手工操作，人工机械捕杀、诱杀，以及利用超声破、放射线、激光等先进技术的一种防治方法。如采用人工击卵、利用趋性诱杀、使用激光破坏繁殖等。

(3) 生物防治

生物防治是利用害虫的天敌昆虫和使昆虫致病的病原微生物来防治害虫的方法。具体有以下几种：

①以虫治虫

利用有益昆虫防治有害昆虫的方法。一种是利用捕食性天敌如瓢虫、草青蛉等，如用红环瓢虫防治草履介壳虫；另一种是利用寄生性天敌即寄生蜂和寄生蝇等，如用肿腿蜂防治天牛。

②以菌治虫

利用害虫的病原微生物（如真菌、细菌、病毒、原生动物和线虫）来防治害虫的方法，如杀螟杆菌（青虫菌）是一种胃毒杀虫剂。

③以鸟治虫

利用禽鸟来消灭害虫的方法。大多数鸟类是以害虫为食料，如杜鹃、啄木鸟、灰喜鹊等。

（4）化学药剂防治

化学药剂防治是利用化学农药直接消灭或控制病虫害的方法。药剂种类多，应用范围广，具有药效迅速，防治效果好，使用方便，受地域限制小等优点，但易产生药害及抗药性，污染环境，杀伤天敌。使用时应特别注意安全。

3.6.8.2　苗圃常见病虫害的种类

1. 害虫

有食叶性害虫如刺蛾类、蓑蛾类等；刺吸性害虫如介壳虫、蚜虫等；蛀干害虫如天牛、木蠹蛾等；地下害虫如地老虎、蛴螬等。

2. 病害

有苗期立枯病（猝倒病），根部紫纹羽病，干部腐烂病，叶部褐斑病、白粉病等。

3.7　设施育苗

随着科学技术的发展，植物的育苗也从传统的大田及苗床向现代生产方式转变。设施育苗即在人为控制生长发育所需要的各种条件下，按照一定的生产程序操作，连续不断地培育出优质的植株。其中容器育苗和塑料大棚育苗已经在园林苗木生产中被广泛运用，穴盘育苗在园林花卉生产中被广泛运用。

3.7.1　容器育苗

容器育苗是指使用各种育苗容器装入栽培基质培育苗木。用育苗容器培育出来的苗木称为容器苗。从 20 世纪 50 年代开始，我国在南方苗圃就已开始进行桉树、木麻黄等的容器育苗，近年来已经应用到了全国各地。在园林方面，我国园林苗圃很早就利用简单的容器，如泥瓦盆、木桶、框等进行容器育苗，主要针对一些珍贵的园林树种和扦插等无性繁殖苗木。目前，许多园林苗圃都不同程度地开始了容器育苗，既便于管理，又便于运输。现在的容器育苗不仅在露地、温室或塑料大棚内育苗，而且已发展到育苗作业工厂化。

1. 育苗容器的特点

(1) 繁殖和栽植季节不受季节限制

一般容器育苗是在人为控制水分、养分、温度、光照、气体等良好环境下进行的，故较少受到外界环境条件的影响，可合理安排用工，一年四季进行；容器育苗一年四季均可栽培，便于合理安排劳力，有计划地进行分期绿化。

(2) 移栽成活率高，利于树木生长

容器苗根系发育良好，移植时根系不会受到损伤，根系吸收功能不受影响，可大大提高栽植成活率。由于苗木出圃时不伤根，根系的吸收功能不受影响，栽植成活后生长快、发育好。

(3) 播种量少，节约用种

樟子松每千克种子露地播种育苗产苗量仅为 3 万株，用容器育苗产苗量可达 12 万株，提高了 3 倍。

(4) 节约育苗用地

由于容器育苗是在容器中进行的，对苗圃地要求不严，不需要占用肥力较高的土地，只要有一般的空地即可进行繁殖育苗。

(5) 缩短育苗周期

苗床育苗一般需要 8～12 个月才能移植，容器育苗只需 3～4 个月或更短的时间即可移植。且移植后一般无缓苗期，对不良环境抵抗力也强，有利于苗木速生快长，缩短了幼苗的抚育年限。

(6) 便于实现育苗机械化，提高工作效率。

容器育苗可采用自动化机械流水作业线，一次能完成容器的装土、播种、覆土等全部工序的操作。一般 6 个工人 1d 可完成 40 万个营养杯的播种任务。而且，容器育苗不需要进行截根、假植等作业，节省了截根、假植等的费用。

(7) 技术复杂

容器育苗在培养土的配制、各种规格容器的使用、幼苗施肥和病虫害防治及抚育等方面要求较高，育苗技术比较复杂。

(8) 成本高

由于容器育苗需要大量的培养土，加上特制的容器等，育苗成本和运输费用等比露地育苗高。目前，在国外一般高出 0.5～1 倍，我国则高出 3～5 倍。

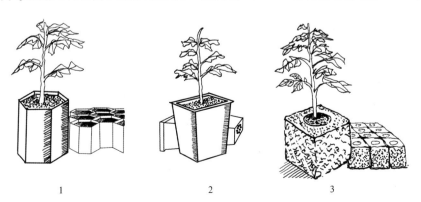

图3-51 育苗容器
1—蜂窝纸杯；
2—塑料容器；
3—无壁容器育苗

1　　　　　　　2　　　　　　　3

2．育苗容器

目前国内外育苗容器多达几十种，由各种材料和样式制成。在园林苗圃中使用的大多为能够重复使用的单体容器；有软硬塑料制成的，规格不等，有泥瓦盆，有档次较高的陶瓷容器、木质容器等；连体容器有塑料质地的，也有连体泥炭杯、连体蜂窝纸杯等，育苗数量多且集中，搬运方便（图3–51）。

3．营养土

容器育苗时，营养土的选择和配制是关键。通常用来配制营养土的材料有腐殖质、泥炭土、沙土、锯末、树皮、植物碎片及园土等。营养土的配制要因地制宜，就地取材。配制的营养土应具备以下条件：

（1）营养物质丰富。

（2）理化性质良好，具有良好的透气保水性能。

（3）不带有杂草种子、害虫、病原物，可以带有与植物根系共生的真菌。

（4）最好是经过消毒的土壤。

4．容器装土、排列和消毒

（1）装土

装土之前，将营养土充分混合均匀后，堆沤一周，使营养土中的有机肥充分腐熟，防止烧伤幼苗。装土时注意不能太实、太满，要比容器口略低，以留出浇水或浇营养液的余地。在播种或移植时将土压实。

（2）排列

排列容器时，宽度控制在1m左右，便于操作管理；长度结合苗圃地的实际情况，没有具体限制。容器下面要垫水泥板或砖块或无纺布等，以避免植物根系穿透容器长入土到土地中，影响根系的生长和完整。

（3）消毒

容器排列好后应做好消毒工作，严把病虫害关。方法是用多菌灵800倍液或用2%～3%的硫酸亚铁水溶液等喷洒，浇透营养土。如果有地下害虫，用50%辛硫磷颗粒剂制成药饵诱杀地下害虫。

5．播种或移苗、扦插

（1）播种

直接将种子播入容器的育苗方法。容器播种育苗所用的种子，必须是经过检验和精选的优良种子，播前应进行消毒和催芽，以保证每一个容器中都获得一定数量的幼苗。

播种时种子要播种在容器中央。每个容器的播种粒数根据种子大小和催芽程度而定。大粒种子和经过催芽已"露白"的种子，一般每个容器播一粒；未经催芽或虽已催芽但尚未"露白"的小粒种子，一般播2～3粒。播种后覆土。由于容器育苗要经常灌水，所以覆土要稍厚于一般苗圃育苗。

室外育苗时，要根据天气情况进行适当的覆盖。可以用锯末、细草、玻璃板等覆盖在容器上，以减少水分蒸发。但是要注意不能覆盖塑料薄膜，避免有可能造成高温导致苗木灼伤。

（2）移苗

移苗是先在苗床上密集播种，小苗长到 3～5cm 时将小苗移入容器中培育的方法。小苗培育阶段的播种及管理与播种育苗相同。移苗特别适合于小粒和特小粒种子的容器育苗。

（3）扦插

将插穗插入容器中的育苗方法。其扦插过程和要求与普通的扦插育苗方法相同。

6. 容器苗的管理

容器育苗的管理措施主要有灌溉、遮荫、盖膜、施肥、间苗、病虫防治等。

（1）灌溉

灌溉是容器育苗的关键环节之一。在幼苗期水量应充足，促进幼苗生根；速生期的后期要控制灌水量，促进苗木的径生长，使苗木粗壮，抗逆性增强。灌水时不可大水冲灌，否则水从容器表面溢出而不能湿透底部；水滴不宜过大，防止营养土流失或溅到叶面上，影响苗木生长。最好用滴灌或喷灌，尤其是幼苗时期要及时灌溉。

（2）遮荫

移苗初期和扦插生根前，若无自动间歇喷雾设施，必须进行遮荫，减少水分消耗。

（3）盖膜

盖膜是保持生根的重要措施。扦插生根前，若无自动间歇喷雾设施，必须采取盖膜与遮荫相结合的措施，保持小环境的湿润，提高扦插成活率。

（4）追肥

容器苗追肥一般采用浇施，将肥料溶于水结合浇水施入，一般 7～10d 或 10～15d 施一次肥。

（5）及时间苗

保证每一个容器中只有一株壮苗，多余的要经过 1～2 次间苗，间苗要结合补苗同时进行。

（6）病虫害防治

容器育苗的环境湿度较大，应重视病虫害防治。具体方法参见有关专业书籍。

3.7.2 穴盘育苗

穴盘育苗于 20 世纪 80 年代首先由美国投入使用，是现代化、集约化种苗生产的新技术，是花卉等园艺植物产业化生产的重要环节。

1. 穴盘育苗的特点

（1）适于规模化生产，操作简单

穴盘育苗从催芽、填料、播种、移植操作、传送及喷雾、光、温等环境控制过程均可利用机械自动完成，操作简单、快捷，适于规模化生产。

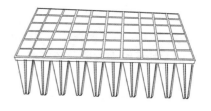
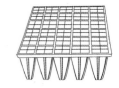

（2）种苗生长一致，苗壮质优

种子播种均匀，商品苗生长发育一致，成苗率高，标准化程度高，种苗品质好，实现了专业化、规模化生产。

（3）病虫害少

穴盘中每穴内种苗相对独立，既减少了病虫害的传播，又减少了营养竞争，根系能充分伸展、发育良好。

图3-52　育苗穴盘

（4）高产高效，成本低廉

育苗密度增加，便于集约化管理，提高了温室利用率，降低了生产成本。种苗可自动化起苗、移栽，简捷方便，不损伤根系，定植成活率高，缓苗期短。

（5）销售范围大

穴盘苗便于贮放、运输，扩大了销售范围。

2. 穴盘育苗的生产条件

穴盘育苗自动播种所需的生产流水线可概括为"三库、二室、一线"，即穴盘库、基质库、种子库、催芽室、育苗温室、播种生产线。分别进行穴盘处理、基质粉碎及过筛、种子精选加工、催芽、播种、温室环境管理。

3. 穴盘育苗的生产及苗期管理

（1）穴盘的种类

穴盘多由塑料制成，有正方形穴、长方形穴、圆形穴等（图3-52）。规格多样，从32穴到512穴不等，尤以32、72、128、288、392及512穴等较为常见。此外，还有专用于木本观赏植物育苗的加高、加厚穴盘。穴盘的长宽常见为540mm×280mm；穴盘的容量：如72穴为4.1L，128穴为3.2L，288穴为2.4L，392穴为1.6L等，由此可计算出所用基质量。

（2）基质选配与填料

适用于穴盘育苗的基质，应结构疏松、质地轻、颗粒较大、可溶性盐含量较低、pH值宜在5.5～6.5之间等。使用前，应测试基质的颗粒大小、总孔隙度、阳离子交换量（EC）及持水量等。适宜的基质应有50%的固形物、25%的水分和25%的空气，一般干基质的容重应在0.4～0.6之间。常用的基质有泥炭、蛭石、珍珠岩、岩棉等，还可加入保湿剂、有机肥料等，可根据种子不同需要进行配制。

（3）装盘与消毒

穴盘育苗的装盘有人工装盘和机械装盘。人工装盘是将配好的基质直接装入穴盘；机械装盘则是将配好的基质装上生产线，由装盘机械完成装盘过程。

装好基质的育苗穴盘要经过消毒。消毒工作的过程、方法和要求基本与容器育苗相同，可采用0.5%的高锰酸钾和800倍液的多菌灵。

（4）播种与覆盖

装盘后的穴盘宜及时播种。可根据种子类别选择适宜的播种机、播种方法及其有关内部配件，如播种模版、复式播种接头或滚筒等其他配套设施，如打孔器、覆料机、传送系统等。播种时要保持播种环境的适宜光照、通风条件及便于操作人员检查播种精度。播种小粒种子时，需注意空气湿度，以免种子粘机或相互粘连。

多数种子播种后，都需要用播种基质或其他覆料进行盖种，以保证其正常萌发和出苗。如大粒种子新几内亚凤仙、三色堇、万寿菊、翠菊等，由于种子较大，覆盖后种子四周可保证有充足的水分而顺利萌发；还有一些只有在黑暗的条件下才能萌发的花卉种子，需要深度覆盖，以达到完全遮光，种子才能正常萌发，如仙客来、福禄考、蔓长春花等。此外，有些花卉，如三色堇、天竺葵、万寿菊等，因其根系对光照敏感，覆盖种子后有利于促进幼苗根系的生长，而在有光条件下，幼根不能顺利扎入育苗基质中，会影响其后期生长。

覆料时应注意厚度。覆盖过少不起作用；覆盖太多种子被埋得过深，易引起种子腐烂。覆料应均匀一致，如厚薄不匀，易使出苗不整齐，种苗大小不一，不利于苗期管理，也影响整批苗的质量。覆料视条件而定，最好用专门的覆料设备，也可人工操作。目前有较多的中高档播种机都有覆料功能。最常用的覆盖材料除了播种基质外，还有蛭石、沙子等。粗质蛭石应用较多，因其质轻，保湿性、透气性也好。种子播种、覆盖基质后喷透水，保持基质有适宜的湿度。

（5）发芽室催芽

将播种后的育苗盘放在发芽架上进入发芽室进行催芽。根据植物种类的不同，设定适宜的萌发条件，如加光或不加光，适宜温度、湿度等。大部分一、二年生花卉种子的发芽温度为 22～25℃，喜凉花卉如蒲包花、花毛茛、仙客来、福禄考等的发芽温度为 15～18℃。除美女樱等少数种类外，大部分种类种子都喜高湿，故发芽室中可用喷雾方式进行加湿。由于不同种类或品种的发芽时间不同，因此，当种子胚根开始突出种皮后，即需每 3～4h 观察 1 次，至 50% 种子的胚芽开始露出基质而子叶尚未展开时，应及时移出发芽室，过迟可能导致小苗徒长。一些萌发和生长迅速的品种，应在天黑前甚至夜间及时检查出芽情况，如有相当部分苗已顶出基质，应立即移出发芽室，以免隔夜后苗已徒长。此外，发芽室应定期清洗，视条件可使用紫外灯或药物定期杀灭病虫，以防止发芽室内发生病虫害。

（6）种苗的管理

幼苗从发芽室移出即进入育苗温室。由于种苗长势尚弱、适应力差，应加强种苗管理，注意调节光照、温度、湿度及通风状况等。

①光照管理

光照应视种苗类别、苗岭、季节等情况进行调控。在正常天气条件下，自然光照能基本满足幼苗生长。如连续阴雨天，必须进行人工补充光照。

②温度管理

刚移入育苗温室的幼苗，室温保持在 20～23℃，以防幼苗徒长。夏季需采用遮阴网遮阴，冬季需要进行加温防冻。

③水分管理

由于穴盘育苗基质较少，水分管理非常重要。一般每天要喷水 2 ～ 3 次，使空气相对湿度保持在 80% ～ 90% 之间。若遇夏季高温，还需加大喷水量和增加喷水次数。

④通风管理

为保持室内空气新鲜，育苗温室每天都要进行通风。为促使幼苗能更苗壮地生长，可在 9 : 30 ～ 10 : 30 之间施浓度为 1000mg/kg 的二氧化碳肥料。

⑤追肥

穴盘育苗追肥一般采用浇施，即将肥料溶于水结合浇水施入。一般 7 ～ 10d 或 10 ～ 15d 施一次肥。

⑥防治病虫害

穴盘育苗的环境湿度较大，应重视病虫害防治。具体方法参见有关专业书籍。

3.7.3　保护地育苗

保护地育苗是利用现代化的保护设施，如现代化全自控温室、供暖温室、日光加温温室、日光不加温温室、塑料大棚、荫棚等，把土地保护起来，创造适宜植物生长的环境条件进行育苗的方法。随着人们对植物生长速度、质量和产量有了突破其生长周期的需求，出现了大规模有针对性的土地保护设施。随着园林事业的不断发展，保护地育苗的面积也不断扩大。

3.7.3.1　保护地类型

针对不同的育苗目的、育苗地区情况、气候环境状况以及保护条件的水平及创造条件的好坏，将保护地分为四类，分别是全自控温室、日光温室、塑料大棚或小棚、防雨棚和遮阴网等。

1. 全自控温室

目前国内拥有的全自控温室主要依靠国外进口，温室内的环境条件全部由计算机控制，有自动加温供暖设备。温度过高时可以停止供暖和进行通风，

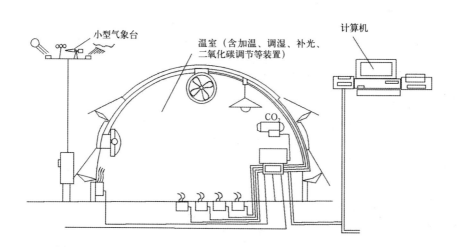

图3-53　现代化温室

不够时可以自动启动加温设备，是最现代化的人工气候室。我国常用的供暖温室，冬季需保温材料覆盖，环境由人工控制，靠天窗和风机进行温度调控。我国现有玻璃、塑料或阳光板等材质供暖温室，可做成单栋温室或连栋温室。单栋温室的土地利用率相对偏低，只有 60% ～ 70%，而连栋温室可以极大地提高土地利用率，空间大，便于机械化、自动化管理操作（图 3-53）。

2. 日光温室

日光温室是根据我国北方寒冷、干燥、风大的环境特点和暖棚栽培技术，吸收现代园艺温室的覆盖材料和环境调控技术研究开发而成的。目前它是我国设施园艺中最广泛的栽培方式，尤其是我国北方地区最主要的育苗方式。

日光温室有单斜面日光温室、不等式双斜面日光温室两种，东西走向，南北方向为吸收太阳光加温方向。东、西、北三面为土墙或砖墙，屋面有檩和横梁组成，上铺保温材料，可以是固定的，也可以是活动的，冬天覆盖如草帘等。后墙外培土防寒。前屋面为半拱形、一面坡、一面坡加立窗等形式，以半拱形居多。这种大棚温室主要依靠白天日光照射到棚内的土壤、墙壁、植物等物体上积累热量，晚间慢慢释放出来，维持一定的温度，保证苗木的生长。有条件的也可以配备有加温设备（图 3-54）。

3. 塑料大棚或小棚

塑料大棚是保护地栽培中保温效果较差的一种，但也有一定的保护效果，是应用最普遍的保护措施，可以在一定程度上提高棚内的温度，具有一定的保温效果。它结构简单，拆建方便，投资小，利用率高。目前，我国塑料大棚基本结构定型，主要利用装配式镀锌管大棚作为保护设施（图 3-55）。

4. 防雨棚和遮阴网

防雨棚和遮阴网这种保护形式主要是针对我国南方地区多暴雨、台风的特殊情况而设计的。利用的是塑料大棚的骨架，仅对顶部进行覆盖防雨，或者是覆盖不同遮光效果的遮阴网以减弱强光照射，使得棚内的温度、湿度等在夏日的中午得到一定程度的调节。近年来，在我国南方地区，遮阴网覆盖栽培在园林、花卉生产上是一种最为简单有效的保护方式，被迅速推广普及。

3.7.3.2 塑料大棚育苗

塑料大棚是指用塑料作覆盖材料的温室，又称塑料温室。所用材料可以是塑料薄膜，也可以是塑料板材或硬质塑料。在塑料大棚内进行育苗称塑料大

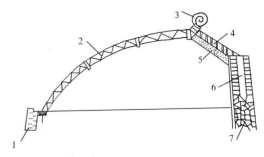

图3-54　日光温室
1—防寒沟；2—钢结构桁架；3—保温被；4—板皮；5—水泥板；6—心墙；7—保温材料

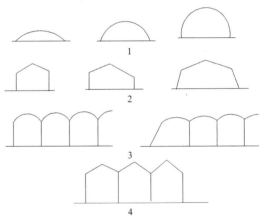

图3-55　塑料大棚类型
1—拱圆形大棚；2—屋脊形大棚；3—拱圆连栋大棚；4—等屋面连栋大棚

棚育苗，又可称塑料温室育苗。早在 20 世纪 50 年代后期，国外已在植物的育种工作中运用了塑料大棚；到了 60 年代，在气候寒冷、生长期短的国家和地区相继采用了塑料大棚进行园艺生产；60 年代末我国的塑料大棚在蔬菜生产中开始出现，目前广泛运用在观赏植物的育苗上。

1. 塑料大棚育苗的特点

塑料大棚育苗能够得以迅速发展，最主要的原因是随着塑料工业的发展，塑料的价格较为低廉；此外，塑料大棚结构简单、建造容易、拆装方便、适宜机械操作、容易形成自动化配套控制及工厂化生产。塑料大棚育苗的优势主要表现在以下方面：

(1) 能增温增湿，延长苗木的生长期

塑料大棚内受外界不良气候影响小，其气温比空旷地区的温度一般能提高 2℃～5℃（最高能提高 6℃～8℃），提高湿度 7%～13%，有利于提早播种、提早发芽，并能延长苗木生长期 1 个月左右。

(2) 便于进行环境条件的控制，利于苗木生长

在塑料大棚内，便于进行人为控制温度和湿度，同时可以避免幼苗受风、霜、干旱、污染等的影响，为苗木生长发育提供良好的条件。塑料大棚内苗木生长量一般比同龄露地苗木大 1～2 倍。

(3) 便于运用育苗新技术

在塑料大棚内为推行容器育苗、穴盘育苗、化学除草、喷灌、滴灌等都提供了方便。

(4) 利于工厂化育苗

现代化的苗木生产日趋专业化、集约化、标准化，苗木生产将走向工厂化。大型塑料温室的发展，形成了苗木生产的大型车间，配合组培育苗、容器育苗、无土栽培以及全光喷雾扦插等技术，可建成大型的现代化苗木生产基地。

但是，随着塑料大棚运用时间的延长，塑料的老化、硬化、透明度降低的问题也随之而来；而且，由于塑料大棚通风换气条件差，大棚内的病虫害也随之增加，如白粉病、介壳虫等在塑料大棚内比其他类型的温室更容易感染。

2. 塑料大棚的小气候特点

(1) 光照

①可见光透过率低

大棚顶覆盖有塑料薄膜，当太阳光照射时，一部分被反射，另一部分被吸收，加上覆盖材料的老化、尘埃、水滴附着等，造成透过率降至 50%～80%；在冬季光照不足时，影响植物生长。

②光照分布不匀

塑料大棚的光照与大鹏的设置方向、屋面形状，以及屋面的角度等有很大的关系。在大棚北面和东面的光照明显较大棚南面和西面为弱。

③寒冷季节光照时数少

在我国北方，除高度自动化的现代大棚外，其他形式的设施，冬季都要

盖草帘等保温材料，减少棚内光照时数。

(2) 温度

①棚内温度高于棚外温度

塑料大棚由于白天的太阳热贮存于土中，晚上地面放热时被塑料覆盖物阻隔，热气不能很快外散，故室内温度比室外的温度高。若无遮光等控温条件，夏季棚内温度高，除少数耐高温植物可以留在大棚内继续养护外，其他植物必须移至室外荫棚中养护。

②晴天昼夜温差大

塑料大棚内的温度随着外界气温升降及日照强度具有明显的变化。晴天昼夜温差很大，而在阴天昼夜温差相对较小。

(3) 湿度

棚内的湿度状况受棚内土壤蒸发、植物蒸腾和通风等因素的影响。在一般情况下，棚内相对湿度高于外界，尤其是冬春季节，因多层覆盖和减少通风，一直处于空气湿度较高的状态。

(4) 二氧化碳浓度

在密闭和通风不良的棚内，由于植物光合作用消耗了二氧化碳，棚内容易出现二氧化碳亏缺，导致植物二氧化碳饥饿，影响光和效率。一天中，由于夜间植物进行呼吸作用释放二氧化碳，清晨棚内的二氧化碳浓度较高。日出后，随着光合作用的进行，棚内二氧化碳被大量消耗，浓度迅速下降，甚至出现亏缺现象。

3. 塑料大棚育苗的管理

(1) 温度管理

全年生产苗木的大棚，温度应控制在 15 ～ 30℃。温度过低，苗木生长缓慢；温度过高，苗木生长也受不良影响，尤其是温度超过 40℃ 时，苗木将受到严重的危害。

①保温

当温度下降到 25℃，应关闭门窗保温；当温度低于 15℃，必须采取更有效的保温措施。保温常采用以下措施：

a. 覆盖

在低温期的夜间用草席、苇帘等覆盖在大棚上，阻隔棚内热量通过薄膜散射、传导到棚外。大规模覆盖保温做起来比较困难，并且效果有限。

b. 双层薄膜覆盖

在搭建塑料大棚时，采用双层塑料薄膜来进行保温。这种方法比单层塑料薄膜可节省 40% 的热量，但它减少了光的透过，降低了光的利用率。

c. 保温毯保温

保温毯是一种人造纤维纺织制品，有单层、双层和三层。如果是双层的上层为人造纤维毯，下层则是用具有透气微孔的塑料薄膜，并且上下 2 层能够分别卷起或拉开。保温毯一般在比较高大的大棚中才使用。它设置在大棚的上部，采用机械传动，拉开后保温毯可以覆盖整个大棚，使大棚形成上下两个空间，将热量尽量保存在保温毯下面，而在屋面和保温毯之间则形成一个空气隔热层。目前最好的保温毯装置可以节省能源 50% 左右。

②加温

塑料大棚在一般的情况下只较室外温度提高 2～3℃，在严寒季节，不能满足喜温植物育苗与栽培的需要。如果按照每加 1 层覆盖提高 2℃计算，要想提高 10℃就得覆盖 5 层，这不仅在操作上不可能，从光照的要求方面来考虑也是不容许的。因此，根据不同地区的纬度，在增加 2 层覆盖的情况下仍不能达到温度要求时，就得进行加温。

加温主要在两种情况下进行：一在严寒季节满足喜温植物的生长，进行加温促成栽培，生产出合格的产品；二是维持植物正常生长，在温度较低的冬季增加温度，防止冻死；三为减少保温覆盖的劳动强度，节省工时。

a. 酿热加温

利用植物秸秆和枯落物、厩肥、糠麸、饼肥等有机物质，按一定的比例混合堆放发酵，利用发酵热增加大棚内温度。一般，这类混合物在含水量 70% 左右堆放 20～80cm 厚，可增加保护地温度。

b. 火道加温

炉灶设在大棚外，通过炉灶的烟火道穿过大棚内散热加温。设备简单，燃料或煤或柴价格便宜；但增温慢、费工，不适于大面积的大棚。

c. 锅炉加温

用锅炉烧热水，把热水或蒸汽通过管道输送到大棚内，再经过散热器把热量扩散到棚内。燃料为煤炭或重油。热水加温水温一般 80～90℃，能使棚内温度均匀，不加热锅炉时，余温仍能较长时间维持棚温。蒸汽加温加热快，适于长距离运输热气，还可以对土壤进行高温消毒，但是热量利用效率较热水加温低。蒸汽温度可达 180℃左右，泄漏将对植物造成严重伤害。

d. 热风加热

利用热风机把大棚内的空气直接加温。方法是在暖风机上接 1 个采用 0.5～0.8mm 厚的塑料制成送风筒，将送风筒另一端的口扎好，在送风筒上每隔 30～50cm 开 1 个 5mm 大小的孔以送出暖风。热点是设备简单、造价低、搬动方便。燃料为煤油或重油，有一定的污染。适于连栋大棚或大型大棚。

e. 电热加温

一般多用于育苗床的加温，即在育苗床下面设置发热线，以提高苗床温度。电热加温能够维持植物生育所要求的温度，这种加温清洁卫生，离电线越近，温度越高。在栽培床使用时，只要 50W 就可以提高温度 2～3℃。电热加温主要的缺点是电费太高，如果以同一热量来比较，要比燃油高出 5～6 倍，但如果安装自动温度调节器，可以相对节省电力和经费。

此外，加温方法还有煤气加温和红外线加热器加温，目前应用很少。

不管选用哪一种加温方法，都要注意：燃料易得、便宜、不污染植物、不发生有害气体；加温设备价格低廉、安装方便、操作简单、没有危险；尽量降低加温值，以达到节省能源的目的；在整个加温过程中绝对不能出现夜温高于昼温的现象。

③降温

降温主要有两种情况：一是全年利用的大棚在高温季节的加温。高温季节降温成本较高，设备要求高，目前还是一大难题；二是在低温季节晴天中午时段温度升高也需降温。棚内温度最高不能超过40℃，当温度超过30℃时，就要考虑降温。

a. 通气降温

通气降温同时具有降低大棚内空气湿度和补充二氧化碳的作用。常用方法：一是自然通气降温，即利用大棚的通气窗口或掀开部分大棚薄膜进行自然对流，以达到降温目的。若以自然换气为主的大棚，每1000m²的大棚要有300m²气窗面积；二是用排气扇降温。在侧面每隔7～8m²设1台或每100m²设3～4台排风扇。通气降温适于高温季节降温，但容易引起棚内湿度下降。

b. 冷却系统降温

蒸发帘用水作冷却剂，利用水蒸发吸热来冷却棚内温度。用丝、毛和胶做成蒸发水帘，用管子输水到帘片，配合排风扇来进行冷却。

c. 棚面淋水

在棚面顶部配设管道，在管上间距15～20cm打3～5mm的小孔或每隔0.5m安装一个喷头。通水后，水沿着棚面缓缓流下，起到降温作用，一般能够使棚内温度下降4℃左右。但用水量大，屋面易生苔。

d. 遮阴降温

用遮阴网和遮阴百叶帘或苇帘遮阴降温。此法能显著降温，但减少了光照。

e. 涂料降温

用白色稀乳胶漆或石灰水涂抹屋面，一方面降低温度，另一方面减少光照。

f. 室内喷雾降温

喷雾降温是将水分通过喷嘴实行高压喷雾，不仅能降低室内温度，还能提高室内的空气湿度。但这种方法不能连续长时间使用，若基质排水不好会造成植物腐烂。

在高温季节，要使棚内温度很快下降，主要的方法是将设置排风扇换气降温和喷雾降温结合使用。如当外界气温达到37℃，仅采用设置排风扇进行换气降温（换气率70%），棚内温度只能降低到35～36℃，而加上喷雾装置一起进行降温，棚内温度能够降低到28～30℃。

现在，一些条件好的大棚，已采用电子定温器、控温温度计和其他感温器如热电阻传感器、热敏电阻传感器、热电偶等监控温度，已做到计算机自动控制温度。有的大棚则使用空调调控棚内温度。

（2）光照管理

①补充光照

冬季、高纬度（40°以北）地区或阴雨、下雪天数长的地区，日照强度和时数不足，光照质量下降，为促进光合作用和生长发育，补光是必需的。在棚内施用浓度 500×10^{-6} 以上 CO_2 时，补光对提高光和效率是十分有效的。

补光对许多花卉的生长、开花都有良好作用，关键在于能否提高经济效益。必须重视补充光照对产量质量的提高所带来的经济效益。

a. 光源

白炽灯：辐射能主要是红外线，可见光所占比例小，发光效率低，一般只有5%～7%。但白炽灯价格便宜，仍常使用。

荧光灯：又称日光灯。光线较接近日光，其波长在580nm左右，对光合作用有利，且荧光灯发光效率高，使用寿命长。

高压汞灯：光以蓝绿光和可见光为主，还有约3.3%的紫外光，红光很少。目前多用改进的高压荧光汞灯，增加了红光成分。发光效率和使用寿命较高。

金属卤化物灯和高压钠灯：发光效率为高压汞灯的1.5～2倍光质较好。金属卤化物灯和高压钠灯较接近。

低压钠灯：发光波长仅有589nm，但发光效率高。

b. 补光量

补光量依植物种类和生长发育阶段来确定。为促进生长和光合作用，补充光照的强度一般为光饱和点减去自然光照的差值效果最好。实际上，补充光照的强度从10000～30000lx都有。增加光照的强度，一般应达到60W/m²，并且光源要离地1～3m。

c. 补光时间

补光时间应植物种类、天气状况、纬度和月份而变化。为促进生长和光合作用，一天的光照总时数应达12h。

②遮光

遮光对一些喜荫或半耐阴植物的生长是必要的。一般在中午光照太强时，利用草帘、苇帘、遮阴网覆盖而达到弱光照的目的，而在早晚光照较弱时则应将覆盖物除去。草帘遮光较重，遮光率一般在50%～90%之间；苇帘遮光率在24%～76%之间；遮阴网多用化学纤维纺织而成，遮光率在20%～80%之间，遮光率与颜色、网孔大小及纤维粗细有关。

（3）湿度管理

大棚内应保持一定的湿度，当大棚内过于干燥时应增湿，反之降湿。

①增加湿度

塑料大棚的湿度管理必须根据植物种类和各个生长发育阶段进行合理调整。棚内湿度过低时，可以采用增加灌水、喷雾、遮阴、降低室内温度、减少通风、采用湿帘等方法提高湿度。

a. 湿帘法

湿帘即填夹在两层铁丝网之间的持水帘片，用风机吹散水分。

b. 细雾加湿法

用高压喷雾系统和通风设备加湿，还可结合恒湿器进行自动控制。

②降低湿度

塑料大棚内容易形成湿度过高的状态，特别是阴天、雨天和夜间，更容易造成过湿，致使植物软弱，极易感染病害。当棚内湿度过高时，必须及时通风换气，将湿气排出棚外，换入外界的干燥空气。但是通气的结果必然是在降低湿度的同时也降低了温度，因此通风换气不能盲目进行，必须正确处理保温和降湿之间的矛盾，必须根据需要来确定换气与否、换气的程度及换气的方法。

棚内相对湿度的变化，在不少情况下正好与温度的变化相反，一般是温度提高，湿度变小；温度降低时，湿度加大。因此，在高湿低温的情况下，不宜开窗通风换气，否则棚内温度会更低，植物容易受害。加温可以一举两得，即可增温，又可降湿，特别是在低温季节和早晚时段，大棚内湿度过高，采取加温的措施对降低棚内湿度是很有效的。

(4) CO_2 管理

作为光合作用的原料，空气中 CO_2 浓度约在 300×10^{-6}，若把浓度提高到 1000×10^{-6}，植物的光合速率可提高 1 倍以上。在密闭条件下，大棚内 CO_2 被大量消耗，日出后 $1.5 \sim 2h$，其浓度可下降到 $70 \times 10^{-6} \sim 80 \times 10^{-6}$，光合作用显著下降。为提高苗木的光和效率，促进苗木迅速生长，需补充 CO_2。

① CO_2 的施用

植物光合速率在 CO_2 浓度上限为 $1000 \times 10^{-6} \sim 2000 \times 10^{-6}$ 范围以内，随 CO_2 浓度的增加，若辅以补充光照，光合速率增加明显。若再提高 CO_2 的浓度，光合速率增加不显著，甚至对植物产生毒害，急剧降低光合速率。一般把 $1000 \times 10^{-6} \sim 1500 \times 10^{-6}$ 之间的 CO_2 浓度作为大棚补充 CO_2 的上限。

补充 CO_2 的时间，随季节而变化，也受到光照、温度、植物种类限制。一般在一天中日出半小时开始施用，阴天或低温时一般不施用。一般情况下，在适宜的时间打开门窗，补充 CO_2。若由于天气原因不宜开门窗，则采取以下措施补充。

a. 有机肥释放 CO_2

大棚内大量施用有机肥或堆沤有机肥能有效地补充 CO_2。

b. 液体或固体补充

用瓶装液体或固体 CO_2，经阀门和通气管喷施或在棚内通过有孔管道均匀分布到棚内施用。

c. 燃烧释放 CO_2

在大棚内放焦炭 CO_2 发生器，以燃烧焦炭或木炭补充 CO_2。伴生的 SO_2 等有害气体，通过冷却脱硫箱的小苏打溶液而被吸收去除。

用石油液化气、煤油、丙烷燃烧能有效地补充 CO_2，1kg 的 $0.3m^3$ 丙烷气燃烧后，可使 $100m^2$ 大棚的 CO_2 浓度提高 5 倍。

② CO₂ 控制

检测 CO_2 浓度分析仪和电导率分析仪，能随时监控 CO_2 浓度变化，是补充 CO_2 进行自动控制的主要仪器。

(5) 苗木管理

①浇水

浇水是大棚育苗的重要环节。浇水按方式不同分为浇水、喷水等。浇水多用喷壶进行，浇水量以浇完后很快渗完为宜。喷水即对植物全株或叶面喷小水珠，喷水不仅可以降低温度，提高空气相对湿度，还可以清洗叶面上的尘土，提高植株光合效率。牡丹等具有肉质根的植物，在分株后遇大水会引起腐烂，故以喷水为宜；杜鹃花等喜空气湿度大的植物，需加强喷水。

②施肥

施肥的原则是薄肥勤施。通常以沤制好的饼肥为主，也可以用化肥或微量元素追施或叶面喷肥。施肥要在晴天进行。施肥前先松土，待盆土稍干后再施肥。施肥后立即用水喷洒叶面，以免残留肥液污染叶面或引起肥害。生长期约 10d 施肥一次，温暖的生长季节施肥次数多一些，天气寒冷而棚温不高时可以少施一些。叶面喷肥不要在低温时进行。

③整形与修剪

整形与修剪可以调节植株生长势，促进生长开花，长成良好株形，增加美感。整形主要包括绑扎、曲枝、拉枝、扭枝、牵引等；修剪主要包括摘心、除芽、摘叶、剥蕾、修枝等。

④病虫害防治

大棚内温度高湿度大，应注意防治病虫害，尤其是病害，如针叶类的立枯病。

⑤炼苗

由于大棚内外的环境条件相差大，当大棚内的苗木培育到一定规格时，若直接将苗木移到大田栽培，苗木难以适应突变的条件。因此，在移到大田栽培前须进行炼苗。炼苗的方法是经 5 ～ 7d，通过加强室内通风、降低室内温度、适当减少水分的供应、增加室内的光照、尽量少施氮肥、多施磷钾肥等措施，使棚内的环境条件逐渐与棚外环境条件一致，以促进苗木组织老熟，增强其抗性。

3.8　苗木出圃

苗木经过一定时期的培育，达到园林绿化要求的规格时，即可出圃。苗木出圃包括掘苗、分级、假植、检疫消毒、包装运输等过程，是育苗生产的最后工作阶段，是最直接体现苗圃苗木产量和经济效益的阶段。

出圃工作的好坏，对苗木的质量，以及栽植后成活率的高低，乃至以后的生长都会有很大的影响。因此，苗木出圃前应做好各项准备工作。首先对出圃的苗木进行清查，核对出圃苗木的种类、品种和数量，做到数量准确，品种不混；其次根据调查材料编制苗木出圃的计划，制定苗木出圃技术操作规程，包括掘苗技术要求、分级标准、假植方法、包装质量等。

3.8.1 出圃苗木的规格

为了使出圃苗木更好地发挥绿化效果，出圃苗木必须符合园林绿化用苗的要求。

3.8.1.1 苗木年龄的表示方法

苗圃出圃苗木必须标明其年龄，以确保能够采取正确的养护措施。苗木的年龄一般以苗木主干的年生长周期为计算单位，即每年从地上部分开始生长到结束为止，完成一个生长周期为1龄，称为一年生，完成2个生长周期的为二年生，以此类推。移植苗的年龄包括其移植前的年龄。对于不满1年或没有完整生命周期的苗木，也可以用半年来计算，因此在生产中我们能够看到3.5年生苗、半年生苗等。

苗木的年龄用阿拉伯数字表示，第1个数字表示播种苗或营养繁殖苗在原栽植地上生长的年龄，第2个数字表示第1次移植后培育的年限，第3个数字表示第2次移植后培育的年限，以此类推；数字间用"—"间隔，各数字之和表示苗木的年龄；嫁接苗的第1个数字为分数，分子为接穗年龄，分母为砧木年龄。如：

1—0 表示一年生苗木，未经移植；

2—0 表示二年生苗木，未经移植；

2—1 表示三年生移植苗，经过一次移植，移植后培育了1年；

2—2—1 表示五年生移植苗，经过二次移植，第一次移植苗培育了2年，第二次移植苗培育了1年；

0.2—0.8 表示一年生移植苗，移植一次，原地生长1/5年生长周期后移植培育了4/5年周期；

1（1）—0 表示一年干两年根，未经移植的苗木；

1（2）—1 表示两年干三年根，移植一次的苗木；

3/4—2 表示砧木为四年生，接穗为三年生，经过一次移植，移植后培育了2年。

3.8.1.2 出圃苗木的质量要求

苗木的质量是园林绿化建设的重要保证，直接影响到栽植的成活率、养护成本和绿化效果。对于不同种类、不同规格、不同绿化层次及某些特殊环境、特殊用途的苗木，有不同的质量标准要求。如北京市园林局对出圃苗木制定了"五不出"的要求，即不够规格的不出、树形不好的不出、根系不完整的不出、有严重病虫害的不出、有机械损伤的不出。

一般苗木的质量主要由根系、茎高、干径和冠幅等因素决定。高质量的苗木应具备如下条件：

1. 生长健壮，树形优美

园林树木的树干和树冠是主要的观赏部分。在苗木的幼龄期，生长健壮，养成良好的骨架基础，以后才能形成优美的树形和健壮的树势，以便发挥其观赏价值和其他效果。

2．根系发育良好，侧根和须根多而根幅大

出圃的苗木根系分布均匀，并要保持一定长度，不宜截得太短且不劈、不裂以免影响苗木成活和生长。出圃苗木带根范围因苗木的种类、规格不同而异。

3．茎根比适当，高径比适宜

茎根比是指苗木地上部分的鲜重与根系的鲜重之比。茎根比过大的苗木，根系少，根系与地上部分的比例失调，苗木质量差；茎根比过小的苗木，地上部分是指小而弱，质量也不好。高径比是指苗高与地际的直径之比，它反映了苗木高度与苗木粗度之间的关系。高径比适宜的苗木生长匀称，质量好；高径比过大或过小，表明苗木过于细高或过于粗矮，都不好。出圃苗木的高、粗（冠幅）要求达到一定的规格。

4．无病虫害和机械损伤

特别是有危险性的病虫害及大面积的机械损伤苗木应禁止出圃。因为苗木常因病虫危害或机械损伤而使生长发育受到影响，如树势衰退、破坏树形；园林树木的顶芽一旦受损，就不能形成完整的树冠，影响绿化效果。

5．苗木出圃前应经过移植培育

经过移植的苗木根系发达，移植后成活率高。五年以下的移植培育至少一次，五年以上（含五年生）的移植培育两次以上。

6．针叶树有充实饱满的顶芽

萌芽力弱的针叶树，具有发育正常而饱满的顶芽，保持顶端优势，且顶芽无二次生长的现象。

7．出圃苗木应经过植物检疫

省、自治区、直辖市之间苗木产品出入境应经法定植物检疫主管部门检验，签发检疫合格证书后，方可出圃。具体检疫要求按国家有关规定执行。

此外，野生苗和异地引种驯化苗定植前应经苗圃养护培育一至数年后，适应当地环境，生长发育正常后才能出圃。

目前，国外还根据苗木的含水量、苗木根系的再生能力、苗木的抗逆性等生理指标来评定苗木质量的优势。

3.8.1.3　苗木出圃的规格要求

对于出圃的苗木，因栽培要求不同，对苗木的规格要求也不同，如用作行道树、庭荫树或重点绿化地区的苗木规格要求较高，而一般绿地用苗或花灌木的规格要求低些。但随着城市建设的需要，绿化水平的提高，对苗木的规格要求有逐渐提高的趋势。有关苗木规格，各地有不同的规定，华中地区的执行标准细列如下，仅供参考。

1．大中型落叶乔木

要求树形良好，树干通直，分枝点为 2～3m。胸径在 5cm 以上（行道树苗胸径要求在 6cm 以上）为出圃苗木的最低标准。其中，胸径每增加 0.5cm，规格就提高一个等级，银杏、栾树、梧桐、水杉、枫杨、合欢等大中型落叶乔木树种。

2. 有主干的果树、单干式的灌木和小型落叶乔木

要求树冠丰满，枝条分布均匀，不能缺枝或偏冠。根颈的直径在 2.5cm 以上为最低出圃规格。在此基础上，根颈直径每提高 0.5cm，就提高一个等级，如枇杷、垂柳、榆叶梅、碧桃、紫叶李、海棠等。

3. 多干式灌木

多干式灌木要求根颈分枝处有 3 个以上分布均匀的主枝。但由于灌木的种类很多，树型差异较大，故又可分为大型、中型和小型。各型规格如下：

(1) 大型灌木类

如结香、大叶黄杨、海桐等，出圃高度要求在 80cm 以上，在此基础上，高度每增加 10cm，即提高一个规格等级。

(2) 中型灌木类

如木槿、紫薇、紫荆等，出圃高度要求在 50cm 以上，在此基础上，苗木高度每提高 10cm，即提高一个规格等级。

(3) 小型灌木类

如月季、南天竺、杜鹃、小檗等，出圃高度要求在 25cm 以上，在此基础上，苗木高度每提高 10cm，即提高一个规格等级。

4. 绿篱苗木

要求苗木的生长势旺盛，分枝多，全株成丛，基部枝叶丰满。灌丛直径大于 20cm，苗木高度在 20cm 以上，为出圃最低标准。在此基础上，苗木高度每增加 10cm，即提高一个规格等级。如小叶黄杨、花叶女贞、杜鹃等。

5. 常绿乔木

要求苗木树型丰满，保持各种树种特有的冠形，苗干下部树叶不出现脱落，主枝顶芽发达。苗木高度在 2.5m 以上，或胸径在 4cm 以上为最低出圃规格。高度每提高 0.5m，或冠幅每增加 1m，即提高一个规格等级，如香樟、桂花、红果冬青、深山含笑、广玉兰等树种。

6. 攀援类苗木

要求生长旺盛，枝蔓发育充实，腋芽饱满，根系发达。此类苗木由于不易计算等级规格，故以苗龄确定出圃规格为宜，但苗木必须有 2～3 个主蔓，如爬山虎、常春藤、紫藤等。

7. 人工造型苗木

出圃规格可按不同的要求和目的而灵活掌握，但是造型必须完整、丰满、不空缺和不秃裸，如黄杨、龙柏、海桐、小叶女贞等。

8. 桩景

桩景正日益受到人们青睐，加之经济效益可观，所以在苗圃中所占的比例也日益增加，如银杏、榔榆、三角枫、对节白蜡等树种。桩景以自然资源作为培养材料，要求其根、茎等具有一定的艺术特色，其造型方法类似于盆景制

作，出圃标准由造型效果与市场需求而定。

3.8.2 苗木出圃前的调查

通过对苗木的调查，全面了解全圃苗木的数量和质量，以便做出苗木的出圃计划、第二年的生产计划和供销计划。并可通过调查进一步掌握各种苗木的生长发育状况，科学地总结育苗经验，为今后的生产提供科学依据。

3.8.2.1 确定苗木调查的时间

苗木调查以便在秋季苗木停止生长之后至出圃前进行。在苗木调查前，应首先育苗技术档案中记载的各种苗木的培育技术措施，并到各生产区域踏查，以便划分调查区和确定调查方法。凡是苗木种类或品种、苗龄、育苗的方式方法及主要育苗技术措施等都相同的苗木，可划分为一个调查区。根据调查区的面积确定抽样面积，在样地上逐株调查苗木的质量指标和苗木数量，最后根据样地面积和调查区面积，换算出调查区的总产苗量，进而统计出全圃各类苗木的产量和质量。

3.8.2.2 苗木调查的方法

1. 计数统计法

计数统计法适用于珍贵园林植物的苗木和大规格苗木。其方法是对苗木进行逐株点数，并抽样测量苗高、地径或胸径、冠幅等，计算出其平均值，以掌握苗木的数量和质量。生产上有时还对准备出圃的大规格苗木进行逐株清点、测量，并在苗木上做上规格标志，方便出圃工作进行。

2. 标准地法

标准地法用于苗床、播种育苗的小苗。可以以面积为标准，在调查区内采取随机抽样的方法选取 $1m^2$ 的标准地若干，在标准地上逐株测量苗高、地径、冠幅等质量指标，计算出每平方米苗木的平均数量和质量。

3. 标准行法

标准行法适用于移植区、扦插苗区、点播苗区等。首先，在要调查的苗木生产区中，每隔一定的行数（如 5 的倍数）选一行或一垄作为标准行。在标准行上选出有代表性的一定长度的地段作为标准段，一般标准段长 1m 或 2m，大苗可稍长一些，样本数量应符合统计抽样的要求。在选定的标准段上进行每株苗高、地径、冠幅等苗木质量指标以及苗木数量的调查，再根据标准段的调查结果计算每米苗行上平均数。最后计算出每公顷及全生产区的苗木数量和质量。

应用标准行和标准地进行调查时，一定要从数量和质量上选择有代表性的地段进行苗木调查，否则调查的结果不能代表整个生产区的情况。标准地或标准行的面积一般占总面积的 2% ～ 4%。

3.8.3 出圃苗木的起苗

出圃苗木的起苗就是将已达出圃规格或需移植扩大株行距的苗木从苗圃地上挖起来。这一操作是育苗工作的重要生产环节之一，其操作的好坏直接影响苗木的质量和移植成活率、苗圃的经济效益以及城市绿化效果。因此，应重视起苗环节确保苗木质量。

3.8.3.1 起苗时间

起苗时间应与苗木的适宜栽植季节相结合，要考虑到当地的气候特点、土壤条件、树种特性等确定。落叶树一般在秋季落叶后或春季萌芽前进行。常绿树一般在秋季天气转凉后的 10 月，以及春季气温转暖后的 3、4 月或梅雨季节进行。多数常绿阔叶树、针叶树或不适应假植的落叶树中的重阳木、枫杨、楝树等多在春季掘苗。我国一些季节性干旱地区，春秋两季降雨较少，土壤含水量低，不利于园林植物栽植的成活，对一些常绿园林树木常进行雨季起苗，一般带土球随起随栽，如香樟、油松、侧柏等。在我国的南方冬季土壤没有冻结的地区，可进行冬季起苗或在北方严寒地区可进行冬季破冻土带冰坨起苗。

3.8.3.2 起苗方法

起苗方法有人工起苗和机械起苗。人工起苗又分为裸根起苗和带土球起苗。

1. 裸根起苗

裸根起苗适用于大多数的落叶阔叶树，容易成活的针叶树和常绿树小苗，通常有悬铃木、刺槐、杨、柳、白蜡、青铜、泡桐、香椿、臭椿、水杉、白榆、银杏、国槐等，落叶后都可裸根起苗出圃。

裸根起苗时按规定范围，用锋利的铁锹沿苗周挖成一圈沟，遇到粗根剪断或锯断。挖沟取土时，顺便把根间土挖空。然后将铁锹斜插入根下将根切断，并把树小心推倒，随即取出苗木。取苗时，不要用手硬拔，以免损伤苗木侧根和须根。苗木取出后轻放一边。落叶乔木的挖掘，不能损伤苗木的主要根系。浅根性树种以水平根为主；深根性树种以垂直根为主。

2. 带土球掘苗

带土球起苗适用于一般针叶树如松、柏，多数常绿树阔叶树如香樟、广玉兰，常绿或落叶花灌木如蚊母、桂花、栀子、樱花、白玉兰等，以及不在出圃季节急需出圃的落叶乔木等

带土球起苗时按规定要求确定土球的大小，同时还应考虑树种成活难易、根系分布情况、土壤质地以及运输条件。成活难的、根系分布广的，土球应大些。土球的大小应适中，太大时容易碎裂，太小又会伤根过多，都不利于苗木成活。

挖掘土球时，先铲去表面浮土约 3～5cm，以减轻土球不必要的重量，并利于扎紧土球。然后在规定的土球直径外围用铁锹垂直下挖，同时切断侧根和须根。达到所要求的深度后，用利铲将其修光，略呈圆筒形（图3-56），然后进行包扎。

图3-56 土球形样

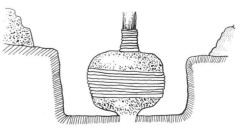

图3-57 打腰箍

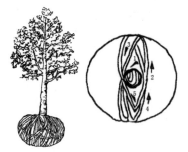 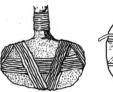

图3-58　网络包　　　　　　图3-59　五角包　　　　　　图3-60　井字包

土球包扎方法分打腰箍和扎花箍两道工序。介绍如下：

（1）打腰箍

用1～1.5cm粗的草绳在土球周围打腰箍。选一根15cm左右的小树枝，打入开始第一道腰箍的地方（约离土球肩处3cm）将草绳一端系上。拉紧草绳一圈紧靠一圈地横扎，同时用木锤敲打草绳，使草绳嵌入土球内。绕过数道后（视土球大小而定）将最后一圈草绳的尾部压住，不使失散。

腰箍打好后在土球底部从四面向内挖土，到土球底部的中心只留1/4左右的土，同时将土清除到穴外，然后打花箍（图3-57）。

（2）扎花箍

花箍通常有网络包、五角包和井字包三种形式。

①网络包

网络包又称橘子包。先将草绳一端结在腰箍或主干上，再拉到土球边，依图3-58的次序由土球面拉到土球底，从正对面再绕上来，即从1到2，经过土球底，由3拉到土球面直至4，再绕到土球底，由5拉到6，如此包扎拉紧，到草绳在土球上均匀布满，最后如图3-58。

②五角包

又称五角星。先将草绳一端结在腰箍或主干上，然后按图3-59所示的次序包扎。先由1拉到2，绕过土球底，由3拉上土球面到4，再绕过土球底，由5拉到6，如此包扎拉紧，最后如图3-59。

③井字包

又称古钱包。先将草绳一端结在腰箍或主干上，然后按图3-60所示的次序包扎。先由1拉到2，绕过土球下面拉到3再拉到4，又绕过土球下面拉到5，如此顺序地拉下去，最后如图3-60。

无论采用哪一种扎花箍方式，均要注意每绕一次草绳，都要用木棒击打土球之棱角及草绳交叉处，并将草绳拉紧，使其紧贴土球，不致散落。

3. 机械起苗

机械掘苗是用起苗梨起苗。其工作效率高，可减轻劳动强度，起苗的质量也比较好。但机械起苗只能完成切断苗根，翻松土壤的过程，不能完成全部的起苗作业。常用的起苗机械XML-1-126型悬挂式起苗犁，适用于一、二年生床作的针叶、阔叶苗；DQ-40 型起苗机，适用于三、四年生苗木，可用于高度在 4m 以上的苗木。

3.8.3.3 根系或土球的大小

根据上海市《园林植物栽植技术规程》挖掘裸根树木根系直径及带土球树木土球直径及深度规定如下：

1. 树木地径 3～4cm，根系或土球直径取 45cm（注：地径系指树木离地面 20cm 左右处树干的直径）。

2. 树木地径大于 4cm，地径每增加 1cm，根系或土球直径增加 5cm。

3. 树木地径大于 19cm 时，以地径的周长的 2 倍（约 6.3 倍）为根系或土球的直径。

4. 无主干树木的根系或土球直径取根丛的 1.5 倍。

5. 根系或土球的纵向深度取直径的 70%。

3.8.3.4 起苗注意事项

1. 控制好起苗深度和范围。为保证起苗质量，必须特别注意苗根的质量和数量，注意苗木根系的长度，尽量保证根系的完整。

2. 如土壤干旱，应在起苗前 2～3d 适当灌水，使土壤湿润，以减少起苗时损伤根系，保证质量。

3. 避免在大风天起苗，否则失水过多，降低成活率。

4. 为提高园林树木栽植的成活率，应随起、随运、随栽。当天不能出圃的要进行假植或覆盖，以防土球或根系干燥。

5. 针叶树在起苗过程中应特别注意保护顶芽和根系。

6. 起苗工具要锋利。

3.8.4 苗木的分级检验、检疫

1. 苗木的分级

为了保证出圃苗木符合规格要求和提高苗木栽植的成活率，并使栽植后生长整齐一致，更好地满足设计和施工的要求，同时也为了便于苗木包装运输和出售标准统一，在起苗后要进行苗木分级。

苗木分级又称选苗，即按苗木质量标准将苗木分成等级。苗木分级一般根据苗龄、高度、地径（或胸径、冠幅）、根系有无病虫害和机械损伤、木质化程度等将苗木分为合格苗、不合格苗和废苗三类。合格苗是达到符合出圃最低规格要求以上的苗木，根据苗木出圃规格要求又可分成几个等级，并按等级分类栽植；不合格苗和废苗都不能出圃。不合格苗是达不到绿化规格要求，但仍有培养价值的苗木，应留在圃内继续培育直至成为合格苗；废苗是既达不到绿化规格要求，又无培养价值的苗木，如无顶芽的针叶树苗、病虫害和机械损伤严重的苗等，应淘汰。

分级对不同树种的苗木有不同的要求。如常绿针叶树的苗木，常以又无正常的顶芽和叶色正常与否，作为分级的重要标志之一；观赏树苗分级时，依高度、枝条数目、枝或干的直径、灌丛的冠幅、树冠开张度等进行分级；果树苗木按骨架枝匀称、分枝角度合理等进行分级。

苗木分级应在背阴避风处进行，以防风吹日晒，水分过分蒸腾，影响栽植成活率。

2. 苗木统计

苗木统计一般结合苗木分级进行。在分级时，同一类苗木每50株或100株捆成一捆，分级工作结束，统计工作也随之结束。

3. 苗木检疫和消毒

(1) 苗木检疫

实行苗木检疫是为了防止危害性病虫害、杂草随同苗木在销售和交流的过程中传播蔓延，尤其是随着国际、省际的交流越来越多，病虫害传播的可能性也越来越大，因此，凡列为检疫对象的病、虫、杂草，应严格控制在最小的范围内不使蔓延。苗木在流通过程中，应按国家和地区的规定对重点的病、虫、杂草进行检疫，获得检疫合格证书后才能出圃或出售。如发现本地区和国家规定的检疫对象（国家规定的普遍或尚不普遍流行的危险性病虫及杂草），应停止调运，以控制本地区的病虫害和杂草扩散到其他地区。

(2) 苗木消毒

为了保证出圃苗木符合检疫标准，要对在圃苗木进行严格的消毒。常用的消毒方法如下：

①石硫合剂消毒

用4～6倍石硫合剂水溶液浸泡苗木10～20min，再用清水冲洗根部，可以灭杀其中的某些病虫害。

②波尔多液消毒

用1：1：100波尔多液浸泡苗木15min左右，再用清水冲洗根部，但要注意对李属植物苗木谨慎使用，以免产生药害。

③升汞水消毒

用0.1%～0.2%升汞水溶液浸泡苗木20min左右，再用清水冲洗根部数次，可以灭杀大部分的细菌。注意可以在该溶液中加入醋酸或盐酸等酸溶液，杀菌效果会更好，同时加酸还可以降低升汞在每次浸泡苗木中的消耗。

④硫酸铜溶液消毒

用0.1%～1.0%的硫酸铜溶液浸泡苗木5min，然后用清水冲洗。该方法主要用于休眠期苗木根系的消毒，不宜用做全株消毒使用。

⑤氰酸气熏蒸

氰酸气熏蒸能有效地杀死各种虫害。熏蒸时一定要严格密封，以防漏气中毒。先将苗木放入熏蒸室，然后将硫酸倒入水中，再倒入氰酸钾。之后，工作人员立即离开熏蒸室，并密封熏蒸室所有的门窗，严防漏气。熏蒸结束后打开门窗，待毒气散尽后方能入室。熏蒸时间因树种而异（表3-14）。

氰酸气熏蒸苗木的药剂用量及时间（每100m²）　　表 3—14

树种	硫酸（g）	氰酸钾（g）	水（ml）	熏蒸时间（min）
常绿树	450	250	700	45
落叶树	450	300	900	60

3.8.5　苗木的包装、运输和贮藏

1. 苗木的包装

为了防止苗木根系在运输期间大量失水，同时也避免碰伤植物体，不使苗木在运输过程中降低质量，所以在苗木运输时要将苗木包装，同时包装整齐的苗木也便于搬运和装卸。常用的包装材料有塑料布、塑料编织袋、草片、草包、蒲包、麻袋等，在具体使用过程中根据植物材料和包装材料来选择合适的包装材料。目前常用的包装材料是苗木保鲜袋，它由三层性能各异的薄膜复合而成，外层为高反射层，光反射率达50%以上；中层为遮光层，能吸收外层透过光线的98%以上；内层为保鲜层，能缓释出抑制病菌生长的物质，防止病害的发生。这种保鲜袋是可以重复使用的。

长距离运输的苗木需仔细包装。包装时先将湿润物放在包装材料上，然后将苗木根对根放在湿润物上，并在根间加些湿润物，如苔藓等，防止苗木过度失水。为便于搬运，苗木摆放一般不超过25kg，将苗木卷成捆，用绳子捆住，但不宜太紧。

短距离运输的苗木可散装在筐篓内。首先在筐篓底放一层湿润物，再将苗木根对根分层放在湿润物上，并在根间稍放些湿润物，苗木装满后，最后再放一层湿润物即可。也可在车上放一层湿润物，上面放一层苗木，分层放置。

带土球苗木的包装一般采用橘子式、五角式、井字式。包装完毕将苗木由坑内取出装车运输。搬运时要轻拿轻放，以防土球松散，影响苗木栽植成活。

任何一种包装最后都要在外系固定的标签，其上注明树种、苗龄、数量、等级、苗圃名称、出圃日期等。

2. 苗木的运输

苗木运输需有专人押运，对苗木进行定时检查，注意苗木的温度和湿度。温度过高时则要打开包通风或喷水降温；若湿度不够，则要及时浇水。应尽量选用快速运输工具，缩短运输时间。在运输过程中，工作人员在运输途中还要注意沿途电线等其他障碍物对运输的影响。到达目的地后，应及时卸车，按码放顺序，先装后卸，不能随意抽取。要注意做到轻拿轻放，不能及时栽植的则要及时假植。

3.8.6　苗木的假植与贮藏

1. 苗木的假植

假植是指苗木起苗后或栽种前，将苗木的根系用湿润的土壤进行暂时的

埋植处理。假植的主要目的是将不能马上栽植的苗木暂时埋植起来，防止苗木根系失水干枯，保证苗木质量，以利栽种成活。园林绿化过程中，起苗后一般应及时栽植，不需要假植。若起苗后较长时间不能栽植则需要假植。

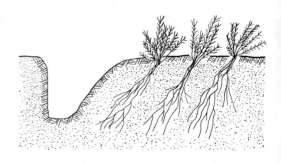

图3-61　苗木越冬假植

根据假植时间的长短分为临时假植和越冬假植。起苗后不能及时运出苗圃或运到目的地后不能及时栽植，需要临时假植。临时假植时间一般不超过10d。秋季起苗，假植到第二年春栽植的称越冬假植或长期假植。

假植时，选一排水良好、背风背阴与主风方向相垂直的方向挖一条假植沟。沟的规格因假植苗木的规格而异。播种苗一般深宽各为 30～40cm，迎风面的沟壁做成 45°的倾斜。临时假植可将苗木在斜壁上成束排列；越冬假植可将苗木单株排列，然后将苗木的根系和茎的下部用湿润的土壤覆盖、踩紧，使根系和土壤紧密连接，严防苗木根系外露和根际通风（图3-61）。一般情况下，用挖出的下一个假植沟的土将一假植沟的苗木的根部埋严，同时挖好下一个假植沟，以此类推。

假植沟的土壤如果干燥时，假植后应适当灌水，但切忌过多。在严寒地区，为了防寒，最好用草类、枯干等将苗木的地上部分加以覆盖，但也要注意通气，可以竖通气草把，防止热量在假植沟内聚集，导致根系呼吸不通畅而造成根系腐烂等现象。

假植时还应注意：苗木入沟假植不能带有树叶，以免发热苗木霉烂；一条假植沟最好假植同一树种、同一规格的苗木；同一条假植沟的苗木，每排数目要一致，以便统计数量；假植完毕，假植沟要编号，并插标牌，注明苗木品种、规格、数量等；假植期间要定期检查，土壤要保持湿润，早春气温回升，沟内温度也随之升高，苗木不能及时运走栽植的，应采取遮荫降温措施。

2. 苗木的贮藏

为了更好地保证苗木质量，推迟苗木的萌发期，以达到延长栽植时间的目的，可采用低温贮藏苗木的方法。关键是要控制好贮藏的温度、湿度和通气条件。温度控制在 1℃～5℃，最高不超过5℃，在此温度下，苗木处于全眠状态，而腐烂菌不易繁殖；南方树种可以稍高一点，但不应超过10℃。低温能够抑制苗木的呼吸作用，但温度过低会使苗木受冻。相对湿度以 85%～100% 为宜，湿度高可以减少苗木失水；室内要注意经常通风。对于用假植沟假植容易发生腐烂的树种，如核桃等科采用低温贮藏的方法。目前苗木用于绿化已经打破了时间的限制，为了保证全年的苗木供应，可利用冷库或地下室进行苗木贮藏，将苗木放在湿度大、温度低又不见光的条件下，可保存长达半年的时间，这是将来苗木供应的趋势，所以，大型苗圃配备专门的恒温库或冷藏库成为必然趋势。

实训一　绿篱的整形修剪

（一）实训目的

通过"绿篱的整形修剪"实习,使学生了解绿篱的概念,修剪的意义和要求。熟悉修剪所用的工具,并能掌握绿篱整形修剪的操作技能。

（二）一般知识

1. 绿篱的概念

绿篱是将耐修剪的常绿树种种植成一定规格的围篱,以起围护、分割、美化、挡风、滞尘作用的一种种植方式。

2. 绿篱的分类

（1）以高度可分为绿墙、高绿篱、中绿篱、矮绿篱四种。绿篱高度在1.6m以上的可称绿墙;高度在1.2～1.6m的称高绿篱;0.6～1.2m的称中绿篱;0.6m以下的称矮绿篱。

（2）以形式可分为自然式绿篱和规则式绿篱。自然式绿篱是指不经限制,基本上任其自然生长的绿篱。在一般情况下对修剪没有特殊的要求,其修剪目的只是使树体整齐、匀称。因此在修剪时可采用打顶、摘芯的手法。以促使侧枝生长,使绿篱生长茂密并保持绿篱的基本形状。在生长季节又要对一些纤细瘦弱的枝条进行适当抽稀,以利通风透光,减少病虫害。在植物的选择上常以速生快长型的小乔木和灌木为主,如女贞、小叶女贞、珊瑚等,常用于防护林、围墙内外或作建筑物的屏障。规则式绿篱是指经过人工修剪成符合一定高度、宽度、形状要求的绿篱,常用于树坛、花坛、绿地、道路等处,具有整洁、美观的效果,并能起到一定的围护、分割作用。在植物的选择方面常以长势较缓慢、萌发力较强的中小型常绿灌木为主。如瓜子黄杨、金叶女贞、海桐、柏类植物等。

3. 规则式绿篱修剪的时间

绿篱修剪在上海地区一般每年2次,通常结合"五一"国际劳动节和"十一"国庆节进行,通常在4月中下旬和9月中下旬时修剪。对生长速度快的树种,如小叶女贞、金叶女贞、火棘等树种可在每年7、8月间增加1～2次修剪。

4. 绿篱修剪的工具

绿篱修剪使用的工具有草剪、篱剪和剪枝剪。草剪其主要功能是修剪草本植物和木本植物的嫩弱枝条,如草坪和绿篱球类发出的嫩枝。草剪对质地柔弱而稠密的草坪或较老较粗的枝条常较费力,甚至无能为力。但草剪体形长而轻盈,使用时弹跳自如,得心应手,持久省力,速度较快。

篱剪的剪片较短且扁平,厚实沉重,较具威力。草剪不能剪去的枝条,篱剪却常能一扫了之。但由于篱剪比较沉重,所以草剪所具的轻盈、持久、随心所欲的特点,篱剪都不具备。同时,由于剪片较草剪短,所以它的作业覆盖面和修剪速度都不如草剪。

草剪是由剪片、剪把、上方下圆的长形螺丝、螺帽、垫圈等五个部分组成;篱剪的螺丝孔和螺丝都是上方下圆,其他与草剪相同。

①剪片是草剪的主要部件之一。由两片形状相同,方向相反的铁片组成,

主要靠剪片的作用剪截植物。

②剪把也称把手，是操作者握剪操作的部位。

③长形螺丝是通过剪片的方形眼孔，把两片剪片连为一体，并起稳固作用。

④螺帽状似元宝，旋紧时不用旋具，用手即可。螺帽的主要作用就是调节剪片的松紧。

⑤垫圈位于螺帽和剪片之间，不使螺帽和剪片贴紧，起缓冲和稳固的作用。

（三）规则式绿篱修剪的操作

1．操作步骤

在修剪之前，首先要清楚所修的绿篱所处的环境，及将绿篱剪成何种形状一般以水平矩形为多。修剪前，先要对绿篱作一下清理，攀援在绿篱上及长在其中的杂草要拉掉。然后决定修剪的高度，高度一般由环境决定，可以保持上次修剪的高度，也可适当放高一些。在用篱剪或草剪修剪之前，先用剪枝剪剪去比较粗壮的枝条，然后依次从绿篱的一端向另一端循序渐进地进行修剪，不能跳剪。剪去枝条的桩头要比绿篱表面低 5cm 左右。修剪成矩形的绿篱，修剪面有三个，即一表面两侧面，修剪时应先表面后侧面。在修剪时人体要松弛，站立要自然，手握在剪把的中间部位并端平剪刀，前臂摆动时，手腕用力要均匀。在修剪表面时身体重心必须稍向前倾，通过剪刀口有节奏的开合剪去枝叶，操作熟练时能使剪尖产生自然而有节奏的跳动，可使剪下的枝叶不至于残留在绿篱表面。也可用手拿去或用剪刀拨去残留在表面的残枝断叶。如绿篱表面不平整时，修剪时需加以调节，即对高处进行压低高度，而对低处稍加修剪甚至不修剪，以使绿篱通过数次修剪后达到平整。在修剪侧面时，人应接近侧面，双脚前后分开，双眼向左下方侧视，同时左手在下右手在上侧握住剪刀，刀片与绿篱侧面贴近并平行，视线与贴近绿篱侧面的刀片侧面成一直线。在修剪时左手控制直线前进，右手负责修剪，身体沿修剪的侧面平行移动。在修剪时，如刀片过紧或过松而影响操作时可通过螺帽调节剪刀的松紧，直至剪时不至于吃力，又能轻松剪去枝叶为宜。修剪好后要清理现场，清除场地剪下的枝叶。

2．规则式绿篱修剪的质量要求

①三面平整，无起伏现象，面上无断枝残叶。

②剪口平整光滑。

③桩头下陷 5cm，不许外露。

④棱角清晰，线条挺直。

实训二 树木的球形修剪

（一）实训目的：

通过"树木的球形修剪"实习，使学生了解树木球形修剪的树种、时间和工具。掌握树木球形修剪的操作方法。

（二）一般知识

1．概念

树木的球形修剪，是指将常绿的树种修剪成球形的修剪方法。

2．树种

在上海地区作球形栽培的树种有瓜子黄杨、大叶黄杨、小叶女贞、火棘、枸骨、海桐、石楠、雀舌黄杨、龙柏等。其他如结香、连翘、金钟花、胡颓子、珊瑚、罗汉松、栀子花、金丝桃、金丝梅、红花檵木、凤尾竹等也可作球类栽培。

3．修剪的时间

通常1年修剪整形2次，第一次在五一节前进行，第二次在国庆节前进行。生长迅速的树种应当增加修剪的次数。

4．修剪的工具

草剪或篱剪。

（三）操作的方法

球形修剪时，要注意修剪量的控制。由于球形植物内枝条密集，通风透光较差，枝条下部十有八九空秃，故修剪时，一般只重视外表修剪。如修剪过重，往往会使空秃暴露出来，影响球形的美观。适宜的修剪量应保持原来的球面大小，或略微高于原来的球面。但如要使球体长大时，则可在每次修剪时，保留一定长度的新梢，但不宜一下子放得过多，以免影响球体美观。

修剪时首先要确定修剪的高度。一般先修剪球体的顶部，然后按照顺时针或逆时针方向修剪球体的下部，并从上至下修成自然圆整的弧形，球形修剪不同于绿篱修剪，在修剪时，草剪或篱剪与球面的接触面要小，因此要以中心点为圆心循序渐进地向下修剪。对修剪高度在150cm以上的球体，可将草剪或篱剪反转过来修剪，以确保修剪弧线的圆整。在修剪到底部时也要按照自然弧度修剪，不能内陷。因为一旦内陷，会影响光合作用，从而引起枝叶枯死，使外形受到影响；对高度在180cm以上的大型球形树木，在修剪时要使用扶梯，修剪的顺序也要从上向下。对于叶形较小的树种，如：瓜子黄杨、雀舌黄杨、火棘、小叶女贞一定要进行仔细修剪，从而确保球面光滑；叶形较大的树种，如石楠、珊瑚、胡颓子、海桐、枸骨在修剪时，除剪去枝条外，还需将突出球形的叶片剪去一部分，以使球体圆整。

本章主要参考文献

[1] 郑志新，等．园林植物育苗 [M]．北京：化学工业出版社，2010．

[2] 蔡绍平．园林植物栽培与养护 [M]．武汉：华中科技大学出版社，2011．

[3] 苏付保．园林苗木生产技术 [M]．北京：中国林业出版社，2004．

[4] 赵梁军．园林植物繁殖技术手册 [M]．北京：中国林业出版社，2011．

[5] 张秀英．观赏花木整形修剪 [M]．北京：中国农业出版社，2001．

园林植物栽培与养护

提要：园林植物栽植可以将人们的美好理想（规划、设计）变为现实的美景，造成各种引人入胜的景境。园林植物栽植，既有林业、农业生产和一般植物栽培类似的特点，又有自身独特的规律和要求。学习掌握园林植物的栽植季节、植物的生态习性、植物与土壤的相互关系，以及栽植成活的相关原理与技术，对保证栽植质量，提高园林植物栽植成活率非常重要。

通过本章内容的学习，可以了解和掌握适地适树选择植物、园林树木栽植、大树移植和行道树栽植。

园林植物栽植可以将人们的美好理想（规划、设计）变为现实的美景，造成各种引人入胜的景境。由于园林植物本身是活的有机体，随着一年四季的变化，其叶、花、果、姿均具有无比的魅力，对城市环境具有巨大的影响。因此，园林植物栽植，既有林业、农业生产和一般植物栽培类似的特点，又有自身独特的规律和要求。掌握园林植物的栽植季节、植物的生态习性、植物与土壤的相互关系，以及栽植成活的相关原理与技术，对保证栽植质量，提高园林植物栽植成活率，促进日后生长发育，体现园林设计意图，尽早发挥园林植物绿化功能，实现园林植物栽培目的，非常重要。

4.1　适地适树及植物的选择

4.1.1　适地适树

由于植物都有自己的生物学特性，要求一定的生态条件才能正常生长发育，这就对环境提出了一定的生态条件。对城市园林绿化而言，适地适树就是指将树木栽植在适合它生长发育的生态环境条件下，也就是使树种的生态习性与园林栽植地的生态环境条件相适应，达到"树"和"地"的统一，使其生长健壮，充分发挥园林绿化功能。这里的"地"不仅指栽植地的土壤条件，还包括栽植地的综合环境条件如光照、温度、水分、地形、地势、地位等环境因子。在城市园林绿地中还包括城市生态特点如城市建筑、道路设施、人流车辆、工厂"三废"排放等，这是一个复杂的综合因子。

"地"与"树"是矛盾统一体的两个对立面，它们之间既不可能有永远绝对的融洽,也不可能保持长久的平衡。适地适树只是指"地"、"树"二者基本相适应，并能达到一定的园林功效。但是,这并不排除在基本相适应的前提下,在某些方面、某个阶段还存在着矛盾;同时还必须注意到,"地"与"树"的矛盾是在不断变动的。适当的人为措施可以改变"地"或"树"一方的地位，打破原有的均势，向符合人愿望的方向发展。但人为措施的作用又受到一定技术经济条件的制约，有一定程度的限制，其经济效果是否合理也有待于检验，不能随意使用。如当某种土壤酸碱度不适合栽植植物的要求时，可采用加换客土的方法，并不断采取措施调节土壤酸碱度以满足栽植植物的要求，但这种方法显然不可能在大范围内应用。

虽然适地适树是相对的，但衡量是否达到适地适树应该有一个客观的标准。当然这个客观标准应根据园林绿化的主要功能目的来确定。例如，对于以观赏为目的的，要求生长健壮、清洁、无病虫害、供观赏的花果生长正常；对于某些以特殊艺术为目的的，如表现苍老、古雅或矮化的树木，其营养代谢应是平衡的稳定的，并能维持较长寿命。

4.1.2　适地适树的途径

4.1.2.1　选择

包括以地选树和按树选地，即选择适合某一立地条件的树木种类进行栽植或确定某一树种，选择适当的生态环境进行栽植。这是一种不加入或少加入人为措施的方法，也是最基本的方法，如柳树、乌桕水杉等树种耐水湿，可种在低洼地、水边；悬铃木、银杏等树种喜干喜阳，应选择比较高爽、向阳地段种植；桃叶珊瑚、八角金盘、十大功劳等较耐荫的树种可种在较庇荫的树丛中；杜鹃、山茶等则宜种植在酸性土壤中；在风口处，应选择深根性和不怕风燥的树种，如女贞、蚊母、朴树等；在有废气污染的工厂绿地，可选用具有相应抗有害气体的树种，如柳杉、夹竹桃能吸收 SO_2，海桐、蚊母能抗 HF 等。为了丰富植物种类可引种一些外来树种，但须注意外来树种的生态习性，如一些南方的树木移植到北方，则必须选择种植在背风向阳，小气候较好的地方。

4.1.2.2 改造

1. 改树适地

既在地和树之间某些方面不甚相适的情况下，通过选种、引种驯化、遗传改良等措施改变树木的某些特性，使它们能相互适应。如通过育种工作，增强树种的耐寒性、耐旱性或抗盐性以适应在寒冷、干旱或盐渍化的栽植地生长，也可选择适合当地生长的砧木，如选用耐寒、耐旱、耐碱的砧木品种嫁接，砧、穗相互影响，以扩大种植范围。

2. 改地适树

既通过整地换土、施肥、灌溉、土壤管理等措施改变栽植地的生长环境，使其适合于原来不适应在此生长的树种生长。这是园林树木栽培上常用的方法。

上述两条途径是互相补充，相辅相成的。在当前的技术、经济条件下，改树或改地的程度都是有限的，而且改树及改地的措施也只有在地树尽量相适的基础上才能收到多快好省之效，也就是说，后一条途径必须以第一条途径为基础。因此，如何选择园林绿化树种，使之符合适地适树的要求，是园林树木栽培的中心任务。

4.1.3 园林树种选择的基本原则

园林树种的选择是保证树木栽植成活的前提，要根据栽植地的立地条件和景观要求选择适合的树种，达到栽植养护成活的目的。一般应掌握以下原则：

4.1.3.1 充分应用乡土树种，合理利用外来树种

由于生态因素的地域差别，不同的城市以及城市的不同地区，适于用作园林绿化的植物是不同的。乡土树种对当地土壤和气候的适应性强、最能抵御灾害性气候且能适应城市环境条件的种类，其苗源多，价廉，易成活，有地方特点，应作为城市绿化的主要树种；从保护自然和保护物种多样性的角度看，选用乡土树种进行绿化，是保护和维持地区自然景观特色的重要途径。

为了丰富植物种类，也可有计划地引进一些本地缺少，而又可能适应本地环境的经济或观赏价值高的树种。但一定要遵从引种、驯化、扩大中试、应用的路线。先小范围地引种驯化，经全面评估没有风险且有推广前途后，进行繁殖和扩大中试，最后才能在园林中应用。要防止急功近利的思想，拿来就用

会出现意想不到的后果。尤其是国外引种，一定要遵守检疫和隔离制度，防止有害生物入侵。

4.1.3.2 选择抗性强的植物

抗性强的植物，是指对酸、碱、旱、涝、沙性及坚硬土壤有较强的适应性，对病虫害、烟尘和有毒气体的抗性较强的植物。

4.1.3.3 速生与慢生植物相结合

速生树种如杨树、刺槐、柳树、栾树等，生长速度快，能很快达到景观设计的要求，但寿命相对较短，几十年后便老化衰弱需要更新和补充；而慢生树种如桧柏、油松、银杏、白皮松等，生长速度慢，景观效果一般要三四十年才能见效，但寿命可达数百年。因此，将两者有机结合和配置，同时，应有计划、分期分批地使慢生树种替换衰老的速生树种，逐步形成相对稳定的人工植物群落。

4.1.3.4 常绿植物和落叶植物结合

为达到景观要求的色彩效果和四季有花、四季有绿的时间动态序列变化效果，应充分考虑到不同植物的花色、花期、叶色、叶的枯荣期、植物的体态、外貌等，并使之有机合理地搭配在一起。我国大部分地区，尤其在温带，四季气候分明，季相变化明显，冬季以落叶树为主，景观略显萧条。因此，城市中应适当加大常绿树的比例，形成落叶树与常绿树相互搭配的自然景观。南方地区地处热带、亚热带，以常绿树为主，缺少季相变化，城市中可适当增加观花落叶乔木，如木棉树、鸡蛋花、木本象牙红等，可丰富季相景观。

4.1.3.5 与园林绿地的功能相适应

园林绿化要充分发挥其生态功能的效益，以改善人居环境。要注意改变以往只注重观赏效果，过分强调植物造景的做法，从充分发挥树木的生态价值、环境保护价值、游览休闲价值、文化美学价值经济价值等方面综合考虑，用丰富多样的植物材料组织空间，在改善生态环境，提高人居环境质量的前提下，满足其多功能、多效益的目的。

4.1.3.6 发挥植物的生物学和生态学特性

在公园绿地上为了达到"鸟语花香"的效果，除了要注意不同植物花、果的色泽与味道外，还要注意到动物与植物的食物链及传粉、授粉的关系，充分考虑到这些植物的生物学特性与生态学规律。如乌桕、柑橘、椴树、胡枝子、荆条、枣树、刺槐、国槐等蜜源植物，对维持蜜蜂的种群繁衍具有重要意义。金银木、郁香忍冬、天目琼花、桑树、山荆子、海棠花等树木秋季结果累累，不仅观赏性强，还是吸引鸟类，为鸟类提供食物的重要来源。板栗、槲栎、核桃楸等坚果、核果类树种是松鼠等野生动物的食物来源，有利于增加城市中动物多样性。

总之，根据城市绿化的不同特点，合理选择和配置园林植物是园林建设的核心问题。一般应符合适用、美观和经济的原则，要讲究科学性、艺术性，并注意结合生产。

4.2　园林树木栽植

在园林绿化施工中经常提到"栽植"这一概念，往往仅理解为树木的"种植"。而广义地理解，"栽植"应包括掘苗、搬运、种植三个基本环节。因此，园林植物的栽植是指将园林植物从原来生长的地方掘起，栽种到另一个地方，使其继续生长的操作过程。其中将树苗从某地连根（裸根或带土球并包装）起出的操作叫"掘苗"；把掘出的树苗用一定的交通工具（人力或机械、车辆等）运到指定种植地点叫"搬运"；按要求将运来的树苗栽入适宜土壤内的操作叫"种植"。栽植以其目的不同可分为移植和定植。在一般情况下，园林树木的栽植一旦实施就要求树木久远地生长下去，所以园林树木的栽植绝大多数都是定植。只有在某种特殊情况下或某种特殊工程需要时，把一些树木从这一绿地从搬迁到另一绿地才用"移植"这一概念，如大树移植。园林植物的定植具有相对性，当树木生长到充满了整个生长空间，树群密度过大，就需要进行种植调整，改善其生长空间环境，原来作为定植的树木这时就可能需要搬迁。

4.2.1　树木栽植成活的原理

要保证栽植的树木成活，必须掌握树木生长规律及其生理变化，了解树木栽植成活的原理。一株正常生长的树木，其根系与土壤密切接触，根系从土壤中吸收水分和无机盐，并运送到地上部分供给枝叶制造有机物质。此时，地下部分与地上部分的生理代谢是平衡的。栽植树木时，首先要起苗，不可避免地会损坏一部分的根系，根系与土壤的密切关系被破坏，这样就降低了根系对水分和营养物质的吸收能力，而地上部分仍然在不断地蒸发水分，水分生理平衡遭到破坏，此时，树木就会因根系受伤失水不能满足地上部分的需要而死亡。但是，植物被损坏的根系处会在一定时期内愈合，并恢复功能。根系与土壤的密切关系可以通过科学、正确的栽植技术重新建立，当蒸腾作用所消耗的水分与根部吸收的水分达到新的平衡时，就能使树木成活并继续生长。由此可见，如何使新栽的树木及时恢复地上部与地下部水分的生理平衡是栽植成活的关键。而这种新的平衡关系建立的快慢，与树种的习性、年龄时期、物候状况以及影响生根和蒸腾为主的外界环境因子都有着密切的关系，同时也不可忽视人的栽植技术和责任心。一般发根能力和再生能力强的树种容易成活；幼、青年期的树木及处于休眠期的树木容易成活；有充足土壤水分和适宜气候条件的成活率高。严格、科学的栽植技术和高度的责任心可以弥补许多不利因素而大大提高栽植的成活率。

4.2.2　栽植时期

树木的栽植季节应以树种、地区不同而异，不同栽植要求，其所适应的季节也不尽相同，但原则上应以尽量减少栽植对树木正常生长的不良影响为宜。根据栽植成活的原理，应选择外界环境最有利于水分供应和树木本身生命活动最弱，消耗养分最少，水分蒸腾最小或有利于根系迅速恢复生长的时期为栽植的最好时期。

最适宜的栽植季节是早春和晚秋，即树木落叶后开始进入休眠期至土壤冻结前，以及树木萌芽前刚开始生命活动的时候。这两个时期树木对水分和养分的需要量不大，容易得到满足，而且此时树体内还储存有大量的营养物质，又有一定的生命活动能力，有利于伤口的愈合和新根的再生，所以在这两个时期栽植一般成活率最高。至于春植好还是秋植好则须根据不同树种的生长特点和不同地区的气候条件来决定，且不同的栽植要求，其所适应的季节也不尽相同，在实际工作中须灵活运用。

4.2.2.1 春季栽植

春季栽植是在春天土壤解冻后至树木发芽之前进行，一般在 2～4 月（南方早，北方迟）。此时，气温逐渐回升，土壤解冻，土壤水分充足；树木尚处于休眠期，蒸发量小，消耗水少，栽后容易达到地上部分与地下部分的水分代谢平衡，符合树木先长根、后发枝叶的物候顺序，有利于成活。华东地区落叶树种的春季栽植，以 2 月中旬至 3 月下旬为佳；华北地区树木的春季栽植在土壤解冻后即可进行，多在 3 月上中旬至 4 月中下旬。

由于春季栽植适合大部分地区和几乎所有的树种，对成活最为有利，故有植树的黄金季节之称。大多数落叶树种都适宜春季栽植，特别如枫杨、棟树、无患子、喜树等以春季栽植为好；根系愈合能力强的树种、具有伤流特点的树种均宜在春季栽植；具肉质根的树种，如山茱萸、木兰、鹅掌楸等，根系易遭低温伤冻，也以春季栽植为好。在春季栽植的适宜时期，应宜早不宜晚。早栽则树苗发芽早、扎根深、易成活。最晚在芽开始萌动将要展叶时为宜。一般落叶树在芽萌动之前或土壤刚刚解冻即可进行。常绿树也宜春季栽植，但在时间上可稍推迟。在冬季严寒地区或对那些在当地不甚耐寒的树种，以春季栽植为宜，可免却越冬防寒之劳。

4.2.2.2 秋季栽植

在气候比较温暖的南方地区，以秋季栽植更为适宜。此时，气温逐渐降低，蒸发量小，土壤水分较稳定；而树木进入休眠期，生理代谢转弱，消耗营养物质少，水分蒸腾量达到最低程度，有利于维持生理平衡；且树体内贮存营养物质丰富，有利于断根伤口愈合，如果地温尚可，还可能发生新根。经过一冬，根系与土壤密切结合，春季发根早，符合树木先生根后发芽的物候顺序。秋季栽植适于适应性强、耐寒性强的落叶树，对于不耐寒的、髓部中空或有伤流的树木，不适宜秋季栽植。华东地区落叶树的秋季栽植一般在 11 月下旬至 12 月中下旬；而早春开花的树种则应在 11 月份之前进行；常绿阔叶树宜早于落叶树，可在 10 月下旬开始；针叶树虽在春、秋两季都可栽植，但以秋季栽植为好。华北地区的秋季栽植，适用于耐寒、耐旱的树种，目前多用大规格苗木进行栽植以增强树体越冬能力。东北和西北北部等冬季严寒地区，秋季栽植宜在树体落叶后至土壤封冻前进行。

4.2.2.3 夏季（雨季）栽植

我国西南地区受印度洋干湿季风影响，有明显的旱季和雨季之分，以雨季栽植为好。雨季如果处在高温月份，由于阴晴相间，短期高温、强光，也易使树木水分代谢失调，故要掌握当地历年雨季的降雨规律和当年降雨情况，抓住连阴雨的有利时机进行栽植。长江中下游地区，梅雨期间降水较多，空气湿度较大，也是栽植的良好时机，只要注意防涝排水，即可收到事半功倍的效果。一般只选择某些萌发力较强的常绿阔叶树种如香樟以及规格较小的苗木。

有些常绿阔叶树如女贞、桂花、大叶黄杨、山茶、栀子花等一年中数次萌发新梢，在一次新梢停止生长后和下一次新梢生长前可抓紧在雨季栽植。栽植时必须带土球，以免损伤根部，且必须随挖苗、随运苗，以尽量缩短移植时间，最好在阴天或降雨前进行以免树木失水而干枯。

4.2.2.4 冬季栽植

在冬季土壤基本不冰冻的华南、华中和华东等长江流域地区，可以冬植。在北方气温回升早的年份，只要土壤化冻就可以开始栽植部分耐寒树种。在冬季严寒的华北北部、东北大部，由于冻结较深，对当地乡土树种可以利用冻土球栽植法进行栽植。

在掌握了最有利季节之后，还要注意天气情况，确定栽植日期，一般阴天或多云的天气比较理想，晴天无风的天气也可以，避开大风和下雨泥泞的不利天气。

一般情况下，同一种树种中，其树龄越小者，栽植越易；不同树种中，叶形越小，栽植越易；落叶树较常绿树易于栽植；树木的直根短，支根强，须根多者易于栽植；树木的新根发生力强者，易于栽植。

4.2.3 栽植前的准备

4.2.3.1 清理场地

树木栽植前必须清理好场地。清除各种妨碍树木栽植的石块、碎砖、瓦砾、木桩等。

4.2.3.2 地形地势的整理

地形整理是指从土地的平面上，将绿化地区与其他用地区分开来，根据绿化设计图纸的要求，整理出一定的地形。此项工作可与清理场地相结合。对于有混凝土的地面一定要刨除，否则影响树木的成活和生长。地形整理应做好土方调度，先挖后垫，以节约投资。

地势整理主要指排水问题。一般园林绿地不需要埋设排水管道，绿地的排水通常是依靠地面坡度，从地面自行径流排到道路旁的下水道或排水明沟。所以将绿地界限划清后，要根据本地区排水的大趋向，将绿化地块适当提高，再整理成一定坡度，使其与本地区排水趋向一致。若洼地填土或去掉大量渣土堆积物后回填土壤时，要注意对新填土壤分层夯实，并适当增加填土量，否则一经下雨或经自行下沉，会形成低洼坑地，而不能自行径流排水。如树木栽植后地面下沉再回填土壤，则树木被深埋，易造成死株。

4.2.3.3　地面土壤的整理

地形地势整理完毕后，为了给植物创造良好的生长基地，必须在种植植物的范围内，对土壤进行整理。原是农田菜地的，土质较好，侵入物不多的只需加以平整，不需换土；如果在建筑遗址，工程弃物、矿渣炉灰地修建绿地，需要清除渣土换上好土。至于对树木定植位置上的土壤改良，待定点挖穴后再行解决。

4.2.3.4　定点放线

定点放线即是在现场测出苗木栽植位置和株行距。由于树木栽植方式各不相同，定点放线的方法也不相同。

1. 自然式配置乔、灌木放线法

（1）坐标定点法

根据植物配置的疏密度，先按一定的比例在设计图及现场分别打好方格，在图上用尺量出树木在某方格的纵横坐标尺寸，再按此位置用皮尺量出再现场相应的位置。

（2）仪器测放法

用经纬仪或水平板仪依据地上原有基点或建筑物、道路，将树群或孤植树依照设计图上的位置依次定出每株的位置。

（3）目测法

对于设计图上无固定点的绿化种植，如灌木丛、树群等，可用上述两种方法划出树群、树丛的栽植范围，其中每株树木的位置和排列可根据设计要求在所定范围内用目测法进行定点。定点时应注意植株的生态要求和自然美观。定好点后，多采用白灰打点或打桩，标明树种、栽植数量（灌木丛树群）、坑径。

2. 整形式（行列式）放线法

对于成片整齐式或行道树的放线法，也可用仪器和皮尺定点放线。定点的方法是先将绿地的边界、园路广场和小建筑物等的平面位置作为依据，量出每株树木的位置，钉上木桩，木桩上写明树种名称。

一般行道树的定点是以路牙或道路的中心为依据，可用皮尺、测绳等按设计的株距，每隔10株钉一木桩作为定位和栽植的依据。定点时如遇电杆、管道、涵洞、变压器等障碍物应躲开。不应拘泥于设计的尺寸，而应遵照与障碍物相距的有关规定来定位。

3. 等距弧线的放线

若树木栽植为一弧线如街道曲线转弯处的行道树，放线时可以从弧的开始到末尾的路牙或中心线为准，每隔一定距离分别画出与路牙垂直的直线。在此直线上，按设计要求的树与路牙的距离定点，把这些点连接起来，就成为近似道路弧度的弧线，于此线上再按株距要求定出各点来。

4.2.3.5　苗木的选择

1. 苗木来源

大多数园林树木的苗木来源于苗圃。苗圃培育的苗木具有很多优越性。其一，苗木在苗圃经过多年培育，树形较好，经过多次移植后根系也较发达，栽植成活率高；其二，苗圃一般设在市郊，培育的苗木大都能适应当地城市环境，运输方便且成本低；其三，苗圃苗木贮备比较充足，种类和品种丰富，规格各异，能满足大部分绿化工程所需。

野生苗木往往根系比较深、广，移植起来比较困难，而且有时土壤环境比较恶劣，不容易起苗，造成移植成活率降低。所以，一般不主张选用野生苗木，除非涉及经过有关部分批准的修建道路、建筑、河道等市政工程，树木有碍工程实施，必须进行移植，用于异地园林绿化。必须在项目批准后，及时采取断根处理等有效措施，保障移植成活率。

2. 苗木质量

由于苗木的质量好坏直接影响栽植成活和以后的绿化效果，必须十分重视对苗木的选择。苗木的选择，除了根据设计提出对规格和树形的特殊要求外，要注意选择生长健壮、无病虫害、无机械损伤、树形端正、根系发达的苗木；而且应该是在育苗期内经过移植，根系集中在树蔸（即接近根颈一定范围内有较多的侧根和须根）的苗木。上海市《园林植物栽植技术规程》中对乔木、灌木的质量要求见表4-1、表4-2。

乔木的质量要求 表4-1

栽植种类	要求		
	树干	树冠	根系
重要地点栽植材料（主要干道、广场及绿地中主景）	树干挺直，胸径大于8cm	树冠要茂盛，针叶树应苍翠，层次清晰	根系必须发育良好，不得有损伤，土球应符合本规程规定
一般绿地栽植材料	主干挺拔，胸径大于6cm	同上	同上
防护林带和大片绿地	树干弯曲不得超过两处	具有抗风、耐烟尘、抗有害气体等要求，针叶树宜树冠紧密分枝较低	同上
绿篱	有丛生特性，容易发生隐芽潜芽	叶常绿，树梢耐修剪，萌发力强	发育正常

注：1. 道路上机动车道旁乔木，主干分叉点高度不小于3.2m，分枝3～5个，分布均匀，斜出水平角以45°～60°为宜；

2. 胸径系树木离地面1.3m高处树干的直径。

灌木的质量要求 表4-2

栽植种类	要求		
	高度	地上部分	根系
重点栽植材料	150～200cm	枝不在多，须有上拙下垂，横猗之势	根系须茂盛
一般栽植材料	150cm	枝条要有分歧交叉回折，盘曲之势	同上
防护林和大片绿地	150cm	枝条宜多，树冠浑厚	同上
花篱	茎干有攀援性	枝密树茂能依附它物，随机成型	同上

3. 苗木栽植前的平衡修剪

苗木栽植前修剪是缓和水分失调矛盾，提高树木栽植成活率的重要措施，也称平衡修剪。平衡修剪应根据整形修剪的原则，在不影响苗木形态结构和观赏的前提下进行，达到地上部分与地下部分的水分平衡，栽后能成活并正常生长发育的目的。

(1) 修剪原则

园林树木的平衡修剪要尊重原树形特点，不可违反其自然生长规律。对具有中央领导干、主轴明显的落叶乔木树种，如银杏、毛白杨等，应尽量保护主轴的顶芽，保证中央领导干直立生长；对主轴不明显的树种，如国槐、旱柳等，应选择比较直立的枝条代替领导枝直立生长，通过修剪控制与主枝竞争的侧枝。灌木一般采用疏枝和短截两种方法。疏枝是将枝条从基部或者着生部位剪除，保持外密内稀的冠形，以利通风透光；短截是保留枝条的基部而截短前部，一般应保持树冠内高外低成半圆形。对根蘖特别发达的树种，如黄刺玫、玫瑰、珍珠梅等，应多疏剪老枝以使其不断更新，生长旺盛。

栽植前还应剪除腐烂的或在掘苗时严重损伤的根系。栽植后还要做一些补充修剪，剪除在挖掘与搬运过程中被折损的枝叶。

(2) 修剪量

修剪量依不同树种及景观要求有所不同。对于较大的落叶乔木，尤其是生长势较强，容易抽出新枝的树种，如杨、柳、槐等可进行强修剪，树冠可剪去 1/2 以上，这样可减轻根系吸水负担，维持树木体内水分平衡，也可减轻树冠风阻，防止树体摇动，增强树木栽植后的稳定性。对具有明显主干的高大落叶乔木，应保持原有树形，适当疏枝，对保留的主侧枝应在健壮芽上短截，可剪去枝条的 1/5 ～ 1/3。对无明显主干、枝条茂密的落叶乔木，干径 10cm以上的，可疏枝保持原树形；干径为 5 ～ 10cm 的，可选留主干上的几个侧枝，保持适宜树形进行短截。

枝条茂密具有圆头形树冠的常绿阔叶乔木，可适量疏枝，枝叶集生于树干顶部的树木可不修剪；萌枝力强的香樟等树种，可进行重剪，如在掘苗前2 ～ 3d 先摘除 1/3 枝叶，栽种时采用疏剪和短截的方法，再修除 1/3，能很快形成树冠。常绿针叶树，不宜多修剪，只剪除病虫枝、枯死枝、生长衰弱枝、过密的轮生枝和下垂枝。珍贵树种的树冠，宜尽量保留，以少剪为宜。

带土球或湿润地区带宿土的裸根苗木及上年花芽分化已完成的开花灌木，可不作修剪，仅对枯枝、病虫枝予以剪除。分枝明显、新枝着生花芽的小灌木，应顺其树势适当强剪，促进新枝，更新老枝。枝条茂密的大灌木，可适量疏枝。对嫁接灌木，应将接口以下砧木上萌生枝疏除。用作绿篱的灌木，可在种植后按设计要求整形修剪。在苗圃内已培育成型的绿篱，种植后应加以整修。攀缘类和藤蔓性树木，可对过长枝蔓进行短截。攀缘上架的树木，可疏除交叉枝、横向生长枝。

(3) 修剪方法和要求

不同园林植物栽植时修剪方法各异。园林中常见的乔木如白蜡、银杏等树种，栽植时以疏枝为主、短截为辅；对杨树、槐树、栾树、元宝枫等，以疏枝和短截并重；柿树、合欢、悬铃木等树种，则以短截为主；楸树、青桐、臭椿等树种，则一般不剪。

花灌木中，黄刺玫、山梅花、太平花、珍珠梅、连翘、玫瑰、小叶女贞等树种，以疏枝为主，短截为辅；紫荆、月季、蔷薇、白玉棠、木槿、溲疏、锦带花等树种，以短截为主；紫丁香等通常只疏不截。

4.2.4 树木栽植

4.2.4.1 挖树穴（树坑）

树穴的质量，对树木栽植的成活及以后的生长有很大影响。树穴的位置应准确，要严格按规划设计要求的定点放线标记进行。树穴的大小和深度应根据苗木根系或土球的大小、土质的优劣来决定。在正常土壤条件下，一般树穴的直径比苗木水平根系或土球直径大 40cm，穴的深度一般要超过根系垂直分布或土球高度 20cm。水平根系的树穴要适当加大直径，直生根系的树穴要适当加大深度；若土质较差时，树穴应适当挖得更大些；若地势较低，树穴应挖得浅些，以便进行堆土栽植。树穴的形状一般为圆形，但必须保证上下口径大小一致，不得上大下小或上小下大，否则会造成窝根或填土不实，影响栽植成活率。

挖穴的方法：以放样确定的栽植点为中心，按规定的穴径划一圆圈，作为挖穴的范围。从周边向下挖穴，按深度垂直挖到底。对质地良好的土壤，挖穴时应把表土与底土分别放于树穴的四周，有利于表土在栽种时填在根部，底土填于穴表。如果穴内土质差或瓦砾多，则要求清除瓦砾垃圾，最好是换土。在斜坡挖穴时，应先将斜坡整成一个小平台，然后再在平台上挖穴，树穴的深度以坡的下沿口开始计算。对株距很近的绿篱，可挖成穴沟进行栽植，以提高栽植效率。

对珍贵树种或大规格苗木的栽植，可对栽植地的土壤进行检验分析，内容包括土壤容重、有机质、碱解氮、有效磷、速效钾、全盐量、pH 值等，根据测定结果采取有针对性的措施，如土壤容重大于 $1.3g/m^3$，说明土壤过于密实，需要掺入草炭土等疏松基质；氮、磷、钾肥力不足时，应加入有机肥进行土壤改良；对杜鹃花、山茶等喜酸性土壤的树种，土壤中可加入松针土，改良土壤的 pH 值。

挖掘机操作必须选择规格合适的挖掘机，操作时轴心要对准点位，挖至规定深度，整平穴底。必要时可进行人工辅助。

4.2.4.2 施基肥

苗木栽种前可按规定的数量将腐熟的有机肥施入穴底（如胸径 8 ～ 10cm 的树木施腐熟的堆肥 20 ～ 25kg），填入 20cm 左右的泥土后再栽树，切勿使新植树木的根系接触到肥料，以防腐蚀伤口引起烂根影响成活。

4.2.4.3 栽种（定植）

园林工程由于栽植树木的种类较多，规格不一，栽植前要将苗木按规定

（设计图或定点木桩）散放于定植穴边，以免出错。散苗时要轻拿轻放，不得损伤树根、根皮、枝干和土球，散苗速度要与栽苗速度相适应，边散边栽，散毕栽完，尽量减少树根暴露时间。散苗后还要及时用设计图纸详细核对，发现错误立即纠正以保证植树位置正确。

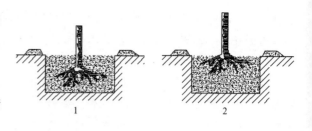

图4-1　苗木栽植深度
1—过深；
2—合适

　　苗木栽种前还要检查树穴的挖掘质量、树穴的深浅宽窄，根据实际情况，给予必要的修整。苗木栽植的深度应保证在土壤下沉后，根颈和地表面等高（图4-1）。过深，通气不良、地温低，不利根系及时恢复生长；在地下水位较高的地方，还易导致根系腐烂。过浅，根系处于土壤表层，易遭受日晒或干旱影响，引起苗木枯死；加之栽植过浅时，苗木易摇动，难以扎根，容易发生风倒现象。所以，在栽种前应根据苗木根系或土球大小，先检查树穴的深浅宽窄。太深，可稍加泥土；过浅，则可挖深；过窄，可在穴四周再放大些。树穴符合标准后，即可进行栽种。但对于怕积水的玉兰、油松、白皮松等树种，如果种在冷季型草坪中，苗木根颈部可略高于地面标高，培土后形成丘状，有利于排水，减少积水。对于柳树等喜水湿的树种，土球表面可适当低于地表，以便多接受雨水。对于嫁接苗木，应将嫁接口露出地表，切忌嫁接口埋入土中导致积水死亡。

　　栽植时，应注意将树冠丰满完好的一面朝向主要的观赏方向，如入口处或主行道。大型树木栽种前要标注树木南北向，栽植时按原来的方向栽植，防止苗木的北向树皮向阳后遭日灼晒伤，南面树皮背阴后遭冻伤。若树冠高低不匀，应将树冠面低矮的植株朝向主面，高的放在后面，使之有层次感。如果树干有弯曲，一般情况下其弯向应朝主风方向。成片栽树时，要先栽大树，后栽小树，防止搬运过程中大树压损小树的现象。

　　1. 裸根苗木的栽种

　　栽种裸根苗木应根据根系或栽植深度在穴内填入适当表土，穴底呈小丘状，有利于根系舒展。将裸根苗木放入穴内，再检查树冠姿态好的一面是否在观赏面，如不在则需慢慢倾斜旋转，使其根系舒展，不得窝根。树要直立，对准栽种位置后，可由一人扶直树干，另一人将穴边的表土填入，填至一半时，要将苗木向上轻提几下，使根颈交接处与地面相平，同时可使穴土能填入根际空隙，根群自然向下呈舒展状态，然后将穴土夯实。以后边填土边夯实，直到与地面相平或略高于地面为止，并随即将浇水用的土堰做好。

　　2. 带土球苗木的栽种

　　栽种带土球苗木应根据土球大小与高度，在穴内填入适量的表土。应注意使穴深与土球高度相符，以免来回搬动土球。土球入穴后应即在土球底部四周填入少量表土，将土球固定，并使树干保持直立。土球的包装物，如是少量易腐烂的草绳或稻草之类的，不一定解除；如是不易腐烂的或包装物较多，则应剪除，以免日后腐烂发热，影响树木根部生长。然后将表土填入，填至一半时夯实，再边加土边夯实，但不要损坏土球。栽种好后，土球的面应与地面平。

裸根苗木和带土球苗木的栽种原则要求可总结为：深深的、浅浅的、结结实实、墙墙的。即树穴要深要大；苗木栽种要浅；与原深度等同或略深 2～3cm；栽后要夯实，使根系与土壤充分密接；树穴底部的土壤要墙，就是将风化好的疏松土壤填入穴底，以利根系深扎。

4.2.4.4 栽后管理

1. 浇水

栽后及时浇水，可使土壤充分吸收水分，并使土壤与根部紧密结合，以利于根的吸收和生长发育。为确保成活，应做到"随起、随栽、随浇水"。

图4-2 "酒酿潭"浇水

苗木栽好后应随即围堰做潭，即在树穴的外缘用土培起 15～20cm 高的土埂，做成树堰（俗称"酒酿潭"），以利浇水（图4-2）。树堰应拍实踏实，防止漏水。做好树堰后及时浇透第一次水，一般以水分不再向下渗透并有少量积水为准。浇水时最好在树堰内放一草帘片，而后将水浇在草帘片上防止水冲出树根。第二天再复浇一次水，待水分下渗后，将四周树堰铲平，并用松细的干土覆于树干四周穴面上，覆土厚度 5cm 左右，形成中央高、四周低的覆盆形状。如果浇水后树穴内有较大裂缝或土层降沉严重，说明栽植时夯土不实，需在 2～3d 内，待土稍干后补填土并夯实，进行第二次浇水。一周后再进行第三次浇水。浇水前，先围堰、浇水，再铲平树堰、覆土。以后视情况见干即浇。

每次浇水都要浇透。常绿树种，由于蒸腾量大，除进行浇水外，还要进行叶面喷水，每天 1～2 次，促进成活。新栽成活的树木，必须连年灌水，才能使树木正常生长发育。一般乔木最少连续灌溉 3～5 年，灌木 5～6 年。对栽植在土质较差和保水能力差的土壤上的树木，应延长灌水年限 1～2 年。杨柳类要多灌水、勤灌水；松柏类则不宜勤灌。

2. 立支柱

栽植胸径 5cm 以上苗木时，特别是在栽植季节有大风的地区，栽植后应立支柱支撑固定或采取拉纤，以防树冠和根部摇动，影响根系恢复生长。裸根苗木栽植可采用标杆式支架，即在树干旁打一杆桩，用绳索将树干缚扎在杆桩上，缚扎位置宜在树高 1/3 或 2/3 处，支架与树干之间衬垫软物。带土球苗木可采用扁担式、三角桩或井字桩（图4-3）。

立单支柱时，用坚固的木棍或竹竿，斜立于下风方向（图4-3 之 1），埋深 30cm，支柱与树干之间用麻绳或草绳隔开，然后用麻绳捆紧。也可在上风方向用麻绳或橡胶带拉纤。

扁担式或双支柱是用两根支柱垂直立于树干两侧，与树干齐平，支柱顶部捆一横担，用草绳将树干与横担捆紧（图4-3 之 3）。捆前先用草绳将树干与横担隔开，以防擦伤树皮。

三角桩或三支柱是将三根杉槁组成正三角形，将树围在中间，支撑在树

图4-3 立支柱的方法

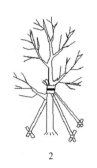

1　　　　　2　　　　　3　　　　　4

干处 2/3 处，支撑处用垫布，用草绳或麻绳把树和支柱隔开，然后用麻绳捆紧（图 4-3 之 2）。

井字桩或四角支撑时，先用草绳将树干支撑部位缠紧，再用两根砍有凹槽的木棍夹住树干，最后用四根等长的杉槁，上端固定在木棍上，下端支在地面上（图 4-3 之 4）。这样不仅能使树干避免被大风吹倒，也美观大方，有利于根系的正常生长。

3. 复剪

苗木栽植过程中，经过挖掘、搬运，树体常会受到损伤，以致有部分枝芽不能正常萌发生长。苗木定植后，应对受伤枝条和栽植前修剪不够理想的枝条进行复剪，还应对枯死部分及时剪除，以减少病虫滋生场所。

4. 更换补植

园林树木栽植后，因栽植质量、栽植技术、养护措施及各种外界条件影响发生的死树现象，要适时进行更换补植。补植的树木在规格和形态上应与已成活植株相协调。对死亡植株要连根挖出，认真分析调查死亡的原因，如栽植措施是否到位、养护措施是否科学，分析土壤质地、树木习性、种植深浅、地下水位高低、病虫危害、人为损伤等。确定原因后采取改进措施，再行补植。

造成园林树木栽植死亡的原因有很多，最常见的是非正常季节栽植措施不到位，造成树木根系部分水分失衡，生长势变弱，从而逐渐死亡。其次是树木栽植深度不合理。过深容易造成树干基部呼吸不畅，树皮腐烂后，养分运输受阻，使植物饥饿而死；过浅则根系暴露，风吹日晒后根系干枯死亡，降低吸收功能，使植株整体生长势下降而死亡。树木栽植中，容易忽视的一个方面是未能撤除包装物，根系与土壤不能有效接触，造成吸收水分不畅，根系也难以向土层中生长；而且包装物腐烂后发热和释放的气体也容易对根系造成伤害。在苗木吊装和运输过程对树干皮部的损坏，造成吸收受阻；根系暴露时间过长，造成根系干燥死亡；浇水过多，造成根系呼吸困难而腐烂。以上因素综合起来很容易造成植株死亡。

4.3　大树移植关键技术

《城市绿化工程施工及验收规范》JJ/T 82—1999 规定，大树移植指移植胸径 20cm 以上的落叶乔木和胸径 15cm 以上的常绿乔木。大树移植是一项保护城市自然植物资源的重要措施，如在旧城改造、扩建中，当树木与城市建设重大工程发生矛盾而又不得不让位于建设工程时，以移植代替砍伐，可以使这些树木资源得以保存，这对挽救和保护城市景观树、特色树，甚至是古树名木，具有十分重要的意义。其次，在一定经济和技术条件下，适当移植大树，还可以在较短的时间内体现绿化效果，改变城市某个小区或街道环境的自然面貌，较快地发挥城市园林绿地的生态与景观效益，及时满足重点或大型市政工程的绿化美化要求。

4.3.1 大树移植的特点

1. 移栽周期长

为有效保证大树移植的成活率，一般要求在移植前的一段时间就要作必要的移植处理。从断根缩坨到起苗、运输、栽植以及后期的养护管理，移栽周期少则几个月，多则几年，每一个步骤都不容被忽视，否则成活率会大为降低。

2. 工程量大、费用高

由于树体规格大，移植技术要求高，单纯依靠人力无法解决，往往需要动用挖掘机、吊车和大型运输车辆等多种机械。另外，为了确保移植成活率，移植后必须采用一些特殊的养护管理技术与措施，要消耗大量的人力、物力和财力。

3. 移植成活困难

大树移植的困难在于多方面的因素。首先，由于树龄大，细胞的再生能力下降，在移植过程中被损伤的根系和树冠恢复慢。其次，树体在生长发育过程中，根系扩展范围不仅远远超出树冠水平投影范围，而且扎入土层较深，挖掘后的树体根系在一般带土范围内可包含的吸收根较少，近干的粗大骨干根木栓化程度高，萌生新根能力差，移植后新根形成缓慢。第三，大树形体高大，根系距树冠距离长，水分的输送有一定的困难，而地上部的枝叶蒸腾面积大，移植后根系水分吸收与树冠水分消耗之间的平衡失调，如不能采取有效措施，极易造成树体失水枯亡。第四，大树移植需带的土球重，土球在挖掘、搬运、栽植过程中易造成破裂，这也是影响大树移植成活的一个因素。

4. 绿化效果快速显著

尽管大树移植有诸多困难，但如能科学规划、合理运用，则可在较短的时间内显现绿化效果，较快发挥城市绿地的景观功能，故在现阶段的城市绿化建设中仍有应用潜力。

4.3.2 大树移植的问题

1. 根系吸收能力差

树木吸收根范围多位于树冠外围和深层，而移植树木的土球仅为树木地径周长的 2 倍，土球内以主根和侧根为主，木栓化严重，吸收根较少，容易造成移植后失水死亡。

2. 枝叶蒸腾量大

大树树冠大，枝叶茂密，蒸腾作用旺盛，移植后如不进行合理修剪，会因为水分散失过多而导致枝叶枯萎死亡。

3. 细胞再生能力弱

树木移植过程中根系受到损伤，恢复慢，新根、新枝再生能力弱。移植的大树由于根系损伤严重，地上部分也经过强度修剪，往往要经过多年才能恢复到移植前的生长水平，短期内并不能达到预期的效果。

4. 土壤肥力差

大树经过多年的生长，往往会出现土壤板结、透气性差甚至营养缺乏等问题。大多数植物喜欢疏松的土壤。土壤越紧实，根系越难穿透。一般当土壤容重达到 $1.5g/cm^3$ 时，根系就难以穿过。在紧实的土壤中，根系生长和伸长速度减慢，微生物也减少，影响一些树种菌根的生长。

植物根系的生长，需要良好的通气条件。当土壤中氧气的含量下降到 10% 时，大多数植物根系的正常机能开始下降；下降至 2% 时，只能维持生存；当氧气严重短缺时，根系会进行厌氧呼吸，生成乳酸等物质，最终导致根系停止生长，进而影响植株对水分和养分的吸收，造成根系不能正常生长。

根系对土壤湿度的要求也较高。当土壤含水量为最大持水量的 60% ~ 80% 时，适宜根系的生长。土壤过干，易促使根系木栓化和自疏；过湿，则因缺氧而抑制根的呼吸作用，导致根的停止生长或烂根死亡。

根系还具有趋肥性，土壤中充足的营养有利于根系的吸收和发育，如果营养缺乏会影响植物的生长发育过程。

5. 大树移植技术还不成熟

虽然北京、上海、南京等地制订了大树移植的规程，但大多数城市仍然缺乏大树移植技术，而且各地气候条件千差万别，照搬照抄有时达不到预期效果。目前国内对大树移植缺乏相关管理制度，实施大树移植的技术队伍良莠不齐，有些企业没有相应的技术和资质，如有些苗圃直接从野外挖掘大树囤苗，想借机牟利，结果往往由于技术不到位造成死亡，造成树木资源和当地生态环境的破坏。不少房地产开发商也从外地或乡村挖掘野生大树，想提高楼市的品味，但也往往事与愿违。因此，国家林业局等部门发出通知，禁止大树古树进城，大树应来自苗圃培育或城市道路等工程改造需要移植的树木，不可挖掘野生资源，造成生态环境的破坏。

4.3.3 大树的选择

园林绿化建设中的大树运用和移植，应尊重客观规律，选择合适的树木或树种，并实行规范移植，才能取得成功。

1. 选择原则

（1）选择适生树种

适生树种又称适地树种，就是能适应于栽植地区环境条件的树种。城市绿地中需要栽植大树的环境条件一般与自然条件相差甚远，选择树种应格外注意。在进行大树移植时，应根据栽植地的气候条件、土壤类型，以选择乡土树种为主，也可选择经过长期引种驯化能适应本地区生长环境的引进树种。坚持就近选择为先的原则，尽量避免远距离运输大树，使其在适宜的树生长环境中发挥绿化、美化优势。

(2) 选用移栽实生树木

尽可能选用经过移栽的实生树木。因为实生树寿命长，对不良环境条件的抵抗力强。

(3) 选用青壮龄大树

移植大树需要很多人力、物力，若树龄太大，移植后不久就会衰老很不经济。要求既要考虑能马上起到良好的绿化效果，又要考虑移植后有较长时间的保留价值。在树龄上，应选用长势处于上升期的青壮龄树木，移植后较易恢复生长，并取得预期观赏效果。而已经衰老的大树，移栽后观赏效果不大，树势不容易恢复，一旦移植失败，也是对大树资源的浪费。特别是古树，由于生长年代久远，已依赖某一特定生境，环境一旦改变，就可能导致树木死亡。一定要慎之又慎，只有在别无他法的情况下才可进行，且要经过相关部门批准后，研究制定详细的方案方能实施。

从生态学角度而言，为达到城市绿地生态环境的快速形成和长效稳定，也应选择发挥较好生态效果的壮龄树木，一般慢生树种可选 20～30 年生，速生树种可选 10～20 年生树木，中生树种可选 15 年生树木。一般乔木树种以胸径 15～25cm、树高 4m 以上比较合适。

(4) 便于挖掘和运输

要选择便于挖掘和运输的树木，尤其是选择野生树木时更要注意考虑移植地点的自然条件和施工条件。移植地的地形应平坦或坡度不大，过陡的山坡，根系分布不正，不仅操作困难且容易伤根，很难保证土球完整和及时运出栽植，以致影响成活。如林木生长密集的地方，不但不便挖掘和运输，往往还由于突然改变生长环境，移植后不易成活，或者生长不佳，影响观赏效果。

2. 树种选择

大树移植的成功与否，首先取决于树种选择是否得当。根据北京、南京、上海、广州等城市多年的大树移植经验，一般认为适宜于大树移植的树种见表 4—3。

各地适宜于大树移植的主要树种一览表　　　　　　表 4—3

地区名称	树种名称	备注
华北地区	油松、白皮松、桧柏、云杉、柳树、杨树、白蜡、悬铃木、合欢、香樟、楝树、元宝枫、槐树、苹果、柿树等	以北京为例
华东地区	雪松、龙柏、黑松、广玉兰、白皮松、五针松、白玉兰、杨树、悬铃木、槐树、银杏、香樟、紫薇、七叶树、桂花、泡桐、罗汉松、石榴、桧柏、榉树、朴树、杨梅、枇杷、桑树、白榆、女贞、珊瑚树等	以南京、上海为例
华南地区	凤凰木、木棉、樟树、桉树、木麻黄、白玉兰、水杉、石栗、榕树等	以广州为例

为有效利用大树资源，确保移植成功，应充分掌握树种的生物学特性和生态习性，根据不同树种和树体规格，制定相应的移植和养护方案，选择在当地有成熟移植技术和经验的树种，并充分应用现有的先进技术，降低树体水分蒸腾、促进根系萌生、恢复树冠生长，提高移植成活率，发挥大树移植的生态和景观效果。

4.3.4　大树移植时间的选择

大树的生长节奏相对于年轻树木而言要慢半拍，所以移植季节也应有所不同。大树移植时间应选在栽植季节中最适合所移植树种的期间进行，非栽植季节严禁栽植。

移植大树一般春季较秋、冬季节好。在秋冬移植的大树，要经过冬季的考验，伤口的愈合能否及时产生，是否长出新根等，因为冬季的关系，大树对不良环境的反应不能及时反映出来，也就无法及时采取必要的抢救措施。而春季移植的大树，相对应气温的回升，较快进入生长期，对伤口的愈合、新根的生长、芽的萌发等较为有利。同时，观察大树生长状况也容易得多，可及时发现问题，及时补救。

大树移植还应注意选择最适天气，即阴而无雨，晴而无风的天气进行。大树宜于傍晚或夜晚进行移植，因为移栽后，加速根生长的微生物易受阳光辐射的伤害，甚至死亡。

4.3.5　大树移植前的准备和处理

4.3.5.1　可移植大树的选择

大树移植前要了解和调查该树木的生物学和生态学特性，如树木的种类、树龄、树高、胸径、分枝点高度、冠幅、树形等以及树木的生长立地类型，进行登记、分类、编号，同时对树木来源地和种植地的土壤、水、热等环境因素进行了解，在调查的基础上慎重选择，确定是否适合进行移植。

4.3.5.2　断根处理

在树木生命周期中，根系生长具有开始随年龄增长进行离心生长，同时吸收根呈离心死亡，而后向心更新的规律。大树根系分布广泛，吸收根群分布在远离树冠外围处，且树龄越大，根系向外伸长离树干越远。因此，大树在可能运输的最大土球范围内，吸收根是不多的。同时，为了迅速体现绿化效果，保持原有姿态，对树冠一般也不采取过量修剪。为了减少移植过程中对吸收根群的损伤，保持地下部与地上部水分代谢的平衡，在移植前采取一些措施，促进树木的须根生长，从而保证树木移植后能很好地成活。常用方法如下：

1. 多次移植法

此法适用于专门培养大树的苗圃中。速生树种的苗木可以在头几年每隔1～2年移植一次，待胸径达6cm以上时，可每隔3～4年再移植一次；而慢生树种待其胸径达3cm以上时，每隔3～4年移一次，长到6cm以上时，每隔 5～8 年移植一次，这样树苗经过多次移植，大部分的须根多聚生在一定的范围，因而再移植时，可减少对根部的伤害。

2. 预先断根法（缩坨断根法）

缩坨断根适用于一些野生大树或一些具有较高观赏价值的树木的移植。缩坨断根应根据树种的习性和生长状况进行。一般在移植前 1～3 年的春季或秋季进行。其方法是以树干为中心，以地径的周长减去 10cm 为半径，在四周向外挖 40cm 左右宽的沟，其深度视根群分布深浅而定，一般为 50～80cm。沟内的根须切断，碰到比较粗壮的侧根要用锋利的手锯或修枝剪，齐平内壁切断，泥土挖出堆置在沟旁。沟挖好后，用拌合堆肥、泥炭和树木营养物的沃土将沟填满并夯实，然后浇水，促发新根。如发现沟内泥土下沉，要用沟边的泥土填满。

大树的切根，可分 2 年进行。可将围沟分为四段，第一年春天在树干相对的两段上挖沟，将沟里全部侧根切断，然后填土夯实浇水；到第二年的春季或秋季再用同样的方法挖其余的 2 段。也可将围沟分为 6 段，第一年间隔挖其中 3 段，第二年再挖其余的 3 段。经过 1～2 年的养护管理，根部切口处已经长出许多须根，这样移植到新种植地时，容易生根。经过断根缩坨的树木，最好在春季或秋季移植（图 4-4）。

3. 根部环状剥皮法

同上法挖沟，但不切断大根，而采用环状剥皮的方法，剥皮的宽度为 10～15cm，这样也能促进须根的生长。这种方法由于大根未断，树身稳固，可不加支柱。

4.3.5.3 大树修剪

影响大树栽植成活的关键是水分的供应和消耗是否平衡。因此减少树木水分蒸腾和促进须根生长则成为提高树木栽植成活率的一项重要内容。为了减少水分蒸腾，移植前需对大树进行树冠修剪。修剪可结合树冠整形进行，原则上不要过分破坏树冠的形态结构。一般以疏枝为主，短截为辅。修剪强度应根

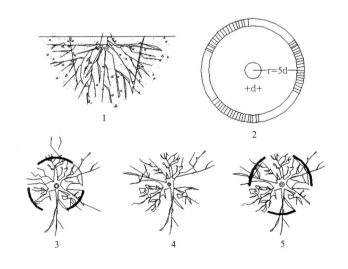

图 4-4　大树移植前缩坨断根程序示意图

1—切根的位置（立面）；
2—切根的位置（平面）；
3—第一次切根的位置；
4—第一次切根后的根系情况；
5—第二次切根的位置和第一次切根后新根生长的情况

据树木种类、移植时间、萌芽能力而定。一般常绿树可轻剪，落叶树宜重剪，多数针叶树应轻剪；再生能力强的、生长速度快的树种、可适当重剪；再生能力弱的、生长速度慢的树种应轻剪；非适宜季节栽植的应重剪，而适时栽植的可轻剪；萌芽力强的修剪量可大些，反之可小些。对某些特定的树种还可根据具体情况进行修剪，如塔枫、白玉兰等，只要剪除枯枝、病虫枝、扰乱树形的枝条。这样，既不改变原有的树形，又能保证树木的成活率。

4.3.5.4 清理现场

在起树前，应把树干周围的碎石、瓦砾堆、灌木丛及其他障碍物清除干净，并将地面大致整平，为顺利移植大树创造条件。然后按树木移植的先后次序，合理安排运输路线，以使每棵树都能顺路运出。

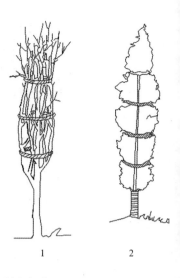

图4-5　树冠绑缚
1—落叶树；
2—常绿树

4.3.5.5 树冠包扎

经修剪整理后的大树，为了便于装卸和运输，在大树挖掘前应对树木进行包扎。对于树冠较大而散的树木可用草绳将树冠围拢紧；对一些常绿的松柏树可用草绳扎缚固定。树干离地面 1m 以下部分要用草绳缠绕（图4-5）。包扎树冠时应注意不再折断树枝，以免损伤树势。

4.3.5.6 立支柱

为了防止在挖掘时由于树身不稳、倒伏引起工伤事故及损坏树木，因而在挖掘前应对需移植的大树支柱。一般是用 3 根直径 15cm 以上的大戗木，分立在树冠分支点的下方，然后再用粗绳将 3 根戗木和树干一起捆紧，戗木底脚应牢固支持在地面，与地面成 60° 左右。支柱时应使 3 根戗木受力均匀，特别是避风向的一面。戗木的长度不定，底脚应在挖掘范围以外，以免妨碍挖掘工作。

4.3.6 大树移植的操作

4.3.6.1 树体的挖掘

1. 带土球软材包装

此法适于移植胸径 15 ~ 20cm 的大树。挖掘前要确定土球的大小（详见第三章中苗木出圃对根系和土球大小的要求）。并用竹竿在树木分支点以上将树木支撑住，以防止树木突然倒伏，以确保树木和操作人员的安全。挖掘时，先铲除树干周围的浮土，以见细根为度，再以树干为中心，按比规定的土球大 3 ~ 5cm 的尺寸划一个圆，并沿着此圆圈往外挖沟，沟宽 60 ~ 80cm，深度约为土球直径的 2/3。当挖到规定高度的一半时，应随挖随修整土球，用铁锹将土球表面修平，使土球上大下小，肩部圆滑。自土球肩部向下修到一半的时候，就要逐步向内缩小，直到规定的土球高度。土球底的直径，一般应是土球上部直径的 1/3 左右。修整土球要用锋利的铁锹，遇到较粗的树根时，应用手锯或枝剪截断，切不可用铁锹硬铲，以防将土球震散。土球修好后，应立即用草绳打上腰箍，腰箍的宽度一般为 20cm 左右，再用蒲包或蒲包片将土球包严，

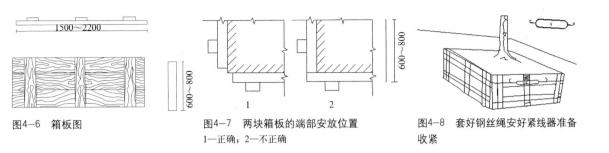

图4-6 箱板图

图4-7 两块箱板的端部安放位置
1—正确；2—不正确

图4-8 套好钢丝绳安好紧线器准备收紧

并用草绳将腰部捆好，以防蒲包脱落。然后即可打花箍，通常采用网络式即橘子包（图3-58），有时为了防止土球破碎，需包扎二层或三层。土球打好后，将树推倒，用蒲包将底堵严，用草绳捆好，土球的包装就完成了。一般在土质较黏重的地区，在包装土球时，往往省去蒲包或蒲包片，而直接用草绳包装。

2. 带土球木箱包装

当大树的胸径达到20～30cm,土球直径超过1.4m以上时，由于土球体积、重量较大，如用软材包装移植时，较难保证安全调运，宜采用木箱包装移植法。

掘苗前，首先要准备好包装用的板材：箱板、底板和上板（图4-6）。然后根据地径来确定土球的规格。土球的大小确定之后，要以树干为中心，按照比土球直径大10cm的尺寸，划一正方形线印，将正方形内的表面浮土铲除掉后，沿线印外缘挖一宽60～80cm的沟，沟的中央和四角都应一直挖到规定的土台厚度，并把土台四壁铲修平整，使土台每边较箱板长5cm。修整时，注意使土台的四个侧壁中间略突出，不可使土台侧壁中间凹两端高，以使上完箱板后，箱板能紧贴土台；且每一侧面都应修成上大下小的倒梯形。上下两边相差10～20cm，这样可使包扎后吊运时土块重量的一部分附着在四周箱壁上，不致使土块重量全部集中在箱底而使之脱落。挖掘时，如遇有较大的粗根，可用手锯或剪枝剪切断，不可用铁锹硬铲，且粗根的锯口应稍陷入土台表面，不可外凸。

土台修好后，应立即安装箱板，其操作程序和注意事项如下：

（1）上侧板

先将土台的四个角用蒲包片包好，再将箱板围在土台四面，两块箱板的端部要相互错开，可露出土台一部分，以免影响收紧（图4-7）。用木棍或锹把箱板临时顶住，经过检查、校正，要使箱板上下左右都放得合适，保证每块箱板的中心都与树干处于同一条直线上，使箱板上端边低于土台1cm左右。作为调运土台下沉系数,即可将经检查合格的钢丝绳分上下两道绕在箱板外面。

（2）上钢丝绳

上下两道钢丝绳的位置，应在距离箱板上下两边各15～20cm处。在钢丝绳的接口处，装上紧线器，并将紧线器松到最大限度，紧线器的旋转方向是从上向下转动为收紧。上下两道钢丝绳上的紧线器，应分别装在相反方向的箱板中央带板上，以便收紧时受力均匀（图4-8）。紧线器在收紧时，必须两边同时进行。钢丝绳上的卡子不可放在箱角上或带板上，以免影响拉力。收紧紧线器时，如钢丝绳跟着转，则应用铁棍将钢丝绳别住。将钢丝绳收紧到一定程度时，应用锤子锤打钢丝绳，如发出"铛铛"之声，表明业已收得很紧，即可进行下一道工序。

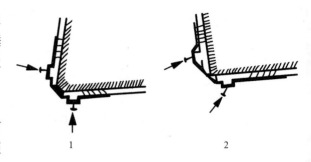

（3）钉铁皮

先在两块箱板相交处，即土台的四角上钉铁皮，每个角的最上一道和最下一道铁皮，距箱板的上下两个边各为5cm，每个角钉铁皮8～10道。铁皮通过每面箱板两边的带板时，最少应在带板上钉两个钉子，钉子应稍向外斜，以增加拉力；不可把钉子砸弯，如砸弯，应起出重钉。箱板四角与带板之间的铁皮，必须绷紧、钉直。将箱板四角铁皮钉好后，要用小锤轻轻敲打铁皮，如发出老弦声，表明已经打紧，即可旋松紧线器，取下钢丝绳（图4-9）。

图4-9 钉铁皮的方法
1—不正确；
2—正确

（4）掏底和上底版

将土台四周的箱板钉好之后，要紧接着掏出土台底部的土，上底板和盖板。

备好底板：按土台底部的实际长度，确定底板的长度和需要的块数。然后在底板的两头各钉上一块铁皮，但应将铁皮空出一半，以便上底板时将剩下的一半铁皮钉在木箱侧面的带上。

掏底：先沿着箱板下端往下挖35cm深，然后用小板镐和小平铲掏挖土台下部的土。掏底土可在两侧同时进行。当土台下边能容纳一块地板时，就应立即上一块底板，然后再向里陶土。

上底板：先将底板一端空出的铁皮钉在木箱板侧面的带板上，再在底板下面放一个木墩顶紧；在地板的另一端用油压千斤顶将底板顶起，使之与土台紧贴，再将底板另一端空出的铁皮钉在木箱板侧面的带板上，然后撤下千斤顶，再用木墩顶好。上好一块底板后，再向土台内掏底，仍按照上述方法上其他几块底板。在最后掏土台中间的底土之前，要先用4根10cm×10cm的方木将木箱板四个侧面的上部支撑住。先在坑边挖一小槽，槽内立一块小木板作支垫，将方木的一头顶在小木板上，另一头顶在木箱板的中间带板上，并用钉子钉牢，就能防止土台歪倒。然后再向中间掏出底土，使土台的底面呈突出的弧形，以利收紧底板。掏挖底土时，如遇树根，应用手锯锯断，锯口应留在土台内，不可使它凸起，以免妨碍收紧底板（图4-10）；要注意在上底板前如发现底土有脱落或松动要用蒲包等物填塞好后再装底板。

图4-10 从两边掏底

（5）上盖板

于树干两侧的箱板上口钉一排板条，称"上盖板"。上盖板前，先修整土台表面，使中间部分稍高于四周；表层有缺土处，应用潮湿细土填严拍实。土台应高出边板上口1cm左右。

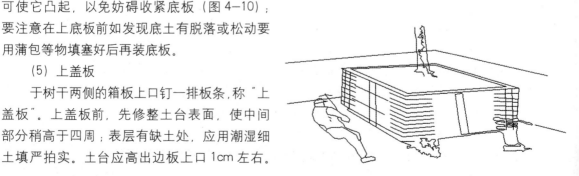

于土台表面铺一层蒲包片，再在上面钉盖板（图4-11）。

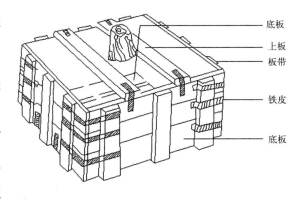

图4-11　木板箱整体包装示意

3. 裸根软材包扎

此法只适用于落叶乔木和萌芽力强的常绿树种，如悬铃木、柳树、银杏和香樟、女贞等。大树裸根移植，所带根系的挖掘直径范围参见第三章中苗木出圃对根系和土球大小的要求。挖掘时以树干为中心，按规定的根系直径尺寸划一个圆，并沿着此圆往外挖一圈沟，遇到粗根剪断或锯断。然后顺着根系将土挖散敲脱，注意保护好细根。再在裸露的根系空隙里填入湿苔藓，再用湿草袋、蒲包等软材将根部包缚。软材包扎法简便易行，运输和装卸也容易，但对树冠需要采用强度修剪，一般仅选留1～2级主枝缩剪。移植时期一定要选在枝条萌发前进行，并加强栽植后的养护管理，方可确保成活。

4. 裸根移植

裸根移植只是在气候适宜、湿度较大、大树生长地的土壤沙性较重、运输距离又短的情况下采用。具体做法是：在用起重机吊住树干的同时挖根掘树，逐渐暴露全部根系。挖掘结束后，随即覆盖暴露的根系，并不断往根系上喷洒水分，以避免根系干燥。有条件时，可使用生根粉或保水剂，以提高移植成活率。

5. 机械移植

国外已有各种类型的机械用于大树移植，国内也有少数园林公司拥有类似的机械。树木移植机主要用来移植带土球的树木，可以连续完成挖穴、起树、运输、栽植等全部或部分作业。在近距离大树移植时，一般采用两台机械同时作业，一台带土球挖掘大树并搬运到移植地点，另一台挖穴并把挖起的土壤天回大树挖掘后的空穴。

树木移植机的主要优点是：①生产效率高，一般能比人工提高5～6倍以上，而成本可下降50%以上，树木径级越大效果越显著；②移植成活率高，几乎可达100%；③可适当延长移植的作业季节，不仅春季而且夏天雨季和秋季移植时成活率也很高，即使冬季在南方也能移植；④能适应城市的复杂土壤条件，在石块、瓦砾较多的地方也能作业；⑤减轻了工人劳动强度，提高了作业的安全性。虽然一次性投入高，但在城市绿地建设，特别在大树移植中是值得推广的发展方向。

4.3.6.2　装运

吊装运输是大树栽植的一个重要环节，它直接影响到栽植大树的成活、施工的质量以及树形的美观等。

大树装运前，应先计算土球重量，计算公式为：

$$W=1/4\Pi d^2 h\beta \tag{4-1}$$

式中，W 为土球重量；d 为土球直径；h 为土球厚度；β 为土壤容重。

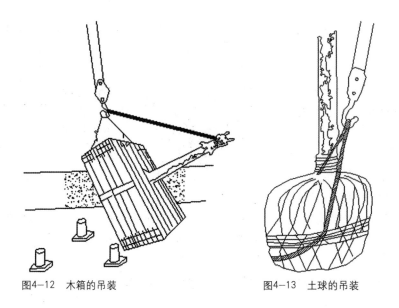

图4-12　木箱的吊装　　　　　　　　　图4-13　土球的吊装

可以根据大树土球重量与树干直径的关系曲线，计算大树移植时的重量，安排相应的起重工具和运输车辆。

吊装木箱的大树，先要用两根 7.5 ～ 10mm 的钢索将木箱两头围起，钢索放在距木箱顶端 20 ～ 30cm 的地方（约为木箱长度的 1/5），把四个绳头结在一起，挂在起重机的吊钩上，并在吊钩和树干之间系 1 ～ 2 根绳索，使树木不至于被拉倒，并在树干分枝点上系 1 ～ 2 根绳索，以便在起运时用人力来控制树木的位置（图 4-12），不损伤树冠，有利于起重机工作。在树干上束绳索处，必须垫上柔软材料（如蒲草包），以免损伤树皮。然后，由专人指挥吊车将大树缓缓吊起。

吊运软材料包装的或带冻土球的树木时，为了防止钢索破坏包装的材料，最好用粗麻绳，因为钢丝绳容易勒坏土球。先将双股绳的一头留出 1m 多长结扣固定，再将双股绳分开，捆在土球的由上向下 3/5 的位置上绑紧，然后将大绳的两头扣在吊钩上，在绳与土球接触处用木块垫起，轻轻起吊后，再用脖绳套在树干下部，也扣在吊钩上即可起吊（图 4-13）。这些工作做好后，再开动起重机就可将树木吊起装车。

装车时，树冠应向着汽车尾部，土块靠近司机室。木箱包装的大树，其木箱上口应与卡车后轮轴在一条直线上。车厢底板与木箱之间垫两块 10cm×10cm 的方木，长度较木箱稍长，但不超过车厢宽度，分放在钢丝绳处的前后。为使树冠不拖地，木箱在车厢中落实后，在车厢尾部用两根较粗的木棍交叉成支架将树干支稳，在树干与支架间垫上蒲包片，以防磨伤树皮。待树完全放稳之后，用绳子将木箱与车厢捆紧。软材包装的大树，土球必须用砖头或木块支稳，并用粗绳将土球与车身牢牢捆紧，防止土球摇晃。

通常一辆汽车只装一株树，在运输前，应先进行行车道路的调查，以免中途遇故障无法通过。行车路线一般都是城市规划的运输线，应了解其路面宽度、路面质量、横架空线、桥梁及其负荷情况、人流量等等。行车过程中押运员应站在车厢尾一面检查运输途中土球绑扎是否松动、树冠是否扫地、左右是否影响其他车辆及行人,同时要手持长竿,不时挑开横架空线,以免发生危险。

卸车与装车方法大体相同。当大树被缓缓吊起离开车厢时,应将卡车立刻开走。在木箱准备落地处横放一根或数根长度大于木箱上口,高度为40cm的大方木,将木箱缓缓放下,使木箱上口落在方木上,然后用两根木棍顶住木箱落地的一边,再将树木吊起,立在方木上,以便栽植时穿钢丝绳操作。

4.3.6.3　大树定植

大树因其因体积大,重量重,不易移动,故对树冠方向、树穴深度及栽植深度等均应仔细慎重考虑,以免不合适而返工。树穴的直径(或正方形树穴的边长)必须根据土球或裸根树根系直径的大小而定,每边必须放宽40cm以上,树穴深度超过土球或木箱20～30cm,并更换适于树木根系生长的腐殖土或营养土。严禁在树穴下有不透水层,上下口径一致。对有建筑垃圾、有害物质的树穴,树穴的规格必须放大至不影响大树的正常生长。栽前树穴中央用细土堆一个高15～20cm,宽70～80cm的长方形土台,纵向与底板方向一致。吊树入坑前,先在树干上包好麻包或草袋,然后用钢丝绳兜住木箱底部,将树直立吊入坑中,如果树木的土台较坚硬,可在树木吊到土坑的上面还未完全落地时,先将木箱中间的底板拆除;如果土质松散,不能先拆除底板,一定要将木箱放稳之后,再拆除两边的底板。树放稳后,先拆除上板,并向坑内填土,将土填到坑的1/3高度时,再拆除四周箱板,然后再继续填土,每填30cm厚的土后,应用木棍夯实,直至填满为止。带土球软材包装的树木入穴放稳后,应先用支柱将树身支稳,再拆包装物,并尽量将其取出。如土球松散,则不可松解腰绳和下部的包装材料,但土球上半部的蒲包、草绳之类必须解开取出坑外,否则会影响所浇水分的渗入。然后填土分层夯实,并注意保护土球,以免损坏。最后在坑穴的外缘用细土培筑树堰。

4.3.6.4　假植

苗木运到工地后,如有特殊原因不能及时定植,须进行假植。假植地点应选择在交通方便、水源充足、排水良好、便于栽植之处。假植大树数量较多时,应集中假植。大树假植的株行距,以树冠互不干扰,便于随时吊运栽植为原则。为了方便随时吊运栽植每二行树木之间,应留出6～8m汽车通行道。其具体操作方法是:先在假植处铺垫一层细土。将大树吊放于土上后,在木箱四周培土至木箱的1/2处左右。去掉上板和盖面蒲包片,在木箱四周培起土堰,以备水灌。并用杉稿等将树干支稳即可。假植期间要加强养护管理,最重要的是灌水、防治病虫害、雨季排水和看护管理,防止人为损害。

4.3.7　定植后的养护

大树移植后要进行精心的养护管理,从支撑、水肥管理到病虫害防治、防寒等都要措施到位,任何环节出问题都会造成前功尽弃。

1. 支撑

大树移植后应立即支撑固定，预防歪斜。大树支撑可选用正三角撑和井字四角撑。正三角撑有利于树体固定，支撑点在树体高度 2/3 处为好，支柱根部应入土中 50cm 以上，方能固着稳定。井字四角撑具有较好的景观效果，也是经常使用的方法。

在绿地观赏要求较高的地段，为不影响观赏效果，可打地桩。将 2m 长的桩柱沿土球边缘打入底部硬土层中，顶端与土球表面平，然后用铁丝将支柱连接扎紧，把土球紧紧夹住。当土球覆土后，支柱即全部埋入土中，也能起到支撑作用（图 4-14）。

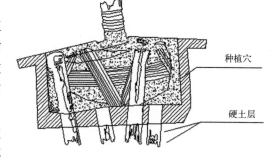

图4-14 大树地桩设置

2. 水肥管理

填土夯实后应及时围堰浇水。第一次灌水采取小水慢浇，灌水不宜太急，起到压实土壤的作用即可。如发现泥土塌漏，应随时用细土填补缝隙，灌满树堰为止。水渗透后，将堰内地面低洼和有缝隙处用细土填平。第二天进行第二次灌水，水量要足。一周后灌第三次水，并培土封堰。以后视天气情况、土壤质地，检查分析，谨慎浇水。但夏季一般要保证 10～15d 灌一次水，包括天然降水。每次灌水之后，待土表稍干，应中耕松土一次，深度为 10cm。

要防止树穴积水。树堰在浇完第三次水后，即可撤除，并将土壤堆积在树穴上，形成中间高四周低的小丘状，以免根际积水；并经常疏松树穴土壤，改善土壤通透性。也可在根际周围种植地被植物，如马蹄经、红花酢浆草等，或铺上一层白石子或陶砾等进行地面覆盖（图 4-15），既美观又可减少土面蒸发。在地势低洼易积水处，要开排水沟，保证雨天能及时排水。

要保持适宜的地下水位高度，一般要求在 -1.5m 以下。在地下水位较高处，要做网沟排水。汛期水位上涨时，可在根系外围挖深井，用水泵将地下水排至场外，严防淹根。

图4-15 树穴覆盖

为了促进根系生长，可在浇灌的水中加入 0.02% 的生长素，促发新根，使根系提早生长健全。也可结合树冠喷水，每隔 20～30d，可用 100mg/L 的尿素 + 150mg/L 的磷酸二氢钾喷洒叶面，有利于维持树体养分平衡。

如发现有新梢叶片萎缩等现象，要及时查明，是否根部有空隙，水分不足或过多，有无病虫害，并采取相应的措施。

3. 树干包扎

为防止大树移植后树体水分蒸腾过大，日光照射树干过于强烈，可用草绳等软材料，从树干基部往上密密地缠绕，将树干全部包裹至一级分枝。包裹材料要具有一定的保湿、保温性能。经树干包扎处理后，

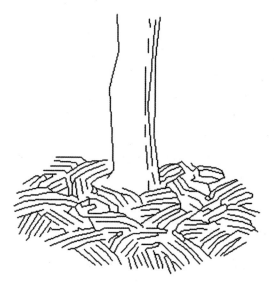

可避免强光直射和干风吹袭，减少树体枝干的水分蒸腾；可存储一定量的水分，使枝干保持湿润；可调节枝干温度，减少高、低温对树干的损伤，避免树干灼伤，冬季还有防寒保暖作用。但到翌年要及时清除，否则，草绳有的脆断脱落、有的松散悬吊，影响观瞻；还有可能成为某些虫害的发生地。

树干包扎后，每天早晚对树干、树冠喷水一次，喷水时只要叶片和草绳湿润即可，水滴要细喷水时间不可过长，以免造成根际土壤过湿，影响根系呼吸和新根再生。

4. 搭棚遮阴

夏季要搭建阴棚，防止树冠经受过于强烈的日晒，减少树体蒸腾强度。阴棚顶部的芦帘应在上午遮上，黄昏卷起，便于晚上植物叶面能吸收到露水。西侧的芦帘尽可能密些、长些，以防下午西晒太阳灼伤树干。入秋后要逐步减少遮阴时间，并撤除阴棚，延长光照时间，提高光照强度，以提高枝干的木质化程度，增强自身抗寒能力。

5. 树体防护

新植大树的枝梢、根系萌发迟，年生长周期短，养分积累少，组织发育不充实，易受低温危害，应做好防冻保温工作。入秋后，要控制氮肥，增施磷、钾肥，逐步调整遮阴时间并撤除阴棚。在入冬寒潮来临之前，做好树体保温工作，可采取地面覆盖、树干包扎、设立风障等方法加以保护。在人流比较集中或易受人为、禽畜破坏的区域，要做好宣传、教育工作，并设置围栏等加以保护。

4.4　行道树栽植

行道树是指在道路两旁整齐列植的树木。城市中，街道栽植的行道树，主要的作用是美化市容，改善城区的小气候，夏季增湿降温、滞尘遮荫。而且大量的绿色和季相的变化给街道以明朗、柔和、活泼的气氛。行道树可以引导街道的走向和边界，预告道路线性变化，提高交通安全系数；还可以突出美丽景物，使街景显得整齐统一；并可在交通沿线的一些特殊设施如停车场、加油站等处，以特殊的绿化形式给以标记，方便游人和过客。这些综合功能是任何其他材料所不能代替的。因此，行道树是城市绿化的主要组成部分。

行道树的生长环境，除了受各种生态因子如光照、温度、降雨等的综合影响外，还受到城市特殊环境条件如建筑物、道路设施、三废污染等的影响。所以，行道树的生存条件比园林绿地中的植物生长环境要恶劣得多。立地条件较差，街道土质差，土壤硬化，通气不良，妨碍根部生长和吸收养分；上下左右被各种管线和建筑物所包围，根部发展范围受到路基和地下管线如给水管、排水管、电力电缆、通信电缆等设施的限制；地上部又受到架空线、建筑物的限制，树冠只能压缩在一定范围内。由于街道交通频繁，造成碰撞、振动，都不利树木生长。因此，行道树的栽植具有许多特殊的技术要求。

4.4.1 行道树树种选择的原则

1. 适应当地气候条件，对土壤要求不严、耐干旱、耐瘠薄、病虫害少、抗污染性强的树种。

2. 易繁殖、易移植成活、耐修剪、寿命长、生长迅速而健壮的树种。

3. 树干挺拔、树形端正、体形优美、树冠冠幅大、枝叶茂密、叶形美观、分枝点高、遮荫效果好的树种。

4. 发芽早、展叶早、落叶晚且落叶期整齐、绿化展叶期长的树种。

5. 深根性、少根蘖、无刺、无毒、无异香恶臭、落果少、无飞絮、无飞粉、不妨碍街道环境卫生的树种。

4.4.2 行道树树种构成类型

以我国中纬度暖温带湿润及半湿润地区为列，城市的行道树按树种构成可分为以下三种主要类型：

1. 以悬铃木、白蜡树、毛白杨、槐树等落叶乔木为主的类型

悬铃木为优良的行道树，在城市中栽种十分普遍。从环境保护效益来看，它生长高大，枝叶开展，遮荫面积大，夏季降温的效果极为显著，吸收有害气体和吸滞粉尘能力强，有一定的杀菌能力。此种绿化类型，对人行道来说，减弱交通噪声的能力较差，但对街道两边楼房的 2～3 层楼来说，因浓密的树冠恰好阻挡了噪声波的传播，减噪作用比较明显。悬铃木一个重要的缺点是嫩叶叶背的刚毛和果实成熟期种毛散入空气，对人的呼吸道有刺激作用。

2. 以雪松、桧柏等常绿针叶树为主的类型

有些城市用雪松、桧柏、油松、白皮松等常绿针叶树作为行道树（包括隔车带种植）。这些树种美化街景的作用较强，并且具有较强的减噪、防尘和杀菌能力。但夏季遮荫降温的效果不佳，抗污、抗毒能力也差，在一些大气污染严重的地段常受危害，致使枝叶发黄，生长不良。此外。还有阻挡交通视线的缺点。因此只能在某些环境条件较好的地区用常绿针叶树作行道树。由于桧柏抗性较强，又是乡土树种，是城市街道绿化中的重要常绿树种。

3. 以女贞、香樟等常绿阔叶树为主的类型

中纬度偏南地区的城市中多采用这种类型。用常绿阔叶树作行道树，既可使街景终年常绿美观，又具有地方特色。但减低噪声能力不如雪松、桧柏等，遮荫效果不如悬铃木。

4.4.3 栽植时期

行道树栽植时期一般为秋季和春季两个季节。具体种植时期应以植物本身的特性和特定的外界环境条件而定。如果土壤条件较好，人流交通不很繁忙，人为影响较小，秋季落叶后即可栽植。栽后能利用土温在严寒来临前使根部伤口愈合。反之则以春栽为好。落叶乔木一般应在春季土壤解冻后萌芽前或秋季落叶后土壤冰冻前进行，但乌桕、枫杨、楝树、重阳木等树种则应在芽刚萌动

时栽植。常绿乔木应在春季土壤解冻后发芽前或秋季新梢停止生长后，降霜前进行栽植。

4.4.4 行道树的种植形式

1. 整形式

用同种同形状的树木按固定株距排列，有整齐划一的美感，是行道树最常用的栽植形式。

2. 随意式

这是一种不同高度、不同株距的种植形式，它改变了整形式栽植单调的景象。

3. 树篱式

把树木种成绿篱形式。

此外，还有群植式和平植式等，这只是宽度上的变化而已。随着现代城市建设的发展，行道树栽植也在向园林美化发展（图4-16）。

4.4.5 行道树的栽种方式

行道树可采用种植带式或树池式两种方式。在人行道和车行道之间留出一条不加铺装的种植带为种植带式栽种方式。其种植带的宽度视具体情况而定，一般不小于1.2m。在种植带上可植一行乔木和绿篱或视不同宽度可植多行乔木和绿篱结合。一般在交通、人流不大的情况下，采用种植带式，有利于树木生长。在种植带树木下铺设草皮，以免裸露的土地影响路面的清洁。同时要在适当的距离留出铺装过道，以便人流通行或汽车停留。在交通量比较大、行人多而人行道又狭窄的街道上，宜采用树池的方式。一般树池以正方形为好，大小以1.5m×1.5m较为合适，也可用长方形以1.2m×2.0m为宜，还可用圆形树池，其直径不小于1.5m。行道树栽植于几何形的中心。为了防止树池被行人踏实，影响水分渗透、空气流通，树池边缘应高出人行道8～10cm。

4.4.6 行道树的距离

行道树的株距根据树种和其他环境条件而定，以株与株之间互相不影响树木正常生长为原则。一般树种采用5m为宜，高大乔木采用6～8m，以成年树冠郁闭效果好为准。

此外，行道树木与架空线、地下管线以及建筑物等应保持下列距离。

4.4.6.1 树木与架空线的距离

1. 电线电压380V，树枝至电线的水平距离及垂直距离均不小于1m。

2. 电线电压3300～10000V，树枝至电线的水平距离及垂直距离均不小于3m。

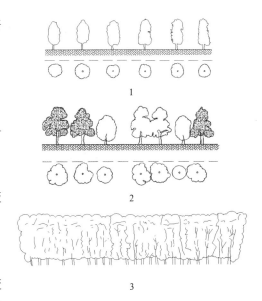

1

2

3

4

图4-16 行道树栽植形式
1—整形式；
2—随意式；
3—树篱式（由灌木组成）；
4—树篱式（由杨柳组成）

4.4.6.2　树木与地下管线的距离

1.乔木中心与各种地下管线边缘的间距均不小于0.95m。

2.灌木边缘与各种地下管线边缘的间距均不小于0.5m。

注:各种管线指给水管、雨水管、污水管、煤气管、电力电缆、弱电电缆。

4.4.6.3　树木与建筑物、构筑物的平面距离（见表4-4）

树木与建筑物、构筑物的平面距离　　　　　　　表4-4

建筑物、构筑物名称	距乔木中心不小于（m）	距灌木边缘不小于（m）
公路铺筑面外侧	0.8	2.00
道路侧石线（人行道外缘）	0.75	不宜种
高2m以下围墙	1.00	0.50
高2m以上围墙（及挡土墙基）	2.00	0.50
建筑物外墙上无门、窗	2.00	0.50
建筑物外墙上有门、窗（人行道旁按具体情况决定）	4.00	0.50
电杆中心（人行道上近侧石一边不宜种灌木）	2.00	0.75
路旁变压器外缘、交通灯柱	3.00	不宜种
警亭	3.00	不宜种
路牌、交通指示牌、车站标志	1.20	不宜种
消防龙头、邮箱	1.20	不宜种
天桥边缘	3.50	不宜种

再有，道路交叉口、里弄出口及道路弯道处栽植行道树应满足车辆的安全距离。一般道路交叉口行道树的种植距离，以拐角中心至行道树的距离为人行道宽度的1.5倍来确定，或为满足视线要求，在建筑物的切线相交范围内不要栽植行道树。

4.4.7　行道树栽植前的准备

1.勘察现场

栽植行道树之前，应根据设计图纸对人行道的公共设施、土壤、路面、架空线分布、沿街建筑物、地下管线等情况进行调查，并作好记录。

2.确定换土数量与土方来源

由于种植行道树的土壤环境一般比较差，如土壤内有建筑垃圾、土壤含有害物质等，最好用栽植土加以更换。因此，在栽植前必须根据土壤的实际情况，确定是否换土，估算并确定换土的数量，落实土方的来源。

3.选择苗木

按设计要求选择苗木的品种和规格。行道树必须选择干直、健壮、无病虫害的优质苗。行道树定干高度，应根据其功能要求、交通状况、道路的性质和宽度以及行道树车行道的距离、树木分枝角度而定。分枝角度小者，也不能小于2m，否则影响交通；树木分枝角度大者，干高不得小于3.5m，落叶乔木还必须具有 3 ～ 4 根一级主枝。苗木的干径，落叶树不应小于 7 ～ 8cm；常绿树不应小于 6cm。

4.4.8 行道树的栽植程序和要求

行道树的栽植，除具有园林植物栽植的一般要求外，还具有一些特殊要求。

1. 挖穴

行道树定植穴规格的尺寸长 × 宽 × 深不得小于 1.5m × 1.25m × 1m，宜大不宜小。树穴底口的尺寸不得小于上口。穴内土质不好，应另换土；穴内土质符合要求的，可将土球或根部以下的土壤翻松 20 ～ 30cm。栽植前在穴中施足基肥。

2. 种植（定植）

行道树种植要直，即树木要栽在一条直线上，且栽在同一条道路上的行道树分枝点的高度应一致。树木主干的弯曲面应朝向护树桩，即与道路走向平行。种植深度应高于地面 5cm 左右，待土下沉后，使根颈与地面持平。裸根苗应将树根舒展在穴内，均匀加入细土至根被覆盖时，将苗木略向上抖动，提到栽植位置，扶直后再边培土边分层夯实；带土球苗应将土球在栽植穴内放妥后，剪去包扎物并将其取出然后从栽植穴边缘向土球四周培土，分层夯实，不伤土球。

3. 埋桩支撑

行道树多采用水泥柱作支撑，水泥柱一般长 2.8m 埋于地下 1.1m。栽植穴挖好后，先将水泥柱埋于穴内，适当打入硬土层一定深度后，随行道树栽植完成埋桩工作。对裸根树木，立桩位置离根颈 15 ～ 20cm；如果是带土球树木，立桩位置应紧靠土球边缘。一般规格的树木采用单桩支撑，支柱立于迎风面，并于行道树走向一致，形成一条直线。用三角形皮带在距护树桩顶端 20cm 处呈 8 字形扎缚三道加腰箍（图 4-17），保持主干直立。规格较大的树采用双柱支撑，双柱立于树木两侧，并与行道树栽植方向一致，形成一条直线。

4. 浇水

树木栽植后，应及时浇水，隔天复水，一周后浇第三次水。以后视情况浇水，遇到天气干燥时适时浇水，常绿树还必须向树冠喷水。浇水应缓浇慢渗。

4.4.9 行道树的栽后养护

1. 及时检查

行道树种植后应及时进行一次全面检查。如发现漏水、土壤下陷、树木倾斜、根部松动，应及时堵漏、扶正、培土；如土壤沉实后低于地面，应加土到与地面平；如土球沉实后支撑绑扎的绳索吊住了树干，需重新绑扎；如发现树木死亡，应查清原因，并采取相应措施，再进行补植。

图4-17　立柱8字形绑缚

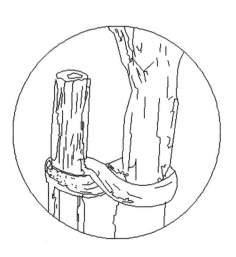

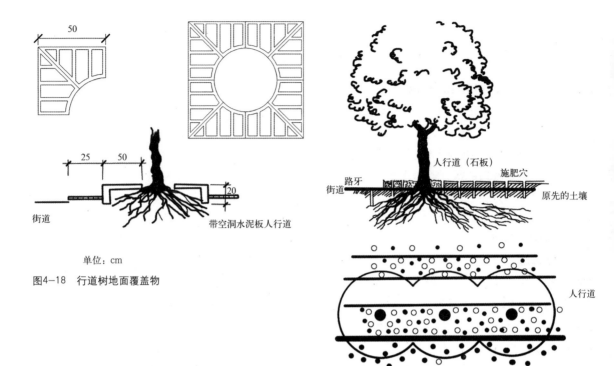

图4-18 行道树地面覆盖物

单位：cm

图4-19 行道树施肥穴分布图

2. 土壤覆盖

行道树栽植后，如果不安排种植其他植物，栽植穴的土表任其裸露，会因行人的踩踏使土表紧实；雨水的直接冲刷使土壤肥力遭到严重损失；风吹扬起尘土，使土壤逐渐减少；太阳直射，使土温升高，昼夜温差大，不利树木生长。因此，需要对已完成栽植程序的种植穴表土进行技术处理。通常是铺设能通气透水的栅栏板，栅栏板要铺设在厚 5～10cm 的细砂或砂土上，整个树根区高出附近地表 10cm，并用界石隔开（图 4-18）。如果用大小不等的铺石交错排列或用鹅卵石排列，不仅能达到土壤覆盖的效果，还能获得动人的美学效果。

3. 剥芽修剪

新芽萌发后要适当剥芽，且要分次进行，特别是在 7～8 月要进行 2～3 次。新萌发出的枝条，除留作辅养枝或侧枝外，一般均予抹除。有的新植行道树需要进行整形修剪工作，如行道树上空有高压电力线，需在 3.5m 处左右截去主干，留 3～4 个主枝，斜向向上生长，这样也有利于新植树木的成活。

4. 施肥

行道树栽植生长多年后如要进行土壤施肥，宜采用穴施法。施肥点分布在距树干 75～100cm 开始到树冠区外延 2～3m 的范围内由内向外画若干各同心圆，在每个圆周上每隔 80cm 用气压冲击钻往土壤里钻一个施肥穴。如人行道狭窄，穴距可减小到 60cm。这样每平方米可有 4～8 个施肥穴。穴的深度根据根系生长状况而定，一般约为 30～60cm。然后将肥料填入，填至距地表以下约 10cm 处再用直径为 7 ～ 15mm 的粗砂砾石填满（图 4–19）。行道树栽植后，必要时可进行根外施肥，如喷施低浓度尿素以促进萌发新芽。从春季展叶开始到初秋，都可采用叶面施肥。

4.5 草坪栽植

草坪又名"草皮"，我国古代时期称"草地"。在我国最早的康熙字典里只有"草地"、"草山"、"草皮"、"草甸"等名词，而草坪则是近几十年来随着城市园林绿地的应用，逐渐发展形成的。为了统一名词，加强管理，便于学术研究，曾于 1979 年在北京召开的园林学术会议上，正式确定了"草坪"一词。

草坪在绿地中应用较多，是绿地的"底色"。绿草如茵的大片草坪，就像给大地蒙上一块绿色的地毯，给人以平和、凉爽、亲切、舒适的感觉，对人们的生活环境起到良好的美化作用。同时，它像筛子一样起着过滤粉尘的作用，而且能滞留和粘着空气中的浮尘，减少尘土飞扬，保护环境卫生。草坪净化空气的作用十分巨大，在城市里，每人平均占有 25m² 的草坪，空气中的二氧化碳就能保持平衡。且草坪植物可与乔木、灌木、花卉组成不同层次的观赏景点，供人们欣赏、休息和开展文娱活动。所以草坪以成为现代人类生活与现代文明的重要组成部分，堪称"文明生活的象征，休息游览的乐园，生态环境的卫士，运动健儿的摇篮"。

4.5.1 草坪植物的形态特征

草坪植物是指一些适应性较强，能形成草皮或草坪，并能忍受定期修剪和人、物通行的矮性草本植物种及品种，大多数为具有扩散生长特性的根茎型或匍匐型禾本科植物，如结缕草、野牛草、狗牙根、早熟禾等，也包括其他科属的矮生草类，如旋花科的马蹄金，豆科的百叶草及沙草科的一些植物。综观草坪植物，具有以下共同的特征：

1. 植株低矮，分枝（蘖）力强，有强大的根系，或兼具匍匐茎、根状茎等营养繁殖器官，覆盖力强，易形成草坪状的覆盖层，使整体颜色美丽均一，因此能形成美丽的草毯。

2. 地上部生长点低位，具坚韧叶鞘保护，埋于表土或土中。因而在修剪和滚压时所受的机械损伤较小，有利于分枝（蘖）与不定根的发生、生长。

3. 叶一般小型、细长、直立、数量多。直立细长的叶有利于光照进入植株的下部，使草坪的下层叶很少发生黄化和枯死现象，因而草坪修剪后不影响草坪外观的色彩。

4. 适应性广泛，具相当的抗逆力。禾本科植物适应于各类环境而广为分布。特别是在贫瘠地、干燥地、多盐分地生育的种类较多，因而易从中选育出适应各类土地条件的种类。

5. 生长旺盛，再生能力强，草坪经多次修剪不仅能很快恢复，而且能促进密生，使草坪中的裸地能迅速被覆盖。

6. 繁殖力强。通常产种量高，种子发芽性能好，易用种子直播建坪；或利用匍匐茎种类具有强而迅速地向周围空间扩展的能力，行营养繁殖建成大面积草坪。

7. 草坪植物通常无刺及其他刺人的器官，一般无毒，也不具不良气味和弄脏衣服的乳汁等不良物质。

4.5.2 草坪植物的分类

草坪植物的分类既采用了植物学的方法，即利用科、属、种的分类方法，又与一般的植物分类方法有一定的区别。在草坪学中，用植物学分类方法有利于了解草坪植物本身的植物学特性，但它却不是主要方法，因"草坪草是立足于实际应用而产生的一个专用名词，它是根据植物（草类）的生产属性从植物中区分出来的一个特殊化了的经济群体"。因此它有别于一般的植物分类。一般草坪植物的分类都采用气候条件与草坪植物适应性相结合的分类原则，植物学分类方法作为其辅助分类单位，并将依草坪植物的高低、叶片宽窄和用途分类的方法也作为辅助方法。

1. 按气候和地域分布分类

草坪植物可分为暖地型草坪植物和冷地型草坪植物。暖地型草坪植物又称"夏绿草型"，其最适生长气温在 26～32℃，生长的主要限制因子是低温强度及持续时间和干旱，如狗芽根、假俭草、马蹄金等，主要分布于我国长江流域及江南地区。冷季型草坪植物又称"冬绿型草"，其最适生长气温在15～25℃，生长的主要限制因子是高温强度及持续时间和干旱，如早熟禾、黑麦草等，主要分布于我国华北、东北、西北等地区。

2. 按植物种类分类

草坪植物最早是从牧草植物中的禾本科植物开始的，近年已发展到莎草科、豆科及旋花科。禾本科草坪植物是草坪植物的主体，分属于羊茅亚科、季亚科、画眉草亚科，约几十个种。禾本科以外的草坪植物是具有发达的匍匐茎和耐践踏，易形成草皮的草类，如马蹄金、细叶苔等。

3. 按草叶宽度分类

分为宽叶草坪植物和细叶草坪植物。宽叶草坪植物叶宽茎粗，生长强健，适应性强，适用于较大面积的草坪地；细叶草坪植物茎叶纤细，可形成致密的草坪，但生长较弱，要求光照充足、土质良好。

4. 按绿期分类

"绿期"是草坪的一项重要质量指标。以草坪植物在建坪地区绿色期为依据，分为夏绿型、冬绿型和常绿型。夏绿型指春天发芽返青，至夏季生长最旺盛，经秋季入冬而黄枯休眠的一类草种。冬绿型指秋季返青，进入生长高峰，整个冬季保持绿色，春季再现一个生长高峰，至夏季黄枯休眠的一类草种。常绿型指一年四季能保持绿色的一类草种。这里强调"建坪地区"的表现，因为同一种草在不同地区绿期是不同的。例如，狗牙根在我国岭南地区是常绿的，而在五岭山脉以北，则属夏绿型；匍茎翦股颖在南京地区属冬绿型，而到北京、天津地区则属夏绿型。

5. 按草坪植物高度分类

分为低矮草坪植物和高型草坪植物。低矮草坪植物株高一般在 20cm 以下，可形成低矮致密的草坪，具有发达的匍匐茎和根茎，耐践踏，管理方便，多为无性繁殖，形成草坪所需时间长，建植成本高不适于大面积和短期形成的草坪地；高型草坪植物株高通常为 30 ~ 100cm，一般为种子繁殖，速生，在短期内可形成草坪，适于大面积的草坪建植，其缺点是必须经常修剪才能形成平整的草坪。

6. 按用途分类

分为观赏草坪植物、固土护坡草坪植物、主体草坪植物和点缀草坪植物。观赏草坪植物是具有特殊优美叶丛或叶面具有条纹的一些草种；固土护坡草坪植物为一些根茎和匍匐茎十分发达，具有很强的固土作用的一些植物；主体草坪植物指草坪的当家草种或骨干草种，适应性强，具有优良的坪用性质和生长势，推广范围广，种植面积大，成为该地区的主体草种；点缀草坪植物指具有美丽的色彩，散植于草坪中用来陪衬和点缀的草坪植物，多用于观赏草坪。

4.5.3　草坪的分类

4.5.3.1　根据草坪形成过程分

1. 自然草坪

自然草坪是指天然草地经长期放牧，在气候—生物综合影响下形成的草坪。

2. 人工草坪

人工草坪是由人工管理的草坪。自然草坪经采挖移植重建后，一般也被视为人工草坪。

4.5.3.2　根据草坪应用分

1. 游憩草坪

游憩草坪是供人们入内游乐、休息等户外活动的草坪。这类草坪在绿地中没有固定形式，面积可大可小，管理较粗放，一般选用色彩温柔、叶细、软硬适中、较耐践踏的草种。

2. 运动草坪

运动草坪是供体育运动和比赛的草坪，如足球场草坪、网球场草坪、滚球场草坪、高尔夫球场草坪、儿童游戏活动草坪等。各类运动草坪均需选用适于本体育活动项目特点的草坪植物种类，甚至一个体育项目，在不同的运动场区，要求的草种也不同。一般情况下应选能耐践踏、耐修剪、根系发达和具有快速复苏的草种。

3. 观赏性草坪

观赏性草坪是封闭式的，即草坪周边采用精美的栏杆加以保护，一般不允许人们入内游憩、运动，仅供观赏的草坪。一般选用赏心悦目、碧绿均一、绿期长或常绿、平整、低矮、茎叶密集、细致的草种。

4.花坛草坪

花坛草坪即混生在花坛中的草坪。它实际是花坛的组成部分，起装饰和陪衬作用，它既能丰富花坛的图案色彩，又能增强花坛的立体感，兼能改善花坛的环境条件。一般以细叶低矮种类为佳。草坪管理上严格控制杂草生长，并经常进行切边处理，才能显示出花坛与草坪的花纹线条，平整清晰。尤其是夹种在模纹式花坛中的草坪植物，更需精心管理。

5.疏林草坪

疏林草坪即草坪与树林相结合的草地。其特点是部分林木密集，夏天可以供人蔽荫；林间空旷草地，冬天有阳光，可供游人活动和休息。一般铺设在城市近郊或工矿区周围，或与疗养院、风景区、森林公园、防护林带相结合，为现代化城市建设的一个组成部分。管理较粗放，利用地形排水。

6.交通安全草坪

交通安全草坪主要设置在飞机场的停机坪、跑道两侧、高速公路及其他陆路交通线两旁。要求具有较好的吸尘、弱化噪声的草种。若是能起防火作用的常绿草种，则更加理想。

7.护坡保土草坪

护坡保土草坪主要设置在江、河、湖堤、坝埂以及坡地等易产生水土流失的地方。要求草种具有强大的根系，或发达的匍匐茎、根状茎，生长迅速，铺盖能力强。最好用种子播种，或推广使用草坪带、草坪喷浆方法快速铺设，既省工省事，又能降低成本，且易于管理。

8.放牧草坪

放牧草坪在人口集中的大中城市及大工业区域附近，建立以放牧为主，结合园林游憩的草地。可选用营养丰富、生长健壮的优良牧草植物。

4.5.3.3 根据草坪植物组合分

1.单一草坪（或单纯草坪）

单一草坪即由一种草坪植物组成的草坪。在我国北方地区，多选用野牛草、羊胡子草等草坪植物，在华中、华南、华东等地区则选用马尼拉草、中华结缕草、假俭草、地毯草草地早熟禾等来铺设。这种草坪的优点在于生长整齐美观、高矮、稠密、叶色具高度的一致性。多用作观赏性或栽培在花坛之中供人欣赏。

2.混合草坪

混合草坪即由多种草坪植物混合播种组成的草坪。混合草坪可以按照草坪植物的功能性质和人们的需要，合理地按比例配合，如夏季生长良好的和冬季抗寒性强的混合；宽叶草种和细叶草种混合；耐磨性强的和耐修剪的混合。其特点是不仅能延长草坪植物的绿色观赏期，而且能提高草坪的使用效果和防护功能。混合草坪着眼于不同草种的取长补短，使其抗逆力更强，某些质量性状更优，而不失均一性。若不同草种的混合破坏了草坪的均一性，这种混合旧失去了意义。通常质地好与质地粗糙的草种、叶色差距大的草种，一般不宜混合。

3. 缀花草坪与镶花草坪

缀花草坪与镶花草坪缀花草坪是指在禾本科植物为主的草坪上配置部分开花地被植物。通常人们习惯在草坪上点缀种植水仙、秋水仙、鸢尾、石蒜、韭兰、葱兰、红花酢浆、马蔺、二月兰、点地梅、紫花地丁、野豌豆等草本和球根地被植物。地被植物的种植数量一般不超过草坪总面积的 $1/4 \sim 1/3$。缀花草坪一般铺设于人流较少的游憩草地上，供人欣赏休息。其特点是花草分布有疏有密，自然错落，有时有花，有时花与叶隐没于草地之中。远远望去，绿茵似毯，别具风趣。镶花草坪则是指以各种花卉镶嵌的观赏草坪。镶嵌花卉以草花为主。

4.5.3.4　根据组成草坪的草种分

1. 冷地型草坪

冷地型草坪由冷地型草种组成的草坪。其主要特点是在冷凉地区能四季常绿；草较高，自然高度一般为 $30 \sim 100cm$；叶质较软，鲜绿色，丛生性强；多采用种子繁殖，但管理成本较高。

2. 暖地型草坪

暖地型草坪由暖地型草种组成的草坪。其主要特点是夏季叶色碧绿，冬季休眠，叶色枯黄；草较矮，自然高度一般为 $10 \sim 20cm$；匍匐性强；多采用营养繁殖，管理成本较低。

4.5.4　草坪建植

草坪建植是利用人工的方法建立起草坪地被的综合技术总称，简称"建坪"。建坪是在新的起点上建立一个新的草坪地被。有时由于建坪之初基础工作的失误，往往会给将来的草坪带来种种的弊端，如杂草的严重侵入、病虫蔓延、排水不良草皮剥落及耐践踏力差等等，还会产生草种不适宜、定植速度缓慢、生产功能下降等问题。因此，建坪对良好草坪的产生起着极其重要的作用，建坪基础工作的好坏，对今后草坪的品质、功能、管理等方面将带来深远的影响。

草坪建植与一般的园林绿地建造工程一样，具有一定的工作程序和规程。就常规而言，草坪建植大体包括坪床的准备、草坪草种的选择和配合、草坪栽植过程和幼坪管理四个主要环节。本章节主要阐述前三个环节，而幼坪管理在养护管理一章中再加以阐述。

4.5.4.1　坪床的准备

坪床是草坪草生长的基础。好的坪床可以为草坪草提供必需的良好生长条件，直接关系到草坪的功能及保持。因此，坪床的准备是成功建坪的关键，是建坪的首要基础工作。

建坪前，应对欲建植的草坪场地进行必要的调查和测量，制定切实的工作立案，尽量避免和纠正诸如底土处理、大型设备施工所引起的土壤紧实等问题的发生。

坪床的准备工作大体包括地面清理、翻耕、平整、土壤改良、排灌系统的设置及施肥等问题。

1. 坪床清理

坪床清理是指建坪场地内有计划地消除和减少障碍物，成功建立草坪的作业。如在长满树木的场所，应完全或有选择地伐去树木、灌木；清除不利于操作和不利于草坪草生长的石块、瓦砾；挖除树桩；清除和杀灭杂草；进行必要的挖方和填方等。

（1）木本植物的清理

木本植物包括乔木、灌木以及倒木、树桩和树根等。树桩应连根拔起，以免残体腐烂后形成洼地，破坏草坪的均匀性，也可防止菌类（如蘑菇、马勃）的发生。

（2）岩石与巨砾的清理

除去岩石是清理坪床的主要工作，通常应在坪床土表以下不少于60cm处将岩石除去并用土填平，否则将形成水分供给能力不均匀的现象。

在地表20cm层内直径大于2cm以上的岩石和石头块，通常影响操作，阻碍草根的生长，利于杂草的入侵。因此在播种前应用耙子耙除，也可用专用捡石机械清除。

庭院的草坪绿化常常是在建筑完工后进行的，因此坪地有水泥、石沙、灰浆、砖头、瓦块、装饰材料的废弃物等不利草坪生长的杂物，若数量少可一一清除，工作量不大；若数量大时就必须进行土壤回填，回填土要求植草层达30cm以上耕作土。

（3）建坪前杂草的防除

在建坪的场地，某些蔓延性多年生草类，特别是禾草和莎草，能引起新草坪的严重杂草污染。通过清理的坪床，草根和营养繁殖体大部分都已除去，但是杂草种子和部分营养繁殖体还埋在土内，在水分和湿度适宜时，种子又会萌发，残留的营养繁殖体（根茎、匍匐茎、块茎）也将再度萌生，对草坪形成危害。杂草防除工作应在坪床准备时进行。杂草防除的方法有物理方法和化学方法。

物理防除是指用化学药剂以外手段杀灭杂草的方法。常以手工或土壤翻耕机具如拖拉机牵引的圆盘耙、手耙、锄头等，在翻挖土壤的同时清除杂草。具有地下蔓生茎的杂草如匍匐冰草等，单纯用捡拾很难一次性清除，通常可采用土壤休闲方法防除。此法宜在秋季建坪时施用。休闲是指在夏季坪床不种植任何植物，且定期地进行耙除作业，以杀死杂草可能生长出来的营养繁殖器官。播种草坪地休闲期尽量长，这样有利于杂草的彻底防除。如用草皮铺植草坪，休闲期可相应缩短，因为厚实的草皮覆盖，可抑制一年生和二年生杂草的再生。

化学防除是指使用化学药剂杀灭杂草的方法。化学防除杂草最有效的方法是使用熏杀剂和非选择性的内吸收除莠剂。

常用的有效除莠剂有茅草枯、磷酸甘油酸、草甘膦等，其特性见表4-5。若建坪施工工期不紧的话，可在坪地施肥、灌水，等杂草种子萌发，杂草长到10cm左右时，选用化学除莠剂进行灭生除防。一般在坪床开始翻耕前3～7d施用，以便杂草将除莠剂吸收并转移到地下器官。这种方法可重复 3 ～ 4 次，可将杂草除尽。若工期较紧，可采用土壤熏蒸法结合土壤消毒，进行杂草种子的处理。

(4) 土壤病虫害消毒

熏蒸法是进行土壤消毒的有效方法。该法是将高挥发性的农药施入土圆盘耙耕作业和耙地等项连续操作。耕地的目的在于改善土壤的通透性，提高持水力，减少根系伸入土壤的阻力，增强抗侵蚀和践踏的表面稳定性。除砂土外，土壤对于耕作的反应是形成良好的颗粒，因此，耕作应在适宜的土壤湿度下进行，即用手可把土捏成团，抛到地上则可散开来时进行。具体的操作是用自动铺膜装置的土壤熏蒸专用设备或人工在离地面 30cm 处支起薄膜，用土密封薄膜边缘，用塑料管将容器中的熏杀剂引入薄膜的蒸发皿中，使其进入覆盖地段，24 ～ 48h 后除去薄膜，再过 48h 后方可播种。

2. 翻耕

翻耕是包括为建坪、种植而准备土壤的一系列操作。在大面积的坪床上指犁地。

犁地是用犁将土壤翻转，由于它具有不均匀的表面，因而有利于植物残体向土壤深部转移。

用于坪床清洁的常用化学药剂 表 4-5

类别	名称	特性
除莠剂	草甘膦	非选择性根吸收除莠剂，施用后7～10d见效。对未修剪的植物效果最好。施用量为0.25～0.5g/m^2，用药后3～7d播种
	卡可基酸	非选择性触杀型除莠剂，以有效成分含量为5～10g/L的溶液喷洒，能有效地杀灭杂草。用药后5～7d方可播种
	百草枯	触杀型除莠剂，可杀灭植物的地上部分，但不能杀死根茎。施量为0.08～0.12g/m^{2}有效成分。在土壤中不残留，但对施药者不甚安全。用药后1～2d即可播种
	茅草枯	对禾本科植物如香附子、狗牙根、毛花雀稗等很有效。在禾草生长盛期，隔4～6周施用一次。天气越冷，间隔时间越长
	杀草强	对阔叶及禾草均具杀灭作用。当两类杂草同时存在时，可与茅草枯混合使用。用药后2周方可播种
	氰酰钙	是一种含氮的速效肥料，当用量20～30g/m^{2}时可杀灭许多杂草。该药应在土温高于13℃时施用，并将其混入5～8cm的土壤内，在播种和栽植前是施药，施药后3～6周内应保持湿润，在黏重的土壤上施用效果更好
熏蒸剂	甲基溴化物	易挥发，活性强。可杀灭活的植物体，大多数植物的种子、根茎、葡匐茎、昆虫、线虫及真菌。通常在气温高于20℃时使用，用药前土壤应保持湿润。用药后2～3d可播种
	威百亩	液体、土壤熏蒸剂。施用前土壤应保持湿润。施量为2.5～4g/m^{2}有效成分。处理后2～3周方可播种

在犁地或疏松处理过的地段应进行耙地，以破碎土块、草垡或表壳，以改善土壤的颗粒和表面的一致性。耙地可在犁地后立即进行，为了促进有机质

分解也可隔段时间进行。在为防除杂草而进行夏季休闲的地段，通常还应进行圆盘耙耕作。小面积不宜耕翻作业的场地，可用旋耕方式进行土壤处理，旋耕可达到清除表土杂物和把肥料及土壤改良剂混入土壤的作用。耕深一般为10～20cm，不良土壤则应适当加深，可达30cm。

3. 平整

平整就是平滑地面，为草坪提供理想的坪床。建坪之初，应按草坪类型对地形就整理，如自然式草坪应有适当的自然起伏；规则式草坪则要求表面一致，但也应保持约2%的坡度。平整时，有的地方要挖方，有的地方要填方，因此在作业前应对平整的地块进行必要的测量和筹划，确保熟土布于床面。坪床的平整通常分粗平整和细平整两类。

（1）粗平整

粗平整是指床面的等高处理，通常包括挖突起部分和填平低洼部分。填方应考虑填土的沉陷问题，细质土通常下沉15%（每m下沉12～15cm），填方较深的地方除加大填量外，尚需镇压，以加速沉降。整个坪床应设一个理想的水平面。

（2）细平整

细平整是指平滑坪床表面为种植做准备的作业。在小面积上人工平整是理想的方法。也可以用绳拉钢垫来进行。大面积平整则需借助专用设备包括土壤犁刀、耙、重钢垫、耱、钉齿耙、板条大耙等。细平整应在播种前进行，应注意土壤的湿度，防止表土板结。

4. 土壤改良

理想的草坪土壤应是土层深厚、排水性良好、pH值在5.5～6.5之间、结构适中的土壤。然而建坪的土壤并非完全具备这些特性，因此，对土壤必须进行改良。

土壤的改良主要是在土壤中加入改良剂，以调节土壤的通透性及保水、保肥的能力。通常在土壤中加一些合成的改良剂。其中泥炭是最常用的改良剂之一，其主要作用是在细质土壤中可降低土壤的黏性，并能分散土粒改善土壤的团粒结构；在粗质土壤中可提高土壤保水、保肥能力；在已定植的草坪上则能改良土壤的回弹力。其他的一些有机改良剂如锯末粉、家畜厩肥、谷糠都可起到保水、改良土壤的作用。但在运用过程中要注意腐熟，在土壤中要混合均匀。国外有专门的保水剂商品销售。

5. 排灌系统

如较大面积的草坪，可设暗管排水或周边设明沟排水。

灌溉系统一般可采用移动型喷水器。在有条件的地方，根据用水量和水压，安装自动喷灌系统。

6. 施肥

当坪床养分不足时，在草坪草种植前，应根据土壤的测定结果施足有机肥或高磷、高钾、低氮的复合肥料，也可将氮、磷、钾三种肥料做成混合肥做基肥，如每平方米草坪，在建坪前可施 5～10g 硫酸铵、30g 过磷酸钙、15g 硫酸钾的混合肥做基肥。氮肥一般在最后一次坪床平整前使用，通常不宜施得过深，以利新生根的充分利用和防止淋失。

4.5.4.2　草坪植物的选择与配合

草坪植物被用来建植草坪绿地的目的在于美化和保护环境，因此草坪植物的选择着重于它的株丛形态、颜色、绿色期、再生性、覆盖性、对环境的适应性和对外力的抵抗性等。

用于草坪的植物有数百种，它们各具有不同的基因特性，对外界环境表现出不同的适应性。如剪股颖适于高尔夫球场，草地早熟禾适于庭院和其他的普通绿地，多年生黑麦草、高羊茅、狗牙根、结缕草等都是可供选择的种类。关键在于在满足各类草坪使用所需要的前提下，依据草坪植物的生长环境条件，选择适应当地气候土壤条件的草坪植物，它将关系到草坪的质量、持久性以及对杂草、病虫害抗性好坏的重大问题。

1. 优良草坪植物的选择标准

草坪植物是一大类具有独特用途的草本植物，作为优良的草坪植物，必须具备如下特点：

(1) 外观形态，茎叶密集，色泽一致，叶色翠绿，绿期长。

(2) 草姿美，草姿整齐美观，枝叶细密，形成的草坪似地毯。

(3) 有旺盛的生命力，繁殖力强，生长蔓延速度快，成坪快。

(4) 良好的适应性抗逆性好，抗寒性、抗旱性、再生力和侵占能力强，能耐修剪，耐磨能力强。

由于目前园林绿地中游人量很大，踩踏严重，且养护水平不高，管理粗放，经常选用的草种主要是暖地型草种如绊根草等；局部小面积区域使用细叶结缕草。在管理水平较高，有条件及时修剪、浇水、施肥和更新的草坪，可选用冷地型草种如本特草系列品种，以形成良好的观赏性草坪，充分显示出冬绿的优越性；在管理水平并不高的半荫环境中，也可选用本特草培养成草坪，形成比较自然的景观。

2. 草坪植物的配合

一种草种不可能具备所有的优良特点，多数仅能接近标准，或具某种特殊性。因此在设置草坪时，常采用几种草种配合，使草坪同时具有这些草种的特点。

不同草坪草种配合的目的有二：其一，是在某一环境条件下，尚不知最适草种时，几种草配合播种可希望从中至少留下一种能适应当地的环境；其二，配合播种中，生活期短的草种可为生长缓慢的优良草种幼苗提供遮荫条件或防止其他杂草混入。因此不同草坪草种配合可以适应差异较大的环境条件，更快地形成草坪，并可使草坪的寿命延长。缺点是不易获得颜色纯一的草坪。

不同草坪草种配合可分为混合和混播两种。混合是指同一草坪草种内不同品种的结合。因为是同一个种，种子大小基本相同，不同品种种子分离的机会很小；混播是指包括两种以上草坪草种的播种。混合播种不仅能够克服单一品种对环境条件的要求单一，适应能力差缺点，还能够避免多元混播而造成草皮杂色的外观。在混播时，通常包含主要草种和保护草种。保护草种一般是发芽迅速的草种，其作用是为生长缓慢和柔弱的主要草种遮荫及抑制杂草。在早期还可显示播种地的边缘，便于刈割。混播一般用于匍匐茎或根茎不发达的草种。

不同草坪草种的配合依土壤及环境条件和用途不同而异。在我国北方一般草坪宜采用草地早熟禾（40%）+ 紫羊茅（40%）+ 多年生黑麦草（20%）的组合建坪。这种混播在光照充足的草坪是草地早熟禾占优势，在遮荫的条件下紫羊茅更为适应，而多年生黑麦草主要是起迅速覆盖的保护作用，当草坪形成几年后减少或完全消失，形成独立的斑块。此外，小糠草和一年生黑麦草也常用作保护草种。在南方地区混播时，宜以狗牙根、地毯草或结缕草为主要草种，加上 10% 的多年生黑麦草为保护草种。在酸性大的土壤中应以剪股颖类或紫羊茅为主要草种为宜，并以小糠草或多年生黑麦草为保护草种。在碱性及中性土壤上，草地早熟禾常用于混播，也用于单播，如混播时则仍以小糠草或黑麦草为保护草种。

4.5.4.3 草坪植物种植

草坪植物的种植通常采用种子繁殖和营养繁殖两种方法。具体选用哪一种方法应根据成本、时间要求、种植材料在遗传上的纯度及草种的生长特性而定。通常种子繁殖成本最低，劳动力消耗少，但是形成草皮所许的时间较长；营养繁殖成本相对较高，但形成草皮的时间较短。

1. 种子繁殖建坪法

种子繁殖法是将草坪植物的种子直接播于坪床内产生草坪的一种方法。大多数冷季型草坪植物可行种子繁殖（草地早熟禾和匍匐剪股颖的个别种除外）。暖季型草坪草中的假俭草、雀草、地毯草和普通狗牙根也行播种。也有用结缕草播种成功的实例。

（1）种子质量

表示种子质量的因素有二：一是纯净度，二是生活力。纯净度是指被鉴定种或品种纯种占总量的比例。在一定的水平上表示了种子中惰性物质（颖、尘土、杂质等）、杂草及其他植物种子含量的多少。通常草坪植物的纯净度应高于 82% ～ 97%。生活力是在标准实验室条件下活的以及将萌发种子占总种子数量的比例。草坪植物种子生活力最低不应低于 75%。纯净度与生活力的积是种子质量的综合表示，其值越高，质量越优。

（2）播种时间

从理论上讲草坪植物在 1 年的任何时候均可播种，甚至在冬天结冻时也可进行。在实践中在不利于种子迅速发芽和幼苗旺盛生长的条件下播种往往是失败的。因而确切地说，冷季型禾草最适宜的播种时间是夏末，暖季型草坪草在在春末和初夏，这是根据播种时的温度和播后 2 ～ 3 个月的可能温度而定的。

（3）播种量

播种量的大小取决于种子大小、种子质量、混合组成及土壤状况。播种量确定的最终标准是足够数量的活种子来确保单位面积上幼苗的额定株树即 10000 ～ 20000 株 /m²。以草地早熟禾为例，其每克有 4405 粒种子，当活种子占 72.2%（纯度为 90%、发芽率为 80%），每平方米的理论播种量应为 3.13g ～ 6.26g，然而幼苗的死亡率可达 50% 以上，因此其实际播量应为 10g/m² 以上。常见草坪植物的播种量见表 4-6。

几种重要草坪植物的播种量（g/m²） 表 4-6

暖季型草坪草	播种量	冷季型草坪草	播种量
结缕草	8～15	翦股颖属草种	3～5
狗牙根	4～8	早熟禾属草种	5～8
假俭草	16～18	羊茅、紫羊茅	14～17
野牛草	20～25	苇状羊茅	25～35
地毯草	6～10	黑麦草	24～35
巴哈雀稗	20～35	猫尾草	6～8
—	—	冰草	15～17

在混播中，每一草种的含量应控制在有利于主要草种发育的程度，保护草种通常不应超过 15% ～ 20%。

此外，影响播种量的因素还有播种幼苗的活力、生长习性、希望定植的植株树、种子的成本、预期杂草的竞争力、病虫害的可能性及定植草坪的强度等。

（4）播种前的种子处理

播种前进行种子处理的目的，一是提高发芽率，二是种子消毒，或二者兼而有之，以期实现早出苗、多出苗、出好苗、出齐苗。

一般色泽正常、干燥的新鲜种子即可直接播种，但对一些发芽困难的草种或在任务较急、时间紧迫的情况下，通过人为的措施，打破休眠状态，促进种子提早发芽。经催芽的草种播种后出苗快，草苗整齐，幼草苗生长健壮，能提高草苗的观赏价值。所以，草种催芽对形成草坪具有重要意义。常用方法如下：

①冷水浸种

在播种前将种子浸泡于冷水中数小时，捞出晾干，随即播种。目的是让干燥的种子种皮软化，吸水膨胀，有利于胚芽发育，这样播种后容易出苗，一般可提早 3 ～ 5d 出苗。如白颖苔草、细叶苔草等。浸种的水温和浸种时间要根据草种颗粒的大小、种皮的厚薄及化学成分的不同而定，如结缕草的种子比草地早熟禾的种子浸泡温度要高，浸种时间要长。

②机械处理

此法适用于种皮厚而坚的种子，一般采用机械揉搓的方法，以擦伤种皮，便于水分和空气进入种子，播种后可提高种子的发芽率。如羊胡子草等。

③层积催芽

结缕草在播种前将种子装入布袋内，投入冷水中浸泡 2 ～ 3d，然后用 2

倍于种子的泥炭或河沙拌和均匀，再将它置入铺有 8cm 厚度河沙的大口径花盆或木箱内摊平，最后在盆口处或木箱上口处覆盖湿河沙 8cm。装妥后移至室外用草帘覆盖。经 5d 后再移至室内，室温最好保持在 24℃，与河沙拌和的种子湿度为 70%。经过 12 ～ 20d 时间的积沙催芽，湿沙内的结缕草种子大部分开始裂口或显露出嫩芽，此时即可连同拌和的河沙或泥炭一起播种。

④堆放催芽

此法简单易行，特别适用于冷地型草种，如草地早熟禾、黑麦草、紫羊茅、翦股颖类等，不仅可提前发芽，还能提高出苗率。其方法是：将种子掺入10 ～ 20 倍的湿河沙中，堆放在室外全日照下，沙堆上覆盖塑料地膜，主要防止水分蒸发及适当保温。堆放 1 ～ 2d 即可播种。

⑤化学药物催芽

由于结缕草种子的外皮具有一层附着物，水分和空气不易进入，直接播入土中发芽极为困难。为提高发芽率，常采用化学药剂处理。先将种子用清水洗净，除去杂物和空秕等，捞起种子滤干。将氢氧化钠（NaOH）药剂严格按照操作规程兑成 5‰的水溶液盛入不受腐蚀的大容器内，将结缕草种子分批倒入配好的溶液中，用木棒搅拌均匀，浸泡 12 ～ 20h，捞起种子用清水冲洗干净（或再用清水浸泡 6 ～ 10h，捞起种子风干）备用或直接播种。药剂处理种子时，要特别注意药剂浓度、浸泡时间和清洗的干净度，否则会出现药害或达不到处理目的。另外，还要注意操作者的安全。

⑥变温催芽

有些草坪植物的种子直接播种发芽率很低，可将种子保持 70% 的湿度，堆积起来置于 40℃ 的环境中数小时即可。或者将种子先堆放在 40℃ 的环境中数小时，再放在 5℃ 的低温中数小时。经过这样的变温处理，可打破种子的休眠期，起到提前发芽、出苗且形成草坪快的作用，同时也能使发芽率大为提高。

（5）播种方法

①撒播

草坪播种主要是以散播为主。在播种时首先应要求种子均匀地覆盖在坪床上，播种是否均匀决定了种子出苗的均一性。其次要使种子掺和到 1 ～ 1.5cm 的土层中去。大面积播种可利用播种机，小面积则常采用手播。为了保证下种的均一性，可事先将坪床划分若干等分，分区定量下种。

播种时应控制适宜的深度，因此需要一个疏松易于掺和种子的土壤表面。下种后要立即覆土，厚约 1cm。如覆土困难，可用细齿耙往返拉松表土，使种子与表土均匀混合然后适度镇压，以保证土壤的墒情，使种子免受干旱的胁迫。

②液压喷种法

液压喷种法是将混有草坪草籽、粘着剂、保湿剂、特殊的肥料以及黏土、水等搅拌混合均匀，通过高压水泵喷射植草的方法。这种方法具有先进的种植和保湿条件，草籽萌发生长和定居均快，是防止土壤侵蚀的好方法，可适宜于园林绿地、庭院草坪、高尔夫球场、飞机场绿地、河岸、公路、铁路两旁斜坡、矿山植被恢复、伐木场、输油管干线空地、水土保持工程、军事伪装工程等绿化。

（6）播后管理

播种结束后即进入播后管理，目标是全苗、齐苗、匀苗、壮苗，出苗要整齐，小苗分布均匀，生长健壮。若实现了这"四苗"，建设一块优质的草坪就有了可靠的物质基础。播后管理的主要项目有：

①覆盖

覆盖是播后管理中的一项十分重要的内容。其目的是：稳定土壤中的种子防止暴雨冲刷，避免造成地表径流，抗风；调节坪床地表温度，夏天防止幼苗抗暴晒，冬天可增加坪床温度；保持土壤水分。覆盖材料可用专门生产的地膜、玻璃纤维和无纺布等，也可以就地取材，用农作物秸秆、树叶、刨花、锯末等。一般笛膜用在冬季或秋末温度较低时，用于增温和保水。地膜的增温效果很明显，使用时注意避免烧苗，因此透风、揭膜时间一定要把握好。农作物秸秆容易形成杂草，同时不应过厚。简单的办法是覆盖面积达 2/3 以上则可。农作物秸秆覆盖后用竹竿压实，或用绳子固定，以避免被风吹走。锯末是无法再利用的覆盖物，使用前应先进行发酵，有条件的要进行消毒。玻璃纤维多用于坡地绿化。多聚乳胶常用喷雾的方法，多用于高尔夫球场和足球场草坪建植。

②灌溉

出苗前后水的管理特别重要。出苗前种子吸收水分后才能进行一系列的生理化反应，导致种子萌发。种子发芽时，在夏天若不浇水种子就很容易被晒干失水，使种子死亡。因此，种子播种后的灌溉应注意以下几个问题：

a. 出苗前到出苗的 2 周左右，喷水强度要小，以雾状喷灌为好（自动喷灌或人工喷灌），不要打破土壤结构，造成土壤板结或地表径流，否则易使种子移动，造成出苗不匀。

b. 最好在播种前 24h 浇一遍透水，待坪床稍干燥，用钉耙重耙后再播种子。

c. 苗期不能用高强度的喷灌，避免创伤，造成根部和苗机械拉伤，又不能在坪床表面上造成小面积积水坑。

d. 夏天温度较高时，中午不要浇水，因为这样容易造成烧苗，最好在清晨或傍晚太阳落时浇水。

e. 南方多雨地方不能浇水过多，避免形成腐霉枯萎病。随着幼苗逐渐长大，草坪逐渐成坪，浇水的次数可逐渐减少，但每次浇水量要增大。

③施好"断奶肥"

断奶肥这一名词借自于农作物栽培，指帮助幼苗自胚乳（或子叶）供应养分过渡至幼苗"自力更生"施的一次速效肥。这项管理是壮苗，也是提早分蘖的一大关键。施肥量不必多，但要精些，如尿素＋磷酸二氢钾 1：1 以 0.1%～0.2% 的水溶液，结合喷灌，叶面施肥为佳，每 $100m^2$ 混合肥料 2～2.5kg。

④间苗、补苗

间苗、补苗的目的在于匀苗。播种操作再仔细，出苗不均匀的现象总会发生，稀处易长杂草，密处苗挤苗，3～4 片绿叶伸展，壮苗挤成了瘦苗。移密补稀，一举两得，宜于三叶期前进行，做 1～2 次。间苗、补苗比较费工，所以应尽力提高播前整地和播种质量，以期尽量减少间、补苗的工作量。

⑤清除杂草

草坪幼苗期发生同步杂草危害会直接影响建坪的质量和观赏价值。三叶期前不宜作化学除草，只能人工除杂草。清除杂草宜与间、补苗结合进行，非常费工。因此，应做好基础整地和播前整地以及播后苗前的杂草清除工作。

综上所述，播后管理以协调温度、水分、空气三个萌芽环境要素为核心，以争取全苗、齐苗、匀苗、壮苗为目标，提出一系列管理措施，实施中应看天、看地、看苗、灵活、综合地应用。

2. 营养繁殖建坪法

营养繁殖法是依靠草坪植物营养器官的分生、分蘖生长建植草坪的方法。由于许多暖季型草坪植物种子发芽率很低，或者是不能结种和种子产量低。能迅速形成草坪是营养繁殖法的优点，但要使草坪植物旺盛生长，则需要充足的水分和养分，还需要一个通气良好的土壤环境。

(1) 营养器官建坪的方法

用营养器官建坪的方法包括铺草皮块、塞植、蔓植匍匐茎植等。其中除铺草皮块外，其余的几种方法只实用于强烈匍匐茎和根茎生长的种类。铺草皮块是成本最高的建坪方法，但它能在 1 年的任何有效时间内，形成"瞬时草坪"，因此，这种方法通常用来补救其他方法未能完成的草坪地块及局部的修整。营养繁殖建坪方法详见表 4-7。

(2) 成活管理

应用营养器官建立草坪，第一大关在于成活。而成活的关键，首先在于及时发生种根，继而立苗和苗根的发生。只有在苗根普遍发生，得到生长发育之后，才能真正地成活。自种、栽、铺、塞、埋、抛植完毕后，至苗根普遍发生、生长发育这一段时间的培育管理工作称为成活管理。既然成活是第一大关，那么做好成活管理，应该是用营养器官建立草坪的关键。

成活管理的技术要领，无疑在于创造一个适于种根萌发和立苗，继而苗根发生、生育的环境。这需要创造水、气、温度协调的环境，尤其是土壤环境。其中温度因素以由选择建坪季节决定了，余下的工作主要是协调水、气，尤其是土壤的水和气。当然协调水、气，也能在一定的范围内调节土温和气温。因此，抓好灌溉、排水和蹲苗成为成活管理的首要任务。根据经验掌握种植（包括其他形式）完毕后，透水一次；土白（指土表面干到发白）即灌，少量多次；维持灰色（指土表面颜色发灰），干湿适度，水气协调；立苗三叶，蹲苗开始。因为播种材料是幼龄而生育正常的，种植后能得到依次透水，保持土表面灰色，则 5～7d（或10d），种根发生，生育正常，即始立苗。立苗后，继续维持这种灌溉方式与量，至一半以上新苗长出 2～3 片新叶，则苗根不仅发生，而且生育比较正常。此时，早晨连续观察 3～4d，若气候正常，可以看到吐水现象，可以开始蹲苗。蹲苗要由轻至重，根据苗情、气候、土壤，排灌交替进行，直到形成幼坪。其次，施好立苗肥。其目的是立好苗和促进苗根生育。一般在目测立苗数已达到或超过一半时追施立苗肥。施肥品种和量均可参照断奶肥。施肥应与灌溉配合。

营养繁殖建坪法一览表　　　　　　　　　　表4-7

名称	操作	优缺点
密铺法	将草皮切成宽25～30cm，厚4～5cm，长2m以内的草皮条，以1～2cm的间距，邻块接缝错开，铺装在坪床内。然后在草面上用0.5～1t重的滚轮压实和碾平后充分浇水	能在1年的任何时间内有效地形成"瞬时草坪"，但建坪的成本最高
间铺法	此法有两种形式，但均用长方形草皮块。一为铺块式，即草皮块间距3～6cm，铺装面积为总面积的1/3。一为梅花式，即草皮块相间排列，所呈图案颇美观，铺装面积为总面积的1/2。此法应将铺装处坪床面挖下草皮的厚度，草皮镶入后与坪床面平，铺装后应镇压和灌水	草皮用量较上法少1/2～2/3，成本相应降低，但全部覆盖坪床的时间较长
点铺法	又叫塞铺法，是将草皮切成直径5cm，高5cm的柱（草皮塞）或草皮块（宽6～12cm的草皮条）以20～40cm的间距插入坪床	较节省草皮，分布也较均匀，但全部覆盖坪床面的时间较长
蔓植法	将不带土，具2～4节的草坪草小枝，置于间距15～30cm，深5～8cm的沟内，将沟用土覆平、镇压和灌溉	用于具匍匐茎的暖地型草坪植物，也适用于匍匐翦股颖。做法简单，用料少（1m²可铺30～50m²），成本较低，也可用专用机械作业，在2年后可覆盖草坪床面
匍匐茎法	也叫撒播式蔓植，将植物材料在春季开始萌发时均一地撒播在湿润（但不是潮湿）的土表，施量为0.2～6.4g/m²，然后在坪床上表施土壤，部分覆盖匍匐茎，或轻耙使部分插入土壤，此后尽快地镇压和灌溉	适用于匍匐茎发生力强的品种，如狗牙根、地毯草、细叶结缕草、匍匐翦股颖等。此法较省繁殖材料（1m²的面积可播5～10m²）。在1年内可形成优质草坪
广播法	将不带根土的草坪植物单株或株丛像插秧一样插入坪床内，捣实、灌溉	适用于密丛型的草坪植物类型，操作简便，较费土
湿插法	将不带根土的草坪植物单株或株丛像插秧一样插入泡湿的床土中去	适用于喜湿的密丛型草类。操作简便，成活率较高

其他诸如覆盖、除草、补苗等均可参照种子直播建坪的播后管理，根据具体情况，予以实施。

3. 植生带建坪法

植生带是指采用有一定的韧性和弹性的无纺布，在其上均匀地撒播种子和肥料而培植出来的地毯式的草坪植生带。草坪植生带可以在工厂中采用自动化的设备连续生产制造。种植时，就像铺地毯一样，将植生带覆盖于坪床面上，上面再撒上一层薄土，经若干天后，作为载体的无纺布逐渐腐烂，种子在土壤里发芽生长，形成草坪。此法特点是简化播种手续，出苗均匀，成坪质量好，便于操作。

植生带铺设的技术要点：

(1) 草坪植物由于种子细小，一般为多年生，建坪后要求美观，经久不衰，因此必须选择土质好、肥力高、无杂草、光照充分、灌溉与保护方便的地段。整地前要尽量除去石头、杂物、杂草根茎及各种垃圾。

（2）铺设之前，应施足底肥，每公顷地应施入 25000 ～ 35000kg 腐熟有机肥。

（3）坪床应精心翻地，仔细平整，土壤过干还须事先浇水。平地时最好保持 0.2% 左右的坡度，铺设植生带时应轻度镇压。

（4）杂草多生的地段须在铺设植生带的头一年清除杂草，也可在建植前提前浇水翻地，待杂草种子萌发出土后，即翻压或用除莠剂清除后再铺设植生带。

（5）坪床准备好后，当日平均温度大于 10℃ 时，方可将植生带铺于地表，然后覆盖 0.2cm 左右的肥土。过早由于地温较低不利于种子发芽。

（6）水分的及时供给是建坪成败的关键。出苗前每天至少早、晚各浇一次，要求地表始终保持湿润，防止干燥板结。如条件可能，最好是在浇水后在植生带上覆盖塑料薄膜，经 7 ～ 10d 后小苗即可出土。小苗出土后，灌水量可适当加大，浇水次数可逐渐减少。

4.6 地被植物的栽植

园林地被植物是指覆盖在裸露地面上的低矮植物，包括多年生低矮草本植物、适应性较强的低矮灌木、蔓性藤本植物及矮性竹类。它们的特点是：覆盖力强、繁殖容易、适应能力较强、养护管理粗放，植物体的枝叶层紧密地与地面相接，像被子一样覆盖在地表面，对地面起着良好的保护和装饰作用，而且种植以后不需经常更换，能够保持经久不衰。

4.6.1 园林地被植物的分类

4.6.1.1 按覆盖性质分

1. 活地被植物层

植丛低矮，生长致密的植物群落，能覆盖地面，还能丰富植物的层次，增添景色。

2. 死地被植物层

又称"非生物层"。例如粉碎后的树皮、碎木片、枯枝落叶等，以适当的厚度铺设在大树下或丛林、果园里，它既不影响人们的正常活动，又能保护土层不被冲刷，还能避免尘土飞扬。用枯枝落叶和树皮代替种植部分地被植物来覆盖地面的方法，其优点为：一是能控制杂草滋生；二是吸湿保土，增加局部环境空气湿度；三是枯枝落叶腐烂后转化为肥分，可以代替施肥。这种无生命的死地被层，在某种意义上可称为"人造地被"。

4.6.1.2 按生态环境分

1. 阳性地被植物类

在全日照的空旷地上生长的如洋甘菊、常夏石竹、半支莲、鸢尾、百里香、紫茉莉等。一般它们只是在阳光充足的条件下，才能正常生长，花叶茂盛。在半阴处则生长不良；在庇荫处种植，会自然死亡。

2. 阴性地被植物类

在建筑物密集的阴影处，或郁闭度较高的树丛下生长的如虎耳草、连钱草、玉簪、金毛蕨、蛇莓、蝴蝶花、白芨、桃叶珊瑚、砂仁等。这类植物在日照不足的阴处仍能正常生长，在全日照下，反而会叶色发黄，甚至叶的先端出现焦枯等不良现象。

3. 半阴性地被植物类

一般在稀疏的林下或林缘处，以及其他阳光不足之处生长的植物如二月兰、蔓长春花、石蒜、细叶麦冬、八角金盘、常春藤等。此类植物在半阴处生长良好，在全日照条件下及阴影处均生长欠佳。

4.6.1.3 按观赏特点分

1. 常绿地被植物

四季常青的地被植物，称为"常绿地被植物"，如铺地柏、石菖蒲、麦冬、葱兰、常春藤等。这类植物无明显的休眠期，一般在春季交替换叶。在我国，常绿地被植物主要栽培地区在黄河以南地区，北方冬季寒冷，一般阔叶类地被植物室外露地栽培越冬十分困难。

2. 观叶地被植物

观叶地被植物有特殊的叶色、叶姿，可供人欣赏，如八角金盘、菲白竹、赤胫散、连钱草等。

3. 观花地被植物

花期长、花色艳丽的低矮植物，在开花期以花取胜，如金鸡菊、二月兰、红花韭兰、红花酢浆草、毛地黄、矮花美人蕉、菊花脑、花毛茛、金苞花、石蒜等。有些观花地被植物，可在成片的观叶植物中插种。如麦冬类或石菖蒲观叶地被植物中插种一些萱草、石蒜、水仙等观花地被植物，则更能发挥地被植物绿化效果。

4.6.1.4 按地被植物种类分

1. 草本地被植物类

此类植物在实际应用中最广泛，其中又以多年生宿根、球根类草本最受人们欢迎，如鸢尾、葱兰、麦冬、水仙、石蒜等。有些一年生草本地被如春播紫茉莉、秋播二月兰，因具有自播能力连年萌生，持续不衰，同样起到宿根草本地被的作用。

2. 藤本地被植物类

此类植物一般多作垂直绿化应用。在实际应用中，其中有不少木质藤本或草质藤本，也常被用作地被性质栽植，且效果甚佳，如铁线莲、常春藤、络石藤等。这些植物中多数具有耐荫的特性，很有发展前途。

3. 蕨类地被植物类

此类植物如贯众、铁线蕨、凤尾蕨等，大多数喜阴湿环境，是园林绿地林下的优良耐阴地被材料。虽然目前应用尚不多见，但随着经济建设的发展，会被更多地加以利用。

4. 矮竹地被植物类

在千姿百态的竹类资源中，茎秆比较低矮，养护管理粗放的矮竹，种类较多，其中少数品种类型已开始应用于绿地假山园、岩石园中作地被植物利用，如菲白竹、箬竹、倭竹、鹅毛竹、菲黄竹、凤尾竹、翠竹等。

5. 矮灌木地被植物类

在矮性灌木中，尤其是一些枝叶特别茂密，丛生性强，有些甚至呈匍匐状，铺地速度快的植物，不失为优良的地被植物，如熊果枸子、爬行卫矛、铺地柏等。另一些是极耐修剪的六月雪、枸骨等，只要能控制其高度，也可作为地被植物。

4.6.2 地被类型和植物选择

常见的地被类型很多，现介绍七种类型及其植物（表4-8）。

常见地被类型的植物选择 表4-8

类型	植物属名
侵蚀地防治的地被	六道木属、熊果属、蒿属、滨藜属、中花草属、旋花属、小冠花属、枸子属、花菱草属、卫矛属、欧石楠属、常春藤属、萱草属、金丝桃属、马樱丹属、忍冬属、百脉根属、十大功劳属、苦槛蓝属、迷迭香属、长春花属、箬竹属、雀麦属、羊毛属、画眉草属、雀稗属、马鞭草属
大面积景观地被	小冠花属、枸子属、卫矛属、连翘属、常春藤属、萱草属、金丝桃属、圆柏属、马樱丹属、半边莲属、苦槛蓝属、忍冬属、月见草属、蓼属、蔷薇属、景天属、长春花属、筋骨草属、熊果属、杜鹃属、玉簪属、委陵草属、百里香属、车轴草属、菊属、百子莲属、落新妇属、叶子花属、风铃草属、铃兰属、旋花属、石竹属、花菱草属、石楠属、屈曲花属、过路黄属、勿忘草属、迷迭香属、马鞭草属
耐荫地被	羊角芹属、银莲花属、马兜铃属、天门冬属、落新妇属、风铃草属、苔藓类、蕨类、常春藤属、玉簪属、金丝桃属、鸢尾属、野芝麻属、麦冬属、过路黄属、薄荷属、沿阶草属、卫矛属、茶藨子属、淫羊藿属、长春花属、紫金牛属
步石之间的地被	具根茎的禾本科草坪草、牻牛儿苗属、通泉草属、百里香属、卷耳属、治疝草属
悬垂和蔓生植物地被	叶子花属、枸子属、卫矛属、半日花属、圆柏属、野芝麻属、马樱丹属、半边莲属、过路黄属、蔷薇属、迷迭香属、百里香属、鸢萝属、常春藤属、爬山虎属、旋花属、榕属、洛葵薯属、木通属、西番莲属、枸杞属、忍冬属、凌霄花属
自身传播的植物	金雀儿属、长春花属、蒿属、花菱草属、牻牛儿苗属、半边莲属、苔藓类、蕨类、勿忘忍草属、蓼属、马齿苋属、金鸡菊属、千里光属
具潜在性杂草植物利用	羊角芹属、滨藜属、小冠花属、金丝桃属、忍冬属、过路黄属、牻牛儿苗属、蓼属、毛茛属、漆姑草属、婆婆纳属、长春花属、酢浆草属、月见草属

1. 侵蚀地防治的地被

要求这类植物在斜坡及河岸上，根系生长迅速，扩展力强，能完全覆盖地面。还要耐干旱和耐瘠薄性强，在夏季高温到来之前，能有效控制杂草，覆盖坡地、公路斜坡和堤岸，起到保护土壤，防止土壤流失的效果。

2．大面积景观地被

这类地被植物栽培后能开放十分艳丽的花朵，有的能自行扩大繁殖地界，适合在大面积地面形成群落，具有美丽的景观，也可以在小面积栽培使用。如果植物配置得当，在那里一年四季都能观赏到鲜花，有的在秋冬季节还有十分美丽的果实，更增加了群落植物景观之美。

3．耐荫地被

这类植物能适应不同隐蔽度的环境，在乔木和灌木下也能较好的生长，覆盖树下裸露土壤，减少沃土的流失。

4．步石之间的地被

这类低矮的地被植物，经得起行人的踏压，踩损后植物基部又再生，始终覆盖着步石之间的间隙，并对渗透地面雨水、补充城市地下水都很有作用。

5．悬垂和蔓生植物

这类植物也是优良的地被，以藤蔓繁殖生长势旺盛，常用于住宅区绿化、墙垣绿化和斜坡绿化等。

6．自身传播生长的植物

这类植物是靠自身传播繁殖，其适应性和抗逆性均很强，有的能在悬崖峭壁上旺盛生长、定居，形成群落，并且繁衍后代，有的还能开放美丽的花朵。

7．具潜在性杂草植物的利用

这类植物既有地被价值，又有侵害性。由于它们生长繁殖极快，利用控制得当就是很好的地被。但是对它们千万不要失去控制，进入栽培植物的田园，否则就会成为有严重为害的杂草。

4.6.3　地被植物的选择原则

我国园林地被植物资源极其丰富，从南方的热带雨林到北方的寒温带，可用来作地被的材料千姿百态，但园林绿地的类型、功能和性质各不相同，所需地被植物也有差异。在开发适于本地区应用的当地野生地被植物资源时，一般选择地被植物时应掌握以下几个原则。

1．植株低矮或耐修剪

地被植物一般用于树丛的最下层，无论应用灌木、竹类、藤本、蕨类、多年生或一、二年生草本植物都要选择植株较矮及耐修剪的种类如六月雪、枸骨、枸杞等。优良地被植物的高度一般区分为30cm以下、50cm左右、70cm左右几种。如属于矮灌木类型，其高度也尽可能不超过1m。凡超过1m的种类应挑选耐修剪或生长较慢的，这样容易控制其高度。有些品种也可利用其苗期生长缓慢的特点，如棕榈幼苗苗期长，而且高度一致，能耐荫，因此人们常利用其幼苗期作地被植物栽培。

2．选择绿叶期较长者

一般应选择绿叶期较长的常绿植物，至少绿叶期不少于7个月，且能长时间覆盖裸露的黄土，即绿叶期外，植丛乃覆盖在地表面，具有一定的防护作用。

3. 选择生长迅速、繁殖容易、管理粗放者

一般应选用繁殖容易,苗期生长迅速成苗期管理粗放,不需要较多的养护即能正常生长的种类。由于地被植物需要量较多,为便于迅速扩大栽培面积,必须采用多种方法来进行繁殖,且成活率要高,则芽率高有利于大量扩大繁殖,培养种苗。如二月兰、紫茉莉等,一旦播种,每年可获得大量种子,种子发,移栽又方便,还能自播繁殖。又如菊花脑,播种、扦插、移苗成活率都可达到90%以上,而且扦插不受季节限制。

4. 选择适应性广、抗逆性强者

地被植物一般以防护为主,通常栽培面积较大,养护管理较粗放,应挑选适应能力强、抗性强的品种,如抗干旱、抗病虫害、抗瘠薄土壤等,则有利于粗放管理,以节约管理费用等。此外,还应对各种有害气体如二氧化硫、氟化物、氯气等具有较强的抗性和耐土壤酸碱度、盐分、耐隐蔽、耐踩踏。

5. 具有观赏和经济价值

园林地被植物还应特别考虑增加园林色彩,美化园容面貌。因此,必须在花、叶、果等方面具一定的观赏特色,或兼有食用、药用、作香料、作油料等其他用途。

4.6.4 地被植物的种植

4.6.4.1 整地与施肥

地被植物的根系一般均属于浅根系,主侧根均不太深,多数根系分布在30cm 的土层内。种植浅根性的植物,应尽可能使种植场地的表层土壤土质疏松、透气而肥沃、地面平整、排水良好,为其生长发育创造较好的立地条件。因此,种植前仔细整地是使地被植物生长良好的重要前提。整地时,首先将土壤翻松,翻土深度一般为 10~30cm,拣净杂物,施足基肥,最后整平土地。整地时要注意排水,使水分流,防止水土流失。灌溉则要视地被类型、植物种类和建造目的而异,可采用喷灌或滴灌,有的只靠自然降水补给水分就可以了。在平整土地时增施有机肥料对地被植物的持久不衰以及抗病等有利。园林绿地、庭院、宅院地被的种植要求较高,要求土壤含有机质多,植物根系区的土层厚度不少于15cm,种植前要测定和调整 pH 值(多数植物以土壤微酸性至中性之间较佳)。

4.6.4.2 种植方法

为达到大面积覆盖黄土,成片种植地被植物,一般要求采用简易粗放的繁殖和种植方式。常用的方法主要有以下几种:

1. 直接撒播种子法

即把种子直接撒播于整好的土地上,播后覆土、浇水。这是地被植物栽培中常用的一种方法。它不仅省工省事,而且易于扩大栽培面积。据杨浦区、南市区等园林所介绍,采用种子撒播法将开花的地被植物诸葛菜、菊花脑等的种子,均匀地撒播到公园、街道的绿地中,出苗整齐、迅速,覆盖效果显著。

2. 地被植物自播法

在地被植物中，目前已发现有不少品种类型具有较强的自播覆盖能力。一般情况下，其种子成熟落地，均能自播繁殖、更新复苏。因此，人们称它为自播法。地被植物自播繁衍，管理粗放，绿化效果显著。具有较好自播能力的植物有紫茉莉、诸葛菜、大金鸡菊、白花三叶草、地肤等，蛇莓、鸡冠花、凤仙花、藿香蓟、半支莲等也具有一定的自播能力。

3. 营养繁殖法

营养繁殖是应用多年生植物分生组织机能强的特性，采用分株、分根、压条、营养枝扦插、鳞茎分植等方法繁殖。

4. 育苗移植

育苗移植是用种子播种先培育成幼苗（有的采用营养钵育苗），然后将成批量的幼苗进行大面积移植，形成植物群落。

4.6.4.3　种植密度

由于地被是利用植物群体的效果，要求种植的植物生长速度快、整齐。为此，种植时应适当增加株行的密度，争取在 2～5 个月内基本上实现植物枝叶茂盛郁闭，覆盖地面。密植的程度要根据植物的生长特性、种苗的大小和养护管理水平等来确定。如果种植过稀则郁闭慢，地面容易滋生杂草，增加杂草的防除费用；如果种植过密，植株生长瘦弱，不久又要重新分植。对于较大的灌木植株，可根据景观布置要求，成为群体的栽植，或 3～5 丛成群种植；对于较小的灌木苗，也可几株合并栽植以扩大冠群。如果要求较快覆盖地面的大面积景观地被，可以先密植，以后视生长势采用逐渐疏苗移去部分植株，平衡其生长势。对于自身繁殖的地被，可先进行撒播，然后让其自身调整生长数量，但要注意对过分密集的幼苗进行疏苗，对过稀的地方补植，以免植株过密而瘦弱，开花不好，或过稀裸露地面。

4.6.4.4　种植时期

种子直播可在春秋两季进行。一年生草本植物一般在春季进行，如紫茉莉可在早春 3 月散播种子；二年生草本植物一般在秋季播种，如二月兰可在 10～11 月上旬播种。分株、分植鳞茎一般也在春秋两季进行，但应根据其生长期特点选择适宜时期，如石菖蒲每年 5 月间有一个"枯叶期"，这时进行分株，既达到分株繁殖的目的，又能清除枯叶；而鸢尾在 3 月份萌芽前的枯叶期分植为宜。

4.6.4.5　种植形式

地被植物的种植形式一般有轮植、混植、间植等。种植形式可体现出地被植物品种繁多、习性各异的特点，以及园林绿地所特需的观赏要求。有些地被植物生长期不长，而花色艳丽或有其他特殊的优点，运用上述的种植形式，可延长生长期，达到长期观赏的效果。如二月兰与紫茉莉轮植，花期从 2 月份延续到 11 月份；又由于二者都能自播繁殖，可使树坛内终年常绿。又如，石蒜与麦冬混植，能使先花后叶的石蒜与终年常绿的麦冬相得益彰，同时提高了两者的观赏价值。

4.6.5　栽后养护管理

1. 浇水与排涝

地被植物在一般情况下均选择适应性强的抗旱品种，可不必浇水，但出现连续干旱时，为防止地被植物严重受害，应进行抗旱浇水。

采取分株繁殖的地被植物，栽植后要及时浇水，并保持土壤湿润，直至成活。对成活的植株应根据天气和土壤情况进行灌溉或排水。高温干旱时应适当浇水；多雨积水时要及时排涝。

2. 除草

用种子撒播法出土的幼苗或分株初期的地被植株，覆盖度小，易滋生杂草，要及时除掉，要求挑勤、除净。

3. 施肥

地被植物生长期内，应根据各类植物的需要，及时补充养分，尤其对一些观花地被植物更显得重要。

常用的施肥方法有喷施法和撒施法。喷施法可在植物生长期进行，以增施稀薄的硫酸铵、尿素、过磷酸钙、氯化钾等无机肥料为主，适合于大面积使用，较其他方法简便。撒施法可在早春和秋末或植物休眠期前后，采用撒施方法，可结合加土进行，对植物根部有利，而且可因地制宜，充分利用各地的堆肥、厩肥、饼肥、河泥及其他有机肥料。

4. 病虫害防治

多数地被植物品种具有较强的抗病虫能力，但有时由于排水欠佳或施肥不当及其他原因，也会引起病虫发生。由于地被植物面积大，病虫害防治应以预防为主。

大面积地被植物栽培中，最容易发生的病害是立枯病，能使成片的地被枯萎，应及时采用喷药措施予以防治，阻止其蔓延扩大；其次是灰霉病、煤污病，亦应注意防治。虫害最易发生的是蚜虫、造桥虫等，虫情出现后应及时喷药防治。

5. 修剪平整

一般低矮类型品种不需进行经常修剪，以粗放管理为主。但由于近年来各地大量引入开花地被植物，少数残花或者花径高的，须在开花后适当压低，或者结合种子采收、适当修剪。

对耐修剪的品种应及时修剪，促进其分枝和开花，如金丝桃在6、7月份开花后修剪，可促使翌年植株分枝增加，开花增多；藿香蓟在5月份开花后，香雪兰7月份开花后及时修剪并追施肥料，到9月底能再次开花。

6. 防止空秃

在地被植物大面积栽培中，最怕出现空秃，尤其是成片的空秃发生后，很不雅观。因此，一旦出现应立即检查原因，翻松土层，如系土质欠佳，应采取换土措施，并以同类型地被进行补秃，恢复美观。

7. 更新复苏

在地被植物养护管理中，常常由于各种不利因素，使成片的地被出现过早衰老。此时应根据不同情况，对表土进行刺孔，促使其根部土壤疏松透气，同时加强施肥浇水，则有利于更新复苏。

对一些观花类的球根及宿根地被植物，则必须每隔5～6年左右进行一次分株翻种，应将衰老的植株及病株拾去，选择健壮者重新栽种。

8. 地被群落的调整与提高

地被比其他植物栽培期长，但并非一次栽植后一成不变。除了有些品种具有自身更新复壮能力外，一般均需要从观赏效果、覆盖效果等方面考虑，在必要时进行适当的调整与提高。

(1) 注意绿叶期和观花期的交替衔接

如观花地被石蒜、忽地笑，花和叶不同时，它们在冬季光长叶，夏季光开花。而四季常绿的细叶麦冬周年看不到花。如能在成片的麦冬中增添一些石蒜、忽地笑，则可达到以假乱真，互相补充调整的目的；如在成片的常春藤、蔓长春花、五叶地锦等藤本地被中添种一些铃兰、水仙等观花地被，可在深色的背景层内，衬托出鲜艳的花朵来，使绿叶期与观花期交替衔接；将二月兰与紫茉莉两种观花地被植物混种，花期交替，效果显著；在铁扁担、德国鸢尾群落中，插种一些白花射干花，则可增添野趣。而有些地被植物如葱兰等的单体感较强，但对地面的覆盖力弱，单一种植易产生水土流失，降低景观效果。可以在其中混种马蹄金等，不仅可以遮盖黄土，保持水土，又能增添景观色彩。

(2) 注意花色协调，宜醒目，忌杂乱

如在绿茵似毯的草地上适当布置种植一些观花地被，其色彩容易协调，例如低矮的紫花地丁、黄花的蒲公英等；又如在道路或草坪边缘种上雪白的香雪球、太阳花，则更显得高雅、醒目和华贵。

总之，地被植物品种的选择标准要在调整中不断完善和提高，使之更体现地被之群体美。若能在城市生态园林中结合野生地被植物的开发利用、栽培品种的合理选择，淋漓尽致地发挥各种配植方式的效应，将更好地体现植物群落的生态效应。

本章主要参考文献

佘远国，等 . 园林植物栽培与养护管理 [M]. 北京：机械工业出版社，2007.

　　提要：园林植物栽植后能否成活，生长能否良好，并尽快地发挥设计所要达到的色、香、美均佳的目的和效果，在很大程度上取决于养护与管理水平的高低。通常所说的"三分种，七分养"，就是对我们养护与管理工作重要性的深刻认识和经验总结。

　　通过本章内容的学习，可以了解和掌握园林绿地的土地管理、灌溉与排水、施肥、园林植物的整形修剪和园林绿地的各种灾害及预防。

5.1 概述

5.1.1 养护管理的意义

园林植物栽植后能否成活，生长能否良好，并尽快地发挥设计所要达到的色、香、美均佳的目的和效果，在很大程度上取决于养护与管理水平的高低。为了使园林植物生长旺盛，浓荫覆盖和花香四溢，就必须根据园林植物的年生长发育规律和生命周期的变化规律，适时、适当、合理、经常、长期地对园林植物进行养护与管理，才能使园林植物长期维持较好的生长势，发挥与延长绿化效果。通常所说的"三分种，七分养"，就是对我们养护与管理工作重要性的深刻认识和经验总结。

园林植物的养护与管理，就是调节植物生长空间中的光、热、水、气、肥等诸多因素，使植物与环境在能量与物质的交换达到平衡，需求与供给之间保持平衡，协调土壤肥力，为园林植物的生长与发育提供必要的营养条件和良好的环境条件。

5.1.2 养护管理的含义

园林植物的养护与管理是一项综合性的技术操作措施，严格地来说它包括两大方面的内容。一是"养护"，所谓养护就是根据园林植物的生长需要和某些特定的要求，对园林植物采取中耕与除草、施肥、灌溉、排水、整形与修剪、病虫害的防治、灾害天气防范、大树的更新以及复壮等操作措施。另一是"管理"，所谓管理就是诸如对园林绿地的看管与围护，以及对园林绿地的清扫保洁等园务园容的管理工作。

养护与管理的各项技术措施之间有着相互依存、相互制约、共同促进的关系。因此，园林植物的养护与管理，应该根据城市生态系统的特点，综合运用各项措施，依靠科技进步，积极采用先进的生产技术，发展生态园林，进行集约的管理，为园林植物的生长发育创造良好的生态条件，使园林植物在园林绿地中能充分发挥有益功能。

5.1.3 园林植物养护管理工作的月历

园林植物养护管理工作的月历见表5-1。

园林植物养护管理工作月历   表5-1

月份	节气	工作安排
1	小寒、大寒	1. 挖掘、移植、栽种各种落叶树木，但雨雪、冰冻天应暂停进行 2. 对落叶树木及果树进行冬季修剪，盆栽花木整形 3. 草坪加土平整，施一次堆肥，适时进行冬灌 4. 深翻土壤 5. 积肥和沤制堆肥，并普遍对各种落叶树木进行冬季施肥 6. 经常检查防寒设备和苗木防寒包扎物，及时做好防寒工作

月份	节气	工作安排
2	立春、雨水	1. 继续挖掘、移植、种植各种落叶树、花木、果树以及耐寒的常绿树、针叶树、竹类等 2. 继续进行落叶树木及果树的冬季修剪 3. 继续积肥和沤制堆肥，并对各种落叶树施冬肥、对梨、桃、杨、梅、柑橘等果树施花前肥，对枇杷施花后肥 4. 耙土削地，平整树坛下深翻的土壤，注意控制返青冬草 5. 注意防止晚霜危害 6. 继续进行草坪加土平整，耕耙滚压，适时灌水
3	惊蛰、春分	1. 全面进行各种落叶树和部分常绿树的挖掘、移植，并及时做好栽植以后的养护工作，如浇水、立桩绑扎、覆土等 2. 树坛进行中耕、耙土，清除返青冬草 3. 落叶树木特别是行道树（悬铃木）的休眠期修剪，必须在月底前全面结束 4. 草皮加土、围养。开始挑除大型冬草 5. 开始进行园林地被植物的播种、分株
4	清明、谷雨	1. 抓紧常绿树，如香樟等的挖掘、栽种工作 2. 进行各种类型的绿化养护管理工作，特别注意新种树木的加土、扶正、松土、除草、浇水等项工作 3. 部分树木剥芽、修剪，去除多余的嫩芽和生长部位不当的枝条 4. 绿篱修剪 5. 部分地被植物种植、分株 6. 清除草坪中的杂草，草坪围养、施薄肥
5	立夏、小满	1. 进行公园绿地等处春季开花的花灌木修剪及更新 2. 对春季开花的各种花木施花后肥。在本月下旬分别对桃、梨施催果肥 3. 采收成熟的十大功劳、结香、接骨木等种子 4. 进行行道树、庭园树剥芽修剪，对小苗根部发生的萌蘖及时修剪剥除 5. 进行草坪剪扎，除去草坪中的杂草，适时灌水 6. 树坛等绿化地区的控制杂草等经常性的养护工作不能放松 7. 新种树的养护管理仍应认真做好 8. 新种地被植物的挑草、施肥
6	芒种、夏至	1. 安排好绿化地区的养护工作，特别是抓紧在天晴地干时合理安排除草，并大量补施追肥 2. 做好防旱抗涝工作，如遇久旱不雨要及时灌溉，久雨或大雨成涝，必须及时排除 3. 对开花灌木进行花后修剪或剪除残花 4. 对杜鹃施花后肥，对晚香玉、大丽花、秋海棠类施薄肥 5. 对一串红、翠菊、百日草、香石竹、大立菊、悬崖菊、梨、桃等摘心 6. 继续除去草坪杂草和进行扎草、追施速效肥料
7	小暑、大暑	1. 树坛养护，主要是控制杂草，疏松土壤 2. 做好抗旱排涝工作 3. 做好预防台风工作 4. 草坪除草和剪扎，干旱时及时灌溉
8	立秋、处暑	1. 树坛养护，主要是控制杂草，防旱排涝。特别是对新种树木，干旱时要随时灌溉，暴雨久雨积水时，随时排除积水 2. 继续做好预防台风工作，对树冠较大的阔叶树抽稀修剪，剪除生长过密、影响主枝生长的侧枝、徒长枝等，以利通风 3. 做好耐荫花木、新栽树木或大树的遮荫工作，预防夏季日灼 4. 草坪剪扎

月份	节气	工作安排
9	白露、秋分	1. 继续因地制宜地合理安排树坛的养护管理，防止杂草与树木争夺水分、养分，保持土壤水分，减少水分的过度蒸发，保证树木生长良好 2. 继续抓好防台防汛工作。在台风侵袭期间，要经常检查树木、行道树等。被台风吹倒的树要立即扶正，如遇暴雨要注意排水 3. 各种常绿树整形，绿篱修剪 4. 播种各种秋播花卉，悬崖菊摘心 5. 继续除去草坪杂草和进行草坪扎草，秋季追肥 6. 全面整理树坛、绿篱、地被植物和草坪
10	寒露、霜降	1. 种植广玉兰、山茶、桂花、香樟及松柏类常绿树 2. 继续做好树坛、花坛、地被植物的养护管理 3. 利用杂草、落叶等各种植物残体为原料，配合适量的粪泥和污水，沤制堆肥 4. 不耐寒的花卉在本月下旬进入温室防寒
11	立冬、小雪	1. 种植常绿树和落叶树 2. 开始进行树木的冬季修剪 3. 竹林冬耕，耕后即行施肥 4. 树坛等绿地中如无地被植物，进行冬翻 5. 做好防寒工作。对一些抗寒力不强的苗木要特别做好防寒工作
12	大雪、冬至	1. 除雨、雪、冰冻天外，可以种植大部分落叶树 2. 继续进行冬季翻土，并施有机肥 3. 继续做好防寒保暖工作，随时检查温室、覆盖物、包扎物等设备、设施 4. 通过清理河滨水面，积蓄河泥，收集垃圾、落叶，制作堆肥 5. 继续进行落叶树冬季修剪 6. 草坪加土平整，并结合施腐熟垃圾肥

5.2 园林绿地的土地管理

土壤是园林植物生长发育的基础，是供给植物生命活动所需水分和养分的源泉。土壤管理就是把土壤的立地条件和植物对土壤的要求统一起来，并通过人为的调节，提高土壤的肥力，使土壤内在的物质和能量充分地被植物吸收利用，从而促使园林植物生长繁茂。

5.2.1 土壤管理

5.2.1.1 园林植物种植前的土壤

在城市进行绿化时遇到主要土壤类型见表5-2。

城市绿化土壤常见类型 表5-2

序号	土壤类型	主要特征与特点
1	荒地	荒地是指土壤尚未深翻熟化。这类地区的土壤，土壤肥力较低，枯枝落叶较多
2	水边低洼地	这类土壤一般比较紧实，水分多，通气不良
3	建筑垃圾地	这类土壤是建筑施工后遗留下来的土壤，其中砖石等较多。土壤坚硬，通气不良，肥力低下

序号	土壤类型	主要特征与特点
4	工矿污染地	工厂排出的废水里面含有污染土壤的成分，致使一般的园林植物难以正常生长，必须有目的地选择种植能够抗污染的植物种类，或采用客土替换
5	沿海地区土壤	土壤里含有较多盐分，影响植物的正常生长

5.2.1.2 园林植物种植前的整地

1. 整地的特点

园林植物种植前的整地应因地制宜，结合地形进行，它除了要满足园林植物的生长发育外，还应注意地形地貌的美观。如在需要种植疏林草地和地被植物的树林、树群、树丛等地整地，整个整地工作必须分为 2 次进行，第 1 次在种植乔灌木前进行；第 2 次在铺草和种植地被植物时进行。

2. 整地的季节

整地季节的早晚对完成整地工作的好坏有很大的关系。整地工作应该提前进行，一般在园林植物种植前 3 个月就进行。

3. 整地的方法

(1) 荒地的整地

在荒地进行整地以前，必须先对地面进行清理，搬除地面可以移动的障碍物，挖出枯树根、铲除杂草，然后进行全面的整地。整地时土壤翻耕深度一般为 30cm，重点布置地区和栽植深根性植物的地方翻耕深度应达 50cm。在翻耕土壤的同时还应加施有机肥，以改良土壤。

(2) 低洼潮湿地区的整地

在低洼潮湿地区土壤紧实，水分过多，通气不良，土壤一般多带盐碱。在进行整地时必须挖排水沟，以降低地下水位。通常在种树的 1 年前，每隔 20cm 左右就挖出一条 1.5～2m 的排水沟。

(3) 市政和建筑垃圾场地的整地

由于市政和建筑垃圾场地具有大量砖石等建筑垃圾，因此在整地之前必须将其全部清除，换上肥沃的土壤。

5.2.1.3 土壤深翻

1. 土壤深翻的目的

土壤深翻有利于改善土壤的物理和化学性质，增加土壤的通气和持水保肥的能力，加深园林植物根系的分布和扩大根系的吸收面积，从而促进园林植物的生长发育。另外，土壤的深翻还具有减少土壤中潜伏的病虫害的作用。

2. 土壤深翻的时间

土壤深翻的时间要根据不同的园林植物、同种园林植物的不同生长发育时期，以及具体的气候条件而确定。在上海市地区落叶树一般在落叶以后进行，而常绿树在 11～12 月中旬，即常绿树进入相对休眠以前进行。因为此时气温相对适中，土壤尚未冰冻，土壤湿度也较适宜，园林植物的地上部分已经停止生长，树体内的营养物质开始向下运输并且积累，而根系还没有进入休眠，深翻时所损伤的植物根系能够比较快地愈合。

3. 土壤深翻的深度

土壤深翻的深度与地区、土质、树种等有关。深度一般为 20 ~ 25cm。翻耕过浅效果不明显，过深容易伤害园林植物的根系，同时也会因为翻起了低层的生土，不利于园林植物的生长。

4. 土壤深翻的范围

翻土时应该掌握好翻土的深度，一般在近植物根部附近宜浅，远离植物的根部处可以深些。特别是在靠近树干 1/2 直径范围内不宜翻得过深，否则会使根系受到过多的损伤；在叶幕区和根冠外围可以翻得深些，以切断地表细小的侧根，使根系向土壤深层伸展，增加园林植物的抗逆性。

5. 土壤深翻的要求

土壤深翻时翻起的土块一定要上下颠倒，不能跳翻，更不能漏翻。翻好的土块不要立即敲碎。在进行土壤的翻耕时如能结合深施有机肥，则能改善土壤的性状，增加土壤深翻的效果。

5.2.2 其他管理

5.2.2.1 切边

切边一般运用于公园的花坛或树坛。切边是用铁锹沿着花坛或树坛的边缘，向下与地面成30°左右的夹角斜切下去。切好的边必须整齐、流畅，并使花坛、树坛中央略高于四周，这样既能增加花坛、树坛的美观，还可以改善花坛、树坛小面积的排水条件，增加土壤的透水性能。切边的深度和宽度均为 15cm。

5.2.2.2 培土

培土能够增加园林植物根系的抗旱能力，加深根系的分布层，防止水土流失，改善园林植物根系的营养。如在冬季培土还能提高土壤的温度，减少霜冻对园林植物的危害。

培土的厚度要适宜，过薄起不到培土的作用，过厚会抑制园林树木根系的呼吸，影响植物的生长发育。为了提高园林植物抗寒能力、防止水土流失而进行培土，其厚度一般为 5 ~ 15cm。

培土一般 2 年左右进行 1 次。在土壤冲刷严重的地方可以 1 年 1 次。

培土的时间应根据培土的目的而异。如为了防治冻害可以在秋末冬初进行；为了保护受雨水冲刷而裸露的根系可以在降雨以后及时培土；为了防治春旱，可以在早春进行。

5.2.2.3 枯枝落叶层的保护

园林绿地中的枯枝落叶层又可称为死地被植物。它既具有增加自然野趣，维护城市园林绿地的生态效果及生态景观；又能增加土壤的含水量，减少园林绿地的水土流失;还能改善土壤的物理和化学的条件，增加土壤有机质的含量，达到土壤的养分归还的目的。因此，保护园林绿地的枯枝落叶层，也是园林绿地土壤管理的一项重要的工作。

5.2.2.4　中耕除草

杂草生长迅速，要消耗大量的水分和养分，对园林植物的生长和发育有一定的不良影响，因此在园林绿化的生产和养护过程中必须加以清除。

1. 中耕除草

（1）中耕除草的意义

中耕除草能疏松土壤，减少水分的蒸发，增加土壤保肥蓄水能力；能调节土壤温度，改善通气条件，从而促进微生物的活动，加速有机物分解，有利根系吸收和生长；还能免除由于杂草的滋生夺取苗木所需的养分、水分。从而有助于苗木的生长发育。

（2）中耕除草的含义

在园林中常讲的中耕除草是由两项工作组成的。一项是中耕；另一项是除草。所谓〝中耕〞就是疏松表土。所谓〝除草〞就是铲除杂草。因为在进行表土疏松的时候，一般同时将杂草除去；在铲除杂草的同时也将表土锄松了，因此就有了中耕除草一说。中耕除草两者在操作上密不可分，是一个有机的整体。

2. 中耕的要点

中耕一般采用手锄来进行，其松土的深度以 2～4cm 为宜；中耕一般在灌溉和雨后土壤稍干时进行；中耕时绝对不能损伤已经定植苗木的根颈部。

3. 除草

（1）〝杂草〞的含义

〝杂草〞这一名词与〝野草〞的概念不同，〝杂草〞是一个具有历史性、靠经验产生的名词，它不具有科学性。在〝杂草〞的名词解释中包含了人类对杂草的许多主观意识。所谓〝杂草〞是指长错地方、具有很强的竞争性和侵染能力的植物。因此，〝杂草〞的属性并不是固定不变的。如狗牙根在大多数的园林绿地中，因为它影响其他植物的生长，因此属于杂草，必须清除，但是狗牙根在上海地区又是一种良好的、经常使用的草坪植物。又如白花三叶草，是一种良好的地被植物，但因其在配置和养护管理不当时容易引起草害。

（2）除草的原则

除草的时间一般在每年的 6～9 月。除草时应针对不同的杂草类型和不同的园林绿地情况，采取不同方式进行处理。如缠绕性杂草对树木和花草的生长具有严重的不良影响，一般应以清除；但在无花木的坡地或空旷地，可在适当的范围内任其自然生长。又如山坡和水边坡地的杂草，因其对保持水土有利，一般在进行适当修剪、不影响美观的基础上应予以保留。树坛和树林里的杂草，在不影响树木生长和观赏的前提下也可以保留。但在比较名贵的品种、植株低矮的花灌木以及球形植物和绿篱等根部的杂草，应一律加以清除。

（3）除草的方法

①人工除草

人工处草就是采用一般的手锄来进行除草。另外还包括用手拔除杂草，或用铁铲铲除杂草等方法。

②机械除草

应用割灌机来清除杂草时必须要把割灌机的金属刀片换成塑料尼龙绳，否则在除草的过程中，金属刀片容易碰到地面，造成损坏。除草时按人的主观愿望，使杂草在地上保持一定的高度，这样既可控制杂草与园林植物的竞争，又可保留杂草对园林生态环境的有利影响。

③地面覆盖

它主要是运用一些不透光的材料，如黑色的塑料薄膜或枯枝落叶等，覆盖地面，使杂草见不到阳光，不能充分生长，从而达到除草的目的。

④高温蒸汽除草

这种方式在国外已经用于生产。它是把高温蒸汽用各种方法渗入土壤中，杀死草根，达到除草的目的。

⑤使用植物抑制

使用植物抑制就是广泛种植地被植物。地被植物既具有保护园林生态环境的一切良好功能，又因其生长能够占据一定的空间，起到抑制杂草生长的作用。另外很多园林地被植物本身就具有美丽的叶色和花色，奇特的叶形和花形。但在使用地被植物抑制杂草时，在没有较好的防护措施的情况下，要尽量避免选择本身会造成毁灭性的种类，如白花三叶草。

⑥化学除草

即应用除草剂来进行除草。

（4）除草的要点

除草的要点是"除小"、"除早"、"除了"。"除小"指除草必须在杂草发生之初，也就是在早春进行除草。因为此时杂草的根浅茎嫩，便于消除，否则日后清除杂草会非常费力。"除早"指除草要在杂草开花结实之前除清，否则杂草一次结实后，需要清除多次。"除了"是指在清除多年生杂草时，必须将其地下部全部挖出，否则地上部不论除多少，地下部仍能萌发，难以全部清除。

5.3 灌溉与排水

5.3.1 水分对园林植物的作用

水是细胞原生质的主要成分之一。园林植物活细胞原生质的 40% 以上是水分。植物细胞必须在水分供应适合的情况下才能生存、伸长和分裂，才能进行新陈代谢。

水分能保持园林植物叶片的一定姿态。叶子的正常姿态是由细胞膨压所维持的。这在很大程度上是由细胞内所含水分决定的。当正在生长的园林植物被砍倒以后，叶片就会因失去水分的供应很快发生萎蔫。保持园林植物水分代谢的平衡，是保证园林植物生理活动正常进行的先决条件。也就是说，只有水分在正常条件下才能进行光合作用和蒸腾作用。从绿化功能上讲，树木、花草只有保持了正常的状态，才能发挥它们应有的功能。

水有调节园林植物体温的作用。园林植物借助于蒸腾作用，使水分在植物体内不断流动，在运送水中养料的同时，带走植物体内的部分热量，起到调节体温作用，从而避免在烈日下"日灼病"的发生。同时，由于植物的蒸腾作用，蒸发的水分对于改善城市的小气候条件也有很好的作用。

水是园林植物体内的主要溶剂。植物体内的一切生化作用都要在水分的参与下才能进行。比如矿物质的吸收、代谢产物在体内的合成和运送、光合作用的进行、淀粉和脂肪以及蛋白质的水解过程都必须有水分的参与。

由此可见，植物体内物质的一切复杂变化都离不开水。水分不仅是媒介，而且还是调剂化学变化的重要物质。

5.3.2 植物体内的含水量

在不同的环境条件下生长的植物含水量不同。生长在水中的水生植物，其含水量达鲜重的 90% 以上；而生长在沙漠中的旱生植物含水量约 60% ~ 70%。生长在潮湿环境中的园林植物含水量高。阴性树比阳性树含水量高。

不同种类和不同年龄的树木含水量不同。草本植物比木本植物含水量高。同一种类的树木，幼年期较成年期含水量高。

不同器官的含水量不同。树叶的含水量约在 80% 左右；根毛和嫩梢的含水量约为 60% ~ 80%；树干的含水量为 40% ~ 50%；休眠芽的含水量为 40%；而干燥的种子，其含水量大约为 10% ~ 20%。

由此可见，凡是生理活动比较旺盛的器官，其含水量就高。

5.3.3 灌溉

5.3.3.1 灌溉的时期

1. 根据园林植物的形态表现确定灌溉时期

植物缺水时易发生下列形态变化。由于这些变化比较直观，可作为确定灌溉的主要依据：

（1）幼嫩的茎叶凋萎；

（2）茎叶的颜色转深，有时变红；

（3）植株生长速度下降。

2. 根据土壤水分含量确定灌溉时期

测定土壤湿度的主要指标是田间持水量。植物生长较好的，其土壤田间持水量一般为 60% ~ 80%，低于这个水平，应该进行灌溉。现在测定土壤的含水量，可直接用土壤水分张力计来测定，不再需进行任何计算。

3. 根据园林植物在一年内的各个物候期需水特点确定灌溉时期

（1）休眠期灌水

秋冬和早春进行。但早春灌水不但有利于新梢和叶片的生长，并且有利于开花与坐果，促使园林植物健壮生长。

（2）生长期灌水

在花芽萌发以后开花前结合花期进行灌水，具体时间要因地、因种类而异。大多数园林植物在花谢后半个月左右，新梢迅速生长，要保持水分充足，否则会抑制新梢的生长；在新梢生长缓慢或停止生长时，花芽开始分化需要较多的水分和养分，因此在新梢停止生长前后及时而适量的灌水，能促进春梢生长而抑制秋梢生长，有利于花芽分化及果实发育。

5.3.3.2　灌溉所用的水

可用自来水、井水、河湖池塘水，以及经过净化后不含有害有毒物质的工业及生活废水或污水。

5.3.3.3　灌溉的年限

园林植物定植后，一般乔木需要连续灌水 3～5 年，灌木最少也要灌溉 5 年。土壤质地不好之处或园林植物因缺水而生长不良，以及干旱的年份，则还应该延长灌水的年限，直到园林植物的根系达到一定深度，不进行灌水也能正常生长为止。

5.3.3.4　灌溉的顺序

抗旱灌溉虽受设备及人力条件的限制，但必须掌握新栽的树木、小苗、灌木（树根较浅）、阔叶树（蒸发量大）要优先灌溉；长期定植的树木、大树、针叶树可后灌溉。

5.3.3.5　灌溉的次数

1 年中需灌溉次数因植物、地区和土质而异。雨水充沛的南方，在园林植物生长旺盛期及秋旱时灌溉 2～3 次。在春季干旱、多风少雨的北方，一般 1 年需灌溉 6 次，安排在 3、4、5、6、10 和 11 月各 1 次。在江南地区，如无秋旱时 1 年中一般灌溉 3 次，具体安排在 3、4 和 5 月各灌溉 1 次；如有秋旱年份可适当增加灌溉的次数。

5.3.3.6　灌溉的量

灌溉量应根据园林植物需水量适当掌握。如灌溉水量太少，多次过浅，表土仍干燥，起不到抗旱作用，且易使根系趋于地表部分。相反，灌溉量太大，多次大水漫灌，会使土壤板结，通气不良，影响园林植物根系的生长。同时土壤中的养分会随水流失，甚至在有些地方由于水分过多的渗入，把深层的可渗性盐碱随蒸发带到土面上来，造成土壤反碱。

园林绿地的最适灌溉量是在灌溉后，根系分布范围内的土壤湿度达到有利于植物生长发育的程度。灌溉量的计算方法如下：

灌溉量（m³/亩）=667m² × 土壤容重 × 根系分布深度（m）×（田间持水量 − 灌溉前土壤湿度）　　　　　　　　　　　　　　　　　　　（5-1）

5.3.3.7　灌溉的方法

良好的灌溉方法可使水分均匀分布，减少土壤冲刷和养分流失，保持土壤良好结构。

1.地面灌溉

地面灌溉是园林绿地中最常用的方法，操作简便，效率较高，也利于实行机械化灌溉。

（1）沟灌

在树木株行间挖灌水沟，引水灌溉。

（2）穴灌

在每株树冠的投影范围内，挖开表土，深为 15～20cm，成圆盘状，然后将水灌满，使其慢慢渗透。水渗干后，覆土将穴填平。

（3）漫灌

当树木成群或成片栽植时，株行距小而不规则，或绿地面积大，地势又平坦，可采用大片漫灌的方法。即将水引入绿地，使之达到适于树木生长发育所需的湿度。

2.地下参灌

在地面下一定深度处埋设管道，利用管道上的孔隙渗水至土中。

3.空中喷灌

指人工降雨、树冠喷水、草坪高压喷灌等方法。这种方法既能保土，又能调节小气候。

4.滴灌

它是用水管引水到树根部，用自动定时装置控制水量和时间，保证水分定时地一滴滴地滴入园林植物根系区域。这是一种正在推广中的、比较合理的、非常节约水的灌水方式。

5.3.3.8　灌溉时的注意事项

1.灌溉前先要松土，灌溉后待水分渗入土壤、土壤表层稍为干时，进行松土保墒。

2.夏季灌溉在傍晚进行，如在中午阳光直射天气炎热时进行，不宜浇温度太低的冷水，不然会因土温骤降，造成根部吸水困难，引起生理干旱。冬季应在中午前后灌溉为宜。

3.如有条件，在灌溉时可以掺入一些薄肥一起灌入，以提高园林植物的耐干旱能力。

5.3.3.9　园林植物栽培中几种浇水技术

1.″扣水″

″扣水″是减少对植物浇水次数及浇水量，控制植物生长发育的一种方法。该方法对木本植物称为″扣水″，对草本植物则称为″蹲苗″。根据不同植物″扣水″或″蹲苗″可以得到不同效果。对木本植物扣水，可以控制植物生长，促进花芽分化，增加开花。对草本植物在营养生长达到一定阶段时进行"蹲苗"，可以促使根系向纵向发展、控制徒长、促进发育，使开花整齐。

2. "还魂水"

"还魂水"是指植物在过于干旱情况下的一种浇水方法。夏季盆栽植物一旦因极端缺水而萎蔫时，首先应将植物放置在阴凉潮湿的地方，先浇少量水，然后逐渐增加浇水量，使其缓慢苏醒，然后增加浇水量，使根系逐渐复原，不断提高吸水力，可以"起死回生"的效果。

3. "封冻水"

"封冻水"是指在冬春寒冷干燥地区，在入冬前对露地越冬的园林植物普遍浇灌一次水，以保护植物越冬和防止春旱的浇水方法。由于浇水后水分充满表层土壤的孔隙，形成冰层，使冬季的寒风不能进入土壤，从而保持地面下部温度的稳定。又因为水的热容量比干旱土壤和空气的热容量大，所以水多的土壤在整个冬季都比水少的土壤温度高，并且含水量多对防止次年春季干旱也有很大作用。

5.3.4　排水

5.3.4.1　排水的目的

排水的目的是排出土壤中过多的水分，保持土壤中良好的通气条件，以避免水涝造成土壤缺氧抑制根系呼吸，影响园林植物的正常生长发育。

5.3.4.2　排水的方式

1. 地表径流

又称地面排水。在种植或地形造景时，将地面整成一定的坡度，利用坡度，保证雨水能从地面顺畅地流到河、湖、下水道而排走。这种排水方式是绿地中最常用的排涝方法，它既节省费用又不留痕迹。地面坡度排水一般掌握在 0.1% ～ 0.3%。

2. 明沟排水

在地表挖明沟，将低洼处的积水引排到出水处。此法一般适用于大雨后抢排积水；或地势高低不平不易实现地表径流的绿地。明沟宽度视具体水情而定，沟底坡度一般以 0.2% ～ 0.3% 为宜。

3. 暗沟排水

在地下埋设管道或筑暗沟，以排除地面积水的方法。在整个树冠范围内，将打过孔洞的塑料排水管道或其他材料制成的多孔排水管埋入地下，这种管道系统要保持 0.3% 的坡度，以便使多余的水能被顺利地排出。最低排水口应该和总的排水系统相连接。排水管的所有接头处都要用水泥封口，并盖上碎瓦片，以免损坏接口。用直径大约为 15cm 的管子竖直放置在排水管的上方，管子应该略为高出地面，并且用铁丝网将管子的口罩住，避免垂直管道内填入砾石或泥土，阻塞管子。

5.4 施肥

5.4.1 施肥的作用

园林植物定植以后，要在一个地区生长多年。在这许多年中，植物主要是依靠根系从土壤中吸收水分和无机盐养料，以供正常生长的需要。但是由于植物的根系所能达到的范围有限，土壤中所含的营养元素也有限。植物根系吸收时间长了，土壤中的养分就会减少，就不能满足植物继续生长的需要，这时就必须通过人工补充肥料，以增加土壤中的肥料。否则就会造成植物营养不良，影响植物的正常生长，甚至死亡。这种人工补充养分或提高土壤肥力，以满足植物生活需要的措施，称为"施肥"。通过施肥主要可以解决：

1. 供给植物生长所必需的养分。

2. 改良土壤性质，特别是施用有机肥料，可以提高土壤温度，改善土壤结构，使土壤疏松并提高土壤的通透性能，有利于植物的根系生长。

3. 为土壤微生物的繁殖与活动创造有利条件，进而促进肥料的分解，改善土壤的化学反应，使土壤盐类成为可吸收状态，有利植物生长。

5.4.2 肥料的种类

植物生长发育需要多种营养元素，而这些营养元素主要由植物的栽培基质来提供，但植物的栽培基质中营养元素的量往往不能满足植物生长所需，因此就必须采用施肥的方式不断加以补充，尤其是氮、磷、钾3种主要营养元素更是如此。肥料有多种类型，每类肥料都有自己的特点。

5.4.2.1 按肥料性质分

按肥料的性质可将肥料分为有机肥料和无机肥料两大类。

1. 有机肥料

有机肥料是动植物残体经过发酵腐熟后形成的，如厩肥、人粪尿、饼肥等。有机肥料的优点是营养全面、肥效持久，并且能改善栽培基质。缺点是肥效缓慢，并且细菌容易繁殖。

2. 无机肥料

无机肥料就是化学肥料，如尿素、硫酸铵、硫酸亚铁等。其特点是肥效快但短暂、清洁卫生但养分单纯，并且长期使用极易使基质结构劣变。

5.4.2.2 按肥料的肥效分

按肥料的肥效可将肥料分为速效性肥料和迟效性肥料。

1. 速效性肥料

速效性肥料是指在施用后很快能被植物吸收利用的肥料，如尿素、硫酸铵、人粪尿等。

2. 迟效性肥料

迟效性肥料是指在施用后需要经过一段时间发酵腐熟，才能发挥肥效，被植物吸收利用的肥料，如骨粉、堆肥、过磷酸钙等。

5.4.2.3 按肥料所含的营养元素分

按肥料所含的营养元素一般可将肥料分为氮肥、磷肥和钾肥。

1. 氮肥

氮肥主要作用是促进植物进行营养生长，使植物枝叶繁茂，如人粪尿、豆饼、尿素等。

2. 磷肥

磷肥主要功能是促进植物的生殖生长，它能够促进花芽分化、花芽生长、开花结果，使植物花形丰满、花色艳丽，如过磷酸钙、骨粉等。

3. 钾肥

钾肥的主要作用是促进植物的茎干粗壮、坚实，同时提高植物对不良环境的抗性和适应性，如草木灰、硝酸钾等。

5.4.3 施肥的方法

5.4.3.1 施肥的生理学基础

1. 土壤温度对根系吸收肥料的影响

土壤温度过低或过高对植物根系吸收肥料都有影响。低温减弱了植物根系的生理活动。特别是呼吸强度的减弱，根部对肥料的吸收就会受到抑制。高温则会使植物根系新陈代谢的协调受到破坏，从而妨碍了正常的生长和呼吸作用，因而对养分的吸收也受到抑制。

2. 土壤水分对根系吸收肥料的影响

土壤水分是矿质盐类的溶剂，大部分矿质养分必须溶解在水中呈溶液状态，才能被植物所吸收，因此，缺水时不仅影响矿质养分的运输，而且阻碍根系对矿质养分的吸收。

3. 土壤溶液酸碱度对根系吸收肥料的影响

土壤酸碱度对各种矿质盐类的溶解影响很大。如铁和锰在碱性溶液中呈不溶状态，植物的根系不能吸收，从而造成植物缺绿。如酸性过强会促进很多金属离子的分解，造成土壤溶液过浓，会对植物产生毒害。

5.4.3.2 园林植物的需肥规律

1. 不同植物或品种需肥量不同

园林植物种类繁多，不同种类或同一种类的不同品种对肥料的需求量是不同的。如针叶树较耐瘠薄，通常可不施肥或少施肥；牡丹、月季等属喜肥植物，应经常施肥；杜鹃、山茶等植物施肥量每次不宜过多，但在生长期要勤施低浓度的酸性肥料。

2. 不同生育阶段需肥量不同

一、二年生草本花卉在萌发期主要利用种子储藏的养分，而不需从外界吸收养料；苗期以后，随植株逐步长大，吸肥量逐渐增加，至开花结实期，养分的吸收达到高峰。

多年生植物在萌芽期主要依靠植物体内储藏的养料，随着枝叶等营养器官的生长，对外界的需肥量逐渐增加，至果实生长期达到高峰，进入生长末期和休眠期，对营养元素的吸收相对处于低峰，吸收的营养元素在植株体内存储起来，为明年萌发打下基础。

3. 生长量与需肥量成正比

各种植物对营养元素的吸收总量基本上和总生长量成正比关系。通常，园林植物需肥量，是随着植株的长大而逐渐增多。在一定限度内，施肥量越大，促进生长量越大。

5.4.3.3 施肥的方式

1. 基肥

基肥是指在种植前，在基质中掺入一定比例的迟效性肥料。施基肥的主要目的是提高植物基质的肥力，供给植物整个生长期所需要的肥料。

基肥一般以有机肥料为主，配合施用部分化肥，其用量应根据所用肥料的性质而定。如基肥用的是有机肥料，其用量不应超过栽培基质的10%。如基肥用的是化学肥料，则用量不应超过栽培基质的1%。

2. 追肥

追肥是在植物生长发育期间施用的肥料。其主要目的在于补充基肥的不足，满足植物不同生长发育阶段的需要。追肥有根施法和根外追肥2类方法。

(1) 根施法

根施法主要是使肥料随水渗入，供根吸收利用，它有撒施、环状沟施、放射状沟施、穴施等4种方式。

①撒施

撒施又称全面施肥。主要应用于较大面积的群植树坛与树丛，也可用于树体高大的孤植树。其方法是将肥料撒于土面，结合秋季深翻，把肥料翻入土壤中。另外，草坪和地被也用撒施的方法来进行施肥，但具体操作有些不同。草坪和地被的施肥是将肥料直接撒施或者把肥料溶于水，再浇于植物根部。

②环状沟施

环状沟施是沿树冠的正投影线外缘开挖25～30cm宽的环状沟，将肥料施入沟内，上面覆盖土壤，再适当踩实，使之与土面相平。这种施肥的方法可以保证园林植物的根系均匀地吸收肥料，适用于青、壮龄的植物。

③放射状沟施

放射状沟施是以树干为中心，距干不远处开始，由浅而深向外开挖4～6条分布均匀、呈放射状的沟，沟宽25～30cm，深25～30cm，沟长稍超出树冠的正投影外缘。将肥料施入沟内，上面覆盖土壤，再适当踩实，使之于土面相平。这种施肥的方法保证内膛根对肥料的吸收，适用于壮龄树。

④穴施

穴施是在树冠边缘内外，每隔50cm左右开挖深度为25～30cm，直径约25～30cm的穴，施肥穴可挖成1环，也可挖成交错的2～3环。将肥料施入穴内，然后覆盖土壤踩实，使之于土面相平。

(2) 根外追肥

根外追肥是将化肥按规定的比例兑水稀释后用喷雾器喷施于树叶上，由植物地上部分直接吸收肥料。根外追肥由于是植物地上部分叶片直接吸收利用肥料，故见效快，并能节省肥料。

根外追肥一般宜在清晨和傍晚进行为好，以免气温高，溶液很快浓缩，影响追肥效果或导致肥害。并因为植物地上部分对肥液的吸收主要是通过叶子上的气孔进行的，而气孔主要是集中在植物叶子的反面，故施用时尽量喷施在叶片的背面。

常用的根外追肥的肥料有磷酸二氢钾（KH_2PO_4）、过磷酸钙[$CaH_4(PO_4)_2$]、尿素[$CO(NH_2)_2$]、硫酸亚铁[$Fe(SO_4)$]以及一些微量元素。其施用浓度为氮肥 0.5%～1%，磷、钾肥为 0.3%～0.5%，硫酸亚铁为 0.2%～0.5%，硼砂为 0.1%～0.25%，钼酸铵为 0.02%～0.05%，硫酸锌为 0.05%～0.2%，硫酸铜为 0.2%～0.4%，硫酸锰为 0.05%～0.1%。

5.4.4　施肥的要点

5.4.4.1　施肥量

施肥施用的确定，需依据园林植物的生长状况、水分与光照等多种因素来决定。

国外园林学家提出的一些计算方法与施肥标准可以作为参考。如落叶树的施肥根据是每 2.5cm 胸径施氮、磷、钾的比例为 10：6：4 的复合肥料 1～2kg，小于 1.5cm 胸径的小树按一半剂量施用；阔叶常绿树按每 2.5cm 胸径施氮、磷、钾的比例为 10：6：4 的复合肥料 0.9kg。施肥总量的计算为每厘米胸径施肥 0.5kg，或按下列公式计算：

$$施肥量 ＝ 树干直径 × （树干直径 /3） \tag{5-2}$$

另外，在《上海园林植物养护技术规程》中规定，一般乔木胸径在 15cm 以下的，每 3cm 胸径应施堆肥 1.0kg，胸径在 15cm 以上的，每 3cm 胸径施堆肥 1.0～2.0kg。

5.4.4.2　施肥的次数

一般新栽植的植物 1～3 年内施肥 1～3 次，除基肥外，另施追肥 1～2 次；观花的植物通常在花前和花后各追肥 1 次。

5.4.4.3　施肥的注意事项

1. 施肥必须要适量。施肥时浓度不能过高，否则会产生反渗透现象，根系不但不能吸收水分，反而会将根内水分渗到根外，导致植株缺水而萎。因此，对植物施肥应以"薄肥勤施"为原则，并且施肥的次数也不宜过多。

2. 施肥必须要适时。施肥最好在植株即将表现缺肥（如叶黄色淡、枝条细弱、花少易落）时施用。这样既能及时补充肥料，保证植物生长发育，又能减少肥料在土壤中固定与淋溶而造成损失。

3. 施肥后必须及时适量灌水。施肥后的第 2 天要适量回水 1 次，可以使肥料渗入基质中，否则会造成基质溶液浓度过大，引起肥害，对根系生长不利。回水同时又能清洗叶面，以免肥液沾污或灼伤枝叶。

4. 有机肥料要充分发酵、腐熟才能施用；化学肥料必须完全粉碎成粉状或溶解。

5. 施肥时要注意卫生，充分考虑市容环境，不能引起生态环境污染。

6. 施肥一般选择在晴天并且土壤干燥时进行。夏季中午严禁施肥。

5.4.5　常用肥料及其使用

5.4.5.1　常用有机肥料

1. 饼肥

饼肥主要为油料植物种子榨油后的残渣。其有机质含量高达75%～85%。氮2%～7%，磷1%～3%，钾1%～2%。饼肥需粉碎泡制发酵后方可使用。一般多作基肥，经发酵后的饼肥兑水稀释后也可作追肥用。

2. 堆肥

堆肥是利用各种动植物的残体和其他废弃物，加适量氮肥和饼肥堆制，再经微生物发酵而成。其养分丰富，但肥效缓慢。堆肥一般作为基肥，与基质混合使用。

3. 厩肥

厩肥是以动物粪尿和其废弃物，经过堆制、发酵而成。厩肥一般也是作为基肥，与基质混合使用。

5.4.5.2　常用无机肥料

1. 氮肥

常用氮肥有磷酸铵、尿素、硝酸铵 3 种。

（1）硫酸铵

硫酸铵简称硫铵、肥田粉，为白色晶体，含氮量为 20%～21%，易溶于水，肥效快，是生理酸性肥料，分子式为 $(NH_4)_2SO_4$。硫酸铵一般采用 1%～2% 的水溶液施用，施用时不能与碱性肥料混合使用。

（2）尿素

尿素白色，含氮量 45%～46%，易吸湿，易溶于水，分子式为 $CO(NH_2)_2$。尿素一般用 0.5%～1% 的水溶液作追肥。

（3）硝酸铵

硝酸铵简称硝铵，为白色或黄色晶体。含氮量 32%～35%。吸湿性强，易溶于水，分子式为 $(NH_4)NO_3$。硝酸铵一般用 1% 的水溶液作追肥。硝酸铵极其易燃易爆，严禁和有机肥料混合放置。

2. 磷肥

常用磷肥有过磷酸钙、磷酸二氢钾 2 种。

（1）过磷酸钙

过磷酸钙呈灰白色或深灰白色粉状，含 16%～18% P_2O_5，能溶于水，易吸湿，是生理酸性肥料，分子式为 $CaH_4(PO_4)_2$。过磷酸钙作基肥用量为基质的 1% ～ 5%；作追肥用 1% 的水溶液。

（2）磷酸二氢钾

磷酸二氢钾是白色晶体，含 53% P_2O_5，含 34% K_2O。易溶，是生理酸性肥料，分子式为 KH_2PO_4。磷酸二氢钾一般用 0.1% 的水溶液作追肥。

3. 钾肥

常用钾肥有硫酸钾、硝酸钾 2 种。

（1）硫酸钾

硫酸钾是白色或灰白色晶体，含 48% ～ 52% K_2O。易溶于水，分子式为 K_2SO_4。硫酸钾可作基肥，也可以采用 12% 的浓度作追肥。

（2）硝酸钾

硝酸钾为白色晶体，含 45% ～ 46% K_2O。易溶水，分子式为 KNO_3。硝酸钾可作基肥，也可用 1% ～ 2% 水溶液作追肥。

5.5 整形修剪

5.5.1 整形修剪的概念

整形是对园林植物施行一定的技术措施，使之形成栽培者所需要的植物体结构形态。修剪是对植株的某些器官进行剪截或删除的措施。整形是目的，修剪是手段。整形是通过一定的修剪手段来完成的，而修剪又是在一定的整形基础上，根据某种目的要求而实施的，两者紧密相关，统一于一定栽培养护目的要求下。

5.5.2 整形修剪的目的、意义

5.5.2.1 整形修剪的目的

根据园林植物不同的生长与发育特性，生长环境和栽培目的，对其进行适当的整形修剪，具有调节植株的长势，防止徒长，使营养集中供应给所需要的枝叶和促使开花结果的作用。修剪时要讲究树体的造型。使叶、花、果所组成的树冠相映成趣，并与周围的环境配置相得益彰，以达到优美的景观效果，满足人们观赏的需要。

5.5.2.2 整形修剪的意义

1. 调节生长和发育

（1）促进和控制生长

修剪具有"整体抑制，局部促进"和"整体促进，局部抑制"的双重作用。树木的地上部分与地下部分是相互依赖、相互制约的，二者保持动态平衡。树木经过整形修剪失掉一定的枝叶量，使光合作用产物减少，供给根系的有机物相对减少，因而削弱了根的作用，对树木整体生长起到了抑制作用。枝条被剪去一部分后，养分集中供应留下的枝芽生长，使局部枝芽的营养水平有所提高，从而加强了局部的生长势，这就是所说的"整体抑制，局部促进"作用。如果对幼树大部分枝条采取轻截，则会促其下部侧芽萌发，增加了枝叶的数量，光合作用增强，供给根系的有机营养增加，相应地促进了植株的生长势。如果对背下枝或背斜侧枝剪到弱芽处，压低角度，改变枝向，则抽生的枝条生长势比较弱或根本抽不出枝条，此时对这类枝条不是增强，而起到削弱的作用，这就是"整体促进，局部抑制"作用。

（2）促进开花结果

整形修剪可以调节养分和水分的运输，平衡树势，可以改变营养生长与生殖生长之间的关系，促进开花结果。在观花观果的园林植物中，通过合理的整形修剪，保证有足够数量的优质营养器官，是植物生长发育的基础；使植物产生一定数量花果，并与营养器官相适应；使一部分枝梢生长，一部分枝梢开花结果，每年交替，使两者均衡生长。

2. 形成优美的树形

园林中很多观赏花木，通过修剪形成优美的自然式人工整形树姿及几何形体式树形，在自然美的基础上，创造出人为干预的自然与艺术融合为一体的美。有的将树木修剪成尖塔形，圆球形，几何形，还有的将其整剪成不仅外形如画，而且具有含蓄额意境，如将树木整剪成鸟、兽、抽象式等，构成有一定特色的园林景观。

3. 调节树势，促进老树更新复壮

对衰老树木进行强修剪，剪去或短截全部侧枝，可刺激隐芽长出新枝，选留其中一些有培养前途的枝条代替原有骨干枝，进而形成新的树冠。通过修剪使老树更新复壮，一般比栽植的新苗生长速度快，因为具有发达的根系，为更新后的树体提供充足的水分和养分。

4. 调节城市街道绿化中电缆和管道与树木之间的矛盾

在城市中，由于市政建筑设施复杂，常与树木发生矛盾，特别是行道树，上有架空线，下有管道、电缆、通常均需应用修剪、整形措施来解决其与植物之间的矛盾。

5.5.3 整形修剪的原则

5.5.3.1 根据园林绿化的目的要求

不同的整形方式将形成不同的景观效果，不同的园林绿化目的各有其特殊的整形修剪要求。例如，槐树和悬铃木用来做庭荫树则需要采用自然树形，而用来做行道树则需要整剪成杯状形。又如桧柏做园路树应采用自然树形，但要留1m多的主干；在草坪上做孤植树时留的主干很低，留的裙枝越低越好；做绿篱或规则式栽植时，修剪的高度压低至1m左右。因此，园林树木的整形修剪必须遵从园林绿化的用途与要求。

5.5.3.2 根据树木的生长发育习性

1. 树木不同的年龄时期则修剪程度不同

幼年期的树木正处于营养生长的旺盛时期，一般不宜进行强度修剪，以整形为主。成年期的树木正处于旺盛的开花结实阶段，此时整形修剪的目的在于保持植株的健壮完美，应该注意调节生长与开花结果的矛盾，防止因开花结实过多造成树体衰老。对于某些花木，应使其营养枝和开花枝保持一定的比例，防止隔年开花、结果现象的发生。为了延长树木的成年阶段，应逐年选留一些萌枝作为更新枝，并疏掉部分老枝，以保证枝条不断地进行更新，防止衰老。由于衰老期树木的生长衰弱，每年枝条的生长量小于死亡量，有的种类树冠内开始出现更新枝。所以修剪时应以强剪为主，使营养集中于少数的腋芽上，刺激芽萌发，抽生强壮的更新枝，利用新生的枝条代替原来老的枝条，达到更新复壮的目的。

2. 根据树木顶端优势强弱不同进行修剪

不同的树种，生长发育习性各异，顶端优势强弱也不一样，而形成的树形也不同。对于顶端优势强的树种，如桧柏、南洋杉、银杏、箭杆杨等，整形时应留主干和中干，分别形成圆锥形、尖塔形、长卵圆形和柱状的树冠；对于顶端优势较强的树种，如柳树、槐树、元宝枫、樟树等，整形时也应留主干和中干，使其分别形成广卵形、圆球形的树冠；对于顶端优势不强但萌芽力很强的树种，如桂花、杜鹃、榆叶梅、黄刺玫等，整形时不能留中干，使其形成丛球形或半球形；对具有曲枝开展习性的树种，如龙爪槐、垂枝桃、垂枝榆等，可将树冠整剪成为开张的伞形。

3. 根据花芽着生的位置、花芽形成的时间及花期进行修剪

不同的树种和品种，花芽着生的位置、花芽形成的时间及花期各不相同。春季开花的花木，花芽通常在一年的夏、秋季进行分化，着生在二年生枝上，因此在休眠季修剪时，必须注意花芽着生的部位。夏季开花的花木，花芽在当年抽生的新梢上形成，如紫薇、木槿、珍珠梅等，因此，应在休眠季进行修剪。具有顶花芽的花木，如玉兰、山楂、丁香等，在休眠季或者在花前修剪时绝不能采用短截（除了更新植势）；具有腋花芽的花木，如榆叶梅、桃花、西府海棠等，则在休眠季或花前可以短截枝条。

5.5.3.3　根据树木生长地点的环境条件

树木的生长发育与环境条件具有密切关系。不同生态条件下的树木整形修剪方式不同，对于生长在土壤瘠薄、地下水位较高处的树木，不应该与生长在一般土壤上的树木以同样的方式进行整形修剪，通常主干应留得低，树冠也相应地小。在碱盐地更应采用低干矮冠的方式进行整剪。在多风地区或风口栽植乔木时，一定栽选深根性的树种，同时树体不能过大，枝叶不要过密。否则适得其反，起不到很好的观赏作用。

不同的配置环境整剪方式不同，如果树木生长地周围很开阔、面积较大，在不影响与周围环境协调的情况下，可使分枝尽可能地开张，以最大限度地扩大树冠；如果空间较小，应通过修剪控制植株的体量，以防拥挤不堪，影响树木的生长，又降低观赏效果。如在一个大草坪上栽植几株雪松或桧柏，为了与周围环境配置协调，应尽量扩大树体，同时留的主干应较低，并多留裙枝。

5.5.3.4　因枝修剪，随树做形

对于树木整形修剪来说，"因枝修剪，随树做形"，这是一条不成文的法则。通俗一点讲，就是有什么式样的树木，而整成相应样的形；有什么姿态的枝条，就应进行相应的修剪。对于众多的树木，千万不能用一种模式整形。对于不同类型或不同姿态的枝条更不能用一种方法进行修剪，而是要因树、因枝、因地而异。特别是对于放任树木的修剪，更不能追求某种典型的、规范的造型，一定要根据实际情况因势利导，只要通风透光，不影响树木的生长发育，不有碍于观赏效果就可以了。

5.5.3.5　主从分明、平衡树势

主从分明是指主枝与侧枝的主从关系要分明，树势平衡也就是骨干枝分布要合理。修剪时为了使植株长势均衡，应抑强扶弱，一般采用强主枝强剪（修剪量大些），削弱其生长势；弱主枝弱剪（修剪量小些）。调节侧枝的生长势，应掌握的原则是：强侧枝弱剪（即轻截），弱侧枝强剪（即重截）。因为侧枝是开花结实的基础，侧枝如生长过强或过弱均不利于形成花芽。所以对强侧枝要弱剪，目的是促使侧芽萌发，增强分枝，使生长势缓和，则有利于形成花芽；对弱侧枝要强剪，短截到中部饱满芽处，使其萌发抽生较强的枝条，此类枝条形成的花芽少，消耗的养分也少，从而对该枝条的生长势有增强的作用，应用此方法调整各类侧枝生长势的相对均衡是很有效的。

5.5.4　整形修剪的程序

在整形修剪时，首先要了解和熟悉修剪的程序，掌握修剪的顺序，并会熟练应用各种修剪工具，才能做到有条有理，得心应手，忙而不乱。修剪的程序是指一株树木从开始修剪到修剪结束的过程，概括起来就是"一知、二看、三剪、四拿、五处理"。

一知，是指参加修剪工作的人员，必须知道操作规程、技术规范和修剪的一些特殊要求。

二看，是指修剪时先熟悉修剪树木的配置环境及其在环境中发挥的功能作用，根据功能的需要来确定树木的修剪形态。同时要绕树仔细观察，分析树势是否平衡，以便采用相应的修剪技术措施。

三剪，是指因地制宜，依据修剪原则，合理进行修剪，这是整形修剪的核心。对于一棵普通树来说，则应先剪大枝，后剪小枝；先剪上部枝，后剪下部枝；先剪内膛枝，后剪外围枝。按顺序修剪，可提高效率，修剪的效果也会理想。几个人同时修剪一棵树时，应先研究好修剪方案，再动手去做。如果树体高大，则应有一个人专门负责指挥，以便在树上或梯子上协调配合工作，绝不能各行其是，最后造成无法修改的局面。

四拿，是指将修剪后挂在树上的断枝及时拿下，集中在一起进行处理。

五处理，是指在整形修剪完成后，为确保工作质量，检查加工必不可省。最好绕树转1圈以上，四面观察，有不满意的地方，立即进行加工，尽可能将修剪进行得圆满一些。

5.5.5　整形修剪的时期

一般分为休眠季修剪（又称冬季修剪）和生长季修剪（又称夏季修剪）2个时期。

1. 休眠季修剪

休眠季修剪时在秋季树木落叶后至第 2 年早春树液开始流动前进行。耐寒力差的树种，宜早春修剪。在树液流动前修剪，伤口最容易形成愈伤组织，因此是修剪的最好季节。如果修剪太早，则因气温低伤口不易愈合；又会因气温短时间的回升，剪口芽萌发过早极易受到晚霜的危害。但也不能过迟，以免临近树液上升萌芽时修剪损失养分，影响树木生长势。对伤流较旺盛的种类，如猕猴桃、核桃、五角枫、槭树类等修剪不可过晚，否则会自伤口流出大量的树液而使植株受到严重的伤害。休眠季修剪的目的主要是培养骨架和枝组，并疏除多余的枝条和芽以便集中营养于少数枝与芽上，使新枝生长充实。同时疏除老弱枝、伤残枝、病虫枝、交叉枝及一些扰乱树形的枝条，以使树体健壮、外形饱满、匀称、整洁。

2. 生长季修剪

生长季修剪是在树木萌芽后至新梢或副梢生长停止前进行。生长季修剪的目的是抑制营养生长，促使花芽分化。根据具体情况可进行摘心、摘叶、摘果、除芽、环剥等技术措施。生长期修剪宜早些，这样可以促使早发新枝，使新枝在越冬前有足够的时间贮存营养，以防冻害。若修剪时间稍晚，直立徒长枝已经形成，空间条件许可，可用摘心等方法促其抽生 2 次枝，以增加开花枝的数量。

修剪时期的确定，除受地区条件、树种生物学特性等因素制约外，主要着眼于营养基础和器官状况及修剪目的而定。要根据具体情况，综合分析，确定合理的修剪时期和方法，才能达到预期的效果。

5.5.6　园林植物整形技艺与修剪技法

5.5.6.1　整形技艺

整形技艺是在自然树形的基础上，或多或少加以一定的人工干预，对树木的树体结构进行调整，形成不同的"造型"。整形主要是为了保持树势的平衡，维持树冠上各级枝条之间的从属关系，使树木形态具有一个美观的总体，达到观花、观叶、观果、观形等各种目的。园林树木的整形方式以人工干预程度的大小分为自然式整形、人工式整形和自然与人工混合式整形 3 大类型。

1. 自然式整形

按照树种本身的自然生长特性，对树冠的形状稍加人工干预与调整，而形成自然树形。对影响树形的徒长枝、内膛枝、并生枝、枯死枝以及病虫枝等均加以抑制或剪除。自然式整形是符合树种本身生长发育习性的，因此常有促进树木生长的效果，并能充分发挥该树种的观赏特性。庭荫树、风景树或有些行道树多采用此种整形方式。自然树形通常有以下几种形状。

扁球形：如槐树、复叶槭、桃树等；

圆球形：如馒头柳、圆头椿、黄刺玫等；

圆锥形：如雪松、云杉、桧柏等；

圆柱形：如杜松、钻天杨、箭杆杨等；

卵圆形：如毛白杨、银杏、苹果等；

广卵形：如樟树、罗汉松、广玉兰等；

伞形：如合欢、鸡爪槭、龙爪槐等；

不规则形：如连翘、迎春、沙地柏等。

2．人工式整形

（1）几何形体式整形

是以几何形体的构成规律为依据来进行修剪，如正方形树冠应先确定每边的长度，球形树冠应确定半径及圆心的位置等。常见的几何形体有梯形、方形、圆顶形、柱形、球形、杯形等。

（2）非规则式整形

包括垣壁式整形和雕塑式整形 2 类。

①垣壁式

垣壁式整形是为达到垂直绿化墙壁的目的而进行的整形方式，在欧洲的古典式庭园中较为常见，有 U 字形、叉形、肋骨形、扇形等。这种整形，首先要先培养 1 个低矮的主干，在其干上左右两侧呈对称或放射性配列主枝，并使枝头保持在同一平面。

②雕塑式

雕塑式整形是根据整形者的意图创造的形体，整形时应注意与四周园景的协调，线条勿过于繁琐，以轮廓鲜明简练为佳。雕塑式整形选择枝条茂密、柔软、叶形较小而且耐修剪的树种，如罗汉松、圆柏、冬青、榆树、女贞、迎春等。

3．自然与人工混合式整形

（1）杯状形

俗称"三股、六杈、十二枝"的树形。这种树形无中心主干，仅有相当一段高度（一般为 2.8～3.2m）的树干，自主干上部均匀分生 3 大主枝，3 大主枝再分生 6 个侧枝，再从 6 个侧枝分生成 12 个小侧枝。杯状形强调"先养干，后截干定枝"，苗木在出圃前已经培养了很低的主干。以后侧枝确定后截去主枝延长枝，小侧枝确定后截去侧枝延长枝，依此类推。杯状形的培养时间通常在 4 年以上。这种树形在城市行道树中极为常见，如悬铃木、碧桃和上有架空线的国槐修剪即为此形。

（2）自然开心形

是杯状形的改良与发展，此形无中心主干，分枝较低，3 个主枝在主干上向四周放射而出，中心又开展，故为自然开心形。但主枝分枝不为 2 杈分枝，而为左右相互错落分布，因此树冠不完全平面化，并能较好地利用空间，冠内阳光通透，有利于开花结果。此种树形适用于干性弱、枝条开展的强阳性树种，如碧桃、榆叶梅、石榴等观花、观果树木修剪采用此形。

（3）中央领导干形

又称"单轴中干性"。留一强大的中央领导干，在其上配列疏散的主枝。养护修剪时比较方便，关键是维护好中央领导干这一轴心，各级枝条维护好方位角、开张角和枝距，修剪手法以疏剪为主。本形式适用于轴性较强的树种，能形成高大的树冠，最宜于作庭荫树、独赏树及松柏类乔木的整形。有高位分枝中央领导干形和低位分枝中央领导干形2类。高位分枝中央领导干形以杨树、银杏为代表，分枝较高，适合作行道树；低位分枝中央领导干形以雪松、龙柏为代表，分枝很低，而且越低越美，适合作庭荫树、独赏树。

（4）多领导干形

又称"合轴中干性"。一些萌发力很强的灌木，直接从根颈处培养多个枝干。保留2～4个中央领导干，于其上分层配列侧生主枝，形成均整的树冠。养护修剪比较复杂，幼年阶段要随时疏去过分强烈的竞争枝，同时要避免因分枝不均匀而发生"偏冠"和"凹冠"等现象。本形式适用于合轴分枝中顶端优势较强的树种，可形成较优美的树冠，提早开花年龄，延长小枝寿命，最宜于作观花乔木、庭荫树的整形，如香樟、石楠、枫杨等。多领导干形还可以分为高主干多领导干形和矮主干多领导干，高主干多领导干形一般从2m以上的位置培养多个主干，矮主干多领导干形一般从主干高80～100cm处培养多个主干。

（5）丛球形

此种整形法颇类似多领导干形，只是主干较短或无主干，留枝数多，呈丛生状。本形式多适用于萌发力强的小乔木及灌木的整形，如黄刺玫、珍珠梅、贴梗海棠、厚皮香等。

（6）棚架形

这是对藤本植物的整形方式。整形时先建立各种形式的棚架、廊、亭等，然后种植藤本植物，按其生长习性加以诱引和整剪。除棚架式以外，还有凉廊式、篱垣式、附壁式等。园林中应用较多的有紫藤、凌霄、葡萄、藤本月季等。

5.5.6.2 修剪方法

1. 短截

短截又称短剪。将一年生枝剪去一部分的修剪方法称为短截。短截的目的是刺激剪口下的侧芽旺盛生长，使该树枝叶茂盛。短截是利用顶端优势和芽的异质性原理进行修剪的手法。根据剪去枝条的长度，将短截分为轻短截、中短截、重短截和极重短截4种（图5-1）。

（1）轻短截（轻剪）

一般剪去枝条全长的1/5～1/4。轻短截剪去顶芽和少量的腋芽，刺激其下不多数半饱满芽的萌发，分散了枝条的养分，促进产生多量中短枝，以形成花芽。主要用于花果树木强壮枝修剪。

图5-1 短截程度

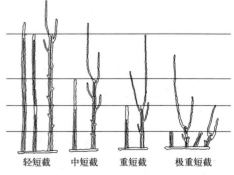

轻短截　中短截　重短截　极重短截

（2）中短截（中剪）

剪去枝条全长的 1/3 ～ 1/2。中短截对加强局部的生长优势和改变枝条方向最有利。由于中短截剪去了顶芽和约 1/2 的腋芽，剪口芽强健壮实，养分相对集中，刺激多发营养枝，主要用于某些弱枝复壮，各种树木骨干枝、延长枝的培养用此法。

（3）重短截（重剪）

剪去枝条全长的 2/3 ～ 3/4。由于剪掉枝条的大部分，对该枝的刺激作用大，剪口芽为弱芽，除发 1 ～ 2 个旺盛营养枝外，下部可形成短枝，这种修剪主要用于弱树、老树、老弱枝的复壮更新。

（4）极重短截（极重剪）

仅留枝条基部 2 ～ 3 个芽。由于剪口芽为瘪芽，芽的质量差。常萌生 1 ～ 3 个短、中枝，有时也能萌发旺枝，但少见。在园林中紫薇采用此法修剪。

在园林树木的养护修剪中，根据树种、树龄、树势、枝条及其在树冠中的位置等情况的不同，而采用不同的短截长度。一般轻短截用得最多，中短截次之，重短截和极重短截慎用。

2. 疏剪

疏剪又称为疏删、删剪。从枝条的基部起把整个枝条全部剪掉称为疏剪。主要疏去腔内过密枝、病虫枯枝、徒长枝、竞争枝等，减少树冠内枝条的数量，调节枝条均匀分布，为树冠创造良好的通风、透光条件，减少病虫害，避免树冠内部光秃现象，减少全树芽数，防止新梢抽生过多，以免消耗营养，有利花芽分化、开花、结果。

疏除强枝、大枝和多年生枝，会削弱伤口以上枝条优势，增强伤口下枝条长势。如疏去轮生枝中的弱枝，密生枝中的小枝，对树体均极为有益。但疏剪枝条不宜过多，过多会减少树体总叶面积，削弱母体总生长力。为了使树体营养良好，幼树不宜疏枝过多。

疏剪直径在 10cm 以内的大枝时，可离主干 10 ～ 15cm 处锯掉，再将留下的锯口由上而下稍倾斜削正。锯直径 10cm 以上的大枝时，应首先从下方离主干 10cm 处自下而上锯一浅伤口，再离此伤口 5cm 处自上而下锯一小切口，然后再靠近树干处从上而下锯掉残桩。这样可避免锯到半途时因树枝自身的重量而撕裂造成伤口过大，不易愈合。为了避免雨水及细菌侵入伤口而糜烂，锯后还应用利刀修剪平整光滑，涂上消毒液或油性涂料（图 5-2）。

图5-2 疏剪

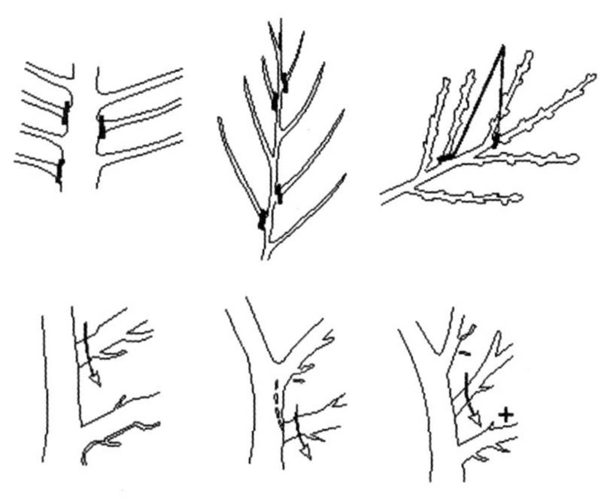

3. 缩剪

缩剪又称回缩修剪。短截多年生枝称回缩修剪。缩剪可以降低顶端优势的位置，改善光照条件，使多年生枝基部更新复壮。在回缩修剪时往往因伤口而影响下枝长势，须暂时留适当的保护桩，待母枝长粗后，再把桩疏掉。因为母株长粗后的伤口面积相对缩小，可以不影响下部生根。回缩枝造成的伤口对母枝的削弱不明显，可不留保护桩。延长枝回缩短截时，伤口直径比剪口下第一枝粗时，必须留一段保护桩。疏除多年生的非骨干枝时，如果母枝长势不旺，并且伤口比剪口枝大，也应留保护桩。回缩中央领导枝时，要选好剪口下的立枝方向。立枝方向与干一致时，新领导枝姿态自然；立枝方向与干不一致时，新领导枝的姿态就不自然。切口方向应与切口下枝条伸展方向一致。

4. 长放

在对一株树木进行修剪时，不会对该树的每一个枝条都有动作，这些在修剪时放任不动的枝条就叫做长放。长放的枝条留芽多，抽生的枝条也相对增多，致使生长前期养分分散，多形成中短枝；生长后期养分积累较多，能促进花芽分化和结果。但是营养枝长房后，枝条增粗较快，特别是背上的直立枝，越放越粗，运用不妥会出现树上长树的现象，必须注意防止。长放一般多应用于长势中等的枝条，促进形成花芽把握性较大，不会出现越放越旺的情况。桃花、西府海棠、榆叶梅等花木的幼芽，为了平衡树势，增强较弱枝条的生长势，往往采取长放的措施；丛生的花灌木多采取长放的剪修措施，如整剪连翘时，为了形成潇洒飘逸的树形，在树冠的上方往往长放 3～4 条枝条，远远地看过去，长枝随风摆动，非常好看。杜鹃，金银木，迎春花木也采取长放的修剪方法。

5. 辅助修剪手法

（1）摘心

将新梢顶端摘除的措施称为摘心。摘除部分长 2～5cm。摘心可抑制新梢生长，使养分转移至芽，果实的肥大或枝条的充实；摘心后改变了顶端优势，促使侧芽萌发。从而增加分枝。摘心后，新梢上部的芽易发成 2 次梢，可待其生出树叶再行摘心。

（2）抹芽

把多余的芽萌发后从基部除掉，称为抹芽或除芽。抹芽可改善树冠内通风透光与留下芽的养分供应状况，增强其生长势。如行道树每年夏季对主干上萌芽进行抹除，一方面为了使行道树主干通道，不保留干下蘖芽，以免影响交通；另一方面为了减少不必要的营养消耗，保证行道树健壮地生长。抹芽还可以避免冬季修剪造成过多过大的伤口。有时为了抑制顶端过强的生长势，或为了延期发芽期，将主芽抹除，而促使副芽或隐芽萌发。

（3）摘叶

带叶柄将叶片剪除称摘叶。摘叶可改善树冠内的通风透光条件，观果的树木果实充分见光着色好，提高观赏效果；对枝叶过密的树冠，进行摘叶且放治病虫害发生；通过摘叶还可以催花。如让丁香，连翘，榆叶梅等春季开花的花木在国庆节开花，一般在 8 月中旬摘去一半叶片，9 月初再将剩下的叶片全部摘除，同时加强肥水管理，则可在国庆节期间开花。应用此方法，可使诸多春季开花的花木在国庆节期间应时开放。

（4）去蘖

又称除萌，是除去植株基部附近的根蘖或砧木上萌蘖的措施。它可以使养分植株，改善生长发育状况。如桂花，榆叶梅和月季在栽培养护过程中经常要去蘖，以免萌蘖长大后扰乱树形，并防止养分无效地消耗。

（5）摘蕾和摘果

果树上称疏花疏果。凡是为了获得肥硕的花朵，如牡丹、月季等，常可用摘除侧蕾的措施而使主蕾充分生长。对一些观花树木，在花谢后常进行摘除枯花工作，不但能提高观赏价值，还可避免结实消耗养分。

为使枝条生长充实，避免养分过多消耗，常将幼果摘除。例如对月季、紫薇等为使其连续开花，必须及时剪除果实。至于以采果实为目的，亦常为使果实肥大，提高品质或避免出现"大小年"现象而摘除适量果实。

（6）折裂

为防止枝条生长过旺，或为了曲折枝条，形成各种苍劲的艺术造型，常在早春芽略萌动时，对枝条实行折裂处理。具体做法是：先用小刀斜向切入，深及枝条直径的 1/3 ～ 2/3，然后小心地将枝弯折，并利用木质部折裂处的斜面相互顶住。为了防止伤口水分过多损失，往往在伤口处进行包裹。

（7）捻梢

将新梢屈曲而扭转但不使断离母枝的措施称捻梢。此法在新梢生长过长时应用。用捻梢法所产生的刺激作用较小，不易促发副梢，缺点为扭转处不易愈合，以后尚需要再行 1 次剪平手续。此外，当向下方屈曲诱引时，也有用"折梢"法，代替捻梢。折梢即折伤新梢而不断下的方法。

（8）屈枝

在生长季将枝条或新梢施行屈曲，缚扎或扶立等诱引措施。由于芽、梢的生长有顶端优势，故运用屈枝法可以控制该枝梢或其上芽的萌发作用。当直立诱引时可增强长势；当水平诱引时则有中等的压抑作用，使组织充实，易形成花芽，或使枝条中、下部形成强健的新梢；当向下方屈曲诱引时，则有较强的抑郁作用，在对观赏树木造型时经常使用。

（9）切割

在芽或枝的附近实施刻伤措施。深度以达木质部为度。当在芽或枝的上方横切刻时，由于养分、水分受伤口的阻隔而集中于该芽或枝条，可使生长势加强。当在芽或枝的下方横切刻时，则由于有机营养物质的积累，能使枝、芽充实，有利于花芽的分化，能达到促使开花结实和丰产的目的。此法在枣树上常常应用。

（10）环剥（环状剥皮）

将枝干的皮层与韧皮部剥去 1 圈的措施。环剥可以调节生长势，有利于花芽的形成和坐果率的提高。环剥一般在春季新梢叶片大量形成后进行，如花芽分化期、落花落果期、果实膨大期进行比较合适。剥的宽度一般 2 ～ 10cm，视枝干的粗细和树种的愈伤能力，生长速度而定。但均忌过宽，否则长期愈合会对树木生长不利。应注意的是对伤流过旺或易流胶的树种,不易应用此措施。

(11) 断根

将植株的根系在一定范围内全部切断或部分切断的措施。本法有抑制树冠生长过旺的特效。断根后可刺激根部发生新须根,所以有利于移植成活。因此,在珍贵苗木出圃前或进行大树移植前,均常应用断根措施。此外,亦可利用对根系的上部或下部的断根,促进根部分向土壤深层或浅层发展。

5.5.7 剪口及剪口芽的处理

1. 平剪口

剪口在侧芽的上方,呈近似水平状态,在侧芽的对面作缓倾斜面,其上端略高于芽5mm,位于侧芽顶尖上方。优点是剪口小,易愈合,是观赏树木小枝修剪中较合理的方法。

2. 留桩平剪口

剪口在侧芽上方呈近似水平状态,剪口至侧芽有一段残桩。优点是不影响剪口侧芽的萌芽和伸展。问题是剪口很难愈合,第2年冬季时,应剪去残桩。

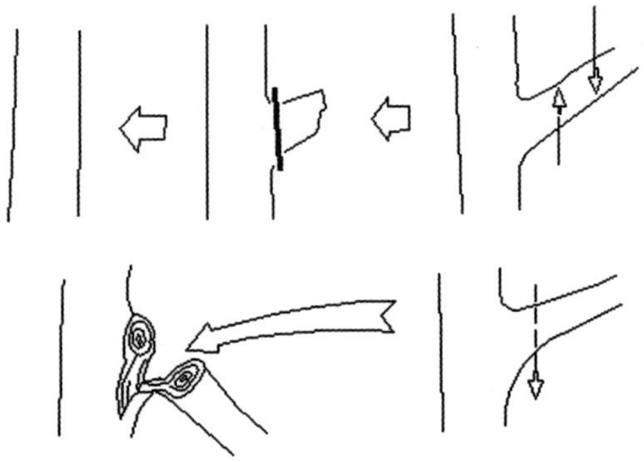

3. 大斜剪口

剪口倾斜过急,伤口过大水分蒸发多,剪口芽的养分供应受阻,故能抑制剪口芽生长,促进下面一个芽的生长 (图5-3)。

图5-3 大枝修剪

4. 大侧枝剪口

切口采取平面反而容易凹进树干,影响愈合,故使切口稍凸成馒头状,较利于愈合。剪口太靠近芽的修剪易造成芽的枯死,剪口太远离芽的修剪易造成枯枝 (图5-4)。

图5-4 大侧枝剪口

留芽的位置不同,未来新枝生长方向也各有不同,留上、下2枚芽时,会产生向上、向下的新枝,留内、外芽时,会产生向内、向外生长的新枝。

5.5.8 各类园林植物的整形修剪

5.5.8.1 成片树林的整形修剪

1. 对于主轴明显的树种,如杨树、油松等,修剪是注意保护中央领导枝。当出现竞争枝(双头现象)只选留1个;如果领导枝枯死折断,应于中央领导干上部选一强的侧生枝,培养成为新的中央领导枝。

2. 适时修剪主干下部侧生枝,逐步提高分枝点。分枝点的高度应根据不同树种、树龄而定。同一分枝点的高度应大体一致,林缘分枝点应留低一些,使树林呈现丰满的林冠线。

3. 对于一些主干很短,但树已长大,不能再培养成独干的

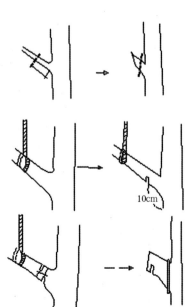

10cm

树木，也可以把分生的主枝当作主干培养，逐年提高分枝，呈多干式。

5.5.8.2 行道树和庭荫树的整形修剪

1. 行道树

行道树是城市绿化的骨架，具有卫生防护和美化的功能。行道树所处的环境比较复杂，多与交通、上下管线、建筑等有矛盾，必须通过修剪来解决这些矛盾。

为便于交通，行道树的分枝点一般应在 2.5～3.5m，最低不能低于 2m，主枝呈斜上生长，下垂枝一定保持在 2.5m 以上，防止刮车。市区道路行道树分枝点必须整齐一致。

为解决架空线的矛盾，采用杯状形整形修剪，可避免架空线。每年除冬季修剪外，夏季随时剪去碰触电线的枝条。枝梢与电线垂直距离 1m，与高压线垂直距离 1.5m。对于偏冠行道树重剪倾斜方向枝条，向另一方调整树势。

总之，对行道树的修剪本着去弱留强的原则，随时剪掉干枯枝、病虫枝、细弱枝、交杈枝、重叠枝。对于过长枝短截到壮芽处；徒长枝、背上直立枝一般疏除，如果周围有空间，可采用取轻短截的方法促发 2 次枝，弥补空间。

2. 庭荫树

庭荫树应具有庞大的树冠、梃秀的树形。健壮的树干，能造成浓荫如盖、凉爽宜人的环境，供游人纳凉避暑、休闲聚会之用。整形时首先要培养 1 个高低适中、梃拔粗壮的实干。树干定植后，应尽早把 1.0～1.5m 或以下的枝条全部疏除，以后随着树体不断的增大再逐年疏除树冠下部的分生侧枝。作为遮阴树，树干高度相应要高些，要提高人在树下活动的空间，一般枝下高应在 1.8～2.0m 之间。栽植在山坡或花坛中央的观赏树木，主干大多不超过 1m。庭荫树和孤植树的主干高度无固定规定，主要应该与周围环境条件相适应，同时还要取决于立地的生态条件与树种的生态习性。

庭荫树一般以自然式树形为宜，于休眠期间将过密枝、伤残枝。枯死枝。病虫枝及扰乱树形的枝条疏除，也可根据配置需要进行特殊的造型和修剪。庭荫树的树冠尽可能大些，以最大可能发挥其遮阳功能，并对一些树皮薄弱的树种还有防治烈日灼伤树干、大枝的作用。一般认为，以遮阳为主要目的的庭荫树的树冠大小占树高的比例在 2/3 以上为佳。如果树冠过小，则会影响树木的生长及健康状况，同时也会影响其功能的发挥。

5.5.8.3 花灌木与小乔木的整形修剪

1. 观花类

(1) 先开花后发叶的种类

此类树木的花芽是在前一年的夏秋时期分化的，所以花芽多着生在二年生枝条上。以休眠季修剪为主，夏季补充修剪为辅。方法以截、疏为主，并综合应用其他修剪方法。具有顶花芽的种类，花前决不能短截花枝；对毛樱桃、榆叶梅等枝条稠密的种类，可适当疏剪弱枝、病虫枝。衰老枝用重剪进行枝条的更新，用轻剪维持树形；对于具有拱形枝的种类，如连翘、迎春等，可将老枝重剪，促进发生强壮的新条，以充分发挥其树姿特点。

（2）花开于当年新梢的种类

此类树木的花芽是在当年春天抽生的新梢上形成的，如八仙花、山梅花、紫薇、木槿等。一般在冬季或早春修剪。修剪方法因树种而不同，主要是短截和疏剪相结合，如八仙花、山梅花等可以重剪使新梢强健。个别种类在花后去掉残花，可以延长花期，如紫薇花期通常只有20多天，去残花后，花期可以延长到100多天。对于月季、珍珠梅等生长季中开花不绝的，除早春重剪老枝外，可在花后将新梢修剪，以便再次发芽开花。

2．观枝及观叶类

（1）观枝类

观枝类主要是指观赏枝（皮）的颜色与干性，如棣棠枝皮为绿色，红瑞木枝皮为红色，常常在冬季观赏。为了使观赏时间长，往往不在秋季修剪，应在翌年早春萌芽前进行。这类树木的嫩枝鲜艳，老干的颜色往往较为暗淡，所以每年都要重剪，促使萌发更多的新枝。同时还要逐步去除老干，不断地进行更新。

（2）观叶类

这一类种类比较复杂，有的观赏早春嫩叶，如悬铃木幼叶背面呈绿白色，好似一朵朵小白花，七叶树幼叶为铜红色；有的观其秋色叶，如黄栌秋季叶色变为橘红色，银杏秋色叶为柠檬黄色；有的常年叶色为紫色或红色，如紫叶李、紫叶小檗、红枫；有的终年为黄色或花叶的，如黄金球柏、金叶连翘等。观叶类一般只进行常规修剪，不要求细致的修剪和特殊的造型，主要观其自然之美。观秋色叶的种类，要特别注意保叶的工作，防止病虫害的发生。

3．观果类

园林树木中有不少观果的种类，有的观赏果实的颜色和数量，如金银木、枸骨、山楂、苹果等；有的观赏硕大的果实，如柚子、木菠萝等；有的观赏别致的果形，如佛手。观果类的修剪时间和方法与开花种类相同，不同的是花后不短截，以避免影响结实量。重要的是要疏除过密枝，以利通风透光，减少病虫害，果实着色好，提高观赏效果。为了使果实大而多，往往在夏季采用环剥、缚缢或疏花疏果等技术措施。

4．灌木的更新

灌木更新可分为逐年疏干和1次平茬。逐年疏干即每年从地面以上去掉1～2根老干，促生新干，直至新干已满足树形要求时，将老干全部疏除。1次平茬多应用于萌发力强的树种，1次删除灌木所有主枝和主干，促使下部休眠芽萌发后，选留3～5根主干。

5.5.8.4　攀援植物类的整形修剪

1．棚架式

对于卷须类及缠绕类藤本植物，多用此种方式进行修剪整形。棚架的式样按不同的设计要求而富有变化，其材料有混凝土、钢架、竹木结构或水泥仿真。修剪整形时，应在近地面处重剪，使发生数条强壮主蔓，然后垂直诱引主蔓于棚架的顶部，并使侧蔓均匀地分布架上，则可很快地成为荫棚。常用的如紫藤、葡萄、猕猴桃等。

2. 凉廊式

树体较大、枝叶茂密、攀援能力较强的卷须类及缠绕类植物适宜用凉廊式，偶尔也用吸附类植物。因凉廊侧方有格架，所以主蔓勿过早诱引于廊顶，否则容易形成侧面空虚。常用的如油麻藤、凌霄、金银花等。

3. 篱垣式

攀援能力不大强的藤本植物通常适合于篱垣式。篱垣一般在园路边或建筑物前，可以用漏空的墙体、围栏，也可以制作适宜的篱架。将侧蔓水平诱引后，每年对侧枝施行短剪，形成整齐的篱垣形式，常用的有藤木蔷薇、藤本月季、云实等。如果用攀援能力较强的葡萄、猕猴桃等，则效果更好，但花没有前者美丽。

4. 附壁式

本式多用吸附类植物为材料，在墙面或其他物体的垂直面上攀爬。方法很简单，只需将藤蔓引于墙面即可自行依靠吸盘或吸附根而逐渐布满墙面，例如爬山虎、凌霄、扶芳藤、常春藤等。此外，在某些庭园中，有在建筑物墙壁前 20～50cm 处设立格架，在架前栽植蔓性蔷薇、藤本月季等开花繁茂的种类。附壁式整形，在修剪时应注意使壁面基部全部覆盖，各蔓枝在墙面上应分布均匀，勿使互相重叠和交错。

5. 直立式

对于茎蔓粗壮的种类，如紫藤等，可以剪整成直立灌木式。主要方法是对主蔓进行多次短截，注意剪口留芽位置，一年留左边，一年留右边，应彼此相对，将主蔓培养成直立强健的主干，然后对其上的枝条进行多次短截，以形成多主枝或多主干式的灌木丛。

6. 垂挂式

这是近年来流行的垂直绿化形式。其栽植方式有 2 种，一种是在墙壁背面用附壁式栽植，待攀爬越墙后，在墙壁正面垂挂下来，常用爬山虎、凌霄等；另一种是先设立一个小型的"T"字形支架，将藤本植物栽种其下，开始与棚架式相同，待其爬到横向顶面时，再让其枝条从周围垂挂下来，成为一个独立的立体绿化形式，常用油麻藤、常春藤等。垂挂式在养护中经常疏剪，使垂挂的枝条自然分布，姿态优美。

5.5.8.5 绿篱、色块和色带的整形修剪

1. 绿篱

绿篱又称植篱、生篱，是园林组景的重要组成部分。常见的绿篱修剪形式有整形式（又称规则式）和自然式 2 种。自然式绿篱一般不需专门的修剪整形，任其自然生长而成。整形式绿篱则需要施行专门的整形修剪工作。

（1）绿篱的分类

①按植物器官分类

分为叶篱（如水蜡、榆树、大叶黄杨等）、刺篱（如小檗、火棘、枸骨等

带刺植物）、花篱（如栀子花、木槿、檵木、杜鹃花等花木）等类型。

②按高度分类

分为矮篱（20～50cm）、中篱（50～120cm）、高篱（120～160cm）、绿墙（160cm以上）。

(2) 整形式绿篱的修剪

整形式绿篱常用的形状有梯形、矩形、圆顶形、柱形、杯形、球形等。此形式绿篱的整形修剪较简便，应注意防止下部光秃。绿篱栽植用苗以二、三年生苗最为理想。株形距按其生物学特性而定，不可为追求当时的绿化效果过分密植。栽植过密，通风透光性差，生长不良，易发生病虫害，同时地下根系不能正常生长，易造成营养不良，导致植株早衰枯死。因此，栽植时应为日后生长预留空间。

绿篱栽植后，第1年可任其自然生长。从第2年开始，按照要求的高度截顶，修剪时要根据苗木的大小分别截去苗高的1/3～1/2。为使苗高尽量降低，多发新枝，可在生长期(5～10月份)对所有新梢进行2～3次修剪，如此反复2～3年，直到绿篱的下部分枝长得均匀、稠密，上部树冠彼此密接成形。

绿篱成形后，可根据需要修剪成各种形状。在进行整体成型修剪时，为了使整个绿篱的高度和宽度均匀一致，最好进行打桩拉线操作，以准确控制绿篱的高度和宽度。修剪较粗的枝条，剪口应略倾斜，以便雨水能尽快流失，避免剪口积水腐烂。同时注意直径1cm以上的粗枝剪口，应比篱面低5～10cm，掩盖在枝叶之下，这样可以避免粗大的剪口暴露而影响美观。最后用大平剪和绿篱修剪机修剪表面枝叶，绿篱的横断面以上小下大为好。修剪时先剪其两侧，使侧面成为一个斜面，两侧剪完再修剪顶面，是整个断面成梯形。注意绿篱表面（顶部及两侧）必须剪平，修剪时高度一致，整齐划一，篱面与四壁要求平整，棱角分明。适时修剪，缺株应及时补栽，以保证供观赏时已抽出新枝叶，生长丰满。

(3) 绿篱的修剪

绿篱的修剪时期要根据树种来确定。常绿针叶树在春末夏初完成第1次修剪。盛夏前多数树种已停止生长，树形可保持较长一段时间。立秋以后，如果水肥充足，会抽生秋梢并旺盛生长，可进行第2次修剪，使秋冬季都保持良好的树形。大多数阔叶树种生长期新梢都在生长，仅盛夏生长比较缓慢，春、夏、秋3季都可以修剪。花灌木栽植的绿篱最好在花谢后进行，既可防止大量结实和心梢徒长，又可促进花芽分化，为来年或下期开花创造条件。

为了在1年中始终保持规则式绿篱的理想树形，应随时根据生长情况剪去突出于树形以外的新梢，以免扰乱树形，并使内膛小枝充实繁密生长，保持绿篱的体形丰满。

(4) 绿篱的更新复壮

衰老的绿篱，萌枝能力差，新梢生长势弱，年生长量很小，侧枝少，篱体空裸变形，失去观赏价值，此时应当更新。

大部分阔叶树种的萌发和再生能力很强，当年老变形后，可采用平茬的方法更新，即将绿篱从基部平茬，只留 4～5cm 的主干，其余全部剪去。1 年后由于侧枝大量萌发，重新形成绿篱的雏形，2 年后就能恢复原貌。也可以通过老干逐年疏伐更新。大部分常绿针叶树种再生能力较弱，不能采用平茬更新的方法，可以通过间伐，加大株行距，改造成非完全规整式绿篱，否则只能重栽，重新培养。

更新要选择适宜的时期。常绿树种可选择在 5 月下旬到 6 月底进行，落叶树种以秋末冬初进行为好。

2. 色块和色带

块状栽植的面积和形状按照设计要求需要定，其顶面有的是平的，有的是弧形的，给人以既不同于绿篱、又不同于球类的感觉。色块和色带的修剪方法与绿篱相同，块状栽植的面积越大，修剪栽植的面积越大，修剪就越麻烦，需要使用伸缩型绿篱剪或借助跳板等工具才能完成。

3. 其他特殊造型的整形修剪

(1) 几何体造型

绿篱也是几何体造型中的 1 种，但它是群体造型。这里所说的几何体造型，通常是指单株（或单丛）的几何体造型，通常有以下 4 种类型。

①球类

球类形式在上海绿地中应用较多。球类整形要求就地分枝，从地面开始。整形修剪时除球面圆整外，还要注意植株的高度不能大于冠幅，修剪成半个球或大半个球体即可。

②独干球类

如果球类有 1 个明显的主干，上面顶着 1 个球体，就称为独干球类。独干球类的上部通常是 1 个完整的球体，也有半个球或大半个球的，剪成伞形或蘑菇形。独干球类的乔木要先养干，如果选用灌木树种来培养，则采用嫁接法。

③其他几何体式

除球类和独干球类外，还有其他一些几何形体的造型，如圆锥形、金字塔形、立方体、独干圆柱形等，在欧洲各国比较热衷于此类造型。整形修剪的方法与球类大同小异。

④复合型几何体

将不同的几何形状在同一株（或同一丛）树木上运用，称为复合型几何体。复合型几何体有的较简单，有的则很复杂，可以按照树木材料的条件和制作者的想象来整形。结合形式有上下结合、横向结合、层状结合的不同类型。上下结合、横向结合的复合型式通常用几株树木栽植在一起造型，而层状结合的复合型造型基本上都是单株的，2 层之间修剪时要剪到主干。

(2) 雕塑式造型

将树木进行某种具体或抽象形状的整剪称为雕塑式造型。有的是单株造型，有的是几株栽植在一起造型。

①仿真式

将树木雕塑修剪成貌似某种实物形状的形式称为仿真式。常见的有仿物体、仿动物，也有仿人体、仿建筑的。仿真式的造型一般都需要有模具，模具通常用铁条制成框架，再在四周和顶部用铁丝制成网状，然后将模具套在适宜整形的树木上，以后不断地将长出网外的枝叶剪去，待网内生长充实后，将模具取走。仿真式造型也有不用模具的，完全靠修剪造型，或修剪结合使用小木棒、小支架等材料，将树木的枝条牵引过去。其造型方法难度较大，需要掌握很高的造型技艺。

②抽象式

将树木雕塑修剪成立体的、具有一定艺术性的抽象形状。其创作灵感可能来源抽象派画风。欧洲的抽象式造型较多，而且大多数比较复杂，比较成功。复杂的抽象式造型有相当难度，人们在观赏时也较难领会其艺术精髓。

(3) 组合式造型

将绿篱、几何体造型、雕塑式造型 3 种整形方式中的 2 种以上结合在一起造型，就称为几何式造型。组合式造型将高度不同、形状不同的造型结合在一起，形成一种十分和谐又富有变化的组合，造型可大可小，变化多端，给人一种愉悦的视觉效果。组合式造型目前主要有以下几种类型。

①绿篱和球类的组合

这是最常见、最简单的一种组合形式，主要作用是添加了绿篱的观赏性。绿篱和球类的组合有采用同一树种的，也有采用不同树种的。其整形修剪仍然是绿篱和球类修剪的基本技法。

②绿篱和拱门的组合

将绿篱与拱门结合在一起，用拱门作为绿篱的出入口。有的绿篱与拱门采用同一树种，有的用乔木类或灌木类植物做拱门。

③绿篱和其他几何形体的组合

以绿篱为基础，在观赏效果上明显优于绿篱和球类的组合。方法是在绿篱间隔一定的距离时，突出一个几何体的造型。这样既保留了绿篱的所有功能，又增加了观赏性。

④几何体和雕塑式的组合

几何体和雕塑式的组合，既增加了几何体的不足，又加深了造型的意境。要做到二者的协调，创作难度较高，需要有一定的艺术修养。好的组合最能体现设计者的创意和制作者的水平。

5.5.9 园林树木修剪伤口的处理

1. 修剪创伤与愈合

修剪一、二年生枝条，枝条相对较细弱，剪口面积较小，树木本身能够产生愈合组织使伤口自然愈合。疏剪、回缩大枝时，特别是较珍贵的树种，伤口面积大，表面出糙，常因雨淋、病菌侵入而腐烂，同时伤口还会被风吹干或龟裂，因此要用保护剂进行涂抹伤口。

2．伤口的处理与敷料

（1）伤口的处理

首先用利刀将伤口刮净削平，伤口修整应满足伤面光滑、轮廓均称、不伤或少伤健康组织和保护树木自然防御系统的要求。为了防止伤口因愈伤组织的发育形成周围高、中央低的积水盆，导致木质部的腐朽，大伤口应将伤口中央的木质部修整成凸形球面。伤口经修整后用药剂（2%～5%硫酸铜溶液，0.1%升汞溶液，石硫合剂原液）进行消毒，然后涂抹伤口保护剂。如用激素涂料对伤口的愈合更有利，用含有0.01%～0.1%的α－萘乙酸膏涂在伤口表面，可促进伤口的愈合。

由于风折使树木折干折裂，应立即用绳索（或铁箍）束缚加固，然后消毒、涂保护剂。由于雷击使枝干受伤的树木，应该在烧伤部位锯锉并涂保护剂。如果只是机械或其他原因碰掉了树皮，而未伤及形成层，应将树皮重新贴在外露的形成层上，用铁定或胶带固定好，然后在树皮上用保湿材料（湿椰糠或水苔）覆盖，再用白色的塑料薄膜包被密封，以防水保湿。覆盖物应在2～3周内拆除。

（2）伤口敷料的制备

理想的伤口敷料应容易涂抹，黏着性好，受热不融化，不透雨水，不腐蚀树体，具有防腐消毒，促进愈伤组织形成的作用。常用的敷料有以下几种。

①紫胶清漆

紫胶清漆防水性能好，不伤害活细胞，使用安全，常用于伤口周围树皮与边材料相连接的形成层区。但是单独使用紫胶清漆不耐久，涂抹后宜用外墙使用的房屋涂料加以覆盖。

②接蜡

用接蜡处理小伤口有较好的结果。植物油四份，加热煮沸加入四份松香和两份黄蜡，待充分融化后倒入冷水即可配制成固体接蜡，使用时要加热。

③杂酚涂料

常利用杂酚涂料来处理已被真菌侵袭的树洞内部大伤面。但该涂料对活细胞有害，因此在表层新伤口上使用应特别小心。

④沥青涂料

将固体沥青在微火上融化，然后按每千克加入约2500ml松节油或石油，充分搅拌后冷却，即可配制成沥青涂料，这一类型的涂料对树体组织有一定毒性，优点是较耐分化。

5.5.10　修剪中常见的技术问题及注意事项

1．修剪的技巧

（1）剪口的状态

短截树枝时，剪口的状态和芽的位置有五种情况（图5-5）。

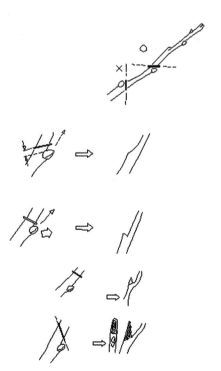

图5-5　剪口的状态

剪口向侧芽对面稍稍倾斜，使斜面上端与芽尖基本平齐或略高于芽尖 5～8mm，下端与芽的基部大致相平或稍高。这样修剪时，剪口伤面不至于过大，很易愈合，而剪口芽生长也好，这是最理想的剪截方法，一般应用较多。

在与侧芽基部水平处剪截，剪口平坦。这样剪截时，伤口在和芽相接的一面愈合较难，但因剪口小，易愈合，嫩梢和新枝这样剪也无妨碍。

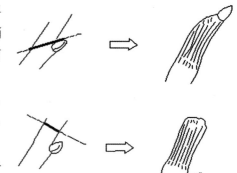

在剪口芽上返回留一小枝段剪截，因养分不容易流入残留部分，剪口很难愈合，常致枯干。若全树留下这样的枝段过多，则影响观赏效果，在复剪时要将该小枝段剪除。月季和紫薇冬剪时为了保护剪口芽，在此芽上方则留一枝段，第二年早春复剪时再行剪除，如不见剪除不仅影响美观，还会成为病虫侵袭的据点，影响正常生长。

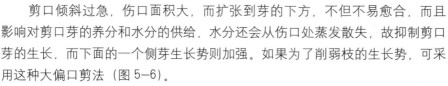

图5-6　大偏口剪法

剪口倾斜过急，伤口面积大，而扩张到芽的下方，不但不易愈合，而且影响对剪口芽的养分和水分的供给，水分还会从伤口处蒸发散失，故抑制剪口芽的生长，而下面的一个侧芽生长势则加强。如果为了削弱枝的生长势，可采用这种大偏口剪法（图5-6）。

(2) 剪口芽的位置

剪口芽的强弱和选留位置不同，抽生的枝条强弱和姿势也不一样。剪口留壮芽，则发壮枝；剪口留弱芽，则发弱枝。

如剪口芽萌发的枝条作为主干延长枝培养，剪口芽应选留使新梢顺主干延长方向直立生长的芽，同时要与上年的剪口芽相对，即为另一侧，也就是主干延长枝一年选留在左侧，另一年就要选留在右边，其枝势略持平衡，不致造成年年偏向一方生长，这样使主干延长后成直立向上的姿势。

如果作为主枝延长枝，为了扩大树冠，宜选留外侧芽作剪口芽，芽萌发后可抽生斜生的延长枝。如果主枝过于平斜，也就是主枝开张角度过大，生长势会变弱，短截时剪口芽要选留上芽（内侧芽），则萌发抽生斜向上的新枝，从而增强生长势。所以，在实际修剪工作中，要根据树木的具体情况，选留不同部位和不同饱满程度的剪口芽进行剪截，以达到平衡树势的目的。

(3) 大枝的剪除

将干枯枝、无用的老枝、病虫枝、伤残枝等全部剪除时，为了尽量缩小伤口，应自分枝点的上部斜向下部剪下，残留分枝点下部突起的部分，伤口不大，很易愈合，隐芽萌发也不多；如果残留其枝的一部分，将来留下的一段残桩枯朽，随其母枝的长大渐渐陷入其组织内，致使伤口迟迟不愈合，很可能成为病虫害的巢穴。

回缩多年生大枝时，往往会萌生徒长枝，为了防止徒长枝大量抽生，可先行疏枝或重短截，削弱其长势后自然回缩。同时剪口下留弱枝当头，有助于生长势缓和，并可减少徒长枝的发生。如果回缩的多年生枝较粗，必须用锯子锯除，则可从下方先浅锯伤，然后再从上方锯下，可避免锯到半途，因枝自身的重量向下而折裂，造成伤口过大，不易愈合。由于这样锯断的树枝，伤口大而表面粗糙，因此还需要用刀修削平整，以利愈合。为了防止伤口的水分蒸发或因病虫侵入而引起伤口腐烂，应涂保护剂或用塑料布包扎。

（4）修剪的程序

修剪时最忌漫无程序，不假思索，不按树体构成的规律乱剪。这样常会将需要保留的树枝剪除，使树木不成形。有经验的人在整剪几何形体式树形时，则是按树体构成规律去剪，如将树剪成圆球形，先要决定树球的上下高度，定好半径，找出球的最高中心点，然后开始从上向下进行修剪；对于非几何形体式树形，最好先做好轮廓架子，然后用大枝条案形体的构成规律布满架面，小枝填补其间。如果所做的树形简单或是剪者技术水平高，则可事先不做轮廓架子，直接进行整剪造型，适当采用辅助设施。

修剪观赏树木时，首先要观察分析树势是否平衡，如果不平衡，分析是上强（弱）下弱（强），还是主枝（或侧枝）间不平衡，并要分析造成的原因，以便采用相应的修剪技术措施。如果是因为枝条多，特别是大枝多，生长势强，则要进行疏除大枝。在疏除前先要决定选留大枝树及其在骨干枝上的位置。将无用的大枝先锯掉，如果先剪小枝和中等枝条，最后从树形要求上看，发现大枝是多余的、无用的，留下妨碍其他枝条的生长，又有碍树形，这时再锯除大枝，前面的工作等于是无效的。待大枝调整好以后再修剪小枝，宜从各主枝或各侧枝的上部起，向下依次进行。此时要特别注意各主枝和各级侧枝的延长枝的短截长度，通过使各级同类型延长枝长度相呼应，可使枝势互相平衡，最后达到平衡树势的目的。

对于一棵普通树来说，则应先剪下部，后剪上部；先剪内膛枝，后剪外围枝。按顺序修剪，可提高效率，忙而不乱，有条有理，修剪的效果也会理想。

几个人同时修剪一棵树，应先研究好修剪方案，才好动手去做。如果树体高大，则应有一个人专门负责指挥，以便在树上或梯子上协调配合工作，绝不能各行其是造成最后将树剪成无法修改的局面。

2．注意事项

（1）整形修剪是技术性较强的工作，所以从事修剪的人员，要对修剪的树木特性有一定的了解，并懂得修剪的基本知识，才能从事此项工作。

（2）修剪所用的工具要坚固和锐利，在不同的情况下作业，应配有相应的工具。如靠近输电线附近使用高枝剪修剪时，不应使用金属柄的高枝剪，应换成木把的，以免触电；如修剪带刺的树木时，应配有皮手套或枝刺扎不进去的厚手套，以免划破手。

（3）修剪时一定注意安全，特别上树修剪时，梯子要坚固，要放稳，不能滑拖；有大风时不能上树作业；有心脏病、高血压或喝过酒的人也不能上树修剪。

（4）修剪时不可说笑打闹，以免发生意想不到的事故。

（5）使用电动机械一定要认真阅读说明书，严格遵守使用此机械时应注意的事项，不可麻痹大意。

5.6　园林绿地的各种灾害及预防

园林植物栽植后，需要良好的养护管理才能保证园林植物成活和健康地成长发育。而在实际养护中，各种灾害的发生尤其以自然灾害、市政工程、煤气与化雪盐等危害比较严重。

5.6.1　园林植物的自然灾害

近年来全球范围的环境恶化，自然灾害时有发生，对园林植物的生存构成强大的威胁。对园林植物而言，发生较为频繁的自然灾害有低温、高温、雷击、风害等。

5.6.1.1　低温危害与防治

低温既可伤害园林植物的地上或地下组织与器官，又可改变园林植物与土壤的正常关系，它轻则降低园林植物的观赏价值及生长发育，重则可导致园林植物死亡。常见的低温危害有冻害、冻旱和寒害 3 种基本类型。

1. 低温危害类型

(1) 冻害

冻害指当气温降到 0℃ 以下使园林植物体温也降至零下而使细胞和组织受伤，甚至死亡的现象。这种低温危害对园林植物的引种威胁最大，直接影响到引种成败的关键。园林植物遭受冻害的程度取决于温度变化的特点、园林植物所处的位置、树种对冻害的敏感程度及同一树种的不同生长发育状况。在温度变化上，晚秋突降的早霜对生长期尚未结束的园林植物危害最重；初春园林植物刚开始萌动，易受晚霜危害，如温度缓缓下降则危害较轻。冻害易在冷空气容易堆积的山谷洼地发生。在东北地区，易发生冻害的树种有白蜡树、水青冈、刺槐等；山杨、桦树等则对冻害有较强的抵抗力。在园林植物的发育阶段上以休眠期抗冻能力最强，营养生长期次之，生殖期抗性最弱。此外，应注意的是同一植物的不同器官或组织的抗冻害能力也是不相同的，以胚珠最弱，心皮次之，果及叶又次之，而以茎干的抗性最强。但是以具体的茎干部位而论，以根颈，即茎与根交接处的抗寒能力最弱。

①冻裂

冻裂与温度的变化幅度、园林植物种类、树皮光滑程度以及园林植物栽植疏密程度等有关。在气温低且变化剧烈的冬季，园林植物易发生冻裂。冻裂最易发生在温度起伏变动较大的时候。由于温度降低 0℃ 以下冻结，使树干表层附近木细胞中的水分不断外渗，导致外层木质部的干燥、收缩。同时又由于木材的导热性差，内部的细胞仍然保持较高的温度和水分。因此，木材内外收缩不均引起巨大的张力，最终导致树干的纵向开裂。树干冻裂常常发生在夜间，随着温度下降，裂缝可能增大。

耐寒树种对温度的下降反应不敏感，不易发生冻裂，皮厚而粗糙的阔叶树，易发生冻裂，如哈尔滨的柳树、杨树等受害较严重。孤立树、林缘树、行道树等因受阳光的强烈照射，昼夜温差过大，比群植树易发生冻裂。旺盛生长年龄阶段的园林植物比幼树或老龄树敏感；生长在排水不良土壤上的园林植物也易受害。

冻裂一般不会直接引起园林植物的死亡，但是由于树皮开裂，木质部失去保护，容易招致病虫，特别是木腐菌的危害，不但严重削弱园林植物的生活力，而且造成树干的腐朽形成树洞。

②冻拔

又称冻举。在纬度高的寒冷地区，当土壤含水量过高时，由于昼夜温差较大，当夜间温度在0℃以下，土壤冻结并与根系联为一体后，由于水结冰体积膨胀，使根系与土壤同时抬高。解冻时土壤下陷，根系因悬空吸收不到水分而致园林植物枯死。冻拔的发生与园林植物的年龄、扎根深浅、立地、土质等有很密切的关系。幼苗和新栽的园林植物由于根系浅，因此易受害；洼地上的冻拔害甚于山坡，阳坡、半阳坡的甚于阴坡、半阴坡；黏重湿润土尤易发生。

③溃疡

指低温导致树皮组织局部坏死的现象。

一般只发生于树干、枝条或分叉的特定较小范围。症状为受冻部分最初微微变色下陷，挑开后皮部已经变为褐色，接着干枯死亡，皮部裂开脱落。这种现象在经历一个生长季后十分明显。若受冻后形成层没有受到伤害，可以逐渐恢复。

在成熟枝条的各种组织中，形成层最抗寒，皮层次之，木质部、髓部最不抗寒。因此，轻微冻害只表现髓部变色，中等冻害时木质部变色，严重冻害时韧皮部会发生变色，接着枝条就会失去恢复能力。成熟度较差或抗寒锻炼不够的枝条，冻害可能加重，一般枝条木质化程度低的部分更容易受到冻害。轻冻害髓部变色，严重冻害时，枝条脱水干枯，甚至树冠外围的各级枝条可能冻死。园林植物根系由于受土壤保护，冬季冻害较少，但土壤一旦解冻，许多细小的根系就会遭到冻害。根系受冻后，一般变为褐色，皮层与木质部分离。根系受冻害程度受多方面条件的影响，一般粗根较细根耐寒；表层根系较深层根系受冻害重；疏松土壤由于温度变幅大，其中的根系比板结土壤根系受冻厉害。

④霜害

温度急剧下降至0℃甚至更低，空气中的饱和水汽与树体表面接触，凝结成冰晶，使幼嫩组织或器官产生伤害的现象称为霜害。

根据霜冻发生时间及其与园林植物生长的关系，可以分为早霜危害和晚霜危害。

早霜又称秋霜，它的危害是因凉爽的夏季和温暖的秋天同时存在，使园林植物生长季推迟，园林植物的小枝和芽不能及时成熟，木质化程度低，因而遭初秋霜冻的危害。或者秋季寒潮的突然袭击也有可能导致严重的早霜危害发生，严重时可导致大量的园林植物死亡。

晚霜又称倒春寒，它的危害是因为园林植物萌动以后，气温突然下降至0℃或更低，导致阔叶树的嫩枝、叶片萎蔫，变黑和死亡，针叶树的叶片变红和脱落。

霜冻发生的程度受多方面条件的影响，春天，当低温出现的时间推迟时，新梢生长量较大，伤害最严重。生长在低洼地或山谷的园林植物比生长在较高处的园林植物受害严重。不同树种对霜冻的敏感性也不同，如黄杨、火棘和朴树等，当早春的温暖天气使其过早萌发，这些园林植物易遭寒潮和夜间低温的伤害。同一树种不同的发育阶段及其不同器官和组织，抗寒的能力有很大差别。园林植物在生殖阶段的抗寒性最弱，营养生长阶段次之，休眠期最强。茎、叶、花对低温的敏感性以花最易受冻害，其次为叶，最后是茎。

（2）冻旱

冻旱是一种因土壤冻结而发生的生理性干旱。在寒冷地区，由于冬季土壤冻结，园林植物根系不能从土壤中吸收水分，但是园林植物地上部分的枝、芽、叶痕及常绿园林植物的叶子仍不断进行着蒸腾作用，水分不断流失，这样的情况持续一段时间，园林植物的水分代谢失衡，导致细胞死亡，枝条干枯，甚至整个株植死亡。一般情况下，冬季气温低，枝叶蒸腾量小，生理干旱危害较轻，初春气温回暖快，地上部分萌动后蒸腾作用增强，枝条易干枯，甚至整个株植死亡，危害严重。常绿园林植物由于叶片的存在，遭受冬旱的可能性较大，常绿针叶树尖端向下逐渐变褐，顶芽易碎，小枝容易折断。

（3）寒害

指 0℃ 以上低温对园林植物（热带林木）生长发育所造成的危害。当环境温度低于园林植物进行正常生理活动所能忍耐的最低温度，可造成园林植物酶系统的紊乱，影响光合作用暗反应的进行。寒害轻则部分枝条受害，重则全株死亡。树种不同，所耐低温不同，如橡胶树等在温度低于 5℃ 时即可出现不同程度的寒害。同时寒害的发生与园林植物所处的位置有关，如路灯下的园林植物，由于灯光延长的光照，使路灯下的植物处在长日条件脱落酸合成少，未能及时进入休眠，故易受寒。

2．抗低温伤害的主要预防措施

园林植物对低温的忍耐能力受许多外界因素的影响，因此我们可以在一定范围内采取合理的预防措施，减少低温的伤害。

（1）选择抗寒的树种或品种

贯彻适地适树的原则是减少低温伤害的根本措施。根据本地区的温度条件选择适合当地的树种。一般而言，乡土树种和经过驯化的外来树种或品种，对当地的气候条件有较强的适应性，应是园林栽植的主要树种。当需要引进新的树种时，一定要经过试种，才能推广。

（2）加强栽培，提高园林植物的抗寒性

加强生长后期管理，有助于树体内营养物质储备。经验证明，春季加强肥水供应，可以促进新梢生长和叶片增大，提高光合效能，增加营养物质的积累，保证树体健壮；园林植物生长后期适当控制灌水，及时排涝，适量施用磷、钾肥，勤锄深耕，可促使枝条及早结束生长，有利于组织充实，延长营养物质积累的时间，提高木质化程度，增加园林植物的抗寒性能。正确的松土施肥，不但可以增加根量，而且可以促进根系深扎土壤，有助于减少低温伤害。

此外，夏天适时摘心，促进枝条成熟；冬季修剪，减少蒸腾面积以及人工落叶等，均对预防低温伤害有良好的效果。同时在整个生长期中必须加强病虫害的防治。

（3）加强对树体自身保护，降低低温危害的程度

对树体的保护措施很多，不同的园林植物种类可以选择不同的方法，浇"冻水"和灌"春水"是常用的方法，晚秋园林植物进入休眠期到土地封冻前，灌足一次冻水。灌冻水的时间掌握在霜降以后，小雪之前。灌冻水的时间不宜过早，否则会影响抗寒力。一般以"日化夜冻"期间灌水最为适宜，这样土壤封冻以后，树根周围就会形成冻土层，使园林植物根部温度能够保持相对稳定，不会因外界温度骤然变化而使植物受害。最好冻水灌完后结合封堰，在树根部培起直径80～100cm，高30～50cm，的堰防止冻伤树根。早春土壤开始解冻后及时灌水，经常保持土壤湿润，有效地降低土温，能够延迟花芽萌动与开花，避免晚霜危害。还可以采用覆土、培土堆，具体操作是在11月中、下旬，土地封冻以前，可将枝干柔软、树身不高的乔灌木压倒固定，盖一层干树叶（或不盖），覆细土40～50cm，轻轻拍实。此法不仅可防冻还能保持树干湿度，防止枯梢。耐寒性差的树苗、藤本植物多用此法防寒。对不便弯压埋土防寒的植株，可于土壤封冻前，在树干北面，培一向南弯曲、高30～40cm的月牙形土堆。早春可挡风，反射和积累热量使穴土提早化冻，根系能提早吸水和生长，因而可避免冻旱的发生。还可以对不易弯曲的树种采用包裹树体法，即在寒流到来前，用稻草绳缠绕主干、主枝，或用草捆好树干，进行包裹御寒，再其外表覆一塑料薄膜则效果更佳。此法防寒，应于晚霜后拆除，不宜拖延。其他还有积雪、涂白，搭防风障、熏烟法等方法也经常采用。

必要是还可喷洒蒸腾抑制剂或增施植物保暖肥。对于春季发生枯萎的树种，如紫薇、木槿、海桐、石榴、法国冬青、枸骨、大叶黄杨、红枫等，宜于前一年初冬或当年早春施膜制剂，以减少枝条枯萎。植物保暖肥又称植物旱冻营养膜制剂，增施植物保暖肥可有效缓解植物因冻、旱引起的生理性病害。

受冻后园林植物的养护极为重要，因为受冻园林植物的输导组织受树脂状物质的淤塞，所以根的吸收、输导及叶的蒸腾、光合作用以及园林植物的生长等均遭到破坏，为了使受低温伤害的树体尽快恢复生机，应采取适当措施。

对于受冻害园林植物，无论受冻轻重，都应多浇水多施肥，加强病虫害防治，以促其尽快恢复生长。对于受冻较轻的园林植物，在早春解冻后，应提早施肥；同时还应及时灌水，促进根系生长发育、枝条充实。对于枝条受冻的，应在早春气温回暖升到10℃以上进行轻剪，未冻伤的枝条要尽量保留。同时注意遭受低温危害的伤口要及时修整、消毒与涂漆，以加快伤口愈合。

5.6.1.2　高温危害与防治

外界温度高于园林植物生长所能忍耐的高温极限时，可造成酶功能失调，使核酸和蛋白质的代谢受干扰，可溶性含氮化合物在细胞内大量累积，并形成

有毒的分解产物，最终导致细胞死亡。一般当气温达 35～40℃时，高温破坏其光合作用和呼吸作用的平衡，使呼吸作用加强，而光合作用减弱甚至停滞，养分的消耗大于积累，是植物处于"饥饿"状态难以继续生长。当温度达到 45℃以上时，能使植物细胞的蛋白质凝固变性而死亡。

1. 高温危害的园林植物外部表现

（1）烧皮

主要发生于树皮光滑的成年树（如冷杉、云杉等）上。一般林缘木向阳面（常为西南方向）其树干由于太阳辐射强烈，局部温度过高而较易发生皮烧现象。园林植物因而易得病害，影响园林植物的生长发育。

（2）根颈灼烧

又称干切，是指土壤表面温度过高，灼烧幼苗根颈的现象。盛夏中午前后强烈的太阳辐射可使地表温度达 40℃以上，幼苗皮层组织嫩弱容易受害。受害的根颈有一个几毫米宽的环节，里面的输导组织和形成层因高温的灼烧致死，灼烧部位分布在土表下 2mm 至土表上 2～3mm 之间。一般认为，松科和柏科幼苗在土表温度超过 40℃时即可受害。

（3）叶焦

嫩叶、嫩枝烧焦变褐。由于叶片在强烈光照下的高温影响，叶脉之间、叶片边缘变成褐色星散分布的区域，且很不规整。当大部分叶片出现这种现象时，整个树冠表现出干枯景象。

2. 高温危害的防治

园林植物的种类不同，抗高温能力不相同。原产热带的园林植物耐热能力远强于产于温带和寒带的园林植物；同一植物处于不同的物候期，耐高温的能力有所不同，种子期最强，开花期最弱；同时栽培条件不同，园林植物的抗高温能力也不相同。

（1）选择抗高温的树种

根据绿化地的条件，选择合适当地温度条件的树种或品种栽培，尤其对原产于寒带、温带的园林植物，在温暖地区引种时要进行抗性锻炼和进行区域试验。

（2）树种配置合理

在丛林或片林中，怕灼伤的阴性要与耐灼伤的阳性树混交搭配，以避免阴性树的灼伤。

（3）加强对园林植物的管理

在移栽时尽量保护好根系；在整形修剪时，适当降低主干高度，多留辅养枝，避免枝干裸露，以改善树体结构；生长季加强水肥管理，特别增加磷钾肥的施入；防治病虫危害。

对于已经遭受高温伤害的园林植物应及时进行修剪。皮焦区域进行割除、消毒、涂漆，甚至进行桥接或靠接修补。同时加强水肥管理，促使其尽早恢复生活力。

5.6.1.3　雷击危害与防治

雷击危害指雷对园林植物的机械伤害。全国每年有数百棵园林植物遭受雷击危害。

1. 雷击伤害的症状

（1）烧焦

雷电打在园林植物上就像电线短路了，因为木材的电阻比空气小多了。在瞬间释放大量电势能并转化成内能，园林植物的温度瞬间升高几百度并炭化，最后导致园林植物会出现木质部烧毁、树皮可能被烧伤或剥落。

（2）劈倒

出现闪电时，闪道中因高温使水滴汽化，空气体积迅速膨胀，而发生的强烈爆炸声即为雷。这种爆炸效应，能将大树劈裂、倾倒。

（3）顶梢灼伤

闪电产生的高温使园林植物顶端形成枯梢的现象，严重影响了园林植物的观赏效果和长势。

2. 雷击伤害的防治

园林植物对于容易遭受雷电袭击危害的大树，必须尽早装置避雷针，以防发生雷击危害。对于雷击的伤口在处理前进行仔细检查，对于没有恢复希望的，可以不必救助，如果损伤不是特别严重且具有特殊价值的园林植物应立即救助，如对伤口及时修补、消毒、涂漆，防止雨水浸泡腐烂滋生病虫害；在树干根区施用速效肥料，促进园林植物的旺盛生长。

5.6.1.4　风害与防治

多风地区，如北方、沿海地区等，园林植物易发生风害，出现偏冠和偏心，严重时甚至出现风倒等现象，偏冠会给园林植物整形修剪带来困难，影响园林植物的观赏效果及功能作用的发挥；偏心的树易遭受冻害和日灼，影响园林植物正常发育。

1. 风害发生的条件

（1）园林植物栽植的地势

园林植物栽植的局部地势低洼，雨后积水，造成土壤松软，风害发生显著增强。

（2）土壤质地

风害也会受土壤质地的影响，如果土质偏沙，如为石砾土、煤渣土等，则因土壤疏松，土层薄，导致抗风性差。但是如果土壤质地偏黏土则抗风性强。

（3）风向

如果风向与街道平行，风力聚集成风口，风压增强，风害也会随之加大。

（4）园林植物的栽培技术

苗木移植时，特别是大树，如果根盘起得小，则因树身大，易受风害。园林植物的栽培过程中，如果密度过大，园林植物根系发育不好，再加上管理跟不上，风害会显著增强；如果树坑过小，园林植物根系发育不好，重心不稳，也会导致风还加强。

（5）树种选择

通常情况下，浅根、高干、冠大、叶密的树种如刺槐、加杨等抗风力弱；髓心大、机械组织不发达、生长又很迅速而枝叶茂密的树种，风害较重。

2. 预防和减轻风害的措施

（1）选择抗风树种

在种植设计时，风口、风道处选择抗风性强的树种，如垂柳、悬铃木、枫杨、无患子等，并选择根深、矮干、枝叶稀疏坚韧的园林植物品种，进行适当密植，采用低干矮冠整形。

（2）注意苗木质量及栽植技术

苗木移栽时，特别是移栽大树时一定要立支柱，以免树身吹歪；在多风地区栽植，采取大穴换土、适当深植；合理修枝控制树形，做到树冠不偏斜，冠幅体量不过大，叶幕层不过高和避免V形权的形成；对幼树和名贵树种设置风障等。高大乔木在台风等灾害性风暴来临前夕，应执行"预防为主、综合防治"原则，对一些根浅、迎风、树冠庞大、枝叶过密以及立地条件差的园林植物，可根据情况分别采取立柱、绑扎、疏枝等措施。

（3）遭受风害园林植物护理

对于遭受大风危害的风倒树及时顺势扶正，根颈处进行馒头形培土，减去部分枝条，并立支柱，对已经出现裂缝的枝条要捆紧基部伤面，促其愈合，并加强肥水管理，促进树势的尽快恢复。

5.6.1.5　雪害、雨凇危害与防治

雪害是降雪时因树冠积雪重量超过树枝承载量而造成的雪压、雪折危害。受害程度因纬度、地形、降雪量和降雪特性，以及树种、林龄、密度而有不同。一般高纬度甚于低纬度，湿雪甚于干雪，针叶树甚于阔叶树。在多雪地区，应在雪前对园林植物大枝设立支柱，过密枝条进行适当修剪。

雨凇又称冻雨，是过冷却雨滴在温度低于0℃的物体上冻结而成的坚硬冰层，多形成于园林植物的迎风面上。由于冰层不断地冻结加厚，常压断树枝，对园林植物造成严重破坏。采取人工落冰措施、竹竿打击枝叶上的冰、设立支柱支撑等措施可部分减轻雨凇危害。

5.6.1.6　根环束的危害与防治

根环束是指园林植物的环绕干基或大侧根生长且逐渐逼近其皮层，像金属丝捆住枝条一样，使园林植物生长衰落，最终形成层被环割而导致植株死亡。

1. 根环束的危害症状

根环束的绞杀作用，限制了环束处附近区域的有机物的运输。当环束发生在根颈和大侧根时，树体或部分枝条的营养生长减弱，严重时甚至死亡。当主根发生严重环束时，中央领导干或某些主枝的顶梢会枯死。发生严重根环束的植株，通过及时灌溉，合理施肥，整形修剪等措施无法抑制，园林植物会在5～10年或更长的时间内，生长逐步衰退，最后甚至死亡。

2. 根环束的防治

在园林植物栽植前尽量扩大破土范围，使土壤疏松透气，并对园林植物的根系进行修剪，疏除过密，过长和盘旋的根。

在市政工程施工时，地面尽量减少铺装或选择透性铺装，以提供根系疏松的土壤和足够的生长空间。

对已经受到根环束的严重危害，树势不能恢复的园林植物加强水肥管理和合理修剪，以减缓树势衰退。对已经受到根环束的危害但能够恢复生机的园林植物，可以将根环束从干基或大侧根着生处切断，再在处理的伤口处涂抹保护剂后回填土壤。

5.6.2 酸雨、化雪盐、污水及煤气对园林植物的危害

5.6.2.1 酸雨对园林植物的影响和防治

1. 酸雨的来源与形成

酸雨通常是指 pH 值小于 5.6（于水中二氧化碳达到饱和时的 pH 值）的降水。降水的酸度是由降水中酸性和碱性化学物质间的平衡决定的。降雨的酸化主要是由于人类大量使用矿物燃料，向大气中排放有害气体，如二氧化硫和氮氧化物与大气中的水分经大气化学反应而造成的。国外酸雨中硫酸与硝酸之比为 2：1，我国酸雨以硫酸为主，硝酸量不足 10%。

（1）天然排放的硫化合物与氮化合物

含硫化合物与含氮化合物的天然排放源可分为非生物源和生物源。非生物源排放包括海浪溅沫、地热排放气体与颗粒物、火山喷发等。海浪溅沫的微滴以气溶胶形式悬浮在大气中，海洋中硫的气态化合物，如 H_2S、SO_2、$(CH_3)_2S$ 在大气中氧化，形成硫酸。火山活动也是主要的天然硫排放源，据估计，内陆火山爆发排放到大气中硫约为 $3 \times 10^6 t/$ 年，生物源排放主要来自有机物腐败、细菌分解有机物的过程，以排放 H_2S、NH_3 为主，它们可以氧化为 SO_2、NO_x 而进入大气。全球天然源硫排放估计为 $5 \times 10^6 t/$ 年，全球天然源氮的排放量，由于闪电造成的 NO_x 很难测定而较难估计准确。

（2）人为排放的硫化合物与氮氧化物

大气中大部分硫和氮的化合物是由人为活动产生的，而化石燃料造成的 SO_2 和 NO_x 排放，是产生酸雨的根本原因。这已经从欧洲、北美历年排放 SO_2 和 NO_x 的递增量与出现酸雨的频率及降水酸度上升趋势得到证明。由于燃烧化石燃料及施放农田化肥，全球每年有 0.7 亿～0.8 亿 t 到 5% 的工业化地区——欧洲、北美东部、日本及中国部分区域。上述区域人为排硫量超过天然排放量的 5～12 倍。近一个多世纪以来，全球 SO_2 排放一直在上升，然而近年来上升趋势有所减缓，主要是因为减少了对化石燃料的依赖，更广泛地采用了低硫燃料以及安装污染控制装置（如烟气脱硫装置）。

（3）酸雨的形成

要来源于人为源和天然源排放的大气中的二氧化硫、氮的氧化物的分子

运动及扩散。在扩散过程中，由于受空气尘埃中锰（Mn）、铜（Cu）、钠（Na）、铁（Fe）等多种金属元素的催化、光氧化及云层中的液相催化氧化，而形成硫酸根、硝酸根等，并溶于云滴或雨滴而成为降水成分，导致了降水的酸化。它们的转化速率受气温、辐射、相对湿度以及大气成分等因素的影响。

2. 酸雨对园林植物的危害

近年来，随着工业的发展，其影响逐年加剧，我国一些地区已经成为酸雨多发区，酸雨污染的范围和程度已经引起人们的密切关注。如四川名胜峨眉山，在近十年来，由于酸雨危害冷杉林成片死亡。我国马尾松和华山松对酸雨十分敏感，重庆南山风景区约 2000hm^2 马尾松发育不良，受酸雨影响，长势衰弱，虫害频繁，致使马尾松大片枯死。四川万县有华山松 64666.7hm^2，其中 40000hm^2 受到不同程度；而奉节县有 6000hm^2，90% 枯死。酸雨淋洗园林植物表面，直接伤害或通过土壤间接伤害园林植物。

（1）酸雨对园林植物叶片的危害

酸雨对园林植物的危害首先反映在叶片上，叶片通常会出现失绿、坏死斑、失水萎蔫和过早脱落症状。其症状与其他大气污染症状相比，伤斑小而分散，很少出现连成片的大块伤斑，多数坏死斑出现在叶上部和叶缘。由于叶部出现失绿、坏死，减少了叶部叶绿素的含量和光合作用的面积，影响了光合作用的效率。

（2）酸雨对园林植物生理活性的影响

受酸雨危害的园林植物生理活性下降，其长势较弱，容易导致病原菌的大量侵染，造成片林病虫害的猖獗。

（3）酸雨通过土壤间接伤害园林植物

酸雨能使土壤酸化，当酸性雨水降到地面而得不到中和时，就会使土壤酸化。首先，酸雨中过量氢离子的持久输入，使土壤中营养元素（钙、镁、钾、锰等）大量转入土壤溶液并遭淋失，造成土壤贫瘠，致使园林植物生长受害。其次，土壤微生物尤其是固氮菌，只生存在碱性条件下，而酸化的土壤影响细菌、酵母菌、放线菌、固氮菌等微生物的活性，造成枯枝落叶和土壤有机质分解缓慢，养分和碱性阴离子返回到土壤有机质表面过程也变得迟缓。

3. 防治酸雨的一般措施

（1）使用低硫燃料和改进燃烧装置

采用含硫量低的煤气和燃油作燃料是减少 SO$_2$ 污染最简单的方法。根据有关资料介绍，原煤经过洗选之后，SO$_2$ 排放量可减少 30% ～ 50%，灰分去除约 20%。改烧固硫型煤、低硫油，或以煤气、天然气代替原煤，也是减少硫排放的有效途径。近年来，流化床燃烧技术已经得到应用，新型的流化床锅炉有极高的燃烧效率，几乎达到 99%，而且能去除 80% ～ 95% 的 SO$_2$ 和氮氧化物，还能去除相当数量的重金属。

（2）烟道气脱硫脱氮

这是一种燃烧后的过程。当煤的含硫量较高时，改变燃烧方式，在燃料中加石灰，从而固化燃煤中的硫化物，燃烧后的废气用一定浓度的石灰水洗涤。

其中的碳酸钙与 SO_2 反应，生成 $CaSO_3$，然后由空气氧化为 $CaSO_4$，可作为路基填充物或制造建筑板材或水泥。

（3）支持公共交通

减少车辆就可以减少汽车尾气排放，降低空气污染，一般柴油车用的含硫量达到 0.4%，为工厂所有燃料含硫量的 3 倍。另外，汽车尾气中含有氮氧化物，使用改良发动机和催化剂可以减少氮氧化物的排放量。

（4）转换能源结构

用清洁的水力、风力、太阳能、核能等替代火力发电，并提倡节约能源，降低能耗。

5.6.2.2　化雪盐对园林植物的影响与防治

1. 化雪盐对园林植物的影响

我们目前普遍使用的融雪剂主要成分仍然是氯盐，包括氯化钠（食盐）、氯化钙、氯化镁等，其盐分渗透到园林植物根区，造成对园林植物生存的威胁。城市园林植物受化雪盐伤害后，一般阔叶树表现为叶片变小，叶缘和叶片有枯斑，呈现棕色，严重时叶片干枯脱落。有的园林植物表现为多次萌发新梢及开花，芽干枯。针叶树针叶枯黄，严重时候整个枝或全株枯死。化雪盐对园林植物造成伤害的主要原因如下。

首先对园林植物根系吸水的影响。盐分能阻碍水分从土壤中向根内渗透和破坏原生质吸附离子的能力，引起原生质脱水，造成不可逆转的伤害。

其次氯化钠中氯离子对园林植物的毒害作用。氯化钠的积累还会削弱氨基酸和碳水化合物的代谢作用，阻碍根部对钙、镁、磷等基本养分的吸收，导致土壤板结，通气和供水状况恶化，导致园林植物生长不良，甚至死亡。

最后化雪盐对土壤结构的破坏。由于钠离子被粘粒或腐殖质颗粒吸收，而排除其他正离子致使土壤结构破坏，出现土壤板结，造成土壤通气不良，水分缺少。

2. 防止化雪盐危害措施

（1）在接近融雪剂的路旁选用耐盐园林植物

园林植物的抗盐性是原生质的一种特性，园林植物的耐盐能力因不同树种、树龄大小、树势强弱、土壤质地和含水率不同而不同，一般来说，落叶树耐盐能力大于针叶树，当土壤中含盐量达 0.3% 时，落叶树引起伤害，而土壤中含盐量达 0.18% ～ 0.2% 时，就可以引起针叶树伤害。大树的耐盐能力大于幼树，空旷地上长势强的孤立树耐盐能力大于林木。在土壤盐分种类和含盐量相通的情况下，若土壤水分充足，则土壤溶液浓度小。另外，土壤的质地疏松，通气性好，则园林植物根系发达，也能相对减轻盐碱对园林植物的危害。

（2）严格控制化雪盐的合理用量

由于园林植物吸收盐量中仅一部分随落叶转移，多数贮存于树干木质部、树枝和根内，翌年春天，又会随蒸腾流而被重新输送到叶片、园林植物。这种对盐分贮存的特性常使其抗盐性减弱，在连续使用化雪盐的地段，由于头几年盐分的积累，在以后盐分浓度较低的情况下也会引起伤害。因此，严格控制化雪盐的合理用量非常重要，绝不要超过 $40g/m^2$，一般 $15 \sim 25g/m^2$ 就足够了。还要及时消除融化雪水，改善行道树土壤的透气性和水分供应，增施硝态氮、钾、磷、锰和硼等肥料，以利于淋溶和减少对氯化钠的吸收而减轻危害。在土壤排水能力较好的情况下，充分的降水和过量的灌溉可把盐分淋溶到根系以下更深的土层中而减轻化雪盐对园林植物的危害。

(3) 融化盐水引起伤害的防止

融化的盐水通过路牙缝隙渗透或车行飞溅污染园林植物根区土壤而引起伤害，因此干道两侧防止化雪盐危害园林植物已成为一个急需解决的问题。此问题可以通过改进现有的路牙结构并将路牙缝隙封严以阻止化雪盐水进入植物根区，以及对绿化园林植物采用雪季遮挡，不让融雪剂与植物接触等方法来解决。

(4) 开发无毒的氯化钠和氯化钙替代物

使其既能融解冰和雪又不会伤害园林植物，如在铺装地上铺撒一些粗粒材料，同样能加快冰和雪的溶解。

5.6.2.3　污水对园林植物的影响与防治

城市内人们生活中排出的污水如洗脸水、洗衣服水、刷锅洗碗水以及大小便等，对园林植物的生长很有害。这些污水中含有盐碱，入土后会提高土壤含盐量，可使土壤含盐量达到 $0.3\% \sim 0.8\%$。土壤水分含盐碱量加大后就会加大其浓度，根系难以吸收，这时植物不但得不到适量的水分补充，反而会使根系部的水分渗出，致使植物缺水而生长不良。土壤中含盐分总量低于 0.1% 时树木才能正常生长，否则会烂根、焦叶而死。

工厂排出的废水，不但有碍于环境卫生，而且很多废水对树木生长有害，所以，必须禁止排出。为了防止污染，改善环境，同时利用废水、污水，以扩大水源，目前污水处理厂相继出现，这是非常必要的。但处理过的水，必须经过试验，确确实实证明对植物无害，方可应用，万不可轻易从事。更重要的是，提高全民素质，遵纪守法，爱护环境，讲究卫生，不乱倒脏水和不乱排废水。

5.6.2.4　煤气对园林植物的危害

1. 煤气对园林植物的危害

现在很多城市已经大规模地使用天然气，由于各式各样的原因，造成煤气泄漏，如不合理的管道结构和不良的管道材料，因震动使管道破裂或管道接头松动等导致管道煤气泄漏，对园林植物造成伤害。在煤气轻微泄漏的地方，植物受害轻，表现为叶片逐渐发黄或脱落，枝梢逐渐枯死。在煤气大量或突然严重泄漏的地方，一夜之间几乎所有的叶片全部变黄，枝条枯死。如果不及时采取措施解除煤气泄漏，其危害就会扩展到树干，使树皮变松，真菌侵入，危害症状加重。

2. 减少煤气伤害的措施

如果发现煤气泄漏对园林植物造成的伤害不太严重，立即修好泄漏的地方；同时在离渗漏点最近的植物一侧挖沟尽快换掉被污染的土壤；也可以用空气压缩机以 700 ～ 1000kPa(7 ～ 10 个大气压)将空气压入 0.6 ～ 1.0m 土层内，持续 1h 即可收到良好的效果。在危害严重的地方，要按 50 ～ 60cm 距离打许多垂直的透气孔，以保持土壤通气；给树木灌水有助于冲走有毒物质；合理的修剪、科学的施肥对于减轻煤气的伤害都有一定的作用。

5.6.3　市政工程对园林植物的危害

人们在建设城市的各种活动中，往往建造了一个以人工环境干扰了自然环境为特征的城市生态环境，导致植物生存条件的改变。在市政工程的实施中，土层深度变化及地面铺装对园林植物的生长、生存与分布有重要的影响。

5.6.3.1　土层深度变化对园林的危害与防治

土层深度变化对园林植物的危害主要表现为人工填土与挖土的深度与分布。

1. 人工填土

城市人工填土的埋深及分布，既受城建历史的制约，又同该市地理条件密切相关。

(1) 人工填土对园林植物的危害

由于城市人口的增加，使城市各种生产、生活废弃物大量增加，大部分就地消纳，因此就整体而言，一般人工填土埋深 1 ～ 5m 之间。多数园林植物根系深度在地下 2m 左右，其中行道树、分车带等由于土壤密实度和地下设施等影响，园林植物根系多集中分布在 1m 左右，因此人工填土的理化性质对城市植物的生存和分布产生直接的影响。人工填土过深导致填充物阻滞了空气和水分的正常运动，根基微生物的功能受到干扰，使根系受到毒害。这样，由于根系与土壤物质的平衡被打破，造成根系死亡，园林植物地上症状逐渐出现并越加明显，如园林植物出现人们无法解释的生长量减少、某些枝条死亡、树冠变稀和各种病虫害发生等现象。

人工填土随树种、年龄、长势、填土类型等对园林植物产生不同的危害。槭树、山毛榉、椋木、栎类等受害最重，桦木、山核桃及铁杉等受害较少，榆树、杨树、柳树等受害最小。同一树种幼树比老树、长势好的树比长势弱的树适应性更强，因此受害较轻。黏性人工填土比疏松、多孔的填土危害大。

(2) 人工填土危害的防治

①当填土较浅时，在栽植园林植物前对难以用于植树的工人填土进行更换；对由于细粒太少而持水能力差的土壤，应将大粒径的固体夹杂物挑出，保留夹杂物占土壤总容量容积的 1/3，并可掺入部分细粒进行调整；对由于粗粒太少而透气、渗水、排水能力差的土壤，可掺入部分粗粒加以改良。对已经栽植的园林植物，如果填土不深，可以再铺填之前，在不伤或少伤根系情况下疏松土壤、施肥、灌水，并用沙砾、沙或沙壤土进行填充。

②对于填土过深的园林植物，需要采取完善的工程与生物措施进行预防。一般园林植物可以设立根区土壤通气系统。

③对已经发生填土危害的园林植物，在填土很浅的地方，定期翻耕土壤；

在填土很深的地方需要安装地下通气排水系统；在填土深度中等的地方，在树干周围筑一个可以通气透水的干井。

2. 挖土

(1) 挖土对园林植物的危害

挖土虽然不像人工填土那样给园林植物造成灾难性的影响，但挖土去掉含有大量营养物质和微生物的表土层，使大量吸收根裸露、折断，破坏了根系与土壤之间的平衡。挖土对园林植物的影响与挖土深浅、树种等关系较大，当挖土较浅时，如几厘米或十几厘米，园林植物能够很快适应和恢复；挖土对浅根系树种危害较深根系树种危害更为严重，有时会造成园林植物的死亡。

(2) 挖土对园林植物危害的防治

①根系的保护

对裸露、折断、切断的根系进行消毒并用草炭等保湿材料覆盖其上，防止根系干枯。

②地上部分修剪

如果挖土致使大根切断或主要根系损伤加大时。为减少地上部分叶片的蒸腾，可以对其进行修剪，修剪强度在不影响树势和观赏的条件下，可以尽量大，以保持园林植物地上和地下的水分平衡。

③土壤改良

在保留的土壤中施入完全腐熟的有机肥、草炭、腐叶土等，可以改善土壤的结构，调节土壤保水、保肥性。

另外，地下管道、电缆的埋设对园林植物也会造成很大的影响，如对地下管道的铺设，虽有局部疏松土壤、有利于根系沿缝隙穿透的作用，个别地区铺设热力管道在与园林植物距离适当时还可提高低温、减少冻土层而有利于不耐寒树种(如棣棠、大叶黄杨等)的越冬和存活。但如果管道排列铺设特别密集，则会限制园林植物根系的垂直方向的分布，并使提升水分的土壤毛细管被切断，减少了深层土壤水分供应，严重影响了根系的吸水，使树体水分失衡，削弱树势。在某些地下工程中，如地下商场、停车场等，这种情况更为典型，他们使植物生长在构筑物上下阻隔、类似大花盆的环境之中。因此在工程建设施工时，最好避开树冠投影区施工或根下的土壤中凿隧道铺设管线。

5.6.3.2 地面铺装对园林植物的危害与防治

1. 地面铺装对园林植物的危害

(1) 地面铺装影响土壤渗水，导致城市园林植物水分代谢失衡

地面铺装使自然降水很难渗入土壤中，大部分排入下水道，致使自然降水量无法充分供给园林植物以满足其生长需要，而地下建筑又深入地下较深的地层，从而使园林植物根系很难接近和吸收地下水，因而土壤含水量不足，使城市园林植物水分平衡经常处于负值，进而表现不良，早期落叶，甚至死亡。

(2) 地面铺装使土壤密实，影响园林植物根系生长

土壤中的氧气来自大气，城市土壤由于路面和铺装封闭，阻碍了气体交换，

土壤密实，贮气的非毛管空隙减少，土壤含氧量少。植物根系是靠土壤氧气进行呼吸作用产生能量来维持生理活动的。由于土壤氧气供应不足，根呼吸作用减弱，对根系生长产生不良影响。据调查，如果土壤通气孔隙度减少到15％时，根系生长受阻，土壤通过气孔隙度减少到9％以下时，根严重缺氧，进行无氧呼吸而产生酒精积累，引起根中毒死亡。对通气性要求较高的园林植物，如油松、白皮松等树种尤为明显。同时，由于土壤氧气不足，土壤内微生物繁殖受到抑制，靠微生物分解释放养分减少，降低了土壤有效养分含量和植物对养分的利用，直接影响植物生长。

（3）面铺装改变了下垫面的性质

地面铺装加大了地表及近地层的温度变幅，使园林植物的表层根系易遭受高温或低温的伤害，一般园林植物受伤害程度与材料有关，比热小、颜色浅的材料导热率高，园林植物受害较重。相反，比热大、颜色深的材料导热率低，园林植物受害相对较轻。

（4）干基环割

如果地表铺装靠近树干基部，随着干径的生长增粗，会逐渐逼近铺装。如果铺装材料质地脆而薄，则会导致铺装圈的破碎、错位和突起，甚至破坏路牙或挡墙；如果铺装材料质地厚实，则会导致树干基部或根颈处皮部和形成层的割伤，影响园林植物生长，严重时输导组织彻底失去输送养分功能导致园林植物死亡。

2. 防治

（1）树种选择

选择较耐土壤密实和对土壤通气要求较低及抗旱性强的树种。较耐土壤密实和对土壤通气要求较低的树种如国槐、绒毛白蜡、栾树等，在地面铺装的条件下较能适应生存，不耐密实和对土壤通气要求较高的树种如云杉、白皮松、油松等则适应能力较低，不适宜在这类树种地面进行铺装。

（2）采用通气透水的步道铺装方式

目前应用较多的透气铺装方式是采用上宽下窄的倒梯形水泥砖铺设人行道。铺装后砖与砖之间不加勾缝，下面形成纵横交错的三角形孔隙，利于通气；砖下衬砖的灰浆含有大量空隙，透气透水，再下面是富含有机质的肥土。另外，在人行道上采用水泥砖间隔留空铺砌，空挡处填砌不加沙的砾石混凝土的方法，也有较好的效果。也可以将砾石、卵石、树皮、木屑等铺设在行道树周围，在上面盖有艺术效果的圆形贴格栅，既对园林植物生长大有裨益，有具美学效应。

（3）铺装材料的改进

园林绿地人行道铺装，在各方面条件允许的情况下，改成透气铺装，促进土壤与大气的气体交换。透水性铺装由于自身一系列与外部空气及下部透水垫层相连通的孔隙构造，其上的降水可以通过本身与铺地下垫层相通的渗水路径渗入下部土壤，因而对于地下水资源的补充具有重要的作用；透水性地面铺装使地下动植物及微生物的生存空间可以得到有效的保护，体现了自然生物环境的可持续发展的要求，因而很好地体现了"与环境共生"的可持续发展理念；因此透水性铺装既兼顾了人类活动对于硬化地面的使用要求，又能通过自身性能接近天然草坪和土壤地面的生态优势减轻城市硬化地面对大自然的破坏程度。

5.6.4 其他危害

5.6.4.1 土壤紧实度对园林植物的危害与防治

1. 土壤紧实度对园林植物的影响

人为的践踏、车辆的碾压、市政工程和建筑施工时地基的夯实及低洼长期积水等均是造成土壤紧实度增高的原因。

在城市绿地中，由于人流的践踏和车辆的碾压等使土壤紧实度增加的现象是经常发生的，但机械组成不同的土壤压缩性也各异。在一定的外界压力下，粒径越小的颗粒组成的土壤体积变化越大，因而通气孔隙减少也越多。一般砾石受压时几乎无变化，沙性强的土壤变化很小，土壤体积变化最大的是黏土。土壤受压后，通气孔隙度减少，土壤密实板结，园林植物的根系常生长畸形，并因得不到足够的氧气根系霉烂，长势衰弱，以致死亡。

市政工程和建筑在施工中将心土翻到上面，心土通气孔隙度很低，微生物的活动很差或根本没有。所以，在这样的土壤中树木生长不良或不能生长。加之施工中用压路机不断地压实土壤，致使土壤更紧实，孔隙度更低。

在夯实的地段上栽植植物时，大多数只将栽植穴内的土壤刨松，所以植物可以暂时成活生长。但因栽植时穴外的土壤没有刨松，这样种植穴外的土壤紧实，植物长大以后，穴内已经不能容纳如此多的根系，可是根系又不能向外扩展，最后植物根系因穴内的营养不足而死亡。

2. 防止措施

(1) 做好绿地规划，合理开辟道路，很好的组织人流，使游人不乱穿行，以免践踏绿地。

(2) 做好维护工作，在人们易穿行的地段，贴出告示或示意图，引导行人的走向；也可以做栅栏将树木维护起来，以免人流踩压。

(3) 耕翻。将压实地段的土壤用机械或人工进行耕翻，将土壤疏松。耕翻的深度，根据压实的原因和程度决定，通常因人为践踏使土壤紧实度增高，压的不太坚实，耕翻的深度较浅；夯实和车辆碾压使土壤非常结实，耕翻得要深。根据耕翻进行的时间又分为春耕、夏耕、秋耕。在种植穴内外通气孔隙差异较大的情况下，根据植物生长的情况，适时进行扩穴，非常必要。还可以翻耕时适当加入有机肥，既可增加土壤松软度，还能为土壤微生物提供食物，增大土壤肥力。

(4) 低洼地填平改土后才能进行栽植。在夯实的地段种植树木时，最好先进行深翻，如不能做到全面深翻土壤，应扩大种植穴，以减少中期扩穴的麻烦。

5.6.4.2 土壤侵入体对园林植物的危害与防治

土壤侵入体来源于多方面，有的是战争或地震引起房屋倒塌，有的因老城区的变迁，有的是因为市政工程，有的是因兴修各种工程、建筑或填挖方等，都可能产生土壤侵入体。其中有的土壤侵入体对园林植物有利无害，如少量的砖头、石块、瓦砾、木块等，但数量要适度，这种侵入体太多，致使土壤量少，会影响植物的生长；有的土壤侵入体对植物生长非常有害，如被埋在土壤里的大石块、老路面、经人工夯实过的老地基以及建筑垃圾等，所有这些都会对种植在其土壤上面的植物生长不利，有的阻碍植物根系的伸展和生长；有的影响渗水与排水，下雨或灌水太多造成积水，影响土壤通气，致使植物生长不良，甚至死亡；有的如石灰、水泥等建筑垃圾本身对植物生长就有伤害作用，轻者使植物生长不良，重者很快使植物致死。这种事例很多，必须将大的石块、建筑垃圾等有害物质清除，并换入好土；将老路面、老地基打穿或部分清除，才能解决根系生长空间与排水的问题。

小经验

1. 汇集盐水法防止融雪后的盐水渗入

为防止融雪后的盐水渗入地下或污染地表水，英国采取了"汇集盐水"的方法。在城市路桥旁，铺设专用通道，收集融雪后的盐水，最终引流到污水处理厂。

2. 含盐雪压成方砖

至于没来得及化掉的雪，日本北海道的环卫工人将含盐雪压成方砖，装车运到专门的工厂池子里处理，避免污染环境。

小知识

1. 城市土壤条件使园林植物寿命降低

植物需要的16种以上必需营养元素，大部分由土壤供给。植物根系从土壤中吸取溶于水中的无机盐类是形成植物叶绿素、各种酶和色素的基础物质，也是光合作用的活化剂，尤其是氮会阻碍光合作用的进行。城市土壤养分的匮缺，使城市植物的碳素生长量大为减少，加上通气性差和水分匮乏等因素，使城市植物较郊区同类植物生长量要低，其寿命也相应缩短。

2. 生态透水景观地面铺装效果好

这类地面铺装是以天然石子、树皮、炉渣、稻壳、碎玻璃等各种天然及再生材料为骨干材料，加入多种高分子添加剂，经混拌制成。使城市土壤与大气的水、气、热交换，体系得到改善。作用体现：第一，降低城市热岛效应。透水路面使雨后表面无积水，不打滑，保证行人及车辆安全。水分缓慢蒸发，起到调节地面温度和湿度的作用。第二，改善城市植物生长的环境。土壤透水透气的提高，土壤持水率提高，温度降低，土壤养分的利用率提高，利于植物的生长。第三，节约资源，天然降水。蓄养地下水，减少园林植物灌溉水用量。第四，利于城市形象提升。独特的装饰效果与大自然的和谐统一，是建设生态城市不可缺水的组成部分。

实训一　常见园林植物冻害调查

一、目的要求

了解园林绿地常见的各种灾害，对当地园林绿地常见灾害进行调查。

二、材料及工具

当地常见的乔木树种、记录本、枝剪。

三、内容与方法

1. 确定调查对象，可以为木兰科、棕榈科、杜英科、樟科的一些常绿乔木树种，也可以为银杏、悬铃木、槐树等落叶树种。

2. 选择地点，可以郊区为主、市区为辅，也可以市区为主、郊区为辅。

3. 小组分区，用目测踏查法对受冻害园林植物按受冻害程度统计标准进行统计。

（林木受冻害程度统计标准Ⅰ级：植株 10% 叶片的叶面或叶缘受害枯萎，少数芽或新梢出现冻斑；Ⅱ级：植株 50% 叶片受害枯萎或脱落，10% 芽或新梢受害枯萎；Ⅲ级：植株 90% 叶片受害枯萎或脱落，50% 以上新梢受害枯萎；Ⅳ级：叶片几乎全部被冻死，小枝大部分被冻坏。）

四、作业

写出调查报告。

实训二　园林绿地配方施肥技术

一、目的要求

1. 熟悉绿地施肥的技术、方法，为今后的绿地养护打下基础。

2. 掌握园林绿地配方施肥的要领。

3. 能够根据所需的元素比例换算成所需肥料的质量。

4. 要求用尿素（含 N 46%）、过磷酸钙（含 P 20%）及氯化钾（含 K 60%）配制 N：P：K 为 8：10：4 的混合肥料 1t。

二、材料及用具

尿素、过磷酸钙、氯化钾、铁锹、磅秤。

三、内容与方法

1. 根据元素比率计算所需肥料的比例。

假设需要尿素 a kg，过磷酸钙 b kg，氯化钾 c kg，则

46% a：20% b：60% c=8：10：4

推算出 a：b：c=3.5：10：1.3

2. 计算混合肥料中 3 种肥料的百分比。

混合肥料中 a：b：c=3.5：10：1.3

尿素所占比例为：3.5÷（3.5+10+1.3）=23.6%

过磷酸钙所占比例为：10÷（3.5+10+1.3）=67.6%

氯化钾所占比例为：1.3÷（3.5+10+1.3）=8.8%

3.计算所需氮肥的量。

尿素 a=1000kg×23.6%=236kg

4.计算所需磷肥的量。

过磷酸钙 b=1000kg×67.6%=676kg

5.计算所需钾肥的量。

氯化钾 c=1000kg×8.8%=88kg

6.分别称取肥料。

7.混合均匀。

8.在树木滴水线下挖出环状的沟，沟深 30～50cm，视树木的大小每棵树施入混合肥 1～3kg。

四、作业

1.用尿素、过磷酸钙及氯化钾配置 N：P：K 为 3：3：4 的混合肥料，应该如何称取肥料？

2.配方施肥有哪些优点？

3.填写实验报告。

实训三　园林绿地各种防灾设施的使用

一、目的要求

掌握园林绿地各种防灾设施的使用的技术要点。

二、材料及用具

各类园林植物、铁锹、稻草帘子、稻草、草绳、石灰、水、食盐（或石硫合剂）、水桶、定高杆、竹竿、旧农膜、玉米秸、高粱秆、铜钉、导线、2.4m 的地线杆。

三、内容与方法

1.越冬防寒设施的使用

（1）保护根颈和根系

①冬灌封冻水

晚秋园林植物进入休眠期到土地封冻前，灌足一次冻水。灌冻水的时间掌握在霜降以后，小雪之前，水后及时封高堰。

②堆土

在园林植物根颈部分堆土，土堆高 40～50cm，直径 80～100cm（以园林植物大小具体确定）。堆土时应选疏松的细土，忌用土块。堆后压实，减少透风。

③堆半月形土堆

在园林植物朝北方向，堆向南弯曲的半月形土堆。高度依园林植物大小而定，一般 40～50cm。

④积雪

大雪之后，在树干周围堆雪防寒。雪要求清洁，不含杂质，不含盐分。

（2）保护树干

①覆盖

在 11 月中、下旬土地封冻以前，将枝干柔软、树身不高的灌木压倒覆土。或者先盖一层树叶，再覆 40 ~ 50cm 的细沙，防止抽条。

②卷干

用稻草或稻草帘子，将树干包卷起来，或直接用直径 2cm 以上的草绳将树干一圈接一圈缠绕，直至分枝点或要求的高度。

③涂白

将石灰、水与食盐配成涂白剂涂刷树干。一般每 500g 石灰加水 400g，为了增加石灰的附着力和维持其长久性再加食盐 10g，搅拌均匀即可使用。涂白时要求涂刷均匀，高度一致。

④打雪

大雪后对有发生雪压、雪折危害的树种，应打落积雪。

2. 防风设施的使用

园林植物防风常用的设施为风障。

（1）在园林植物北侧挖障沟，将芦苇或竹竿、旧农膜、玉米秸、高粱秆等架材紧贴沟南壁插匀。

（2）填土踩实。

（3）在距地面 1.8cm 左右处扎一个横杆，成篱笆形式。风障挡风密度不够可在风障下部掺以稻草或其他挡风物质，风障可同时设几排，距离以不相互挡光为准。

3. 防雷实施的使用

园林植物防雷常用的设施为避雷针。避雷针的安装步骤为：

（1）垂直导体沿树干用铜钉固定。

（2）将几个辐射排列的导体水平埋置在地下，并延伸到根区外，分别连接在垂直打入地下约 2.4cm 的地线杆上。

（3）垂直导体接地端连接在水平导体上。

（4）每隔几年检查一次避雷系统，将上端延伸至新梢以上。

四、作业

将各类设施的操作过程整理成实习报告。

实训四　园林绿地土壤管理

一、目的要求

1. 掌握园林土壤改良的方法，能采用常用的有机肥调节土壤性状。

2. 掌握土壤 pH 值的测定方法。

二、材料及用具

腐熟粪肥、稻草、铁锹、石灰粉、硫酸铵、氮磷钾复合肥、pH 计。

三、内容与方法

1. 测土壤的 pH 值

选择校园里新植 1～3 年的园林树木，取树木下的土样 10mL 放入样品杯中，加入 25mL 蒸馏水，在搅拌机上搅拌 10min，放置 30min，然后用 pH 计测定 pH 值。判断土壤的酸碱性和树木的生长习性是否一致。

2. 园林绿地土壤深翻

深翻树木垂直投影下的土壤，深翻的位置距主干一定距离，注意不伤及树木的主根，用铁锹深翻 60cm 左右，把底部硬土翻出表面，并将硬土块敲碎。

3. 施有机肥

将准备好的有机肥和复合肥施入深翻出的土壤，如果土壤碱性重，则加入少量硫酸铵，如果土壤酸性重，则加入少量石灰粉，然后把肥料和深翻的土壤充分混匀。

4. 起树盘

根据树木的大小在树木周围起直径 1～3m 的树盘，中间稍隆起，四周挖出环状的沟，使树盘能够保留水肥。并用稻草覆盖树盘裸露的土壤。

5. 浇水

淋浇树盘，以树盘的环状沟出现少量积水为准。

四、作业

填写实验报告。

实训五　园林树木的伤口修补

一、目的要求

掌握树体伤口修补的一般步骤及常用技术。

二、材料及用具

消毒剂（2%～5% 硫酸铜溶液、石硫合剂原液、木榴油）、保护剂（紫胶、沥青、树木涂料、液体接蜡、熟桐油或沥青漆）、伤口愈合剂（0.01%～0.1% 的萘乙酸膏）、填充剂（水泥砂浆、沥青混合物、聚氨酯塑料、弹性环氧胶、木块、木砖、软木、橡皮砖等）、各类工具（木锤或橡皮锤、各种规格的凿、圆凿和刀具、气动或电动凿或圆凿、各种规格的电钻、螺栓、螺钉等）。

三、内容与方法

1. 皮部伤口的修补

对于枝干上的皮部伤口，首先用锋利的刀刮净削平四周，使皮层边缘呈弧形，用消毒剂（2%～5% 硫酸铜溶液、石硫合剂原液等）杀菌消毒后，再用保护剂（紫胶、沥青、树木涂料、液体接蜡、熟桐油或沥青漆等）涂抹。对于新伤口，可在消毒后用含有 0.01%～0.1% 的萘乙酸膏涂抹在伤口表面，促其加速愈合。

2. 修补树洞

寻找典型的树洞，采用锤、凿等工具先将腐烂部分彻底清除，刮去坏死组织，露出新组织，整形洞口，并根据实际情况，采用螺栓或螺丝加固，随之消毒（2%～5%硫酸铜溶液、石硫合剂原液、木榴油）、涂漆（紫胶、沥青、树木涂料、液体接蜡、熟桐油或沥青漆），最后填充。常用的填充剂有水泥砂浆、沥青混合物、聚氨酯塑料、弹性环氧胶、木块、木砖、软木、橡皮砖等。

以上内容可根据实际选择进行。

四、作业

根据实训的具体内容，总结树洞修补的主要步骤、技术要点、注意事项。

实训六　园林绿地全年养护管理措施调查

一、目的要求

了解当地园林绿地常用的各类技术措施，为毕业后养护管理的制定与实施打下坚实的基础。

二、材料及用具

各类园林绿地现场、记录本、标本夹、采集箱、镊子、放大镜、剪刀等。

三、内容与方法

1. 现场调查

在不同的季节，组织学生到各类园林绿地现场（包括城市街头绿地、公园绿地、单位绿地等）进行肥水管理、修剪、病虫害防治等方面的基本情况调查，对于生长不良的花木、草坪在教师的指导下进行现场诊断，分析其发生的原因；对于出现的疑难问题，可将材料带回实验室，进行进一步的诊断分析。

2. 采访绿地管理人员

绿地管理人员长期工作在绿地养护管理一线，积累了丰富的经验，多与其交流，并将其好的经验和做法进行分析，归纳，总结。

四、作业

写出调查报告。

复习思考题

一、问答题

1. 园林植物的养护管理主要包括哪些内容？

2. 园林植物的灌溉和排水有哪些方法？

3. 园林植物的施肥有哪些方式和方法？常用的肥料有哪些？

4. 园林植物施肥应注意哪些问题？怎样才能做到合理施肥？

5. 比较整形、修剪的概念及相互关系，简述整形的意义。

6. 园林植物土壤管理的主要内容有哪些？

7. 园林植物水分管理中灌水量如何确定？

8. 举例说明截、疏、放几种修剪方法在实际修剪中的应用。

9．花灌木的自然树形有哪几种？

10．绿篱整形修剪中常用哪些断面形式？

11．简述新植树木水分管理的技术要点。

12．盆景最常用造型形式是什么？

13．总结盆景造型修剪的技术要点。

14．整形修剪应掌握哪些原则？

15．如何对园林树木进行杯状形整形？

16．如何进行整形式绿篱的修剪？

17．摘心有什么作用？

18．怎么选留剪口芽？

二、填空题

1．整形修剪时期一般分为 _____ 修剪和 _____ 修剪 2 个时期。

2．整形修剪的程序概括起来为 _____。

3．园林树木的整形方式有 _____、_____ 和 _____ 3 大类型。

4．整形修剪要按顺序进行，对于一棵普通树来说，则应先剪 _____，后剪 _____；先剪 _____ 枝，后剪 _____ 枝。

5．园林植物的主要修剪手法有 _____、_____、_____。

6．自然与人工混合式整形常见有 _____、_____、_____、_____ 等形状。

7．根据剪去枝条的长度，将短截分为 _____、_____、_____ 和 _____ 4 种。

8．攀援植物的整形方式有 _____、_____、_____、_____、_____。

9．常用的伤口保护剂有 _____、_____、_____。

10．中央领导干形整形方式适用于 _____ 树、_____ 树和 _____ 树的整形修剪。

11．对于月季、珍珠梅等在生长季中开花不绝的，除早春重剪老枝外，可在花后将 _____ 修剪，以便再次发枝开花。

三、选择题

1．短截修剪有轻、中、重之分，一般轻剪是剪去枝条的（　　）。

A．顶芽　　　　　B．1/3 以内　　　　C．1/2 左右　　　　D．2/3 左右

2．具有顶花芽的花木，在休眠季或者在花前修剪时绝不能采用（　　）修剪方法。

A．短截　　　　　B．疏枝　　　　　C．摘蕾　　　　　D．抹芽

3．长放一般多应用于（　　）的枝条，促使形成花芽把握性较大，不会出现越放越旺的情况。

A．长势较强　　　B．长势较弱　　　C．长势中等　　　D．抹芽

4. 想抑制新梢生长,改变顶端优势,促使侧芽萌发,可采用(　　)修剪手法。

A. 捻梢　　　　　B. 抹芽　　　　　C. 摘心　　　　　D. 去蘖

5. 为减少落花落果,提高坐果率,环状剥皮应在(　　)。

A. 花芽分化期　　B. 开花前　　　　C. 盛花期　　　　D. 落花后

6. 树木发芽后修剪,一般会(　　)。

A. 增强长势、减少分枝　　　　　B. 增强长势、增加分枝

C. 减弱长势、增加分枝　　　　　D. 减弱长势、减少分枝

7. 树木落叶后及时修剪,一般会(　　)。

A. 增强长势、减少分枝　　　　　B. 增强长势、增加分枝

C. 减弱长势、增加分枝　　　　　D. 减弱长势、减少分枝

8. 修剪主、侧枝延长枝时,剪口芽应选在(　　)。

A. 任意方向　　　　　　　　　　B. 枝条内测

C. 枝条外侧　　　　　　　　　　D. 枝条左、右侧

9. 行道树的分枝点最低不能低于(　　)。

A. 2m　　　　　　B. 3m　　　　　　C. 4m　　　　　　D. 5m

10. 绿篱依高度分为绿墙、高篱、中篱、矮篱4类,其中中篱的高度在(　　)。

A. 20～25cm　　　　　　　　　　B. 50～120cm

C. 120～160cm　　　　　　　　　D. 160cm 以上

本章主要参考文献

[1] 南京林业学校. 园林植物栽培学 [M]. 北京:中国林业出版社,1991.

[2] 上海市园林学校. 园林植物栽培学 [M]. 北京:中国林业出版社,1992.

[3] 田如男,祝遵凌. 园林树木栽培学 [M]. 南京:东南大学出版社,2001.

提要：地被是植被的重要组成部分。植被是指一个地区植物群落的总称。目前在城市的植被基本属于人工植被，高度一般在30～50cm（有的通过人为干预修剪，可以将高度控制在70cm以下），成片的城市绿地植被的选择要求。

通过本章内容的学习，可以了解和掌握地被植物的养护管理、水肥管理、修剪、常见病虫害的防治、地被植物的更新与复壮及地被植物的调整。

6.1 地被植物的概述

6.1.1 地被的含义

地被是植被的重要组成部分。植被是指一个地区植物群落的总称，它包括乔木层植物、灌木层植物和草本层植物。植被一般可分为自然植被和人工植被。目前在城市的植被基本属于人工植被，因此地被就是在城市绿化中人工采用草本植物、蕨类植物、部分灌木和攀缘植物布置成高度一般在30～50cm（有的通过人为干预修剪，可以将高度控制在70cm以下）成片的城市绿地植被。

6.1.2 地被植物的概念

地被植物是指成群栽植，覆盖地面，使黄土不裸露的低矮植物。它不仅包括草本、蕨类，也包括灌木和藤本。这里所说的低矮植物，主要是指适用于园林绿化的地被植物，因此往往有将地被植物称作为"园林地被植物"。

6.1.3 地被植物选择要求

6.1.3.1 地被植物选择原则

在选择地被植物时，首先应选择能够适合当地气候条件的种类。如北方应着重考虑耐寒冷问题，而在南方选用地被植物时则必须考虑耐热性。另外在选择地被植物时还要考虑当地土壤、地被植物的观赏价值和经济实用价值。

6.1.3.2 地被植物选择的主要标准

地被植物在园林中所具有的功能决定了地被植物选择的标准。一般说来地被植物的选择应符合以下6个标准：

1. 低矮，植株高度一般在30～50cm，高的不超过100cm；
2. 多年生，最好常绿，全部生育期均在露地度过；
3. 繁殖容易、生长缓慢但茂密、管理粗放、覆盖能力强；
4. 耐荫、耐修剪，抗逆性和适应性均较强；
5. 无毒、无异味、不会泛滥成灾；
6. 具较高的观赏或经济价值。

6.1.4 地被的分类

1. 根据地被的生态环境分类

（1）喜光地被

喜光地被又称"空旷区地被"。是指在阳光充足的空旷地上的地被。

（2）散光地被

散光地被又称"林缘地被"。是指处于半日照状态的林缘地带的地被。

（3）半耐荫地被

半耐荫地被又称"林隙地被"。是指在阳光不足的林隙处的地被。

图6-1　护坡地被

图6-2　树坛地被

图6-3　林下地被

图6-4　道路地被

（4）极耐荫地被

极耐荫地被又称"林下地被"。是指在林下非常阴的地方的地被。

2. 根据地被的园林应用形式分类

根据地被的园林应用形式可将地被分为护坡地被（图6-1）、树坛地被（图6-2）、林下地被（图6-3）、道路地被（图6-4）、岩石地被等。

6.1.5　地被植物的分类

1. 根据地被植物观赏特点分类

根据地被植物的观赏特点可将地被植物分为常绿地被植物、观叶地被植物、观花地被植物、观果地被植物。

2. 根据地被植物类型分类

根据地被植物类型可将地被植物分为草本地被植物、灌木地被植物、藤蔓地被植物、蕨类地被植物、竹类地被植物等。

6.2　地被植物的栽植

6.2.1　栽植地整理

要使地被植物显示出良好的效果，必须在地被植物栽植前重视整地工作。

6.2.1.1　土壤改良

地被植物属于园林植物的一个类别。而绝大多数园林植物要求土壤肥沃、中性偏酸。虽然地被植物中有许多野生种类或品种，但一般来说在肥沃的土壤中地被植物生长比较旺盛、繁茂。因此在进行地被植物栽植前应该对土壤进行必要的改良，尤其是碱性土壤必须进行改良。

土壤改良是可根据土壤不同的 pH 值和所需种植的地被植物种类适当地施入腐熟的有机肥料和一定量的 $FeSO_4$，以调节土壤的酸碱度、增加土壤的肥力。如果土壤性质非常恶劣，必须进行换土。

6.2.1.2　土壤平整和地形处理

土壤改良后要进行土壤翻耕平整。在翻耕平整土壤时必须翻松土壤深达30cm。同时清除各种杂质（包括垃圾、三合土、石块、草根等），并将土块粉碎。整地后为了有利于排水和造景，应将地形处理成立缓坡形状。

6.2.2　地被植物的种植

6.2.2.1　地被植物种植的时间

地被植物的种植时间多在春秋两季进行。

6.2.2.2　地被植物种植的密度

地被植物不是欣赏个体美，而是欣赏成片的效果。因此要使地被植物尽早发挥群体效果，故必须进行密植。如果地被植物栽植过稀，地被的郁闭较慢，除草时费人工，达不到短期覆盖的效果；而地被植物栽植过密，则费种苗，地被内通风条件较差，会造成地被植物生长不良，很快又要花费人工重新分栽更新。

密植的程度要根据所选择植物的生长速度、栽植时植株的大小、地被养护管理的条件而决定。一般使用草本植物用作地被的，栽植株行距为20～25cm；使用木质化草本植物布置地被的，栽植株行距为 30～35cm；而矮生灌木地被的行距为 40～55cm。

6.3　地被植物的养护管理

6.3.1　地被植物的水肥管理

地被植物栽植后应及时浇水。在雨季要注意排灌，避免积水。在盛夏高温季节，常会出现干旱，对于密度很高的草本植物要及时抗旱浇水。特别是叶面积大、叶质薄的地被植物种类，由于其蒸发量大，往往在上午 10 时出现叶子萎蔫，因此除了每天及时对地被植物根部浇水 1 次，还需要对叶面进行喷水或喷雾，以提高空气湿度。

地被植物呈密集型种植，在同样面积的土地上比一般绿地所消耗的营养要多几倍，而且地被植物大多数要 3～5 年才更新 1 次，因此地被植物施肥不可忽视。地被植物一般在种植前要施足基肥，以后则根据不同种类和品种的地被植物决定追肥的时间和种类，以补充地被植物生长所消耗的养分。如对于观花地被植物在花前和花后要注意追肥；对于杜鹃、栀子花等则应选择酸性肥料进行追肥。

6.3.2　地被植物的修剪

地被植物往往萌发能力强，耐修剪；有些则在生长后期植株经常凌乱、倒伏，下部枝叶枯黄。经过适当修剪可以促使地被植物植株高矮相宜，枝叶密集，覆盖效果和观赏效果更佳。

地被植物修剪一般用大草剪适时进行。所谓适时就是根据地被植物的生长规律，在既美观又省工的前提下，确定某一年中修剪的时期、次数和高度。如对于开花的地被植物，一般在开花后修剪，剪去枯叶、残花，以及高起突出的茎枝，以适当压低高度。

6.3.3　地被植物常见病虫害的防治

地被植物所采用的植物种类或品种对病虫害一般有较强的抵抗能力，但也有一些病虫害需要加以注意。地被植物常见病害有黄花病、煤污病、灰霉病、褐斑病等；常见虫害有蚜虫、蚧壳虫、红蜘蛛、地老虎、蛴螬等。

6.3.4　地被植物的更新与复壮

地被植物经常由于各种不利因素造成地被植物成片过早衰老，特别是宿根地被植物，如萱草等，在进入盛花期3～4年后开始衰老，开花逐渐减少、枝叶生长瘦弱，因此需要更新复壮。

地被植物的更新复壮主要采取植株更新复壮和土壤更新复壮2个方面的措施。植株更新复壮是指每隔5～6年左右对地被植物进行1次分株翻种或抽稀；土壤更新复壮措施是指在秋冬季节加强对地被植物种植地增施有机肥料。

地被植物除了要做好以上的养护管理外，还应加强中耕除草、缺株补栽工作。特别是中耕除草在地被植物生长前期，由于地被植物生长还处于缓慢阶段、地被的郁闭度不高时要特别注意。

6.3.5　地被植物的调整

地被植物栽植后除了自身的更新复壮外，还需要从覆盖效果、观赏效果进行不断地提高和调整。在地被植物进行覆盖效果和观赏效果的提高和调整中应注意以下3个方面问题。

1.合理选择、不断完善地被植物的种类和品种选择。园林人工群落种类多、差异大，地被植物的品种又各异，配置时又无固定的模式。因此在选择地被植物时必须做到因地制宜，因景制宜，即根据种植地生境、上层乔灌木的情况、地被本身的习性和人们的要求来确定适当的地被品种，使地被植物在园林绿地中能够体现更好的群体美。

2.注意观叶地被植物和观花地被植物相互之间的配合使用，以及不同花期的地被植物配合使用。如在常绿的常春藤或蔓长春地被中可适当增添开白色花的水仙或铃兰；又如春季开花的二月兰和夏秋季节开花的紫茉莉混种。可以使叶期和花期交替错落，使地被更加协调、醒目，达到四季有景可观。

3. 根据上层乔灌木的具体情况，合理调整地被植物。一般说园林地被植物是群落（人工）的最低层，选择适当的高度是很重要的，配置时只能使群落层次分明，突出主体，起衬托作用，绝不能喧宾夺主。如上层乔灌木高度都比较高时，下面选用的地被也可适当高一些。反之，上层乔灌木分枝点低或是球形植株，则应选用较低的种类。选择地被植物还应考虑种植地的面积。如种植地面开阔，上层乔灌木又不十分茂密，则可适当配置一些高的种类；如种植地面积较小就应配置一些矮小的植物，否则使人感到局促不安。在开花乔灌木与开花地被植物同时配置时，做到花期相同色彩一定要相互协调，花期不同色彩可一致。

复习思考题

1. 什么是地被植物？地被植物有哪些选择要求？
2. 地被植物在养护时要注意哪些环节？
3. 怎样进行地被植物的调整？

本章主要参考文献

[1] 胡中华，刘师汉 . 草坪与地被植物 [M]. 北京：中国林业出版社，1999.

[2] 谭继清 . 草坪与地被栽培技术 [M]. 北京：科学技术文献出版社，2000.

[3] 刘建秀，等 . 草坪·地被植物·观赏草 [M]. 南京：东南大学出版社，2001.

提要：草坪又称草地，是指在园林中人工种植并精心养护管理，供游客观赏或活动的成片禾草类植物地域。低矮草本植物用以覆盖地面，形成较大面积而平整或稍有起伏的草地。

通过本章内容的学习，可以了解和掌握草坪的建植、养护管理、杂草防除、抗旱、修剪、施肥、常见病虫害的防治及草坪的更新复壮等理论及操作技术。

7 草坪的建植与养护管理

7.1 草坪的概述

7.1.1 草坪的含义

草坪又称草地，是指在园林中人工种植并精心养护管理，供游客观赏或活动的成片禾草类植物地域。低矮草本植物用以覆盖地面，形成较大面积而平整或稍有起伏的草地。

7.1.2 草坪植物的含义

草坪植物是指组成草坪的一些适应性较强、覆盖地面的矮性禾草。通常称为"草皮"。

草坪植物依其性质来说也是地被植物的一种，只是草坪植物是一种养护要求和观赏价值相对较高、形式良好的地被植物。

7.1.3 草坪植物的选择要求

7.1.3.1 草坪植物外观选择要求

茎叶密集，色泽均一，整齐美观，杂草稀少。

7.1.3.2 草坪植物生态选择要求

耐干旱、抗虫病力强；耐韧性、细叶量多，耐频繁的重剪；与其他禾草混栽种配合力强、践踏后的恢复力强；能适应当地环境条件。

南方草坪要求能抗炎热，耐湿，冬季枯萎期短；北方草坪要求能耐寒，绿草期长。运动场草坪要求能耐磨，磨损后又能迅速复苏；观赏性草坪要求叶细，低矮，平整，美观。

7.1.4 草坪的分类

7.1.4.1 按草坪的组成分类

1. 单一草坪

用一种草坪植物单独建立的草坪，也常称"单纯草坪"。单一草坪是目前草坪的主要类型。

2. 混合草坪

由两种以上草坪植物混合组成的草地称混合草坪，有时也称"混交草坪"或"混栽草坪"，如上海地区常用夏季生长良好的矮生狗牙根和冬季抗寒能力较强的多年生黑麦草建立混合草坪，以延长草坪的绿色观赏期，提高草坪的使用功能。混合草坪又可以分为混播草坪和混铺草坪两种。

3. 缀花草坪

在草坪上混栽一些多年生的、开花的草本植物。缀花草坪一般设在人流相对较少的地方。在草坪上种植开花草本植物的数量一般不宜超过草坪总面积的1/3。

7.1.4.2　按草坪应用功能分类

1．游憩草坪

供游人游乐和憩息的草坪，也称"自然式游憩草坪"。这类草坪在绿地中无固定形状，面积可大可小，养护管理相对粗放，允许人们入内游憩活动。

2．观赏草坪

指专供景色欣赏的草坪，也称"装饰性草坪"。一般设在广场、雕像、喷泉周围和建筑物前。这类草坪一般不允许入内践踏，面积不宜过大，管理精细。

3．运动场草坪

指供开展体育活动的草坪，或称"体育草坪"。常见的运动场草坪有足球场草坪、高尔夫球场草坪、网球场草坪。

4．固土护坡草坪

指栽种在坡地、水岸水土比较容易流失地方的草坪，也称"护坡护岸草坪"。

按草坪应用功能分类除了以上4种主要草坪外，还有在飞机场铺设的草坪、在花坛中铺设的草坪、与树林相结合的草坪等。

7.1.5　草坪植物的分类

目前使用的草坪植物除少数为豆科和莎草科植物外，绝大多数是禾本科植物，一般喜光，不耐荫。草坪植物分布地域（或生长温度）可分冷地型（冷季型）草和暖地型（暖季型）草。

冷地型（冷季型）草分布于温带、寒带，以及亚热带的高海拔地区。能耐寒冷，不耐高温炎热，最适宜的生长温度为 15 ～ 24℃，生长高峰在春季和秋季，夏季则处于休眠或半休眠状态，生长速度明显降低。如多年生黑麦草、草地早熟禾、匍地翦股颖、苇状羊茅（又称高羊茅）。

暖地型草分布于热带和亚热带地区。能适应高温，不耐寒冷，最适宜的生长温度为 26 ～ 32℃。这类草一般从春季开始生长，夏季达到生长高峰，秋季生长速度减慢，冬季处于休眠状态。如结缕草（又称老虎皮）、细叶结缕草（又称天鹅绒）、沟叶结缕草（又称马尼拉）、矮生狗牙根（又称百慕达）。

7.2　草坪的建植

7.2.1　草坪建植前的准备工作

7.2.1.1　土壤翻耕、整理与改良

草坪土主要的理化性质为 pH 值在 6.5 ～ 7.5 之间；每公斤土壤中含有机质必须大于 20g；土壤要求疏松通气、排水良好，孔隙度要大于 8％；有效土层大于 25cm。

因此在草坪建植前要对土壤进行翻耕，土壤翻耕要精细。除了深翻土壤外，并要进行土壤整理，将土壤打碎。同时将影响草坪植物根系生长的石子、石块、碎砖、三合土、枯枝、草根等杂质清除。如果草坪是直播建植，土壤必须精耕至土块小于 2cm，且不允许有石砾。土壤深翻一般为 30～40cm，不宜过深，否则容易造成表土翻入深处。

如果土壤在土壤质地不良、土壤酸碱度适宜、土壤有机质很低时，还需进行土壤改良。一般而言，草坪草需要结构良好的壤土、砂壤土和粘壤土。土壤过粘或过砂对草坪植物生长都不适宜。如果土壤质地过砂可添黏土，土壤过粘可加砂土进行改造。

如果土壤 pH 值低于 6.5，便可通过施加石灰（在 pH 值在 4～5 之间，用量为 750～2250kg/hm^2；pH 值在 5～6 之间，用量在 375～750kg/hm^2）加以改造；而土壤 pH 值高于 7.5，则可施加石膏（施用量为 225～375kg/hm^2）、硫磺粉、硫酸铅（每 100m^2 增施 1～2kg 可降低 1 个单位的土壤 pH 值）、硫酸亚铁（每 100m^2 增施 1～2kg 可降低土壤 1 个单位的土壤 pH 值）加以调节。

由于草坪一旦建成后，无法深施有机肥料；而且丰富的土壤有机质对草坪的生长又非常重要。因此，在草坪建植时必须对土壤施加一定量的有机肥料。

7.2.1.2 草坪灌溉设施的处理

生长良好的草坪需要有 1 个科学的自动灌溉系统。草坪的自动灌溉系统分为自动浇灌系统和自动喷灌系统 2 种。目前采用较多的是自动式喷灌系统，而自动式喷灌系统又可分为移动式喷灌和固定式喷灌 2 个类型。1 套先进的控制喷灌系统设备能使草坪得到均匀的供水量；能有效地利用水资源；能节省能源、人力和时间；能防止土壤过干或过湿。

自动式喷灌系统设备型号和类型多种多样，在选择和安装自动式喷滚设备时要根据灌溉地点、灌溉时间、灌溉地形、水源、能源、喷射水量、喷射直径距离而不同，但主要有控制器、水泵、喉管及喷水头 4 部分组成。

7.2.1.3 草坪排水处理

草坪如果长时间排水不良，会使土壤水分过多，土壤通气不良、土壤温度降低，导致草坪杂草滋生，春季草坪返青推迟，秋季提早进入休眠，降低草坪的观赏或使用价值。草坪的排水有地表排水和暗沟排水 2 种方式。

地表排水是利用草坪地形来进行排水。地形排水一般要求草坪场地中心稍高，向四周边缘及外围逐渐倾斜降低。常用的排水坡度在 2/1000～3/1000 之间，最大不能超过 5/1000，否则由于排水坡度过大，容易造成泥土流失。如果是边缘临近道路、建筑物，草坪应比道路和建筑物低 3cm，防止水进入道路和建筑物。并且应从路基或屋基处向外倾斜，以利于雨水、雪水向外排出。

暗沟排水又称盲沟排水，就是采用在草坪下面排设地下管道将水排除。暗沟排水一般采用陶土管，也可挖基槽，用石块做成盲沟（地下管道）。地下管道埋设深度和管道之间的分居距离根据排水目地、地下水文、冻土层深度不同而异，一般深度在 40～200cm 之间，管道之间的距离在 3～20m 不等。主管排设方式有平行式和对角式 2 种。平行式一般在草坪面积较大时采用，主管按照平行方式埋设，然后在主管两侧埋设副管；对角式一般在草坪面积较小时采用，主管按照对角线埋设，然后在主管的左右两侧埋设副管。管道埋设时遵循主管深副管浅、副管倾斜接入主管的原则，副管两端的高低差为50～70：1。盲沟中一般由下而上为卵石、细卵石（排水管所处位置）、砂、壤土、草坪植物等依次排列。

7.2.1.4 土壤消毒

在草坪建植前对坪床土壤进行消毒可以有效地杀灭土壤中影响草坪草生长的地下害虫；消灭土壤中危害草坪草生长发育的各种有害微生物；杀死妨碍草坪草生长发育的杂草种子或地下肉质根茎和块根。

草坪建立植坪床的土壤消毒主要采用高温蒸汽的消毒方法。这种消毒方法先要将坪床土壤基本平整，然后将打有小孔的蒸汽管道按一定距离间隔均匀铺设在坪床上（通蒸汽的小孔向下对着坪床土壤），再在管道上面盖上保温毯（防治高温蒸汽的热量向上散发损失），最后将蒸汽管道与燃油锅炉连接，开启燃油锅炉。

7.2.2 草坪建植的方法

7.2.2.1 草块铺设建植草坪

1. 铺种时间

利用草块铺设建植草坪时间主要在春末夏初或秋季。如夏季进行则必须增加灌溉次数；冬季进行因大部分草坪植物进入休眠，铺植后容易受冬，故质量最差。

2. 草块规格

草块规格用多种，常见的有厚 × 宽 × 长 =2～4cm×30cm×30cm 和 2～4cm×30cm×300cm 两种。

3. 铺草形式

草块建植草坪的形式多种多样，有点铺（又称穴铺）、间铺（梅花型铺设）、条铺、密铺等，其中最常用的密铺方式。密铺又称满铺，就是用草块整齐铺满草坪床。采用密铺方式建植，草坪成型快，后期杂草相对少，观赏效果较好。

4. 铺草注意事项

（1）草块铺植前需对场地镇压，以免泥土下沉积水。

（2）草块在铺植时，在草块之间需保持 0.5～1cm 的间隙，以防浇水后草块膨胀出现重叠。

（3）草块铺植后要立即浇水。浇水后 2～3d 可分别使用 200kg、500kg、1000kg 的圆滚进行滚压，使草皮与土壤紧密结合、场地平整。

（4）如新铺草块不平，应将低凹的草块掀起，垫土平整后重新铺种。

5. 草块铺植后护理

新铺植的草坪应设置指示牌，以防游人入内。待 5～10d 后草坪草萌发新根就可适当追施肥料进入正常养护。

7.2.2.2 种子播种建植草坪

1. 播种时间

播种时间主要根据草种生育季节的温度而定。一般暖季型草的播种，应在春季气温变暖的春末至夏季进行；冷季型草的播种，应在秋季温度转凉以后或者春季进行。而华东地区在 3～11 月均可进行，但以春、秋季较为适宜。表 7-1 为常见草坪草种子萌发的适宜温度范围。

常见草坪草种子萌发的适宜温度范围　　　　　　　表 7-1

草种	适宜温度范围（℃）	草种	适宜温度范围（℃）
草地早熟禾	15～30	结缕草	20～35
匍地翦股颖	15～30	细叶结缕草	20～35
野牛草	20～25	沟叶结缕草	20～35
多年生黑麦草	20～30	假俭草	20～35
苇状羊茅	20～30	狗牙根	20～35

2. 草籽的播种量

草籽的播种量要根据种子的千粒重、种子的发芽率、土壤的平整度、土壤的疏松度，以及播种时的温度等条件来决定。表 7-2 为主要草种的播种量。

主要草种播种量　　　　　　　表 7-2

草种	播种量（kg/hm²）	草种	播种量（kg/hm²）
匍地翦股颖	30～50	狗牙根	40～80
草地早熟禾	50～80	结缕草	80～150
黑麦草	240～350	假俭草	160～180
苇状羊茅	250～350	野牛草	200～250

3. 草籽撒播其他应注意事项

（1）草籽播种一般采用撒播方式进行。

（2）为确保种子撒播均匀，应先将撒播场地划成 10m 宽的长条，把每长条的播种量按面积大小换算出来，这样就可以逐条分散撒播。

（3）为做到更有把握均匀播种，又可将每 1 长条应播种的种子量，再分成 2 份，这样先用其中 1 份顺播，再用剩下的 1 份反播。每份种子应掺沙 1～2 倍。

（4）凡是用大粒种子与小粒种子组成的混合播种，应先播大粒种子，再播小粒种子。

（5）在种子撒播结束后，应立即覆土滚压。如覆土困难，可用十齿耙拉松表土，使种子尽可能不露出土表。

（6）播种后应加强喷水。每次以喷湿土壤表面为合适。

（7）加强杂草清除工作。不使杂草影响草籽的萌发。

7.2.2.3　无性繁殖建植草坪

1. 利用匍匐枝、根、茎切断撒播

在3月中下旬至6月上中旬；或者8月中下旬至9月中下旬。将匍匐茎及根茎切成3～5cm，撒播，然后再加盖一层薄薄的细土，并压实，保持湿润，经过1～1.5个月就会生根。利用匍匐枝、根、茎切断撒播建植草坪能迅速扩大草坪的面积，如1m²野牛草能扩大至15～20m²；1m²结缕草和细叶结缕草能扩大至10～15m²。

2. 利用匍匐茎枝分栽

在早春草坪返青时，将草皮片状铲起，拉开根部。按30cm距离开沟，沟深4～6cm，每10cm距离埋一段匍匐茎。一般经3个月左右时间长出嫩芽。利用匍匐茎枝分栽建植草坪也能迅速扩大草坪面积，如1m²野牛草能扩大至20m²以上。

3. 利用草块分栽

将母本草皮切成10cm×10cm的小方块，或5cm×15cm的细长条，按20cm×30cm或30cm×30cm的株行距分栽。

4. 利用匍匐枝小段扦插

一般在母本草坪缺乏的情况下采用。将母株草坪植物的部分匍匐茎，按2～3节切成小段，斜插于土中，留顶部一节露出土外。

7.2.2.4　植生带铺设和喷浆铺设建植草坪

1. 草坪植生带铺设法

（1）草皮铺设法

在塑料薄膜上铺一层培养土，厚度为2～3cm，然后在培养土上撒一层草根，经过3～4个月喷水培养，即能形成嫩绿的一层新草皮，需用时将长条状的草皮带卷成草皮卷，成捆地运往目的地铺设，立即迅速成为新的草坪。

（2）草坪种子铺设带

利用纸浆纤维或再生棉纤维制成拉力较强的双层棉纸或无纺薄绒布，将选好的具有发芽快，扎根容易，适应性较强的草种，混合一定量的肥料，均匀撒播在无纺薄绒布上，上面再盖一层薄绒布，经机具滚压，促使草种牢固地夹在两层绒布中间即成草坪种子植生带。经1～2个月养护管理即可形成新的嫩绿平坦草坪。草坪种子植生带每100m²重7kg，其成品成卷，每卷面积50～100m²，宽1m，长50～100m。

2. 草坪喷浆铺设法

它利用装有空气压缩的喷浆机组，通过较强的压力，能将混合有草籽、肥料、保湿剂、除草剂、颜料，以及适量的松软有机物及水等配制成的绿色泥浆液，直接均匀地喷送到已经整平的平地或者陡坡上。由于喷下的草籽泥浆具有良好的附着力及明显的颜色，所以，它能不遗漏不重复而且均匀地将草籽喷播到目的地，并在良好的保湿条件下迅速萌芽，快速生长发育成新草坪。

7.3 草坪的养护管理

7.3.1 草坪的杂草防除

杂草本身是一种植物，有时还是非常优良的园林植物，具有观赏价值。但由于它长错了地方，或者说不应该生长的地方生长着的植物，都可称为"杂草"。如当零星的马蹄金出现在成片栽植的沟叶结缕草中，或者零星的沟叶结缕草出现在成片栽植的马蹄金中，都影响了主体植物的生长发育，因此属于防除之列。

7.3.1.1 草坪常见杂草种类

草坪常见杂草种类见表7-3。

草坪常见杂草种类 表7-3

类别	杂草名称	杂草学名	杂草生活型
禾本科杂草	马塘	*Digitarta sanguinalis*	一年生，春夏发生
	牛筋草	*Eleusine imdica*	一年生，春夏发生
	旱稗	*Echinochloa crusgalli*	一年生，春夏发生
	千金子	*Leptochloa chinensia*	一年生，春夏发生
	狗尾草	*Setaria viridis*	一年生，春夏发生
	早熟禾	*Poa annua*	一年生，秋冬发生
	狗牙根	*Cynodon dactylon*	多年生，春夏发生
	双穗雀稗	*Paspalum distichum*	多年生，春夏发生
	白茅	*Imperata cylindrica*	多年生，春夏发生
莎草科杂草	香附子	*Cypenus rotundus*	多年生，春夏发生
	光鳞水蜈蚣	*Kyllinga brevifolia var. leiolepis*	多年生，春夏发生
	碎米莎草	*Cypenus iria*	一年生，春夏发生
阔叶杂草	空心莲子草（苋科）	*Alternanthera philoxeroidea*	多年生，春夏发生
	小飞蓬（菊科）	*Conyza canadensia*	一年生，秋冬发生
	一年蓬（菊科）	*Erigeron annuus*	一年生，秋冬发生
	鲤肠（菊科）	*Eclipta prostrate*	一年生，春夏发生
	苣荬菜（菊科）	*Sonchus brachyotus*	多年生，春夏发生
	辣子草（菊科）	*Galinsoga parvi ora*	一年生，春夏发生
	蒲公英（菊科）	*Taraxacum mongolicum*	多年生，四季发生
	刺儿菜（菊科）	*Cephalaqnoplos segetum*	多年生，春夏发生
	石胡荽（菊科）	*Centipeda minima*	一年生，春夏发生
	天胡荽（伞形华科）	*Hydrocotyle sibthorpioides*	多年生，春夏发生
	簇生卷耳（石竹科）	*Cerastium caespitosum*	一年生，秋冬发生
	牛繁缕（石竹科）	*Malachium aquaticum*	一年生，秋冬发生

类别	杂草名称	杂草学名	杂草生活型
阔叶杂草	酢浆草（酢浆草科）	*Oxalis corniculata*	多年生，春夏发生
	车前（车前）	*Plantagoaspatpca*	多年生，四季发生
	斑地锦（大戟科）	*Euphorbia supina*	一年生，春夏发生
	铁苋菜（大戟科）	*Acalypha australis*	一年生，春夏发生
	小藜（藜科）	*Chenopodium serotinum*	一年生，春秋发生
	田旋花（旋花科）	*Convolvulus arvensis*	多年生，春夏发生
	大巢菜（豆科）	*Vicia sativa*	一年生，秋冬发生
	蔊菜（十字花科）	*Rorippa indica*	一年生，秋冬发生
	波斯婆婆纳（玄参科）	*Veronica persica*	一年生，秋冬发生
	通泉草（玄参科）	*Mazus japonicus*	一年生，秋冬发生
	蚊母草（玄参科）	*Veronica peregrina*	一年生，秋冬发生
	半边莲（桔梗科）	*Lobelia chinensia*	多年生，春夏发生

7.3.1.2 草坪杂草防除措施

1. 人工挑草

小面积草坪发生杂草可采用人工挑草的方法防除。人工挑草必须在结籽前进行。挑草时用小刀将大型杂草从草皮中剔出，并将草根全部挖出，以免日后重新萌发。人工挑草费时费工，并容易使草坪形成空洞，破坏草坪平整度。

2. 化学除草（除草剂除草）

（1）草坪除草剂的类型

①按除草剂作用方式分类

按作用方式可将除草剂分为选择性除草剂和灭生性除草剂。选择性除草剂在杂草和草坪草之间有选择性，即能够毒害或杀死某类杂草，而对目的植物草坪无伤害，如绿茵L—1号、使它隆。灭生性除草剂在杂草和草坪草之间缺乏选择性或选择性很小，它既能杀死杂草，又会伤害或杀死草坪草，如草甘膦、克芜踪。

除草剂的选项性和灭生性不是绝对的。选择性除草剂只有在适宜的用药量、用药时期、用药方法和用药对象下才具有选择性。提高用药量或改变用药对象也可将选择性除草剂作为灭生性除草剂应用。如绿茵L—12号是选择性除草剂，正常剂量下对结缕草草坪和冷季型草坪安全，但当用量大大提高推荐用量时，则会对草坪造成伤害；如搞错对象用于狗牙根草坪，也会对草坪造成伤害。

相反，灭生性除草剂在一定条件下，可用于防除某些草坪中的杂草。如在暖季型草坪冬季枯黄期使用草甘膦和克芜踪，可防除大部分已经出苗的杂草。

②按除草剂传导性能分类

按传导性能可将除草剂分为内吸性除草剂和触杀性除草剂。内吸性除草剂被植物茎叶或根吸收后，能够在植物体内传导，将药剂输送到植物体内的其他部位，直至遍及整个植株。如二甲四氯、百敌草。触杀性除草剂被植物吸收后，不在植物体内移动或移动较小，主要在接触部位起作用，如绿茵 S—6 号、苯达松、克芜踪。

③按除草剂使用方式分类

按使用方式可将除草剂分为土壤处理除草剂和茎叶处理除草剂。土壤处理除草剂在草坪生长期、杂草出苗之前或出土期间使用，如乙草胺、都尔。茎叶处理除草剂在杂草出苗后使用，如苯达松、百草敌、盖草能。

（2）草坪除草剂的杀草原理

植物的发芽、生长和发育是一个相互协调的统一生理过程。当除草剂施到杂草上，就干扰和破坏了杂草的一个或几个生理环节，使杂草的整个生理过程发生错乱，失去平衡，从而抑制了杂草的正常生长发育或导致杂草死亡。除草剂杀草原理主要有抑制杂草的光合作用；破坏杂草的呼吸作用；干扰杂草激素平衡；妨碍杂草核酸、蛋白质、脂肪的合成。

（3）草坪除草剂使用的原则

草坪除草剂既能防除杂草，也会伤害草坪。因此使用草坪除草剂必须做到：第一，既要搞清草坪草的种类，又要了解选用的除草剂的性质；第二，要用最少的药量达到最好的除草效果；第三，注意除草剂使用的最佳时间；第四，注意光照、温度、降雨、土壤性质等用药环境。

（4）草坪除草剂使用的方法

①土壤处理

把除草剂施用于土壤表面。土壤处理能主动把杂草消灭于萌芽之中，避免了杂草与草坪草的共生，给草坪草提供了一个良好的生长环境；能控制禾本科草坪中的大部分一年生杂草，缓解了杂草出苗后防除杂草的难题。但土壤处理仅对以种子繁殖的一年生杂草有效，而对以地下根茎繁殖的大多数多年生杂草无效。使用土壤处理除草剂必须要在杂草萌芽前几周施用。

②茎叶处理

把除草剂直接喷洒到生长着的杂草茎、叶上。茎叶处理针对性强；对多年生杂草有较好的控制作用。但茎叶处理对除草剂的选择性要求较高，使用不当容易对草坪草造成伤害，使用茎叶处理除草剂后，中毒杂草残株枯黄，贴于草坪表面，影响草坪的整体美观。茎叶处理除草剂只有在草坪草生根后才能使用，一般气温在 18 ~ 19℃ 时防除效果最好。施药时要注意周围敏感植物，避免药液漂移，故风大时不得喷雾除草剂。施药后 8h 内不得践踏，24h 内不能有雨，2d 后才能轧剪。

（5）草坪常用除草剂

草坪防除杂草常用的除草剂见表 7—4。

草坪防除杂草常用的除草剂　　　　　　　　表 7-4

除草剂类型	防除对象	处理方式	常用除草剂名称
选择性	禾本科杂草	土壤处理	都尔、乙草胺、丁草胺、氟乐灵、绿茵S-3号
		茎叶处理	高效盖草能、精稳杀得、精禾草克、拿捕净、威霸、收乐通、禾草灵、绿茵L-12号、绿茵L-13号
	阔叶杂草	茎叶处理	2，4-滴丁酯、巨星、使它隆、百草敌、溴苯腈、绿茵L-6号、绿茵L-8号
	莎草和阔叶杂草	茎叶处理	二甲四氯、苯达松、绿茵L-1号、绿茵L-7号
	禾、莎、阔三类杂草	土壤处理	绿茵S-1号、绿茵S-2号、绿茵S-4号、绿茵S-5号、绿茵S-6号、绿茵S-16号、绿茵S-17号
		茎叶处理	秀百宫、绿茵SL-2号
灭生性	—	茎叶处理	克芜踪、草甘膦

7.3.2　草坪的抗旱

　　草坪浇水要求 1 次浇足浇透，不能只浇土层表面，至少应该达到湿润土层 5cm 以上。如果土壤过分干旱，土层的湿润要增加至 10cm。在正常无雨季节，可每周浇水 1 次，如果久旱无雨，必须连续浇水 2～3 次，否则难以解除旱情。

　　草坪浇水最忌在中午阳光曝晒下进行，这样对草坪生长不利。草坪浇水应该在早晚进行。夏季高温季节浇水应在上午 9：00 前或下午 4：30 以后，而早晨浇水较好。

　　如果草坪踩踏严重，土壤坚实、干硬，水分难以下渗，则应该在浇水前先用钉齿耙滚耙，使草坪增加孔隙，然后再浇水，这样有利于水分迅速下渗，促进草坪草根部的生长发育。

7.3.3　草坪的修剪

7.3.3.1　草坪修剪的工具

　　草坪修剪主要工具是割草机。割草机有机动割草机和手动割草机 2 种，目前使用较多的机动割草机。机动割草机主要由发动机、切割装置、集草装置、行走装置和操纵装置等组成（图 7-1）。

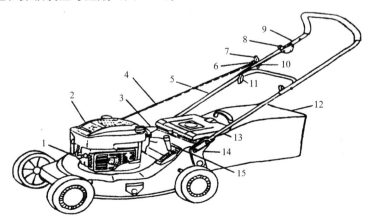

图7-1　手推式割草机结构示意图
1—火花塞；
2—发动机；
3—油门拉线；
4—起动绳；
5—下推把；
6—固定螺栓；
7—启动手柄；
8—油门开关；
9—上推把；
10—螺母；
11—锁紧螺母；
12—集草袋；
13—后盖；
14—支耳；
15—调手柄

1. 机动割草机的类型

割草机按行走装置可分为手推式和自行式2
类，目前使用的主要是手推式。按切割装置主要
可分为滚刀式、旋转式、甩刀式、往复刀齿式4种。

（1）滚刀式割草机

滚刀式割草机主要用于地面平坦、质量较高、
切削量较小的草坪修剪。其主要工作部件是螺旋滚刀和底刀（图7-2），在螺旋
线排列的滚刀片上有刀片，利用滚刀与底刀的相对转动，螺旋滚刀片将草茎剪断。

图7-2　滚刀结构
1—滚刀
2—底刀

（2）旋刀式割草机

旋刀式割草机适用于草较长的草坪修剪。其
主要工作部件是水平旋转的切割刀（图7-3）。

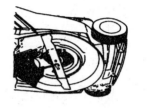

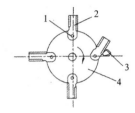

（3）甩刀式割草机

甩刀式割草机适合于切割茎秆较粗的杂草。
其主要工作部件是在垂直平面内旋转的切割刀片
（图7-4），切割刀片铰接在旋转轴或旋转刀盘上，
当旋转轴或刀盘同由发动机驱动而高速旋转时，由于离心力的作用使铰接的刀
片成放射状绷直飞速旋转，端部的切削刃在旋转中将草茎切断并抛向后方。

图7-3　旋刀片
1—铰接点；2—刀片；
3—障碍物；4—刀盘

（4）往复式割草机

往复式割草机主要用来修剪较长的草。其
主要工作部件是一组做往复运动的割刀，长度
60～120cm，工作时靠动刀和定刀之间有支撑剪
切来实现。

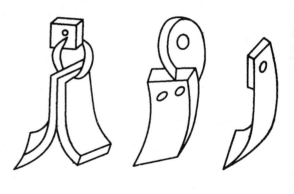

2. 机动割草机的保养与贮存

（1）刀片

刀片需经常刃磨，保持锋利。一般刀片用锉
刀或在刃磨机上进行。刃磨时刀片的切削刃理想
的角度为30°（图7-5）。

在割草机使用中当刀片撞到其他物体时，应及时检查其平衡性（图7-6），
以免因刀片弯曲或失去平衡而产生过大振动。

图7-4　甩刀

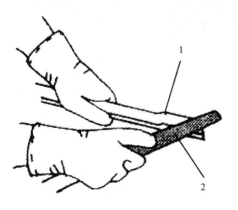

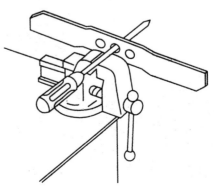

图7-5　刀片锉磨（左）
1—刀片
2—平锉
图7-6　刀片静平衡测试
（右）

（2）机壳

经常将割草机侧斜（侧斜时空滤芯的一侧朝上，以免空滤芯被油污弄脏）清理机壳内部。

（3）汽油机

严格按照汽油机要求进行保养。

（4）润滑

前后轮每季度至少用轻质机油润滑 1 次。自行部分的传动机构使用 2 年后应清洗、更换润滑脂 1 次。

（5）贮存

长期不用的割草机应先放尽机内汽油，然后起动机器，至机器自行熄火使化油器内的汽油完全燃烧干净，以免长时存放的汽油变成胶状体而堵塞化油器。另外割草机的转动部件和刀片表面需要涂油防锈。

3. 机动割草机的使用

（1）使用步骤

①检查

a. 全面检查机器，如发现有零部件松脱或损坏必须固定或调换。

b. 每次使用前必须检查机油是否在机油标尺范围内。如机油过多，会弄潮空气滤清器，发动机难以启动或冒蓝烟，甚至引起飞车现象；如果机油过少，润滑油冷却不充分，会造成拉缸，烧坏曲轴连杆，严重的会打破缸体。

c. 检查空气滤清器有无脏堵，一般使用 8h 应清理空滤芯 1 次；使用 50h 应更换滤芯。

②调节剪草高度

调动手柄，将高度调到适合的剪草高度。

③安装集草袋

根据需要装上集草袋或出草口。

④起动

先将油门开关打开，使控制杆与熄火螺钉断开。然后握住拉绳手柄，缓慢拉动起动绳至无阻力作用时，再连续快速打动起动绳，待汽油机起动后再将起动手柄放回原处。起动器有回弹装置，手松开手柄，拉绳自动复原。如带加浓装置的汽油机，冷起动时应先按加浓按钮数次，增加混合气浓度，以便起动。

⑤工作

a. 推上离合器，使割草机刀片旋转。

b. 手推式以人力推行，转弯操作时应两手将手推把向下按，使前轮离地再转弯。自行坐骑式在机器起动后只需合上离合器，将油门控制手柄放在"工作"位置，机器就会以恒定速度自行向前，转弯时先松开离合器手把，然后两手将手推把向下按，使前轮离地再转弯。

⑥停机

自行式割草机将油门控制手柄推至慢速，运转 2min 后再推至停止位置，让发动机熄火。

(2) 注意事项

①割草机在使用过程中必须严格正确操作以确保人身安全及机器的使用寿命。

②使用前认真阅读说明书、熟悉机器的各个部件。

③割草机每次使用后必须进行的保养。

7.3.3.2　草坪修剪的时间和次数

草坪轧剪的时间和次数需要根据草种的生长和使用情况具体而定。如上海地区一般从 4 月下旬到 10 月下旬。其中"五一"节前轧第 1 次草，10 月中旬轧末 1 次草。但是如果是多年生黑麦草和矮生狗牙根混合建植的草坪，在 3 月下旬就必须进行第 1 次轧剪，将多年生黑麦草轧剪掉，便于矮生狗牙根生长。

6～7 月份为草坪生长高峰，一般一级游憩草坪 10d 左右轧剪 1 次草，其他月份一般 15d 左右轧剪 1 次。但如果是运动场草坪，则需要每周轧草 2～3 次。表 7-5 为草坪修剪最少频率和次数。

草坪修剪最少频率和次数　　　　　　　　表 7-5

用途	草坪草种类	修剪频率（次/月）			修剪频率（次/年）
		4～6月	7～8月	9～11月	
观赏	冷季型草	2～3	1	2～3	15～20
	暖季型草	1～2	2～3	1～2	10～20
游憩		1～2	2～3	1～2	10～20

7.3.3.3　草坪修剪的运行方式

草坪修剪的运行方式有条状平行习惯运行和圆周运行 2 种。采用条状平行运行是按照南北或东西方向往返运行。而圆周运行围着草坪作圆周绕剪。

7.3.3.4　草坪的成坪高度

在草坪轧草留草既不能过高，也不允许过低。因为割草机在草坪场地上滚动运行，它的刀片在推进中必须与地面有一定距离。如果留草过低，不仅容易损伤草根，还会损坏割草机的刀片。一般草坪轧草时的留草高度为成坪高度的 1/3 左右。表 7-6 为草坪的成坪高度。

草坪的成坪高度　　　　　　　　表 7-6

草坪等级	一级草坪		二级草坪		三级草坪
草种类型	冷季型草	暖季型草	冷季型草	暖季型草	
成坪高度（cm）	6～7	4～5	7～8	5～6	10～15或自然高度

7.3.3.5　草坪修剪时的注意事项

1. 草坪草不宜轧得过低，特别在大热天由于干旱阳光强烈，草会因曝晒而死。

2. 如果草坪草生长过高，不能1次性轧草过低，必须分几次将草压低，一般按照1/3原则进行，即每次轧草剪去高的1/3，使保留的叶片能正常进行光合作用。

3. 轧剪前必须拣除草坪上的坚硬物，否则会损坏轧草机器的刀片。

4. 细叶结缕草通常不行轧剪。

5. 由于机动车轧草机过重，会破坏草坪的平整度。因此，雨后未干或露水过多时不宜使用机动车轧草机轧剪。

7.3.4 草坪的滚压、切边、加土

7.3.4.1 滚压

草坪滚压是控制草坪草生长的措施，也有促进草株扩展的作用。一般新铺植草坪，为了使草与土壤密接需要进行滚压。以后每年春季解冻（加土后）后也需要进行滚压。滚压一般使用滚筒来操作，滚筒的重量50kg、100kg、200kg、500kg、1000kg等不等。

7.3.4.2 切边

切边是草坪与树坛、花坛的边界线，一般每年进行2～3次。切边要求整齐，有一定的倾斜度，深度和开口各为15cm。切边后要及时将切下的草清除。

7.3.4.3 加土

加土能够保证草坪的平坦、促进草坪草正常生长。加土一般每年1次，在冬季休眠起到春季萌发前进行。所加的土必须细、干燥，最好拣去杂质，并加入有机肥料。加土必须均匀，每次加土的厚度为1～2cm左右，不能过厚。如果加土的厚度超过5cm，则会影响草坪草的萌发和生长。加完土必须进行滚压以镇压。

7.3.4.4 打孔通气

打孔不仅能促进水分渗透，而且还能能够促进土壤内部空气流通。草坪经过1年的践踏使用，应在冬季使用钉齿滚（带钉的滚筒）在草坪上滚压刺孔，也可以使用叉子在草坪上叉孔。

7.3.5 草坪的施肥

草坪施肥要根据草坪草的种类而定。生长季节的施肥则根据草坪草的长势进行适时适量的追肥，一般用尿素或复合肥，撒施在草坪上，之后灌水。

一般冷季型草春秋季追肥较多，夏季要停止施肥。追肥一般采用根外追肥的方式进行，肥料多采用0.5%～1%尿素和0.2%～0.5%的磷酸二氢钾溶液。

而暖季型草在早春撒施尿素，能促进草坪草早日返青，每次用量视草坪的生长势而定，一般为5～10g/m²。对个别生长势较弱的草坪，可喷0.1%～0.2%磷酸二氢钾进行根外补施，以促复壮。每年10月底、11月初注意重施基肥（越冬肥料），肥料种类及用量视草坪草的长势及实际需肥情况而定。

7.3.6 草坪常见病虫害的防治

7.3.6.1 草坪常见病虫害

草坪常见的病害有炭疽病、叶斑病、白粉病、枯萎病、褐斑病、锈病、黏菌病、黑斑病、赤霉病、猝倒病。

草坪常见的虫害有线虫、小地老虎、蝼蛄、黏虫、蛴螬、蚂蚁、螨类、草螟、蚯蚓、象甲。

7.3.6.2 草坪常见病虫害的防治方法

1. 选择和培育抗病虫害品种。

2. 通过改变环境条件来控制病虫害，尽量为草坪创造适宜的栽培环境，促使草坪生长茂盛健壮、密实，颜色、弹性达到最佳效果。

3. 使用杀菌剂和杀虫剂等农药

（1）交替使用农药

在使用农药时要交替使用，使得用药能达到预期效果，避免产生抗药性。

（2）合理使用农药

不要盲目相信好药和昂贵农药，尽量选择低毒、低残留、环保的农药。如锈病可用0.3%石硫合剂或等量的波尔多液防治。蚂蚁和蚯蚓可用烟蒂浸水或石灰水喷施于草坪上灭除。

（3）适时使用农药

选择最适宜时间对症下药。如在食叶、食根性害虫的防治时应对草坪进行低修剪，然后再进行喷药这样防治的效果会更好些；

7.3.7 草坪的更新复壮

草坪虽属于多年生植物，但植株的生命期较短，必须依靠进行更新恢复，延长生命周期。草坪的更新复壮是保证草坪生长持久不衰败的一项重要养护工作。草坪的更新复壮主要有以下4种方法。

7.3.7.1 添播草籽

在草坪建植3～4年后，草坪草的生长开始进入衰老期。此时可在草坪上采取松土刺孔的办法，将肥料和草籽洒落空洞内，然后浇水，让草籽萌发，以增加草坪活力。

7.3.7.2 切断老根

定期在建成的草坪上，使用钉滚筒来回滚压草坪，在草坪上面扎出许多洞孔，同时切断老根。在洞内施入肥料，促使新根生长，达到草坪更新复壮的目的。也可使用滚刀，在草坪上每隔20cm划出一道缝隙，同样能达到切断老根的目的。

7.3.7.3 全面更新

当草坪出现衰老时，将草坪草全部挖起，然后整理土壤，并加入有机肥料，最后选择一部分生命力强的匍匐茎或根状茎重新栽植。也可在操作过程中添加一些新的嫩草根。

7.3.7.4　空秃修复

先沿空秃斑块下切，取走空秃内的土壤，再将肥沃的土壤垫入空秃内（垫土的厚度要稍高于周围的草坪土壤），然后平整地面、铺植草皮、浇透水。经过晾干后压实地面，就可使之与周围的草坪成体一体。

复习思考题

一、问答题

1. 各列举4种冷季型草和暖季型草。并各说明冷季型草和暖季型的特点。

2. 选择草坪草的依据是什么？

3. 草坪在建植前要做什么准备工作？怎样做？

4. 种子播种建植草坪应在何时播种？播种量是多少？怎样进行播种？

5. 在用草块直接建植草坪要注意哪些环节？

6. 怎样掌握草坪修剪的时间、频率？

7. 草坪修剪时要注意哪些事项？

8. 手工工具如何进行保养与维护？

9. 水泵如何进行使用？

10. 喷灌系统由哪些部件所组成？

11. 怎么进行喷灌系统的使用？

12. 简述微灌系统的组成及作用。

13. 简述微灌技术特点。

14. 何为自动化灌溉系统？

15. 简述手动喷雾器的结构及工作原理。

16. 常用的草坪养护机具有哪些？各有何作用？

17. 喷头按结构和喷洒工作特性分为哪些形式？各有何特点？

二、填空题

1. 园林手工工具种类很多，分类的方法也很多，从适用范围来看，可以分为_____型、_____型和_____型。

2. 园林绿地养护中所用的水泵有_____泵、_____泵、_____泵和_____泵4种类型。

3. 喷灌系统由_____、_____、_____和_____等组成。有的还配有_____、_____和_____等辅助设备。

4. 微灌可分为_____灌、_____灌、_____灌和_____灌等类型。

5. 手动背负式喷雾器属于液体压力式喷雾剂，主要由_____、_____、_____、_____和_____等组成。

6. 草坪修剪机的类型很多，按照工作部件剪草方式分为_____草坪修剪机、_____ 草坪修剪机、_____ 草坪修剪机、_____ 草坪修剪机和用绳式割草机。

7. _____ 是保证园林植物正常生长发育的重要管理措施之一。

8. 草坪 _____ 机用于边界修整，切断蔓伸到草坪界以外的根茎。

三、选择题

1. 手工工具的保养主要是（　　　）。

A. 防锈　　　　　　B. 打磨　　　　　　C. 擦洗　　　　　　D. 润滑

2. 坡地、铁路、公路边，为能尽快成坪而采用的播种方式为（　　　）。

A. 牵引式播种机　B. 手摇撒播机　　C. 喷播机　　　　D. 手摇直播机

3. 在草坪上按一定的密度打出一些有一定深度和直径的孔洞称为（　　　）。

A. 镇压　　　　　　B. 播种　　　　　　C. 打孔　　　　　　D. 修剪

4. 微灌技术灌溉水有效利用率高，一般比地面灌溉可省水（　　　）。

A. 10%～20%　　B. 30%～50%　　C. 50%～60%　　D. 80% 以上

5. 喷药车可节约药量达（　　　）。

A. 30% 以上　　　B. 40% 以上　　　C. 50% 以上　　　D. 60% 以上

6. 我国传统的灌溉方式是（　　　）。

A. 渗灌　　　　　　B. 喷灌　　　　　　C. 滴灌　　　　　　D. 地面灌溉

7. 城市绿地一般采用的喷灌水源是（　　　）。

A. 自建水塔　　　　B. 井水　　　　　　C. 自来水　　　　　D. 河水

8. 利用叶轮旋转时叶片对水的轴向推力引水的水泵称为（　　　）。

A. 离心泵　　　　　B. 混流泵　　　　　C. 轴流泵　　　　　D. 潜水泵

9. 将具有一定压力的水通过专用机具设备由喷头喷射到空中，散成细小水滴的灌溉方法称为（　　　）。

A. 渗灌　　　　　　B. 喷灌　　　　　　C. 滴灌　　　　　　D. 地面灌溉

本章主要参考文献

[1] 胡中华，刘师汉 . 草坪与地被植物 [M]. 北京：中国林业出版社，1999.

[2] 谭继清 . 草坪与地被栽培技术 [M]. 北京：科学技术文献出版社，2000.

[3] 刘建秀，等 . 草坪·地被植物·观赏草 [M]. 南京：东南大学出版社，2001.

[4] 沈国辉 . 草坪杂草防除技术 [M]. 上海：上海科学技术文献出版社，2002.

[5] 陈志明 . 草坪建植与养护 [M]. 北京：中国林业出版社，2003.

提要：我国历史悠久，历史遗留在寺院庙宇、古典园林、风景名胜等地的许多古树、名木，有些是世界罕见的古树，这些古树被誉为珍贵的"活化石"、"活文物"、"绿古董"。这些古树、名木，不仅构成了我国园林中独特的瑰丽景观，同时也是我国传统文化的瑰宝。

通过本章对古树、名木保护和研究意义的学习，可以了解和掌握古树衰老原因的诊断与分析和古树、名木的复壮与养护等理论及操作技术。

8.1 古树、名木保护和研究的意义

8.1.1 古树、名木的概念

所谓古树是指树龄在百年以上的树木，其中凡树龄在 300 年以上的为一级古树，其余的为二级古树。所谓名木是指珍贵、稀有的树木和具有纪念意义、历史价值的树木。古树、名木往往是身兼二职，既是古树，又是名木；也有古树不名或名而不古的，但都应引起高度重视，加以特殊地保护和研究。古树、名木是地球上唯一以生命形态记述人类社会发展轨迹不可复制的活的历史文物。它们不仅是弥足珍贵的植物资源、生态资源和景观资源，还是各个历史时期人类社会、自然气候、地理变迁和人文历史沿革不可替代的铁证。千百年来，它们傲居所有先它而逝的生物体的生命巅峰，虽历经磨难，仍然活到今天并将继续活下去，向世人展示了它顽强的生命力。

我国历史悠久，历史遗留在寺院庙宇、古典园林、风景名胜等地的许多古树、名木，有些是世界罕见的古树，这些古树被誉为珍贵的"活化石"、"活文物"、"绿古董"。我国历代都十分珍惜这些古树、名木，它不仅构成了我国园林中独特的瑰丽景观，而且也是我国传统文化的瑰宝。今天对于这些宝贵的生物文物资源，国家高度重视，各地政府制定了相应的保护性法规，强化对古树、名木管理的严肃性。

8.1.2 研究与保护的意义

古树、名木是城市绿化、美化的一个重要组成部分，是一种不可再生的自然和历史文化遗产，具有重要的科学、历史和广商价值，有些树木还是地区风土民情、民间文化的载体和表象，是活的文物，它与人类历史文化的发展和自然界历史变迁有关，是历史的见证，对其实施有效的保护具有现实意义。因此，古树对于考证历史、研究园林史、植物进化、树木生态学和生物气象学等都有很高的价值。

1. 古树、名木的社会历史价值

古树记载这一个国家、一个民族的发展历史，是国家、民族与地域文明程度的标志。我国传说中的周柏、秦松、汉槐、唐银杏等，这些"活化石"、"活文物"、"绿古董"均可作为历史见证。北京景山崇祯皇帝上吊的古槐（现在已非原树），是记载农民起义的丰碑；北京颐和园东门内的两排古柏，是遭受过八国联军残酷火烧颐和园时的烧烤，从此靠近建筑物的一面就没有了树皮，这是帝国主义侵华罪行的罪证。

2. 古树、名木的文化艺术价值

不少古树曾使历代文人、学士为之倾倒，为之吟咏感怀，它们在中国文化史上有其独特的地位。如扬州八怪的李婵，曾有名画"五大夫松"，是泰山名木艺术的再现。此类为古树而作的诗画为数极多，都是我国文化艺术宝库中的珍品。

3. 古树、名木的园林景观价值

古树是历代陵园、名胜古迹的佳景之一。它们苍劲古老、姿态奇特,万千中外游客"九龙柏"、团城上的"遮阴侯"、香山公园的"白松堂"、介台寺的"活动松"、"卧龙松"、"九龙松"。不仅使游人看到它们的风姿,而且听到它们美好的神话传说,大大地增加了游兴。

4. 古树的自然历史研究价值

古树的生长与所经历的生命周期的自然条件,特别是气候条件的变化有着极其密切的关系。年轮的宽窄和结构是这种变化的历史记载,因此在树木生态与生物气象研究方面有很高的研究价值。

5. 古树在研究污染史中的价值

树木的生长与环境污染有着极其密切的关系。环境污染的程度、性质及其发生年代,都可在树木结构与组成上反映出来。美国宾夕法尼亚州立大学用中子轰击古树年轮取得样品,测定年轮中的微量元素,发现汞、铁和银的含量与该地区的工业发展有关。

6. 古树在研究树木生理中有特殊意义

树木的生长周期很长,相比之下人的寿命却短得多,它的生长、发育、衰老、死亡的规律,我们无法用跟踪的方法加以研究,古树的存在就把树木生长、发育在时间上的顺序展现为空间上的排列,使我们能以处于不同发育阶段的树木作为研究对象,从中发现该树种从生到死的总规律。

7. 古树对于树种规划有很大的参考价值

古树作为乡土树种,对当地气候和土壤条件有很强的适应性,因此古树是树种规划的最好依据。例如,对于干旱、瘠薄的北京市郊区种什么树合适,30 年来变来变去:解放初期认为刺槐比较合适,不久证明刺槐虽然耐干旱,幼苗速生,但对土壤肥力反应敏感,很快出现生长停滞,长不成材;20世纪 60 年代认为油松最有希望,因为解放初期造的油松林当时正处于速生阶段,山坡上一篇葱绿可爱;但是不久之后便封顶,不再长高,这时才发现,幼年时不够速生的侧柏却能稳定生长。北京的古树中恰侧柏最多,故宫和中山公园都有很多古侧柏,这说明它是保守了历史考验的北京地区的适生树种,如果早日领悟了这个道理,在树种的选择中就可以少走许多弯路。上海古树中,银杏、榉树占 40% 以上,对当地选择适地树种、促进绿化事业的发展有重要的参考价值。

8. 稀有、名贵的古树对保护种质资源有重要的价值

如上海古树名木中的刺楸、大王松、铁冬青等都是少见的树种,在当地生存下来更具有一定的经济价值和科学研究价值。同时,目前有的住宅开发商以当地现存的古树名木为依托,宣扬"人杰地灵""物华天宝"的地域文化,以促进促销;并以古树命名,如香樟苑、银杏苑、樟树苑、橡树园等,因备受居民的喜爱而畅销。

8.2 古树的衰老与复壮

8.2.1 古树衰老原因的诊断与分析

树木诊断的程序与方法同样适用于古树,但在诊断中应注意以下3个问题。

1. 查明古树衰老的主导因子

引起古树衰老的原因极为复杂,如土壤缺少某些营养元素,土壤紧实度过高,土壤含水量过多或过少,土壤含盐总量过高,树体病虫害,树干严重机械损伤等。但是,在不同地区,引起衰弱的主要原因不尽相同,即使在同一地区,引起衰弱的主要原因也有明显的差异。因此,要因地制宜采用合理的措施才能取得良好的复壮效果。这就需要调查本地区古树生长的环境条件和树体状况,准确诊断引起古树衰弱的原因,特别是引起衰弱的主要原因。

2. 划分古树衰弱的等级,确定复壮的重点

在古树调查后,按标准样株的枝、叶、冠、干、根的各项生长指标,对照弱树的各项生长指标进行古树等级的划分,确定衰弱程度。除濒死株和部分极度弱株很难复壮外,其余等级均可因地制宜采取复壮措施,但应以衰弱株为重点复壮对象。

3. 研究合理的复壮技术方案

在查明引起古树衰弱原因及划分衰弱等级的基础后,随即研究复壮技术措施。当由于两个以上原因造成古树生长衰弱时,如因病虫害、土壤缺乏营养,或土壤含水过少(自然含水量为 5% ~ 7%)等,宜采用综合性复壮技术措施。当由于单一原因造成衰弱时,如因地势低洼积水引起烂根而生长衰弱,其他条件均好,那么进行地下排水工程即可收到良好的效果。

8.2.2 古树衰老的原因

古树按其生长来说,已经进入衰老更新期,世界上任何事物都有其生长、发育、衰老、死亡的客观规律,古树也不例外,但是古树的衰老,还与其他因素有关。经过调查,古树生长环境条件的恶化是古树衰老的主要原因,其中主要有以下几个因素。

1. 土壤板结,通气不良

古树生长之初,立地条件都比较优越,从环境情况来看条件都比较好,多生长在宫、苑、寺、庙或是宅院内、农田旁,其土层深厚,土质疏松,排水良好,小气候适宜。经过历史的变迁,人口剧增,随着经济的发展,人们生活水平的提高,许多古树所在地开发成旅游点,旅游者越来越多,加之有些古树或姿态奇特,或具有神话传说,招来游客更多,车压、人踏等,密实度过高,通透性差,限制了根系发展,甚至造成根系尤其是吸收根的大量死亡。

2. 土壤剥蚀,根系外露

古树历经沧桑,土壤裸露,表层剥蚀,水土流失严重。不但使土壤肥力下降,而且表层根系易遭干旱和高温伤害或死亡,还易造成人为擦伤,抑制树木生长。

3. 树基周围铺装面过大。

有些地方有水泥、砖或其他铺装材料在树下铺装，仅留下很小的树池，这样会影响树木地下与地上部分气体的沟通，树的根系处于透气性差的环境中，极大地影响了古树根系的生长。

4. 土壤严重污染

在个别地区，有人在公园古树林中大开各式各样的展销会、演出会或驻扎队伍进行操练。这不仅使该地土壤密实度增加，同时这些人在古树林中乱倒污水，有些地方还开辟临时的厕所，造成土壤含盐量极度增加。

5. 挖方和填方的影响

挖方的危害与土壤剥蚀相同，填方则造成根系缺氧窒息死亡。道路及道路工程施工，破坏了古树的形态及立地条件。

6. 营养不良

古树经过成百上千年的生长，消耗了大量的营养物质，养分循环利用差，几乎没有什么枯枝落叶归还给土壤，人工又没有或很少施肥，这样，不但有机质含量低，而且有些必需的元素也十分缺乏；另一些元素可能过多而产生危害。

有些古树栽在垫基土上，栽树时只将树坑中换了好土，树坑外土质不良又坚硬。树木长大后，根系很难向坚硬土中延伸，由于根系活动范围受到限制，营养缺乏，导致古树衰老，甚至死亡。

7. 水分过多

自冷季型草坪引进后，有不少地方在古树下栽种，观赏效果确实不错。但是冷季型草坪需要水分较多，特别是在炎热的夏季，一天中需要喷水数次方可满足草坪生长的需要。而这些古树（如油松等），则会因根部水分过多，缺乏氧气，造成根系生长不良，甚至烂根。另外，地势低洼，排水不畅，加之连续降雨等，也会因水分过多而使古树生长不良。

8. 病虫危害

树木感染病虫害后，生长不良，树势衰弱，也就是说，树木长势的衰弱与病虫害也有关；而树木生长衰弱以后又容易受病虫害的侵袭，特别是古松和古柏，长势衰弱以后，很容易招小蠹甲伤害，最后死亡的直接原因不是因古树衰老死亡，而是由于病虫的伤害而致死。除小蠹甲伤害外，天牛类、病菌侵入等都会加速古树的衰老与死亡。

9. 自然灾害

雷击、风折、雪压、雹打、干旱、雨淞、灾震等自然灾害都会对树木造成不同程度的影响，削弱树势，严重时会导致死亡。如黄山风景管理处，每年在大雪时节都要安排人员及时清雪，以免雪压毁树。

10. 人为损害

由于各种各样的原因，在树下乱堆东西（如建筑材料水泥石、沙子等），尤其是水泥和石灰，堆放不久树木就会被烧死。还有些古树因树体高大，姿态奇特而被人为神化，成为部分人进香朝拜的对象，日积月累，导致香火伤及树体；还有些人对树木的保护意识不强，在树上乱画、乱刻、乱钉钉子挂各式各样的东西及晾晒衣服，甚至折枝等，使树体受到严重的破坏。

11. 空气污染

随着城市化进程的不断推进，各种有害气体如二氧化硫、氟化氢、氮氧化物等造成了大气污染，古树名木不同程度地承受着这些污染物的侵害，过早地表现出衰老症状。

12. 盲目移植

近年来，随着城镇化水平的提高，许多地方盲目通过"大树进城"、"古树搬家"的途径，提升城市绿化的档次与品位。一些人经不住高额利润的诱惑，参与盗卖、盗买古树、名木，致使许多珍贵大树在迁移过程中严重受害，栽植后往往生长不良，甚至死亡。目前，这种现象业已成为古树名木遭受破坏的主要原因。

诸如以上原因，古树生长的条件日渐变坏，不能满足树木对生态条件的要求，树体再遭受摧残损伤，古树很快衰老，以致死亡。

8.2.3 古树、名木的复壮与养护

8.2.3.1 古树、名木的调查、登记、存档备案

古树、名木是我国活的文物，是无价之宝，各地区应组织专人进行细致的调查，摸清我国的古树资源，以挖掘其研究和应用的价值。调查的内容包括树种、树龄、树高、冠幅、胸径、生长势、生长地的环境（土壤、气候等情况）以及对观赏、研究的作用。同时还应搜集有关古树的历史及其他资料，如有关古树的诗、画、图片、地方志、传说、神活故事、奇闻轶事等。对以上各项应逐一进行详细记载，并在调查的基础上分级整理，拍摄照片存档备案。总之，群策群力逐步建立和健全我国的古树档案。必要时，还可以用 Mls（计算机信息管理系统）为古树资源管理提供帮助。建立树木信息网，为树木佩带电子身份牌，并与有关部门建立的树木档案相连。

在古树调查、分级的基础上，要进行分级养护管理：对于生长一般、观赏及研究价值不大的，可视具体条件实施一般的养护管理；对于年代久远、树姿奇特兼有观赏价值和文史及其他价值的，应拨专款派专人养护，并随时记录备案。在建立、健全古树、名木资源档案的基础上，还应给它们建立生长情况档案，每年都要分别记明其生长情况和采取的养护管理措施等，供以后养护管理时参考。

8.2.3.2 古树，名木的复壮与养护的技术措施

1. 养护的基本原则

（1）恢复和保持古树原有的生境条件

古树在一定的生境下已经生活了几百年，甚至数千年，说明它十分适应其历史的生态环境，特别是土壤环境。如果古树衰弱的原因是近年土壤及其他条件的剧烈变化，则应该尽量恢复其原有的状况，如消除挖方、填方、表土剥

蚀及土壤污染等。对于尚未明显衰老的古树，不应随意改变其生态条件。在古树周围进行建设时，在建厂、建房、修厕所、挖方、填方等必须首先考虑对古树、名木是否有不利影响。如有不利影响应采取措施清除。

否则，由于环境特别是土壤条件的剧烈变化影响树木的正常生活，导致树体衰弱，甚至死亡。此外，风景区游人践踏造成古树周围土壤板结，透气性日益减退，严重地妨碍树根的吸收作用，进而减少新根的发生、生长速度和穿透力。密实的土壤使微生物无法生存，使树根无法获取土壤中的养分，同时密实的土壤缺少空气和自下而上的空间，导致树木根系因缺氧而早衰或死亡，所以应保证古树有稳定的生态环境。

(2) 养护措施必须符合树种的生物学特性

任何树种都有一定的生长发育和生态学特性，如生长更新特点对土壤的水肥要求以及对光照变化的反应等。

在养护中应顺其自然，满足其生理和生态要求。如肉质根树种，多忌土壤溶液浓度过大，若在养护中大肥大水，不但不能被其吸收利用，反而容易引起植株的死亡。树木的土壤含水量要适宜，古松柏土壤含水量一般以 14% ～ 15% 为宜，沙质土以 16% ～ 20% 为宜；银杏、槐树一般应以 17% ～ 19% 为宜，最低土壤含水量为 5% ～ 7%。合理的土壤 N、P、K 含量一般是土壤碱解 N 为 0.003%，速效 P 为 0.002%，速效 K 为 0.01%。当土壤 N、P、K 低于这些指标时，应及时补充。

(3) 养护措施必须有利于提高树木的生活力，增强树体抗性。该类措施包括灌水、排水、松土、施肥、树体支撑加固、树洞处理、防治病虫害、安装避雷针及防止其他机械损伤等。

2. 综合复壮的措施和方法

(1) 改善地下环境

根系复壮是古树整体复壮的关键，改善地下环境就是为了创造根系生长的适宜条件，增加土壤营养促进根系的再生与复壮，提高其吸收、合成和输导功能，为地上部分的复壮生长打下良好的基础。

① 施腐叶土

如果树势衰弱是由土壤营养不良、紧实度高等原因引起的，可以采用施腐叶土的方法解决。具体方法如下：

腐叶土是用松树、栎树、榆树、紫穗槐等落叶 (60% 腐熟落叶加 40% 半腐熟落叶混合)，再加少量 N、P、Fe、Mn 等元素配制而成。这种腐叶土含有丰富的矿物质元素，富含胡敏素和黄腐酸等，可促进古树根系生长，同时有机物逐年分解与土粒胶合成团粒结构，从而改善了土壤的物理性状，促进微生物活动，将土壤中固定的多种元素逐年释放出来 (Fe^{3+}—Fe^{2+})，复壮后 3 ～ 5 年土壤的通气孔隙度保持在 12% ～ 15% 以上。从而提高了根系的吸收、合成和输导功能，为地上部分的复壮生长打下良好的基础。施腐叶土分放射沟施和长条沟施。放射沟是从树冠投影约距树干 1/3 的地方方向外挖 4 ～ 12 条沟，沟应内浅外深，内窄外宽，沟宽为 40～70cm，深 60～80cm，沟长约 2m。每穴除施腐叶土外，同时施入粉碎的麻酱渣和尿素（每沟施麻酱渣约 1kg，尿素 50g），为了补充磷肥可加入少量粉碎的动物骨头和贝壳等物，然后覆土约10cm，踏平踩实。如果株行距大，也可以采用长条沟施，沟长 2m 以上，宽40～70cm，深 60～80cm，做法同上。应注意的是埋土应该高出地面，不能凹下，以免积水，如有积水应在下层增设盲沟或排水管等地下排水设施。

如果古树衰老不严重，沟施条件不具备，也可以采用穴施。在树冠的投影下，距树干 1.5～2.0m 或更远一点的地方挖穴，穴直径 40～80cm，深80cm 穴内填入的物质与沟施相同，也可以不同，可以施入松针土，再加入少量的豆饼或尿素即可。无论沟施还是穴施，都应该就地取材，如没有腐叶土，将修剪下来的无用的枝条埋入沟（穴）中，令其慢慢地腐烂，就是过去复壮古树采用的埋树条法。

为了防止土壤被踏实，可以施腐叶土与铺梯形砖和铺草皮结合。其下层做法与上述措施相同，而覆土后在其上铺上大下小的特制梯形砖，砖与砖之间不勾缝留出通气道，下面用石灰砂浆对砌（砂浆用石灰、沙子、锯末配制，比例为 1：1：0.5 同时还可以在其上面种上草花或铺草皮，并围上栏杆禁止游人践踏；或在其上铺带孔的水泥砖或铁箅子，对古树复壮都有良好的作用。

②土壤翻晒

如果古树的衰老是由于周围地上铺冷季型草坪、水分过多通气不良而引起的，在这种情况下，必须将树冠投影下面的草坪移走，先将表土起出，放在一边，然后顺着主根深挖，将其土放在另一边，深度 20cm 以下，注意树穴不能被雨淋，下雨时要用塑料布将树穴盖上，土壤经过晾晒 4～7d，将原土加入松针土（1：1）拌匀，再加入 70% 甲基托布津（2.5g/m²）等，要与 50～100 倍的细土拌匀，以后其上不要再种冷季型草，可种土麦冬、崂峪苔草等。

③设置复壮沟（孔）

有些古树生长不良是由于地下积水，影响通气造成的。在这种情况下，可采用挖复壮沟、铺设通气管和砌渗水井的方法，以增加土壤通气性，使积水透过管道、渗水井排出或用水泵抽出。

复壮沟深 80～100cm，宽 80～100cm，长度和形状应地而定，有时是直沟，有时是半圆形或"U"字形沟，沟内回填物大多是腐叶土和各种树枝及增补的营养元素等，回填的树枝多为紫穗槐、杨树等阔叶树种的枝条，或者是冬季修剪下来的各种树木枝条，将其截成 40cm 的枝段后埋入沟内，树枝之间以及树枝与土壤之间形成大的空隙，古树的根系可以在枝间穿行生长。为改善营养，增施的营养元素根据需要而定。北方的许多古树，以Fe 元素为主，再施入少量的 N、P 元素。硫酸亚铁（FeSO₂）使用剂量按长1m、宽 0.8m 复壮沟施入 100～200g，最好掺入少量的麻酱渣，以更好地满足古树对营养的要求。

复壮沟的位置在古树树冠投影外侧，回填处理从沟底开始，共分 6 层：

沟底部先垫 20cm 厚粗沙（或陶粒、砾石）；其上铺 10cm 厚树枝；在树枝上填 20cm 厚的腐叶土；又铺 10cm 厚的树枝，再填入腐叶土 20cm；最上一层为 10cm 厚的素土。

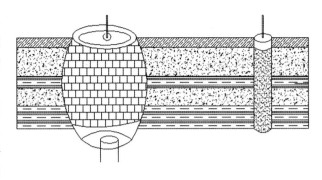

图8-1 复壮沟——通气——透水系统

安装的通气管为金属、陶土或塑料制品，管径 10cm，管长 80～100cm，管壁有孔，外面包棕片等物，以防堵塞。每棵树按 2～4 根垂直埋设，下端与复壮沟内的树枝层相连，上部开口加上带孔的铁箅盖，既便于开启通气、施肥、灌水，又不会堵塞。

渗水井设置在复壮沟的一端或中间，井深 1.3～1.7m，直径 1.2m，四周用砖垒砌而成，下部不用水泥勾缝，井口周围抹水泥，上面加带孔的铁盖。井比复壮沟深 30～50cm 可以向四周渗水，因而可保证古树根系分布层内无积水。雨季水多时，水如不能尽快渗走，可用水泵抽出。井底有时还需向下埋 80～100cm，渗漏经过这样处理的古树，地下沟、井、管相连，形成一个既能通气排水，又能供给古树营养的复壮系统，创造出适合于古树生长的优良土壤条件，因而达到了古树复壮的目的（图8-1）。

往往由于各种原因不能构筑复壮沟，也可以挖通气孔。通常在树冠的投影下挖 3～4 穴，穴深 60～80cm，穴直径 60～80cm，穴壁用砖垒砌，穴内放入疏松的有机质，上面加上带孔的铁盖即可。有的穴壁不用砖垒砌，内放入十几条蚯蚓，既可将周围土壤疏松，又可以增加土壤的肥力。

④换土

古树几百年甚至上千年生长在一处，土壤里的肥分有限，时间长了会出现缺肥症状；再加上人为的踏实，使土壤通气不良，排水也不好，对根系生长极为不利，地上部分常出现生长不良现象。北京故宫园林采用换土的办法抢救濒临的古树，使之复壮，效果良好。

古树根部换土是件不容易的事情，只有在古树垂危时才应用，所以将"换土"作为对濒危古树抢救的主要措施。

⑤进行透气铺装或种植地被

为了解决古树表层土壤的通气问题，常在树下、林地人流密集的地方加铺透气砖。透气砖的材料和形状可根据需要设计。在人流少的地方，种植豆科植物，如苜蓿、白三叶及垂盆草、半支莲等地被植物，除了改善土壤肥力外还可提高景观效益。

⑥施用植物生长调节剂等药剂

给植物根部及叶面施用一定浓度的植物生长调节剂，如将植物生长调节物质 6-苄基腺嘌呤（6-BA）、激动素（KT）、玉米素（ZT）、赤霉素（GA）。及生长调节剂（2，4-D）等应用于古树复壮，有延缓衰老的作用。

其他如施用助壮素（用稀土元素配成）、生物混合制剂（由"五四零六"、细胞分裂素、农抗 120、农丰菌、生物固氮肥混合而成）施用后也能促进古树根系生长，提高古树的生长势。

最近市场推出的"天然植物活力素"，是抽取松柏类树木和某些草类中的有效成分，以特殊方法制成的营养液，它的独特作用在于活化植物细胞，并可以直接提供营养，提高光合作用的效率和植物机体的免疫力，从而提高古树名木、衰弱树木的生长势。试验证明，在长势衰弱的白皮松上使用这种天然植物活力素，1个月后，长势明显增强，新芽饱满，生机盎然。其使用方法包括打孔灌根、根部漫灌、叶面及树干喷雾、注入树干等。

（2）加强地上保护

①立支柱或支架

古树由于生长年代久远，有的主干中空，有的主枝死亡造成树冠失去均衡，树体倾斜；古树树体衰老后，枝条又容易下垂，因而需用他物支撑。根据树体倾斜程度与枝条下垂程度的不同，可采用单支柱支撑或双支柱支撑。有的古树不单纯一个树枝下垂，有时2～3个，甚至更多的枝条下垂，在这种情况下用单根支柱支撑很难看，最好采用棚架式支撑，如北京故宫御花园内的龙爪槐、皇极门内的古松均用棚架式支撑，效果很好。支柱可以用金属、木材、竹竿等材料制成，有的可以因地制宜采用其他材料和支撑措施，其颜色应与周围环境协调。

②打箍或堵树洞

有些古树被大风吹刮后，枝干扭裂，发生此种情况时，应立即给扭裂的枝干打箍，以防枝干断裂。古树枝、干上有了树洞必须立即堵上，以防其蔓延扩大。方法是先将洞内的朽木清除，刮去洞口边缘死组织，用药剂（氟化钾、硫酸铜）消毒后进行填充，填充物过去用沙子与水泥以3：1混合填入洞穴，其外表面用白灰、乳胶、颜料混合成的腻子涂抹；为了增加美观富有真实感，在最外面钉上一层真的树皮。目前此方法已不提倡，推广使用的填充材料是聚氨酯塑料以及高压注入环氧树脂密封等。堵树洞时应做到填充物与木质部接触处充分贴紧，不可留有孔隙，填充物表面不要高于木质部。树干上的小洞可用木桩钉楔填平或用桐油与3～5份锯末混合堵塞。

③加设围栏、护板、标识牌

为了防止游人践踏，使古树根系生长正常并保护树体，可在来往行人较多的古树周围，加设围栏、松土或种植有益的地被；露出地面的根应用腐殖土覆盖，在地表加设护板、支柱、网罩或架空铺装（图8-2）以免造成新的伤害；安装标志，标明树种、树龄、等级、编号，明确养护管理单位，设立宣传牌，介绍古树名木的重大意义与现状，可起到宣传教育、发动群众保护古树、名木的作用。

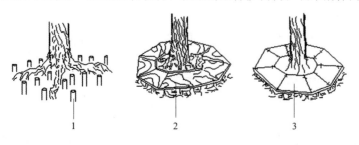

图8-2 加护铺装保护
裸根
1—支柱；
2—木板；
3—水泥板

④设避雷针

据调查有一些古树遭受过雷击，严重影响树势，有的古树因受雷击后未得到很好的治疗与抢救，甚至很快死亡。所以高大的古树必须安置避雷针，如果古树已遭受雷击，应立即将烧伤部分锯除，刮平伤口，涂上保护剂，并将劈裂枝打箍或支撑；如有树洞要及时补好树洞；并加强养护和管理措施。

⑤整形修剪

由于古树、名木的特殊性，应由相关人员进行研究，制定科学合理的整形修剪方案，并报有关部门批准。应以保持原有树形为基本原则，必要时剪去过密枝、病虫枝等。对有重大意义或价值的古树，为充分保持原貌，有时要对枯枝作防腐处理。

⑥疏花疏果

当植物缺乏营养或生长衰退时，常出现多花多果现象，这是植物生长发育的自我调节，但大量结果会造成植物营养失调，古树发生这种现象时后果更为严重。采用药剂疏花疏果，则可降低古树的生殖生长，扩大营养生长，恢复树势而达到复壮的效果。如在国槐开花期喷洒 50mg／L 萘乙酸加 200mg 赤霉素效果较好；秋末对于侧柏、龙柏喷洒 200mg/L 萘乙酸，对于抑制翌年产生雌雄球花的效果很有效。

⑦施肥、灌水、松土

古树长时期生长在一处，其所在地土壤常常缺乏必要的营养成分，因而须经常给古树施肥。其方法一般在树冠投影下开沟或挖穴，深度应在根系主要分布层（40～50cm），沟宽 40～70cm，沟长 100～200cm；穴直径 70～100cm，在沟内施有机肥、少量的化肥、适量的微量元素，有的还同时加入马蹄掌或麻酱渣。

但要注意一定在科学判断或化验测定的基础上进行，应"对症下药，有的放矢"施肥后要及时灌水。平时应注意给古树灌水，早春灌水防晚霜危害和防春旱，秋冬季浇水防冻旱，夏季降水极少的年份也需给古树灌水。灌水后应立即松土，一方面防止水分蒸发，同时增加通透性。

古树生长地应经常进行松土，特别是经常有人践踏的古树周围土壤更应经常进行耕翻，春耕、夏耕、秋耕都要进行。有些人认识不到这一点是非常错误的，有很多古树因经常踩压，古树根系因得不到足够的氧气而生长衰弱，甚至死亡。有的古树下面还可以种上花草或铺草坪，一方面防止游人践踏，另一方砸还可以防止地表径流，以免水土和养分流失。

⑧病虫害防治

病虫危害是古树生长衰弱的重要原因之一，如危害古松柏的红蜘蛛、天牛、蠹虫等，都会对古树造成毁灭性的危害。由于面对的是长势较差的古树及较难防治的病虫害，因而要经常观察，掌握病虫害的发生发展情况，进行正确地诊断与防治，在防治方法上应采取化学防治与人工防治、生物防治、机械物理防治、园林技术措施有机结合的综合治理方法。

⑨树体喷水

由于城市空气中有许多污染的浮尘，古树的叶片截留灰尘极多，既影响光合作用，也影响观赏效果。北京很多公园常常用喷水方法进行洗树，此项措施费工费水，所以过去只在公园的重点区采用。现在有不少公园设置了高喷，从而可大面积地洗树。

⑩在古树周围栽植同类幼树或靠接小树复壮濒危古树

在古树周围栽植生命能力强的同类幼树，可起到活化土壤、促进古树生长的作用。古松、古柏树与壳斗科植物以及菌根类植物三者之间互有促进和共生作用。因此，可在古松、古柏树附近栽植壳斗科植物以及菌根植物，以起到促进作用，而阔叶树、速生树、灌木、杂草则对针叶古树的生长有抑制作用，因而在古树周围 3m 的范围内不得种植，并进行清理。

相关研究证明，靠接小树复壮遭受严重机械损伤的古树，具有激发生理活性、诱发新叶、帮助复壮等作用。小树靠接技术主要是要掌握好实施的时期，刀口切面以及形成层的位置，即除严冬、酷暑外，最好受创伤后及时进行。关键是先将小树移栽到受伤大树旁并加强管理，促其成活。在靠接小树的同时，结合深耕、松土则效果更好。实践证明，小树靠接治疗小面积树体创口，比通常桥接补伤效果更好、更稳妥，有助于早见成效。

实践中对古树的复壮和养护不是单一的，而是综合进行的。2003 年北京怀柔红螺寺 800 年的"紫藤寄松"经过专家的会诊，实施了综合复壮和养护措施，现在已经"返老还童"。

紫藤寄松生长在红螺寺三圣殿前西侧，一松两藤，松高 6m，枝分九杈，平直地向四面八方延伸，两盘碗口粗的藤萝蔓犹如龙蟠玉柱，绕松而生，松藤构成一把天然的巨伞，遮满整个院落，其遮荫面积足有 400 多平方米。人常说"藤缠松，松必死"，而这对藤松已共同生活了 800 多个春秋。

2004 年初，发现两盘藤萝蔓中的一个已经枯死一半，只有树皮勉强活着，树叶呈灰绿色，树干上留有明显的虫粪，木质部已经朽烂，紫藤寄松处于濒危的状态，必须要进行复壮与医治。在专家的指导下，开始为紫藤寄松实施了有效的治疗——输液。将配置好药液的吊瓶挂在树上，每个树干挂 5～6 个。在输液时需要精心调试输液的速度，每个吊瓶大约耗时 3h，总共为紫藤寄松输液达 15kg。随后又对紫藤寄松的根部实施地下局部换土，并在树木的旁边设置了一条复壮沟，沟内多放菌根基质，并灌施增加钙质和防治病虫的营养液，以提高古树、名木根系的代谢能力。为了辅助古树对抗病虫害的能力，在一些古树的枝杈上悬挂了鸟笼，以供食虫鸟类在此栖息。

对于古树、名木的养护管理以及复壮措施，要及时总结、交流，不断创造新的措施，为保护古树、名木作出应有的贡献。

随着科学技术的不断进步，把这些古树、名木安装"芯片"，使之成"芯片树"将成为可能，届时可在办公室内适时检测古树、名木的细微变化，以便在第一时间及时发现问题，及时采取对症措施，使这些"绿古董"青春常在。

小经验

1. 土壤改良复壮古树

1962 年在皇极门内宁寿门外有一棵古松，幼芽萎缩、叶片枯黄，好似被火烧焦一般。北京故宫园林科的职工们在树冠投影范围内，大的主根部分进行换土。换土时深挖 0.5m（随时将暴露出来的根系用浸湿的草袋子盖上），原来的旧土与沙土、腐叶土、大粪、锯末、少量化肥混合均匀之后回填，其中还放一些动物骨头和贝壳。换土半年之后，这株古松重新长出新梢，地下部分长出 2～3cm 的新根，终于死而复生。以后他们又换过多株，效果都很好。目前，故宫里凡是经过换土的古松，均已返老还童，郁郁葱葱，很有生气。

2. 埋条法复壮古树

南通市在古树养护管理中，采取的做法是：将冬季修剪的 1～1.5cm 粗的悬铃木枝条，剪成 30～40cm 的枝段，打成 20 捆，在距干基 50～120cm 四周挖穴埋入 4～6 捆，覆土 10～15cm。该法有效地改善了土壤通气条件，降低了土壤的紧实度，加快了土壤有机质的分解，使得根系的吸收能力增强，改善了树木的营养状况，促进了古树的复壮。

小知识

1. 古树的等级划分

古树泛指树龄在百年以上的树木，古树的年龄差异很大，可以分成不同的等级，500 年以上者，为国家一级古树；300～499 年为二级古树；100～299 年为三级古树。

2. 国外古树、名木研究概括

在国外，日本研究出树木强化器，埋入树下来完成树木的土壤通气、灌水及供肥等工作。美国研究出肥料气钉，解决古树表层土供肥问题。德国在土壤中采用埋管、埋陶粒和高压打气等解决通气问题；用土钻打孔灌液态肥料用修补和支撑等外科手术保护古树。英国探讨了土壤坚实、空气污染等因素对古树长的影响。

实训 古树、名木的调查与复壮养护

一、目的要求

初步掌握古树、名木的养护管理技术措施，了解古树衰老的原因和主要复壮方法。能对古树资源进行调查，对长势濒危的古树提出合理的抢救措施。

二、材料及用具

有机肥，青灰加麻刀，乳胶，农药等，围尺、量尺、钢卷尺、测高器、自制表格等，根据需养护古树的具体情况准备材料与工具。

三、内容和方法

1. 古树、名木调查

（1）古树自然状况调查

调查内容有树种、树龄、树高、冠幅、胸径、生长势、病虫 危害、自然灾害、人为损伤等（表8-1）。

古树自然状况调查　　　　　　表8-1

序号	树种	树龄	树高	胸径	冠幅	古树等级	生长势	病虫危害	自然灾害	人为损伤
1										
2										
3										

（2）对古树、名木落实养护管理措施的调查

调查内容有是否有围栏保护，地上树冠垂直投影外沿2m范围内或距树干7m以内是否有不透气铺装。在树体上是否有钉、缠绕铁丝、绳索、悬挂杂物。是否对病虫害进行防治，是否对自然灾害、人为损伤采取相应措施等（表8-2）。

古树实施养护管理措施调查　　　　　　表8-2

项目	现状
古树等别	
围栏保护	
地面铺装	
病虫危害	
自然灾害	
树体损伤	
修复措施	
土壤状况（水分、养护、物理状况）	

（3）对所调查古树、名木的历史及其书画、图片、神话传说等的调查。

2. 古树复壮及养护

（1）养护措施

①灌水及排涝

春季土地解冻后，至5月份应浇水2～3次，以利于春季发芽。晚秋至土地解冻前浇足越冬水（可连续浇2～3次），雨季树下不积水，可用明沟、暗沟或盲沟等方法排除。

②科学施肥

在早春或晚秋，沿树冠垂直投影外缘，采取环状穴施或放射沟施方法。其深度以 30～50cm 为宜，尽量保护根系不受损伤。多施腐熟的有机肥，掺入适量的化肥。施肥后立即浇足水。

③增设保护围栏和松土

应在树冠垂直投影范围设围栏保护，以防车流人流损伤根部、碾压土壤。对树下土壤每年春秋各翻耕一次，增加土壤透气性。

④防止树体倾斜

对树冠生长不平衡，易倾斜或倒伏，造成死亡或扭裂，树木主干侧枝延伸较长的树杈，都应设支撑。

⑤剪去干枯枝，封堵树洞

及时修剪干枯枝，涂防腐剂保护；树干发生空洞的古树，应先将洞口朽木全刮掉，用 5% 硫酸铜消毒后，填充清洗消毒的干燥防腐木，然后用青灰加麻刀掺入乳胶，将洞口抹平封严。

⑥病虫防治

对于古树的病虫害应尽量采用人工防治和生物防治方法。如需喷药要注意细心周到，防止产生药害。

（2）衰弱树木的复活

①排除地下、地上各种有害物质及障碍物，使根系得以生长，树枝正常延伸。

②对树根及干基有烂皮、腐朽、蛀干现象的，要及时防止病虫害。

③经诊断缺肥的弱树，应科学合理施肥。

④土壤不适宜，影响根系生长发育的要改良土壤。如在树冠垂直投影边缘挖沟掺砂石，增加土壤透性。

四、作业

1. 调查 3 株古树，填表 8-1 和表 8-2。

2. 调查 3 株古树，写出复壮方案。

复习思考题

一、名词解释

1. 古树 　　　　2. 名木 　　　　3. 复壮沟

二、填空题

1. 调查古树、名木时，所涉及的调查指标大致有（　　）、（　　）、（　　）、（　　）、（　　）、（　　）、（　　）。

2. 古树复壮的养护措施主要包括 （　　）、（　　）、（　　）、（　　）、（　　）、（　　）、（　　）、（　　）、（　　） 等。

三、问答题

1. 研究保护古树、名木有何意义?

2. 古树诊断时应注意哪几个问题?

3. 古树衰老的原因有哪些?

4. 古树养护的基本原则是什么?

5. 古树综合复壮的措施方法有哪些?

本章主要参考文献

[1] 胡中华,刘师汉.草坪与地被植物 [M]. 北京:中国林业出版社,1999.

[2] 谭继清.草坪与地被栽培技术 [M]. 北京:科学技术文献出版社,2000.

[3] 刘建秀,等.草坪·地被植物·观赏草 [M]. 南京:东南大学出版社,2001.

[4] 沈国辉.草坪杂草防除技术 [M]. 上海:上海科学技术文献出版社,2002.

[5] 陈志明.草坪建植与养护 [M]. 北京:中国林业出版社,2003.